Python的工程数学应用

孙玺菁　司守奎　刘海桥　编著

国防工業出版社
·北京·

内容简介

本书以同济大学数学系编写的《线性代数》(第5版)、浙江大学编写的《概率论与数理统计》(第4版)、西安交通大学高等数学教研室编写的《复变函数》(第4版)、东南大学数学系编写的《积分变换》(第5版)为基础,以习题和例题软件求解为主,配以部分典型案例,从更加具体的角度帮助学生学习Python程序设计,为学生理论联系实际奠定应用基础,同时增加了复变函数画图和可视化、"矩阵分析"中部分内容的Python实现和计算机仿真中常用的蒙特卡罗模拟。

本书可以作为本科生"数学建模"课程的扩充辅导教材,也可以作为本科生"数学实验"课程的教材,同时也可以作为研究生学员"矩阵分析"课程的延展教材。

图书在版编目(CIP)数据

Python的工程数学应用/孙玺菁,司守奎,刘海桥编著.—北京:国防工业出版社,2021.8

ISBN 978-7-118-12360-9

Ⅰ.①P… Ⅱ.①孙… ②司… ③刘… Ⅲ.①软件工具-程序设计-应用-工程数学 Ⅳ.①TB11-39

中国版本图书馆CIP数据核字(2021)第133724号

※

国防工業出版社 出版发行

(北京市海淀区紫竹院南路23号 邮政编码100048)

莱州市丰源印刷有限公司印刷

新华书店经售

*

开本 787×1092 1/16 **印张** 23¼ **字数** 540千字

2021年8月第1版第1次印刷 **印数** 1—3000册 **定价** 69.00元

国防书店:(010)88540777　书店传真:(010)88540776

发行业务:(010)88540717　发行传真:(010)88540762

前 言

本科工程数学课程以“线性代数”“概率论与数理统计”“复变函数”“积分变换”4门课程为主体,其目的在于培养学生应用数学知识解决实际问题的基本能力。本书作者从事本科工程数学和数学建模教学工作十余年,我们发现了两个现象:一是学生学完工程数学的课程以后,在面临实际问题时没有入手点,对所学内容不会应用;二是具备软件基础的学生不会使用软件求解工程数学中的基本问题。这严重地制约了学生数学应用能力的发展。

我们编写此书的目的在于为工程数学课程专门编写合适的数学实验教材,为理论性强的传统课程扩展实验基础。2017 年我们专门出版了本书的 MATLAB 版本,随着 Python 软件的流行,越来越多的学生选择 Python 软件,虽然 Python 的软件和资源非常的丰富,但是系统地以工程数学为角度介绍 Python 软件的书籍还很匮乏,我们希望本书可以有效帮助学生对工程数学学以致用,成为学生在应用中反馈理解的有效工具,也为以 Python 软件为工具,参加数学建模活动的学生提供基础指导。

本书分为 6 章,第 1 章、第 3 章、第 5 章和第 6 章分别以同济大学数学系编写的《线性代数》(第 5 版)、浙江大学编写的《概率论与数理统计》(第 4 版)、西安交通大学高等数学教研室编写的《复变函数》(第 4 版)、东南大学数学系编写的《积分变换》(第 5 版)为基础,以例题和课后习题作为本书例题,筛选典型案例,并编写 Python 程序求解,从非常具体的角度引导学生学习 Python 软件。研究生课程“矩阵分析”也是工程应用的基础,所以第 2 章介绍了矩阵分析中的一些基础知识,并结合实际应用介绍了 Python 软件的实现。第 4 章补充了计算机仿真常用到的蒙特卡罗模拟方法在数学建模上的应用,并结合案例给出了 Python 软件的实现。在第 5 章对复变函数画图和可视化等内容进行了扩充,6 章内容相互独立。

本书可以作为本科生“数学建模”课程的扩充辅导教材,也可以作为本科生“数学实验”课程的教材,还可以作为研究生学员“矩阵分析”课程的延展教材。

一本好的教材需要经过多年的教学实践,反复锤炼。由于我们的经验和时间所限,书中的错误和纰漏在所难免,敬请同行不吝指正。

在使用过程中如果有问题,可以加入 QQ 群:204957415,和作者进行交流;也可以通过电子邮件和我们联系,E-mail: 896369667@ qq. com, sishoukui@ 163. com, xijing-sun1981@ 163. com.

编者

2021 年 5 月

目　录

第1章　线性代数 …… 1

1.1　行列式 …… 1

1.2　矩阵运算及线性变换 …… 7

1.3　矩阵初等变换与线性方程组 …… 29

1.4　相似矩阵与二次型 …… 38

习题1 …… 61

第2章　矩阵分析基础 …… 64

2.1　范数理论 …… 64

2.2　矩阵的奇异值分解及应用 …… 68

2.3　广义逆矩阵 …… 82

2.4　线性代数中的反问题 …… 87

习题2 …… 92

第3章　概率论与数理统计 …… 94

3.1　随机事件及其概率 …… 94

3.2　随机变量及其分布 …… 97

3.3　随机变量的数字特征 …… 104

3.4　大数定律和中心极限定理 …… 105

3.5　一些常用的统计量和统计图 …… 107

3.6　参数估计 …… 117

3.7　假设检验 …… 124

3.8　方差分析 …… 132

3.9　回归分析 …… 134

3.10　Bootstrap 方法 …… 137

3.11　概率论与数理统计的一些应用 …… 144

习题3 …… 157

第4章　蒙特卡罗模拟 …… 160

4.1　随机数和随机抽样 …… 160

4.2　蒙特卡罗法的数学基础及步骤 …… 166

4.3　定积分的计算 …… 167

4.4　几何概率的随机模拟 …… 172

4.5　排队模型 …… 173

4.6　存储问题 …… 187

4.7　整数规划 …… 190

4.8　求偏微分方程的数值解 …… 191

4.9　竞赛择优问题 …… 192

习题4 …… 203

第5章　复变函数 …… 204

5.1　复数与复变函数 …… 204

5.2　复变函数的可视化 …… 206

5.3　复变函数的零点 …… 213

5.4　分形图案 …… 216

5.5　复变函数的积分 …… 228

5.6　留数与闭曲线积分的计算 …… 234

5.7　共形映射 …… 240

习题5 …… 243

第6章　积分变换 …… 245

6.1　傅里叶积分 …… 245

6.2　傅里叶变换 …… 251

6.3　傅里叶变换的性质 …… 259

6.4　傅里叶变换的卷积与相关函数 …… 262

6.5　傅里叶变换的应用 …… 264

6.6　拉普拉斯变换的概念 …… 266

6.7　拉普拉斯变换的性质 …… 269

6.8　拉普拉斯逆变换 …… 274

6.9　拉普拉斯变换的卷积 …… 277

6.10 拉普拉斯变换的应用 …… 279
习题 6 …… 282
附录 A Python 语言快速入门 …… 285
A.1 Python 语言概述 …… 285
A.2 Python 基础知识 …… 292
A.3 Python 程序的书写规则及调试 …… 311
A.4 选择结构与循环结构 …… 314
A.5 程序编写方法 …… 324
附录 B Python 科学计算基础 …… 329
B.1 科学计算概述 …… 329
B.2 NumPy 数值计算基础库 … 331
B.3 Matplotlib 可视化库 …… 341
B.4 SciPy 科学计算库 …… 347
B.5 SymPy 符号运算库 …… 351
B.6 Pandas 数据分析库 …… 356
B.7 文件操作 …… 359
参考文献 …… 363

第1章　线性代数

线性代数是处理矩阵和向量空间的数学分支,在很多实际领域都有应用。本科线性代数教学多偏重自身的理论体系,多强调基本概念、定理及其证明,很少涉及应用,基本没有涉及数值计算。对于线性代数中的基本概念和定理,请参看同济大学数学系编写的《线性代数》(第5版),本书中不再详述。特征值和特征向量一直是线性代数应用广泛的一个关键内容,同时也是教学过程中的重点和难点,本章结合具体案例介绍了其在层次分析法、马尔可夫链、PageRank算法中的应用。本章没有涉及数值计算的相关理论,结合Python软件,讲解线性代数相关问题的计算机实现,并补充了一些实际应用案例,从最基本和低年级学员最容易理解的角度学习Python软件。

1.1　行　列　式

1.1.1　逆序数的计算

对于 n 个不同的元素,先规定各元素之间有一个标准次序(如 n 个不同的自然数,可规定由小到大为标准次序),于是在这 n 个元素的任一排列中,当某两个元素的先后次序与标准次序不同时,就说有1个逆序。一个排列中所有逆序的总数称为这个排列的逆序数。

下面讨论计算排列的逆序数的方法。

不失一般性,不妨设 n 个元素为1至 n 这 n 个自然数,并规定由小到大为标准次序,设

$$p_1p_2\cdots p_n$$

为这 n 个自然数的一个排列,考虑元素 $p_i(i=1,2,\cdots,n)$,如果比 p_i 大的且排在 p_i 前面的元素有 t_i 个,就说 p_i 这个元素的逆序数是 t_i。这个排列的逆序数总和为

$$t = t_1 + t_2 + \cdots + t_n = \sum_{i=1}^{n} t_i$$

即这个排列的逆序数。

例1.1　求排列32514的逆序数。

```
#程序文件 Pgex1_1.py
import numpy as np
a=np.array([3,2,5,1,4])
n=len(a); s=0                #逆序数初始化
for i in np.arange(1,n):
    ind=np.where(a[:i]>a[i])
```

```
    s=s+len(ind[0])
print("逆序数为:",s)          #显示逆序数
```

求得排列 32514 的逆序数为 5。

1.1.2 行列式的计算及几何性质

Python 计算行列式的命令为 det,该命令既可以计算数值行列式,也可以计算符号行列式的值。

例 1.2 计算 $D=\begin{vmatrix}3&1&1&1\\1&3&1&1\\1&1&3&1\\1&1&1&3\end{vmatrix}$.

解 这个行列式的特点是各列 4 个数之和都是 6。现把第 2、3、4 行同时加到第 1 行,提出公因子 6,然后各行减去第一行:

$$D=\begin{vmatrix}3&1&1&1\\1&3&1&1\\1&1&3&1\\1&1&1&3\end{vmatrix}\overset{r_1+r_2,r_1+r_3,r_1+r_4}{=\!=\!=\!=}\begin{vmatrix}6&6&6&6\\1&3&1&1\\1&1&3&1\\1&1&1&3\end{vmatrix}$$

$$\overset{r_1\times\frac{1}{6}}{=\!=}6\times\begin{vmatrix}1&1&1&1\\1&3&1&1\\1&1&3&1\\1&1&1&3\end{vmatrix}\overset{r_i+r_1\times(-1),i=2,3,4}{=\!=\!=\!=}6\times\begin{vmatrix}1&1&1&1\\0&2&0&0\\0&0&2&0\\0&0&0&2\end{vmatrix}$$

$$=6\times1\times2\times2\times2=48.$$

数值计算的 Python 程序如下:

```
#程序文件 Pgex1_2_1.py
import numpy as np
a=np.ones((4,4))
for i in range(a.shape[0]): a[i,i]=3
D=np.linalg.det(a); print("D=",D)
```

符号计算的 Python 程序如下:

```
#程序文件 Pgex1_2_2.py
import sympy as sp
a=sp.ones(4)
for i in range(a.shape[0]): a[i,i]=3
D=a.det(); print("D=",D)
```

例 1.3 计算行列式

$$D=\begin{vmatrix}a&b&c&d\\a&a+b&a+b+c&a+b+c+d\\a&2a+b&3a+2b+c&4a+3b+2c+d\\a&3a+b&6a+3b+c&10a+6b+3c+d\end{vmatrix}.$$

解 从第 4 行开始,后行减去前行,即

$$D=\begin{vmatrix}a&b&c&d\\0&a&a+b&a+b+c\\0&a&2a+b&3a+2b+c\\0&a&3a+b&6a+3b+c\end{vmatrix}=\begin{vmatrix}a&b&c&d\\0&a&a+b&a+b+c\\0&0&a&2a+b\\0&0&a&3a+b\end{vmatrix}$$

$$=\begin{vmatrix}a&b&c&d\\0&a&a+b&a+b+c\\0&0&a&2a+b\\0&0&0&a\end{vmatrix}=a^4.$$

```
#程序文件 Pgex1_3py
import sympy as sp
a,b,c,d=sp.symbols('a:d')
A=sp.Matrix([[a,b,c,d],[a,a+b,a+b+c,a+b+c+d],
    [a,2*a+b,3*a+2*b+c,4*a+3*b+2*c+d],
    [a,3*a+b,6*a+3*b+c,10*a+6*b+3*c+d]])
D=sp.det(A); print("D=",D)
```

例 1.4 计算下列行列式的值。

(1) $\begin{vmatrix}2&1&4&1\\3&-1&2&1\\1&2&3&2\\5&0&6&2\end{vmatrix}$,(2) $\begin{vmatrix}a&b&c\\b&c&a\\c&a&b\end{vmatrix}$,(3) $\begin{vmatrix}x&-1&0&0\\0&x&-1&0\\0&0&x&-1\\a_0&a_1&a_2&a_3\end{vmatrix}$.

(1) 求数值解的程序:

```
#程序文件 Pgex1_4_1.py
import numpy as np
from numpy.linalg import det
a=np.array([[2, 1, 4, 1], [3, -1, 2, 1], [1, 2, 3, 2], [5, 0, 6, 2]])
b=det(a); print("所求行列式的值为",b)
```

求得行列式值为 5.7510×10^{-15}。

求符号解的程序:

```
#程序文件 Pgex1_4_2.py
import sympy as sp
a=sp.Matrix([[2, 1, 4, 1], [3, -1, 2, 1], [1, 2, 3, 2], [5, 0, 6, 2]])
b=sp.det(a); print("所求行列式的值为",b)
```

求得行列式值为 0。

(2) 求符号解的程序:

```
#程序文件 Pgex1_4_3.py
import sympy as sp
a,b,c=sp.symbols('a b c')
A=sp.Matrix([[a,b,c],[b,c,a],[c,a,b]])
D=sp.det(A); print("所求行列式的值为:",D)
```

求得行列式值为 $-a^3-b^3-c^3+3abc$。

(3) 求符号解的程序：

```
#程序文件 Pgex1_4_4.py
import sympy as sp
import numpy as np
x=sp.symbols('x'); a=sp.symbols('a0:4')
A=sp.eye(4)*x
A[-1,:]=sp.Matrix([a])        #替换最后一行的元素
B=np.diag(-np.ones(3),1).astype(int)
A=A+sp.Matrix(B)
b=A.det(); print("所求行列式值为:",b)
```

求得行列式值为 $a_0+a_1x+a_2x^2+a_3x^3$。

在下面的应用中，我们给出行列式的几何解释。

定理 1.1 若 $\boldsymbol{A}$ 是一个 2×2 矩阵，则由 $\boldsymbol{A}$ 的列确定的平行四边形的面积为 $|\det \boldsymbol{A}|$（这里 $\det \boldsymbol{A}$ 表示矩阵 $\boldsymbol{A}$ 的行列式），若 $\boldsymbol{A}$ 是一个 3×3 矩阵，则由 $\boldsymbol{A}$ 的列确定的平行六面体的体积为 $|\det \boldsymbol{A}|$。

证明 若 $\boldsymbol{A}$ 为 2 阶对角矩阵，定理显然成立。

$$\left|\det\begin{bmatrix} a & 0 \\ 0 & d \end{bmatrix}\right| = |ad| = \text{矩形的面积},$$

如图 1.1 所示。若 $\boldsymbol{A}$ 不为对角矩阵，只需证 $\boldsymbol{A}=[\alpha_1,\alpha_2]$ 能变换成一个对角矩阵，同时既不改变相应的平行四边形面积又不改变 $|\det \boldsymbol{A}|$。当行列式的两列交换或一列的倍数加到另一列上时，行列式的绝对值不改变。同时容易看到，这样的运算足以能够使 $\boldsymbol{A}$ 变换成对角矩阵。由于列交换一点都不改变对应的平行四边形，所以只需证明下列在 $\mathbb{R}^2$ 和 $\mathbb{R}^3$ 中的向量的简单的几何现象就足够了。

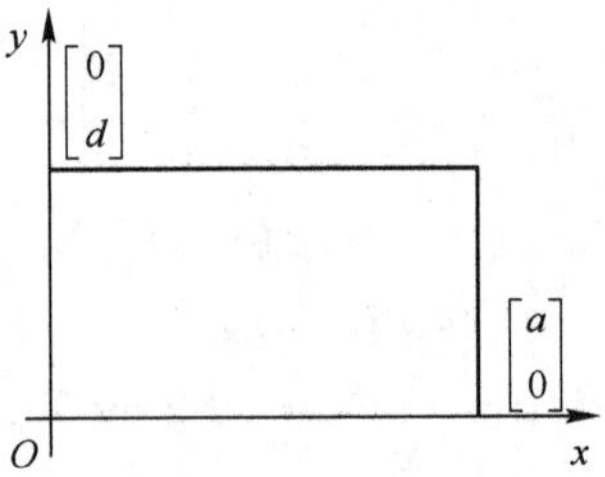

图 1.1 面积 $=|ad|$

引理 1.1 设 $\boldsymbol{\alpha}_1$ 和 $\boldsymbol{\alpha}_2$ 为非零向量，则对任意数 c，由 $\boldsymbol{\alpha}_1$ 和 $\boldsymbol{\alpha}_2$ 确定的平行四边形的面积等于由 $\boldsymbol{\alpha}_1$ 和 $\boldsymbol{\alpha}_2+c\boldsymbol{\alpha}_1$ 确定的平行四边形的面积。

为了证明这个结论，可以假设 α_2 不是 α_1 的倍数，否则这个平行四边形将退化成面积为 0。若 L 是通过 O 和 α_1 的直线，则 $\boldsymbol{\alpha}_2+L$ 是通过 α_2 且平行于 L 的直线，$\boldsymbol{\alpha}_2+c\boldsymbol{\alpha}_1$ 在此直线上，见图 1.2，点 α_2 和 $\boldsymbol{\alpha}_2+c\boldsymbol{\alpha}_1$ 到直线 L 具有相同的垂直距离，因此图 1.2 中的两个平行四边形具有相同的底边，即由 O 到 α_1 的线段，所以这两个平行四边形具有相同的面积，这就完成了 $\mathbf{R}^2$ 的情形的证明。

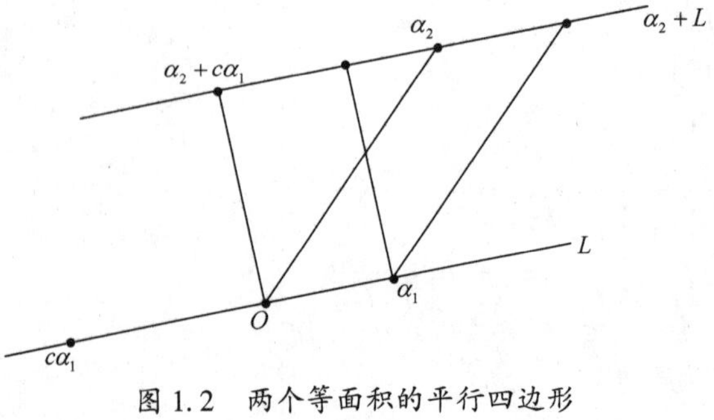

图 1.2 两个等面积的平行四边形

类似地可证明 $\mathbf{R}^3$ 的情形。

例 1.5 计算由点(-2,-2)、(0,3)、(4,-1)和点(6,4)确定的平行四边形的面积。

解 先将此平行四边形平移到使原点作为其一顶点的情形。例如,将每个顶点坐标减去顶点(-2,-2)坐标。这样,新的平行四边形面积与原平行四边形面积相同,其顶点为

$$(0,0),(2,5),(6,1),(8,6).$$

此平行四边形由 $\boldsymbol{A}=\begin{bmatrix}2 & 6\\5 & 1\end{bmatrix}$ 的列所确定,由于 $|\det \boldsymbol{A}|=|-28|=28$,所以所求的平行四边形的面积为 28。

计算的 Python 程序如下:

```
#程序文件 Pgex1_5.py
import numpy as np
import sympy as sp
from numpy.linalg import det
a=np.array([[-2, -2], [0, 3], [4, -1], [6, 4]])
b=a-np.tile(a[0],(a.shape[0],1))     #把其中的一个顶点平移到坐标原点
s1=abs(det(b[[1,2],:]))              #求面积的数值解
s2=abs(sp.Matrix(b[[1,2],:]).det()) #求面积的符号解
print('s1=',s1,',s2=',s2)
```

行列式可用于描述平面和 $\mathbb{R}^3$ 中线性变换的一个重要几何性质。若 T 是一个线性变换,S 是 T 的定义域内的一个集合,用 $T(S)$ 表示 S 中点的像集。我们对 $T(S)$ 的面积(体积)与原来的集合 S 的面积(体积)相对比有何变化这件事感兴趣。

定理 1.2 设 $T:\mathbb{R}^2\to\mathbb{R}^2$ 是由一个 2×2 矩阵 $\boldsymbol{A}$ 确定的线性变换,若 S 是 $\mathbb{R}^2$ 中一个平行四边形,则

$$T(S)\text{的面积}=|\det \boldsymbol{A}|\cdot S\text{的面积}. \tag{1.1}$$

若 T 是一个由 3×3 矩阵 $\boldsymbol{A}$ 确定的线性变换,而 S 是 $\mathbb{R}^3$ 中的一个平行六面体,则

$$T(S)\text{的体积}=|\det \boldsymbol{A}|\cdot S\text{的体积}. \tag{1.2}$$

注 1.1 定理 1.2 的结论对 $\mathbb{R}^2$ 中任意具有有限面积的区域或 $\mathbb{R}^3$ 中具有有限体积的区域均成立。

例 1.6 若 a,b 是正数,求由方程 $\frac{x_1^2}{a^2}+\frac{x_2^2}{b^2}=1$ 确定的椭圆为边界的区域 E 的面积。

解 我们断言 E 是单位圆盘 D 在线性变换 T 下的像。这里 T 由矩阵 $\boldsymbol{A}=\begin{bmatrix}a & 0\\0 & b\end{bmatrix}$ 确定,这是因为若 $\boldsymbol{u}=\begin{bmatrix}u_1\\u_2\end{bmatrix}$,$\boldsymbol{x}=\begin{bmatrix}x_1\\x_2\end{bmatrix}$,且 $\boldsymbol{x}=\boldsymbol{Au}$,则

$$u_1=\frac{x_1}{a},u_2=\frac{x_2}{b}.$$

从而把区域 E 映射到 $D:u_1^2+u_2^2\leqslant1$。所以

$$\text{椭圆的面积}=T(D)\text{的面积}=|\det \boldsymbol{A}|\cdot D\text{的面积}=ab\pi1^2=\pi ab.$$

1.1.3 克拉默法则

克拉默法则:含有 n 个未知数 $x_1,x_2,\cdots,x_n$ 的 n 个线性方程的方程组

$$\begin{cases}a_{11}x_1+a_{12}x_2+\cdots+a_{1n}x_n=b_1,\\ a_{21}x_1+a_{22}x_2+\cdots+a_{2n}x_n=b_2,\\ \qquad\vdots\\ a_{n1}x_1+a_{n2}x_2+\cdots+a_{nn}x_n=b_n.\end{cases}\tag{1.3}$$

若线性方程组(1.3)的系数行列式不等于零,即

$$D=\begin{vmatrix}a_{11} & \cdots & a_{1n}\\ \vdots & & \vdots\\ a_{n1} & \cdots & a_{nn}\end{vmatrix}\neq 0.$$

则方程组(1.3)有唯一解:

$$x_1=\frac{D_1}{D},\quad x_2=\frac{D_2}{D},\quad \cdots,\quad x_n=\frac{D_n}{D},\tag{1.4}$$

式中:$D_j(j=1,2,\cdots,n)$是将行列式 D 中第 j 列的元素换成方程组右端的常数项 $b_1,b_2,\cdots,b_n$ 所得到的 n 阶行列式,即

$$D_j=\begin{vmatrix}a_{11} & \cdots & a_{1,j-1} & b_1 & a_{1,j+1} & \cdots & a_{1n}\\ \vdots & & \vdots & \vdots & \vdots & & \vdots\\ a_{n1} & \cdots & a_{n,j-1} & b_n & a_{n,j+1} & \cdots & a_{nn}\end{vmatrix}.$$

例 1.7 解线性方程组

$$\begin{cases}2x_1+x_2-5x_3+x_4=8,\\ x_1-3x_2-6x_4=9,\\ 2x_2-x_3+2x_4=-5,\\ x_1+4x_2-7x_3+6x_4=0.\end{cases}$$

```
#程序文件 Pgex1_7.py
import numpy as np
import sympy as sp
a=np.array([[2,1,-5,1],[1,-3,0,-6],[0,2,-1,2],[1,4,-7,6]])
b=np.array([8,9,-5,0]); D=sp.Matrix(a).det()
for i in range(a.shape[1]):
    ai=a.copy(); ai[:,i]=b; Di=sp.Matrix(ai).det()
    xi=Di/D; print('x'+str(i+1)+'=',xi)
```

求得线性方程组的解为:$x_1=3,x_2=-4,x_3=-1,x_4=1$。

例 1.8 问 λ 取何值时,齐次线性方程组

$$\begin{cases}(5-\lambda)x_1+2x_2+2x_3=0,\\ 2x_1+(6-\lambda)x_2=0,\\ 2x_1+(4-\lambda)x_3=0\end{cases}$$

有非零解?

解　如果该方程组有非零解,则它的系数行列式 $D=0$,而

$$D=\begin{vmatrix}5-\lambda & 2 & 2\\ 2 & 6-\lambda & 0\\ 2 & 0 & 4-\lambda\end{vmatrix}$$
$$=(5-\lambda)(6-\lambda)(4-\lambda)-4(4-\lambda)-4(6-\lambda)$$
$$=(5-\lambda)(2-\lambda)(8-\lambda).$$

由 $D=0$,解得 $\lambda=2,\lambda=5$ 或 $\lambda=8$。

```
#程序文件 Pgex1_8.py
import sympy as sp
t=sp.symbols('t')                              #方程中的参数 lambda 用 t 表示
A=sp.Matrix([[5-t,2,2],[2,6-t,0],[2,0,4-t]])
D=sp.det(A); DD=sp.factor(D)                  #进行因式分解
print(DD); s=sp.solve(D); print(s)            #求符号方程的解并显示
```

1.2　矩阵运算及线性变换

这里只简单地介绍矩阵的一些变换操作、矩阵的求逆、伴随矩阵的计算等,常用的一些命令见表 1.1 和表 1.2。

表 1.1　NumPy 库中有关矩阵操作的函数(np 表示 numpy 的别名)

命令语法	功　能
np.flip(A,axis=None)	对矩阵 **A** 的沿给定的轴进行翻转,得到一个新矩阵
np.fliplr(A)	对矩阵 **A** 进行左右翻转
np.flipud(A)	对矩阵 **A** 进行上下翻转
np.rot90(A)	对矩阵 **A** 逆时针旋转 90°
np.tril(A)	提取矩阵 **A** 的下三角部分
np.triu(A)	提取矩阵 **A** 的上三角部分
np.reshape(A,(m,n))	把矩阵 **A** 变形为 m 行 n 列的矩阵(变换前后矩阵的元素个数相同)
np.tile(A,m)	把 **A** 作为一个子块,生成一个 $1\times m$ 分块矩阵(所有子块都是 **A**)
np.tile(A,(m,n))	把 **A** 作为一个子块,生成一个 $m\times n$ 分块矩阵(所有子块都是 **A**)
np.transpose(A)	求矩阵 **A** 的转置矩阵
np.dot(A,B)	矩阵 **A** 和 **B** 相乘

表 1.2　numpy.linalg 模块有关矩阵操作的函数

命令语法	功　能
inv(A)	计算方阵的逆阵
pinv(A)	计算矩阵的 Moore-Penrose 伪逆
qr(A)	计算矩阵 **A** 的 QR 分解
svd(A)	计算矩阵 **A** 的奇异值分解

1.2.1　矩阵运算

在 NumPy 库中,矩阵是 array 数组的一个子类,使用 NumPy 库中的矩阵数据做乘法

运算很方便。

1. 矩阵乘法与转置

也可以使用@运算符做数组乘法。

例 1.9 求矩阵

$$\boldsymbol{A}=\begin{bmatrix}4 & -1 & 2 & 1\\1 & 1 & 0 & 3\\0 & 3 & 1 & 4\end{bmatrix} 与 \boldsymbol{B}=\begin{bmatrix}1 & 2\\0 & 1\\3 & 0\\-1 & 2\end{bmatrix}$$

的乘积 $\boldsymbol{AB}$。

解 $\boldsymbol{C}=\boldsymbol{AB}=\begin{bmatrix}4 & -1 & 2 & 1\\1 & 1 & 0 & 3\\0 & 3 & 1 & 4\end{bmatrix}\begin{bmatrix}1 & 2\\0 & 1\\3 & 0\\-1 & 2\end{bmatrix}=\begin{bmatrix}9 & 9\\-2 & 9\\-1 & 11\end{bmatrix}.$

使用数组做乘法运算的 Python 程序：

```
#程序文件 Pgex1_9_1.py
import numpy as np
a=np.array([[4,-1,2,1],[1,1,0,3],[0,3,1,4]])
b=np.array([[1,2],[0,1],[3,0],[-1,2]])
c=a.dot(b); print(c)          #利用方法计算并显示
c1=a.dot(b); print(c1)        #利用 dot 做数组乘法,并显示
c2=a@b; print(c2)             #利用@做数组乘法,并显示
```

使用矩阵做乘法运算的 Python 程序：

```
#程序文件 Pgex1_9_2.py
import numpy as np
a=np.mat([[4,-1,2,1],[1,1,0,3],[0,3,1,4]])
b=np.mat([[1,2],[0,1],[3,0],[-1,2]])
c=a*b; print(c)
```

例 1.10 已知

$$\boldsymbol{A}=\begin{bmatrix}a_{11} & a_{12} & a_{13} & a_{14}\\a_{21} & a_{22} & a_{23} & a_{24}\\a_{31} & a_{32} & a_{33} & a_{34}\end{bmatrix},\quad \boldsymbol{B}=\begin{bmatrix}b_{11} & b_{12}\\b_{21} & b_{22}\\b_{31} & b_{32}\\b_{41} & b_{42}\end{bmatrix},$$

求 $\boldsymbol{C}=\boldsymbol{AB}$。

解 $\boldsymbol{C}=(c_{ij})_{3\times 2}$，其中 $c_{ij}=\sum_{k=1}^{4}a_{ik}b_{kj}$。

```
#程序文件 Pgex1_10.py
import sympy as sp
A=sp.Matrix(3,4,sp.symbols('A1:4(1:5)'))
B=sp.Matrix(4,2,sp.symbols('B1:5(1:3)'))
C=A*B; print(C)
```

例 1.11 已知

$$A=\begin{bmatrix}2&0&-1\\1&3&2\end{bmatrix},\quad B=\begin{bmatrix}1&7&-1\\4&2&3\\2&0&1\end{bmatrix},$$

求$(AB)^{\mathrm{T}}$。

解 因为

$$AB=\begin{bmatrix}2&0&-1\\1&3&2\end{bmatrix}\begin{bmatrix}1&7&-1\\4&2&3\\2&0&1\end{bmatrix}=\begin{bmatrix}0&14&-3\\17&13&10\end{bmatrix},$$

所以

$$(AB)^{\mathrm{T}}=\begin{bmatrix}0&17\\14&13\\-3&10\end{bmatrix}.$$

利用数组计算的 Python 程序：

```
#程序文件 Pgex1_11_1.py
import numpy as np
A=np.array([[2,0,-1],[1,3,2]])
B=np.array([[1,7,-1],[4,2,3],[2,0,1]])
ABT=A.dot(B).T; print(ABT)
```

利用矩阵计算的 Python 程序：

```
#程序文件 Pgex1_11_2.py
import numpy as np
A=np.mat([[2,0,-1],[1,3,2]])
B=np.mat([[1,7,-1],[4,2,3],[2,0,1]])
ABT=(A*B).T; print(ABT)
```

2. 伴随矩阵

Python 没有提供计算伴随矩阵的函数，可以利用伴随矩阵的定义、性质和 Hamilton-Cayley 定理 3 种方法计算并自己编程求解。

例 1.12 求如下方阵 A 的伴随矩阵 A^*：

$$A=\begin{bmatrix}3&1&-1&2\\-5&1&3&-4\\2&0&1&-1\\1&-5&3&-3\end{bmatrix}.$$

(1) 利用伴随矩阵的代数余子式定义的程序如下：

```
#程序文件 Pgex1_12_1.py
import numpy as np
A=np.array([[3,1,-1,2],[-5,1,3,-4],[2,0,1,-1],[1,-5,3,-3]])
n=len(A); B=np.zeros((n,n))
for i in range(n).
    for j in range(n):
```

```
        Hij=A.copy(); Hij=np.delete(Hij,i,axis=0)
        Hij=np.delete(Hij,j,axis=1)
        B[j,i]=(-1)**(i+j)*np.linalg.det(Hij);
print("所求的伴随矩阵为:\n",B)
```

(2) 利用 $AA^*=|A|E$,得 $A^*=|A|A^{-1}$。

```
#程序文件 Pgex1_12_2.py
import numpy as np
A=np.array([[3,1,-1,2],[-5,1,3,-4],[2,0,1,-1],[1,-5,3,-3]])
B=np.linalg.det(A)*np.linalg.inv(A)
print("所求的伴随矩阵为:\n",B)
```

求得的伴随矩阵为 $A^*=\begin{bmatrix} -5 & -5 & 16 & -2 \\ 5 & 5 & 8 & -6 \\ 70 & 30 & -40 & 20 \\ 60 & 20 & -48 & 16 \end{bmatrix}$.

定理 1.3(Hamilton-Cayley 定理) n 阶方阵 A 的特征多项式

$$f(\lambda)=|\lambda E-A|=\lambda^n+a_1\lambda^{n-1}+\cdots+a_{n-1}\lambda+a_n,$$

则

$$f(A)=A^n+a_1A^{n-1}+\cdots+a_{n-1}A+a_nE=0. \tag{1.5}$$

证明 设 $B(\lambda)$ 为 $\lambda E-A$ 的伴随矩阵,则

$$B(\lambda)(\lambda E-A)=|\lambda E-A|E=f(\lambda)E. \tag{1.6}$$

由于矩阵 $B(\lambda)$ 的元素都是行列式 $|\lambda E-A|$ 中的元素的代数余子式,因而都是 λ 的多项式,其次数都不超过 $n-1$,故由矩阵运算性质,$B(\lambda)$ 可以写为

$$B(\lambda)=\lambda^{n-1}B_0+\lambda^{n-2}B_1+\cdots+B_{n-1}. \tag{1.7}$$

这里各个 B_i 均为 n 阶数字矩阵。因此,有

$$B(\lambda)(\lambda E-A)=\lambda^nB_0+\lambda^{n-1}(B_1-B_0A)+\cdots+\lambda(B_{n-1}-B_{n-2}A)-B_{n-1}A. \tag{1.8}$$

另一方面,显然有

$$f(\lambda)E=\lambda^nE+a_1\lambda^{n-1}E+\cdots+a_{n-1}\lambda E+a_nE. \tag{1.9}$$

由式(1.6)、式(1.8)和式(1.9),得

$$\begin{cases} B_0=E, \\ B_1-B_0A=a_1E, \\ \qquad\vdots \\ B_{n-1}-B_{n-2}A=a_{n-1}E, \\ -B_{n-1}A=a_nE. \end{cases} \tag{1.10}$$

以 $A^n,A^{n-1},\cdots,A,E$ 依次右乘式(1.10)的第一式,第二式,…,第 $n+1$ 式,并将它们加起来,则左边变成零矩阵,而右边即为 $f(A)$,故有 $f(A)=0$. 证毕 .

由上面的证明过程和式(1.7),可知

$$B(0)=(-A)^*=(-1)^{n-1}A^*=B_{n-1}. \tag{1.11}$$

以 $A^{n-1},A^{n-2},\cdots,A,E$ 依次右乘式(1.10)的第一式,第二式,…,第 n 式,并将它们加起来,得

$$B_{n-1}=A^{n-1}+a_1A^{n-2}+a_2A^{n-3}+\cdots+a_{n-1}E, \tag{1.12}$$

从而由式(1.11)和式(1.12),得到A的伴随矩阵

$$A^*=(-1)^{n-1}(A^{n-1}+a_1A^{n-2}+a_2A^{n-3}+\cdots+a_{n-1}E). \tag{1.13}$$

例 1.13(续例 1.12)　用式(1.13)再计算矩阵A的伴随矩阵A^*。

```
#程序文件 Pgex1_13.py
import numpy as np
A=np.mat([[3,1,-1,2],[-5,1,3,-4],[2,0,1,-1],[1,-5,3,-3]])  #输入矩阵
P1=np.poly(A)                                               #求特征多项式
P2=P1[:-1]
B=(-1)**(len(A)-1)*sum([P2[i]*A**(3-i) for i in range(4)])
print(B)
```

注 1.2　上述程序中必须使用矩阵 mat,不能使用 array 数组;因为对于矩阵 A**n 表示矩阵A的n次幂。

3. 逆阵

例 1.14　求二阶矩阵$A=\begin{bmatrix} a & b \\ c & d \end{bmatrix}$的逆矩阵。

解　$|A|=ad-bc, A^*=\begin{bmatrix} d & -b \\ -c & a \end{bmatrix}$,当$|A|\neq 0$时,有

$$A^{-1}=\frac{1}{|A|}A^*=\frac{1}{ad-bc}\begin{bmatrix} d & -b \\ -c & a \end{bmatrix}.$$

```
#程序文件 Pgex1_14.py
import sympy as sp
A=sp.Matrix(2,2,sp.symbols('a:d'))
B=A.inv(); print(B)
```

例 1.15　求方阵

$$A=\begin{bmatrix} 1 & 2 & 3 \\ 2 & 2 & 1 \\ 3 & 4 & 3 \end{bmatrix}$$

的逆矩阵。

解　求得$|A|=2\neq 0$,知A^{-1}存在,再计算$|A|$的余子式

$$M_{11}=2,\quad M_{12}=3,\quad M_{13}=2,$$
$$M_{21}=-6,\quad M_{22}=-6,\quad M_{23}=-2,$$
$$M_{31}=-4,\quad M_{32}=-5,\quad M_{33}=-2,$$

得

$$A^*=\begin{bmatrix} M_{11} & -M_{21} & M_{31} \\ -M_{12} & M_{22} & -M_{32} \\ M_{13} & M_{23} & M_{33} \end{bmatrix}=\begin{bmatrix} 2 & 6 & -4 \\ -3 & -6 & 5 \\ 2 & 2 & -2 \end{bmatrix},$$

所以

$$A^{-1}=\frac{1}{|A|}A^*=\begin{bmatrix}1 & 3 & -2\\ -3/2 & -3 & 5/2\\ 1 & 1 & -1\end{bmatrix}.$$

上述计算过程的 Python 程序如下：

```
#程序文件 Pgex1_15.py
import numpy as np
A=np.array([[1,2,3],[2,2,1],[3,4,3]])
n=len(A); B=np.zeros((n,n))
for i in range(n):
    for j in range(n):
        Hij=A.copy(); Hij=np.delete(Hij,i,axis=0)
        Hij=np.delete(Hij,j,axis=1)
        B[j,i]=(-1)**(i+j)*np.linalg.det(Hij);
print("所求的伴随矩阵为:\n",B)
print("所求的逆阵为:\n",B/np.linalg.det(A))
```

例 1.16 设

$$A=\begin{bmatrix}1 & 2 & 3\\ 2 & 2 & 1\\ 3 & 4 & 3\end{bmatrix},\quad B=\begin{bmatrix}2 & 1\\ 5 & 3\end{bmatrix},\quad C=\begin{bmatrix}1 & 3\\ 2 & 0\\ 3 & 1\end{bmatrix},$$

求矩阵 X,使得 $AXB=C$。

解 若 A^{-1}、B^{-1} 都存在,则用 A^{-1} 左乘上式、B^{-1} 右乘上式,得到 $A^{-1}AXBB^{-1}=A^{-1}CB^{-1}$,即 $X=A^{-1}CB^{-1}$。

经计算知,$|A|=2\neq 0$, $|B|=1\neq 0$,所以 A、B 都可逆。且

$$A^{-1}=\frac{1}{2}\begin{bmatrix}2 & 6 & -4\\ -3 & -6 & 5\\ 2 & 2 & -2\end{bmatrix},\quad B^{-1}=\begin{bmatrix}3 & -1\\ -5 & 2\end{bmatrix},$$

故

$$X=A^{-1}CB^{-1}=\frac{1}{2}\begin{bmatrix}2 & 6 & -4\\ -3 & -6 & 5\\ 2 & 2 & -2\end{bmatrix}\begin{bmatrix}1 & 3\\ 2 & 0\\ 3 & 1\end{bmatrix}\begin{bmatrix}3 & -1\\ -5 & 2\end{bmatrix}=\begin{bmatrix}-2 & 1\\ 10 & -4\\ -10 & 4\end{bmatrix}.$$

使用数组计算的 Python 程序如下：

```
#程序文件 Pgex1_16_1.py
import numpy as np
A=np.array([[1,2,3],[2,2,1],[3,4,3]])
B=np.array([[2,1],[5,3]])
C=np.array([[1,3],[2,0],[3,1]])
Ainv=np.linalg.inv(A)       #求 A 的逆阵
Binv=np.linalg.inv(B)
X=Ainv.dot(C).dot(Binv); print(X)
```

使用矩阵计算的 Python 程序如下：

```
#程序文件 Pgex1_16_2.py
import numpy as np
A=np.mat([[1,2,3],[2,2,1],[3,4,3]])
B=np.mat([[2,1],[5,3]])
C=np.mat([[1,3],[2,0],[3,1]])
Ainv=np.linalg.inv(A)      #求 A 的逆阵
Binv=np.linalg.inv(B)
X=Ainv*C*Binv; print(X)
```

例 1.17 设矩阵 $\boldsymbol{A}$ 和 $\boldsymbol{B}$ 满足关系 $\boldsymbol{AB}=\boldsymbol{A}+2\boldsymbol{B}$，已知 $\boldsymbol{A}=\begin{bmatrix}4&2&1\\1&1&0\\1&2&0\end{bmatrix}$，求矩阵 $\boldsymbol{B}$。

解 解矩阵方程得 $\boldsymbol{B}=(\boldsymbol{A}-2\boldsymbol{E})^{-1}\boldsymbol{A}$，求得 $\boldsymbol{B}=\begin{bmatrix}15/11&12/11&2/11\\4/11&1/11&2/11\\6/11&-4/11&3/11\end{bmatrix}$.

```
#程序文件 Pgex1_17.py
import sympy as sp
a=sp.Matrix([[4,2,1],[1,1,0],[1,2,0]])
b=(a-2*sp.eye(3)).inv()*a; print(b)
```

注 1.3 在 SymPy 库中，* 表示矩阵乘法；在 NumPy 库中，* 表示矩阵对应元素相乘。

例 1.18 设 $\boldsymbol{P}=\begin{bmatrix}1&2\\1&4\end{bmatrix}$，$\boldsymbol{\Lambda}=\begin{bmatrix}1&0\\0&2\end{bmatrix}$，$\boldsymbol{AP}=\boldsymbol{P\Lambda}$，求 $\boldsymbol{A}^n$。

解 由于 $|\boldsymbol{P}|=\begin{vmatrix}1&2\\1&4\end{vmatrix}=2\neq0$，则 $\boldsymbol{P}$ 可逆，且 $\boldsymbol{P}^{-1}=\dfrac{1}{2}\begin{bmatrix}4&-2\\-1&1\end{bmatrix}$.

$$\boldsymbol{A}=\boldsymbol{P\Lambda P}^{-1},\quad \boldsymbol{A}^2=\boldsymbol{P\Lambda P}^{-1}\boldsymbol{P\Lambda P}^{-1}=\boldsymbol{P\Lambda}^2\boldsymbol{P}^{-1},\quad \cdots,\quad \boldsymbol{A}^n=\boldsymbol{P\Lambda}^n\boldsymbol{P}^{-1}$$

其中

$$\boldsymbol{\Lambda}=\begin{bmatrix}1&0\\0&2\end{bmatrix},\quad \boldsymbol{\Lambda}^2=\begin{bmatrix}1&0\\0&2\end{bmatrix}\begin{bmatrix}1&0\\0&2\end{bmatrix}=\begin{bmatrix}1&0\\0&2^2\end{bmatrix},\quad \cdots,\quad \boldsymbol{\Lambda}^n=\begin{bmatrix}1&0\\0&2^n\end{bmatrix},$$

故

$$\begin{aligned}\boldsymbol{A}^n&=\boldsymbol{P\Lambda}^n\boldsymbol{P}^{-1}=\begin{bmatrix}1&2\\1&4\end{bmatrix}\begin{bmatrix}1&0\\0&2^n\end{bmatrix}\frac{1}{2}\begin{bmatrix}4&-2\\-1&1\end{bmatrix}\\&=\frac{1}{2}\begin{bmatrix}4-2^{n+1}&2^{n+1}-2\\4-2^{n+2}&2^{n+2}-2\end{bmatrix}=\begin{bmatrix}2-2^n&2^n-1\\2-2^{n+1}&2^{n+1}-1\end{bmatrix}.\end{aligned}$$

计算的 Python 程序如下：

```
#程序文件 Pgex1_18.py
import sympy as sp
P=sp.Matrix([[1,2],[1,4]])
n=sp.symbols('n',integer=True,positive=True)
L=sp.Matrix([[1,0],[0,2]])
Pinv=P.inv()
Ln=L**n      #求 L 的 n 次幂
```

```
An=P*Ln*Pinv; An=sp.simplify(An)
print(An)
```

例 1.19 设 $P=\begin{bmatrix}-1&1&1\\1&0&2\\1&1&-1\end{bmatrix}$，$\Lambda=\begin{bmatrix}1&&\\&2&\\&&-3\end{bmatrix}$，$AP=P\Lambda$，求 $\varphi(A)=A^3+2A^2-3A$。

解 $|P|=\begin{vmatrix}-1&1&1\\1&0&-2\\1&1&-1\end{vmatrix}\xlongequal{r_1+r_3}\begin{vmatrix}0&2&0\\1&0&2\\1&1&-1\end{vmatrix}=6$。

故 P 可逆，从而

$$A=P\Lambda P^{-1},\quad \varphi(A)=P\varphi(\Lambda)P^{-1},$$

$$\varphi(A)=P\varphi(\Lambda)P^{-1}=\begin{bmatrix}-1&1&1\\1&0&2\\1&1&-1\end{bmatrix}\begin{bmatrix}0&&\\&10&\\&&0\end{bmatrix}\frac{1}{|P|}P^*$$

$$=\frac{10}{6}\begin{bmatrix}0&1&0\\0&0&0\\0&1&0\end{bmatrix}\begin{bmatrix}A_{11}&A_{21}&A_{31}\\A_{12}&A_{22}&A_{32}\\A_{13}&A_{23}&A_{33}\end{bmatrix}=\frac{5}{3}\begin{bmatrix}A_{12}&A_{22}&A_{32}\\0&0&0\\A_{12}&A_{22}&A_{32}\end{bmatrix},$$

而

$$A_{12}=-\begin{vmatrix}1&2\\1&-1\end{vmatrix}=3,\quad A_{22}=\begin{vmatrix}-1&1\\1&-1\end{vmatrix}=0,\quad A_{32}=-\begin{vmatrix}-1&1\\1&2\end{vmatrix}=3,$$

于是

$$\varphi(A)=5\begin{bmatrix}1&0&1\\0&0&0\\1&0&1\end{bmatrix}.$$

上述计算步骤的 Python 程序如下：

```
#程序文件 Pgex1_19_1.py
import numpy as np
P=np.array([[-1,1,1],[1,0,2],[1,1,-1]])
detP=np.linalg.det(P); print(detP)
phi=lambda x: x**3+2*x**2-3*x          #定义匿名函数 phi
phiL=np.diag([phi(1),phi(2),phi(-3)])   #计算对角阵
At=np.zeros(3,dtype=int)                #3 个代数余子式数组的初始化
for i in range(3):
    Aij=P.copy(); Aij=np.delete(Aij,i,axis=0)
    Aij=np.delete(Aij,1,axis=1)
    At[i]=(-1)**(i+1)*np.linalg.det(Aij)
print(At)
phiA=np.zeros((3,3))                    #初始化
phiA[0]=At*5/3; phiA[2]=At*5/3; print(phiA)
```

直接计算的 Python 程序如下：

```
#程序文件 Pgex1_19_2.py
import sympy as sp
import numpy as np
P=sp.Matrix([[-1,1,1],[1,0,2],[1,1,-1]])
L=np.diag([1,2,-3]); L=sp.Matrix(L)
A=P*L*(P.inv())
phi=lambda x: x**3+2*x**2-3*x      #定义匿名函数 phi
phiA=phi(A); print(phiA)
```

4. 分块矩阵

例 1.20 设

$$A=\begin{bmatrix}1&0&0&0\\0&1&0&0\\-1&2&1&0\\1&1&0&1\end{bmatrix},\quad B=\begin{bmatrix}1&0&1&0\\-1&2&0&1\\1&0&4&1\\-1&-1&2&0\end{bmatrix},$$

求乘积 $\boldsymbol{AB}$。

解 为了求乘积 $\boldsymbol{AB}$,可以对 $\boldsymbol{A}$、$\boldsymbol{B}$ 进行如下的分块:

$$A=\left[\begin{array}{cc:cc}1&0&0&0\\0&1&0&0\\\hdashline -1&2&1&0\\1&1&0&1\end{array}\right]=\begin{bmatrix}\boldsymbol{E}&\boldsymbol{O}\\\boldsymbol{A}_1&\boldsymbol{E}\end{bmatrix},\quad B=\left[\begin{array}{cc:cc}1&0&1&0\\-1&2&0&1\\\hdashline 1&0&4&1\\-1&-1&2&0\end{array}\right]=\begin{bmatrix}\boldsymbol{B}_{11}&\boldsymbol{E}\\\boldsymbol{B}_{21}&\boldsymbol{B}_{22}\end{bmatrix},$$

按分块矩阵的乘法,得

$$\boldsymbol{AB}=\begin{bmatrix}\boldsymbol{E}&\boldsymbol{O}\\\boldsymbol{A}_1&\boldsymbol{E}\end{bmatrix}\begin{bmatrix}\boldsymbol{B}_{11}&\boldsymbol{E}\\\boldsymbol{B}_{21}&\boldsymbol{B}_{22}\end{bmatrix}=\begin{bmatrix}\boldsymbol{B}_{11}&\boldsymbol{E}\\\boldsymbol{A}_1\boldsymbol{B}_{11}+\boldsymbol{B}_{21}&\boldsymbol{A}_1+\boldsymbol{B}_{22}\end{bmatrix},$$

而

$$\boldsymbol{A}_1\boldsymbol{B}_{11}+\boldsymbol{B}_{21}=\begin{bmatrix}-1&2\\1&1\end{bmatrix}\begin{bmatrix}1&0\\-1&2\end{bmatrix}+\begin{bmatrix}1&0\\-1&-1\end{bmatrix}=\begin{bmatrix}-2&4\\-1&1\end{bmatrix},$$

$$\boldsymbol{A}_1+\boldsymbol{B}_{22}=\begin{bmatrix}-1&2\\1&1\end{bmatrix}+\begin{bmatrix}4&1\\2&0\end{bmatrix}=\begin{bmatrix}3&3\\3&1\end{bmatrix},$$

故

$$\boldsymbol{AB}=\begin{bmatrix}1&0&1&0\\-1&2&0&1\\-2&4&3&3\\-1&1&3&1\end{bmatrix}.$$

上述计算过程的 Python 程序如下:

```
#程序文件 Pg1_20.py
import numpy as np
E=np.eye(2)
A1=np.array([[-1,2],[1,1]])
B11=np.array([[1,0],[-1,2]])
B21=np.array([[1,0],[-1,-1]])
```

```
B22=np.array([[4,1],[2,0]])
ABB1=A1.dot(B11)+B21; AB2=A1+B22
AB=np.bmat([[B11,E], [ABB1,AB2]])
#上述语句构造分块矩阵
print(AB)
```

例 1.21 设 $\boldsymbol{A}=\begin{bmatrix}5&0&0\\0&3&1\\0&2&1\end{bmatrix}$,求 $\boldsymbol{A}^{-1}$。

解 因

$$\boldsymbol{A}=\left[\begin{array}{c:cc}5&0&0\\ \hdashline 0&3&1\\0&2&1\end{array}\right]=\begin{bmatrix}\boldsymbol{A}_1&\boldsymbol{O}\\\boldsymbol{O}&\boldsymbol{A}_2\end{bmatrix},$$

$$\boldsymbol{A}_1=[5],\quad \boldsymbol{A}_1^{-1}=\left[\frac{1}{5}\right],\quad \boldsymbol{A}_2=\begin{bmatrix}3&1\\2&1\end{bmatrix},\quad \boldsymbol{A}_2^{-1}=\begin{bmatrix}1&-1\\-2&3\end{bmatrix},$$

所以

$$\boldsymbol{A}^{-1}=\left[\begin{array}{c:cc}1/5&0&0\\ \hdashline 0&1&-1\\0&-2&3\end{array}\right].$$

```
#程序文件 Pgex1_21.py
import numpy as np
A1=5; A2=np.array([[3,1],[2,1]])
B=np.zeros((3,3))
B[0,0]=1/5; B[1:,1:]=np.linalg.inv(A2)
print(B)
```

例 1.22 求矩阵

$$\begin{bmatrix}5&2&0&0\\2&1&0&0\\0&0&8&3\\0&0&5&2\end{bmatrix}$$

的逆阵。

(1) 求数值解的程序如下:

```
#程序文件 Pgex1_22_1.py
import numpy as np
A1=np.array([[5,2],[2,1]]); A2=np.zeros((2,2))
A3=np.array([[8,3],[5,2]])
A=np.bmat([[A1,A2],[A2,A3]])      #构造分块矩阵
B=np.linalg.inv(A)                #求逆阵
print("所求的逆阵为:\n",B)
```

(2) 求符号解的程序如下:

```
#程序文件 Pgex1_22_2.py
```

```
import sympy as sp
A1=sp.Matrix([[5,2],[2,1]]); A2=sp.zeros(2)
A3=sp.Matrix([[8,3],[5,2]])
A12=A1.row_join(A2); A34=A2.row_join(A3)
A=A12.col_join(A34)
B=A.inv(); print("所求的逆阵为:\n",B)
```

求得

$$\begin{bmatrix}5&2&0&0\\2&1&0&0\\0&0&8&3\\0&0&5&2\end{bmatrix}^{-1}=\begin{bmatrix}1&-2&0&0\\-2&5&0&0\\0&0&2&-3\\0&0&-5&8\end{bmatrix}.$$

5. 矩阵变换

例 1.23 把矩阵 $\boldsymbol{A}=\begin{bmatrix}a_{11}&a_{12}&a_{13}\\a_{21}&a_{22}&a_{23}\\a_{31}&a_{32}&a_{33}\end{bmatrix}$ 逆时针旋转 90°。

```
#程序文件 Pgex1_23.py
import sympy as sp
import numpy as np
A=sp.Matrix(3,3,sp.symbols('a1:4(1:4)'))
B=np.rot90(A)
print(A,'\n',B)
```

逆时针旋转 90°得到的矩阵为 $\begin{bmatrix}a_{13}&a_{23}&a_{33}\\a_{12}&a_{22}&a_{32}\\a_{11}&a_{21}&a_{31}\end{bmatrix}$.

1.2.2 齐次坐标、线性变换与图像的空间变换

1. 齐次坐标、线性变换

$\mathbb{R}^2$ 中每个点 (x,y) 可以对应于 $\mathbb{R}^3$ 中的 $(x,y,1)$。它们位于 xy 平面上方 1 单位的平面上。我们称 (x,y) 有齐次坐标 $(x,y,1)$，例如，点 $(0,0)$ 的齐次坐标为 $(0,0,1)$。点的齐次坐标不能相加，也不能乘以数，但它们可以乘以 3×3 矩阵来做变换。

例 1.24 形如 $(x,y)\mapsto(x+h,y+k)$ 的平移可以用齐次坐标写成 $(x,y,1)\mapsto(x+h,y+k,1)$，这个变换可用矩阵乘法实现。

$$\begin{bmatrix}1&0&h\\0&1&k\\0&0&1\end{bmatrix}\begin{bmatrix}x\\y\\1\end{bmatrix}=\begin{bmatrix}x+h\\y+k\\1\end{bmatrix}.$$

例 1.25 $\mathbb{R}^2$ 中的任意线性变换都可通过齐次坐标乘以 3×3 矩阵实现。典型的例子如下：

$$\begin{bmatrix}\cos\varphi&-\sin\varphi&0\\\sin\varphi&\cos\varphi&0\\0&0&1\end{bmatrix},\quad\begin{bmatrix}0&1&0\\1&0&0\\0&0&1\end{bmatrix},\quad\begin{bmatrix}s&0&0\\0&t&0\\0&0&1\end{bmatrix}.$$

绕原点逆时针旋转角度 φ　关于 $y=x$ 的对称变换　x 乘以 s，y 乘以 t

复合变换等价于使用齐次坐标进行矩阵相乘。

例 1.26 求出 3×3 矩阵,对应于先乘以 0.3 的倍乘变换,然后旋转 90°,最后对图形的每个点的坐标加上(-0.5,2)做平移。

解 当 $\varphi=\frac{\pi}{2}$时,$\sin\varphi=1$,$\cos\varphi=0$,由例 1.24 和例 1.25,有

$$\begin{bmatrix}x\\y\\z\end{bmatrix}\xrightarrow{\text{缩小}}\begin{bmatrix}0.3&0&0\\0&0.3&0\\0&0&1\end{bmatrix}\begin{bmatrix}x\\y\\1\end{bmatrix}\xrightarrow{\text{旋转}}\begin{bmatrix}0&-1&0\\1&0&0\\0&0&1\end{bmatrix}\begin{bmatrix}0.3&0&0\\0&0.3&0\\0&0&1\end{bmatrix}\begin{bmatrix}x\\y\\1\end{bmatrix}$$

$$\xrightarrow{\text{平移}}\begin{bmatrix}1&0&-0.5\\0&1&2\\0&0&1\end{bmatrix}\begin{bmatrix}0&-1&0\\1&0&0\\0&0&1\end{bmatrix}\begin{bmatrix}0.3&0&0\\0&0.3&0\\0&0&1\end{bmatrix}\begin{bmatrix}x\\y\\1\end{bmatrix},$$

所以复合变换的矩阵为

$$\begin{bmatrix}1&0&-0.5\\0&1&2\\0&0&1\end{bmatrix}\begin{bmatrix}0&-1&0\\1&0&0\\0&0&1\end{bmatrix}\begin{bmatrix}0.3&0&0\\0&0.3&0\\0&0&1\end{bmatrix}=\begin{bmatrix}0&-0.3&-0.5\\0.3&0&2\\0&0&1\end{bmatrix}.$$

(1) 使用 array 数组的程序如下:

```
#程序文件 Pgex1_26_1.py
import numpy as np
A=np.diag([0.3,0.3,1])
B=np.array([[0,-1,0],[1,0,0],[0,0,1]])
C=np.array([[1,0,-0.5],[0,1,2],[0,0,1]])
T=np.dot(C,B.dot(A)); print(T)
```

(2) 使用 mat 矩阵的程序如下:

```
#程序文件 Pgex1_26_2.py
import numpy as np
A=np.mat(np.diag([0.3,0.3,1]))
B=np.mat([[0,-1,0],[1,0,0],[0,0,1]])
C=np.mat([[1,0,-0.5],[0,1,2],[0,0,1]])
T=C * B * A; print(T)
```

几何变换 T 把坐标(x,y)变换为坐标(X,Y),记作

$$(X,Y)=T(x,y),$$

具体数学表达式为

$$\begin{cases}X=a_0x+a_1y+a_2,\\Y=b_0x+b_1y+b_2.\end{cases}\tag{1.14}$$

写成矩阵形式

$$\begin{bmatrix}X\\Y\\1\end{bmatrix}=\begin{bmatrix}a_0&a_1&a_2\\b_0&b_1&b_2\\0&0&1\end{bmatrix}\begin{bmatrix}x\\y\\1\end{bmatrix}.\tag{1.15}$$

例 1.27 (1) 求关于直线 $y=3x+5$ 对称的变换,对给定的圆$(x-1)^2+y^2=1$,求其关于

$y=3x+5$ 的镜像曲线,并画出图形。

(2) 对于求出的镜像曲线,再利用反变换,求原来的曲线方程。

解 (1) 设 $P_1(x_0,y_0)$ 是平面上的任意一点,它关于直线 $y=3x+5$ 的对称点为 $P_2(X,Y)$,则 P_1、P_2 的中点在直线 $y=3x+5$ 上,且 P_1P_2 与直线垂直,因而有

$$\begin{cases}\dfrac{Y+y_0}{2}=3\dfrac{X+x_0}{2}+5,\\ 3(Y-y_0)=-(X-x_0).\end{cases}$$

解之,得

$$\begin{cases}X=-\dfrac{4}{5}x_0+\dfrac{3}{5}y_0-3,\\ Y=\dfrac{3}{5}x_0+\dfrac{4}{5}y_0+1.\end{cases}\tag{1.16}$$

即是关于直线 $y=3x+5$ 对称的变换。

给定圆的参数方程为 $x=1+\cos t,y=\sin t,t\in[0,2\pi]$。把式(1.16)中的 x_0、y_0 分别代入 $x_0=1+\cos t,y_0=\sin t$,得到镜像曲线的参数方程为

$$\begin{cases}X=\dfrac{3}{5}\sin t-\dfrac{4}{5}\cos t-\dfrac{19}{5},\\ Y=\dfrac{3}{5}\cos t+\dfrac{4}{5}\sin t+\dfrac{8}{5}.\end{cases}\tag{1.17}$$

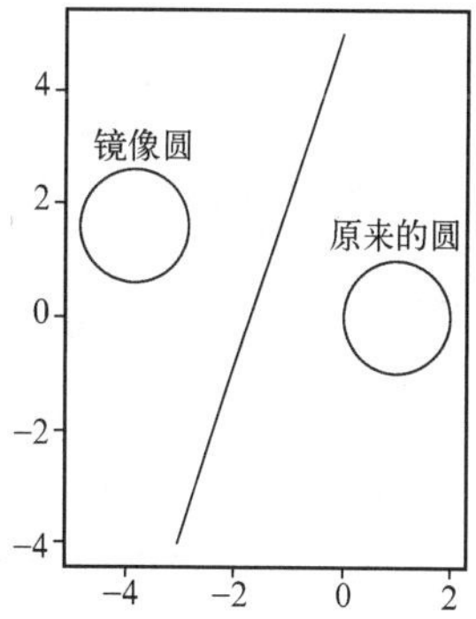

图 1.3 原来的圆与镜像圆

所画出的图形见图 1.3。

计算及画图的 Python 程序如下:

```
#程序文件 Pgex1_27_1.py
import sympy as sp
import numpy as np
import pylab as plt
plt.rc('font',size=16)
plt.rc('font',family='SimHei')
plt.rc('axes',unicode_minus=False)
x0,y0,X,Y,t=sp.symbols('x0,y0,X,Y,t')
eq1=(Y+y0)/2-3*(X+x0)/2-5
eq2=3*(Y-y0)+X-x0
s=sp.solve([eq1,eq2],[X,Y])
XX=s[X]; YY=s[Y]
print(XX,'\n',YY)        #显示对称变换
X1=XX.subs({x0:1+sp.cos(t),y0:sp.sin(t)})
Y1=YY.subs({x0:1+sp.cos(t),y0:sp.sin(t)})
print(X1,'\n',Y1)
t0=np.linspace(0,2*np.pi,100)
x1=1+np.cos(t0); y1=np.sin(t0)
plt.axes(aspect='equal'); plt.plot(x1,y1)
plt.text(-0.1,1.2,"原来的圆")
```

```
x2=np.linspace(-3,0,10);
y2=3*x2+5; plt.plot(x2,y2)
x3=[X1.subs(t,v) for v in t0]
y3=[Y1.subs(t,v) for v in t0]
plt.plot(x3,y3); plt.text(-4.5,2.8,"镜像圆")
plt.show()
```

(2) 对照式(1.15),变换式(1.16)对应的变换矩阵

$$\boldsymbol{T}_1=\begin{bmatrix}-\frac{4}{5} & \frac{3}{5} & -3\\ \frac{3}{5} & \frac{4}{5} & 1\\ 0 & 0 & 1\end{bmatrix},$$

$\boldsymbol{T}_1$ 的逆矩阵

$$\boldsymbol{T}_2=\boldsymbol{T}_1^{-1}=\begin{bmatrix}-\frac{4}{5} & \frac{3}{5} & -3\\ \frac{3}{5} & \frac{4}{5} & 1\\ 0 & 0 & 1\end{bmatrix}.$$

$\boldsymbol{T}_2$ 对应的逆变换为

$$\begin{cases}x_0=-\frac{4}{5}X+\frac{3}{5}Y-3,\\ y_0=\frac{3}{5}X+\frac{4}{5}Y+1.\end{cases}\tag{1.18}$$

把式(1.17)代入式(1.18),得到参数方程

$$\begin{cases}x_0=1+\cos t,\\ y_0=\sin t,\end{cases}\quad t\in[0,2\pi].$$

即为所求的原来的曲线方程。

计算的 Python 程序如下:

```
#程序文件 Pgex1_27_2.py
import sympy as sp
x0,y0,X,Y,t=sp.symbols('x0,y0,X,Y,t')
T1=sp.Matrix([[-4/5,3/5,-3],[3/5,4/5,1],[0,0,1]])
T2=T1.inv()        #求逆阵
XY=sp.Matrix([[3/5*sp.sin(t)-4/5*sp.cos(t)-19/5],
              [3/5*sp.cos(t)+4/5*sp.sin(t)+8/5],[1]])
xy=sp.simplify(T2*XY)
xy=xy[:-1]; print(xy)
```

2. 齐次三维坐标与透视投影

类似于二维情形,称$(x,y,z,1)$是$\mathbb{R}^3$中点(x,y,z)的齐次坐标。一般地,若$H\neq 0$,则(X,Y,Z,H)是(x,y,z)的齐次坐标,且

$$x=\frac{X}{H},\quad y=\frac{Y}{H},\quad z=\frac{Z}{H} \tag{1.19}$$

$(x,y,z,1)$乘以一个非零标量都得到一组(x,y,z)的齐次坐标。例如,$(10,-6,14,2)$和$(-15,9,-21,3)$都是$(5,-3,7)$的齐次坐标。

例 1.28 给出下列变换的 4×4 矩阵。

(1) 绕 y 轴旋转 30°(习惯上,正角是从旋转轴(本例中是 y 轴)的正半轴向原点看过去的逆时针方向的角)。

(2) 沿向量 $\boldsymbol{p}=[-6,4,5]$ 的方向平移。

解 (1) 首先构造 3×3 矩阵表示旋转。如图 1.4 所示,向量 $\boldsymbol{e}_1$ 旋转到$[\cos 30°,0,-\sin 30°]=[\sqrt{3}/2,0,-0.5]$,向量 $\boldsymbol{e}_2$ 不变,向量 $\boldsymbol{e}_3$ 旋转到$[\sin 30°,0,\cos 30°]=[0.5,0,\sqrt{3}/2]$。这个旋转变换的标准矩阵为

$$\boldsymbol{A}=\begin{bmatrix}\sqrt{3}/2 & 0 & -0.5\\ 0 & 1 & 0\\ 0.5 & 0 & \sqrt{3}/2\end{bmatrix}.$$

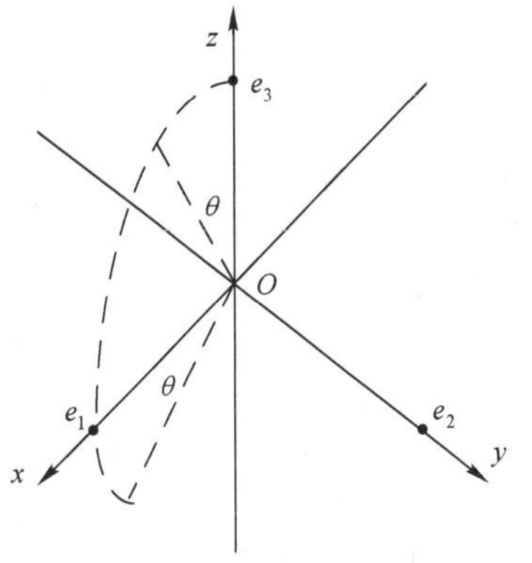

图 1.4 旋转变换示意图

所以齐次坐标的旋转矩阵为

$$\boldsymbol{B}=\begin{bmatrix}\sqrt{3}/2 & 0 & -0.5 & 0\\ 0 & 1 & 0 & 0\\ 0.5 & 0 & \sqrt{3}/2 & 0\\ 0 & 0 & 0 & 1\end{bmatrix}.$$

(2) 我们希望$(x,y,z,1)$映射到$(x-6,y+4,z+5,1)$,所求矩阵为

$$\begin{bmatrix}1 & 0 & 0 & -6\\ 0 & 1 & 0 & 4\\ 0 & 0 & 1 & 5\\ 0 & 0 & 0 & 1\end{bmatrix}.$$

三维物体在二维计算机屏幕上的表示方法是把它投影在一个可视平面上。为简单起见,设 xy 平面表示计算机屏幕,假设某一观察者的眼睛位置是$(0,0,d)$,透视投影把每个点(x,y,z)映射为点$(x^*,y^*,0)$,使这两点与观测者的眼睛位置(称为透视中心)在一条直线上,见图 1.5(a)。xz 平面上的三角形画在图 1.5(b)中,由相似三角形知

$$\frac{x^*}{d}=\frac{x}{d-z},x^*=\frac{dx}{d-z}=\frac{x}{1-z/d}.$$

类似地,有

$$y^*=\frac{y}{1-z/d}.$$

使用齐次坐标,可用矩阵表示透视投影,记此矩阵为 $\boldsymbol{P}$,$(x,y,z,1)$映射为

$$\left(\frac{x}{1-z/d},\frac{y}{1-z/d},0,1\right).$$

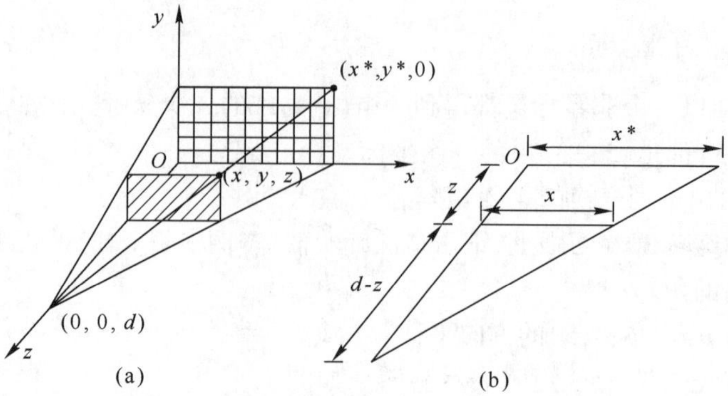

图 1.5　由(x,y,z)到$(x^*,y^*,0)$的透视投影

把这个向量乘以 $1-z/d$,可用$(x,y,0,1-z/d)$作为齐次坐标的像,现在容易求出 $\boldsymbol{P}$。事实上

$$\boldsymbol{P}\begin{bmatrix}x\\y\\z\\1\end{bmatrix}=\begin{bmatrix}1&0&0&0\\0&1&0&0\\0&0&0&0\\0&0&-1/d&1\end{bmatrix}\begin{bmatrix}x\\y\\z\\1\end{bmatrix}=\begin{bmatrix}x\\y\\0\\1-z/d\end{bmatrix}.$$

例 1.29　设 S 是顶点为$(3,1,5)$,$(5,1,5)$,$(5,0,5)$,$(3,0,5)$,$(3,1,4)$,$(5,1,4)$,$(5,0,4)$及$(3,0,4)$的长方体,求 S 在透视中心为$(0,0,10)$的透视投影下的像。

解　设 $\boldsymbol{P}$ 为投影矩阵,$\boldsymbol{D}$ 为用齐次坐标的 S 的数据矩阵,则 S 的像的数据矩阵为

$$\boldsymbol{PD}=\begin{bmatrix}1&0&0&0\\0&1&0&0\\0&0&0&0\\0&0&-1/10&1\end{bmatrix}\begin{bmatrix}3&5&5&3&3&5&5&3\\1&1&0&0&1&1&0&0\\5&5&5&5&4&4&4&4\\1&1&1&1&1&1&1&1\end{bmatrix}$$

$$=\begin{bmatrix}3&5&5&3&3&5&5&3\\1&1&0&0&1&1&0&0\\0&0&0&0&0&0&0&0\\0.5&0.5&0.5&0.5&0.6&0.6&0.6&0.6\end{bmatrix}.$$

为得到$\mathbb{R}^3$坐标,使用式(1.19)。把每一列的前 3 个元素除以第 4 行的对应元素,得

顶点

$$\begin{matrix}1&2&3&4&5&6&7&8\end{matrix}$$
$$\begin{bmatrix}6&10&10&6&5&8.3&8.3&5\\2&2&0&0&1.7&1.7&0&0\\0&0&0&0&0&0&0&0\end{bmatrix}.$$

计算的 Python 程序如下:

```
#程序文件 Pgex1_29.py
import numpy as np
a=np.array([[3,1,5],[5,1,5],[5,0,5],[3,0,5],[3,1,4],[5,1,4],[5,0,4],[3,0,4]])
a=a.T; b=np.ones(a.shape[1])
c=np.vstack([a,b])
```

```
P=np.eye(4); P[2,2]=0; P[3,2]=-1/10
d=P.dot(c)                          #求像点的齐次坐标
e=d[:3,:]/np.tile(d[-1,:],(3,1))#求出像点的坐标
print(d,'\n------------------------------\n',e)
```

3. 图像的空间变换

图像的空间变换,包括仿射变换(如平移、缩放、旋转、剪切)、投影变换等。

以二维仿射变换为例,原图像 $f(x,y)$ 和变换后图像 $g(X,Y)$,仿射变换中原图像中某个像素点坐标 (x,y) 和变换后该像素点坐标 (X,Y) 满足关系式(1.14),写成矩阵形式即满足式(1.15)。

下面直接调用 PIL 库函数,演示图像的空间变换。

例 1.30 图像的旋转和缩放演示。

```
#程序文件 Pgex1_30.py
from PIL import Image
import pylab as plt                 #加载 Matplotlib 的 Pylab 接口
a=Image.open('peppers.png')         #返回一个 PIL 图像对象
b=a.rotate(30)                      #图像旋转 30 度
w,h=a.size
c=a.resize((int(1.9*w),int(1.7*h)))
plt.subplot(131); plt.imshow(a)
plt.subplot(132); plt.imshow(b)
plt.subplot(133); plt.imshow(c); plt.show()
```

原图像及变换后的图像见图 1.6。

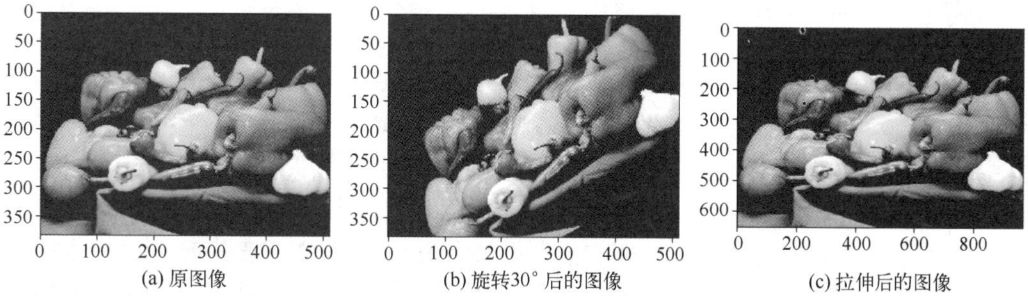

图 1.6 原图像及变换后的图像

1.2.3 密码与破译

1. 古典密码的基本概念及理论

什么是密码系统?

一个密码系统(Cryptosystem)是一个五元组 (P,C,K,E,D),其满足条件:

(1) P 是可能的明文的有限集(明文空间)。

(2) C 是可能密文的有限集(密文空间)。

(3) K 是一切可能密钥构成的有限集(密钥空间),其中的每一个密钥 k 均由加密密钥 k_e 和解密密钥 k_d 组成,记为 $k=(k_e,k_d)$。

(4) E 为加密算法,它是一族由 P 到 C 的加密变换(对于每一个具体的 k_e,E 便确定出一个具体的加密函数)。

(5) D 为解密算法,它由一族由 C 到 P 的解密变换(对于每一个具体的 k_d,D 便确定出一个具体的解密函数)。

在这里,对每一确定的密钥 $k=(k_e,k_d)$,$c=E(m,k_e)$,$m=D(c,k_d)=D(E(m,k_e),k_d)$,其中 m 为明文,c 为密文。

对于正整数 m,记集合 $Z_m=\{0,1,2,\cdots,m-1\}$。

定义 1.1 对于一个元素属于集合 Z_m 的 n 阶方阵 $\boldsymbol{A}$,若存在一个元素属于集合 Z_m 的方阵 $\boldsymbol{B}$,使得

$$\boldsymbol{AB}=\boldsymbol{BA}=\boldsymbol{E}(\bmod m),$$

称 $\boldsymbol{A}$ 为模 m 可逆,$\boldsymbol{B}$ 为 $\boldsymbol{A}$ 的模 m 逆矩阵,记为 $\boldsymbol{B}=\boldsymbol{A}^{-1}(\bmod m)$。$\boldsymbol{E}(\bmod m)$ 的意义是每一个元素减去 m 的整数倍后,可以化成单位矩阵。例如

$$\begin{bmatrix}27 & 52\\26 & 53\end{bmatrix}(\bmod 26)=\boldsymbol{E}.$$

定义 1.2 对 Z_m 的一个整数 a,若存在 Z_m 的一个整数 b,使得 $ab=1(\bmod m)$,称 b 为 a 的模 m 倒数或乘法逆,记作 $b=a^{-1}(\bmod m)$。

可以证明,如果 a 与 m 无公共素数因子,则 a 有唯一的模 m 倒数(素数是指除了 1 与自身外,不能被其他正整数整除的正整数),反之亦然。例如 $3^{-1}=9(\bmod 26)$。利用这点,可以证明下述定理。

定理 1.4 元素属于 Z_m 的方阵 $\boldsymbol{A}$ 模 m 可逆的充要条件是 m 和 $\det(\boldsymbol{A})$ 没有公共素数因子,即 m 和 $\det(\boldsymbol{A})$ 互素。

显然,所选加密矩阵必须符合该命题的条件。

2. Hill_2 密码的数学模型

一般的加密过程是这样的:

明文⇒加密器⇒密文⇒普通信道⇒解密器⇒明文,

其中的"⇒普通信道⇒解密器"这个环节容易被对方截获并加以分析。

在这个过程中,运用的数学手段是矩阵运算,加密过程的具体步骤如下:

(1) 根据明文字母的表值,将明文信息用数字表示,设明文信息只需要 26 个拼音大写字母(也可以不止 26 个,如还有小写字母、数字、标点符号等),通信双方给出这 26 个字母表值见表 1.3。

表 1.3 明文字母的表值

A	B	C	D	E	F	G	H	I	J	K	L	M
1	2	3	4	5	6	7	8	9	10	11	12	13
N	O	P	Q	R	S	T	U	V	W	X	Y	Z
14	15	16	17	18	19	20	21	22	23	24	25	0

(2) 选择一个二阶可逆整数方阵 $\boldsymbol{A}$,称为 Hill_2 密码的加密矩阵,它是这个加密体制的"密钥"(是加密的关键,仅通信双方掌握)。

(3) 将明文字母逐对分组。Hill_2 密码的加密矩阵为二阶矩阵,则明文字母每 2 个一

组(可以推广到 $Hill_n$ 密码,则 n 个明文字母为一组)。若最后一组仅有一个字母,则补充一个没有实际意义的哑字母,这样使每一组都由 2 个明文字母组成。查出每个明文字母的表值,构成一个二维列向量 $\boldsymbol{\alpha}$。

(4) $\boldsymbol{A}$ 乘以 $\boldsymbol{\alpha}$,得一新的二维列向量 $\boldsymbol{\beta}=\boldsymbol{A\alpha}$,由 $\boldsymbol{\beta}$ 的两个分量反查字母表值得到的两个字母即为密文字母。

以上 4 步即为 $Hill_2$ 密码的加密过程。

解密过程,即为上述过程的逆过程。

例 1.31 明文为"HDSDSXX",$\boldsymbol{A}=\begin{bmatrix}1&2\\0&3\end{bmatrix}$,求这段明文的 $Hill_2$ 密文。

解 将明文相邻字母每 2 个分为一组:HD SD SX XX,最后一个字母 X 为哑字母,无实际意义。查表 1.3 得到每对的表值,并构造二维列向量

$$\begin{bmatrix}8\\4\end{bmatrix},\quad\begin{bmatrix}19\\4\end{bmatrix},\quad\begin{bmatrix}19\\24\end{bmatrix},\quad\begin{bmatrix}24\\24\end{bmatrix},$$

将上述 4 个向量左乘矩阵 $\boldsymbol{A}$,得到 4 个二维列向量

$$\begin{bmatrix}16\\12\end{bmatrix},\quad\begin{bmatrix}27\\12\end{bmatrix},\quad\begin{bmatrix}67\\72\end{bmatrix},\quad\begin{bmatrix}72\\72\end{bmatrix},$$

作模 26 运算(每个元素都加减 26 的整数倍,使其化为 0~25 的一个整数),得

$$\begin{bmatrix}16\\12\end{bmatrix}(\bmod 26)=\begin{bmatrix}16\\12\end{bmatrix},\quad\begin{bmatrix}27\\12\end{bmatrix}(\bmod 26)=\begin{bmatrix}1\\12\end{bmatrix},$$

$$\begin{bmatrix}67\\72\end{bmatrix}(\bmod 26)=\begin{bmatrix}15\\20\end{bmatrix},\quad\begin{bmatrix}72\\72\end{bmatrix}(\bmod 26)=\begin{bmatrix}20\\20\end{bmatrix},$$

反查表 1.3 得到每对表值对应的字母为:PL AL OT TT,这就得到了"HDSDSXX"密文为"PLALOTT"。

计算的 Python 程序如下

```
#程序文件 Pgex1_31.py
import numpy as np
s='HDSDSXX';
s=s+'X'                                  #补充哑字母'X'
L=len(s)
num=np.array([ord(s[i]) for i in range(L)])-64
num=np.mod(num,26)                       #mod26,变换 Z 的编码
mm=np.reshape(num,(L//2,2)).T            #把行向量变成两行的矩阵
A=np.array([[1,2],[0,3]])                #输入密钥矩阵
mw=A.dot(mm)                             #求密文的编码值
mw=np.mod(mw,26)
mw[mw==0]=26                             #变换 Z 的编码值
mw=mw.T                                  #注意 Pyhon 中数据是逐行排列的
mw=mw.flatten()+64                       #变换到字母的 ASCII 码值
mwzf=[chr(mw[i]) for i in range(L)]      #转换成密文的字符
mwzf.pop()                               #删除列表最后一个字符
```

```
mwzf=''.join(mwzf)                    #把列表转化为字符串
print(mwzf)
```

例 1.32 甲方收到与之有秘密通信往来的乙方的一个密文信息,密文内容:

WKVACPEAOCIXGWIZUROQWABALOHDKCEAFCLWWCVLEMIMCC

按照甲方与乙方的约定,他们之间的密文通信采用 Hill_2 密码,密钥为二阶矩阵 $\boldsymbol{A}=\begin{bmatrix}1&2\\0&3\end{bmatrix}$,问这段密文的原文是什么?

解 所选择的明文字母共 26 个,$m=26$,26 的素数因子为 2 和 13,所以 Z_{26}上的方阵 $\boldsymbol{A}$ 可逆的充要条件为 $\det(\boldsymbol{A})(\bmod m)$不能被 2 和 13 整除。设 $\boldsymbol{A}=\begin{bmatrix}a&c\\b&d\end{bmatrix}$,若 $\boldsymbol{A}$ 满足上述定理 1.4 的条件,不难验证

$$\boldsymbol{A}^{-1}=(ad-bc)^{-1}\begin{bmatrix}d&-b\\-c&a\end{bmatrix}(\bmod 26),$$

式中:$(ad-bc)^{-1}$为$(ad-bc)(\bmod 26)$的倒数。显然,$(ad-bc)(\bmod 26)$是 Z_{26}中的数。Z_{26}中有模 26 倒数的整数及其倒数见表 1.4。

表 1.4 模 26 倒数表

a	1	3	5	7	9	11	15	17	19	21	23	25
a^{-1}	1	9	21	15	3	19	7	23	11	5	17	25

模 26 倒数表可用下列程序求得。

```
#程序文件 Pgex1_32 _1.py
import numpy as np
m=26
for a in range(1,m+1):
    for i in range(1,m+1):
        if np.mod(a*i,m)==1:
            print("The Inverse (mod % d) of number % d is % d"% (m,a,i))
```

利用表 1.4 可以反演求出 $\boldsymbol{A}^{-1}(\bmod 26)$如下:

$$\boldsymbol{A}^{-1}(\bmod 26)=3^{-1}\begin{bmatrix}3&-2\\0&1\end{bmatrix}(\bmod 26)=9\begin{bmatrix}3&-2\\0&1\end{bmatrix}(\bmod 26)$$
$$=\begin{bmatrix}27&-18\\0&9\end{bmatrix}(\bmod 26)=\begin{bmatrix}1&8\\0&9\end{bmatrix}(\bmod 26)=\boldsymbol{B}.$$

下面我们利用 $\boldsymbol{B}$ 把上面例 1.31 中的密文再变换成明文。

$$\boldsymbol{B}*\begin{bmatrix}16\\12\end{bmatrix}=\begin{bmatrix}112\\108\end{bmatrix},\quad \boldsymbol{B}*\begin{bmatrix}1\\12\end{bmatrix}=\begin{bmatrix}97\\108\end{bmatrix},$$
$$\boldsymbol{B}*\begin{bmatrix}15\\20\end{bmatrix}=\begin{bmatrix}175\\180\end{bmatrix},\quad \boldsymbol{B}*\begin{bmatrix}20\\20\end{bmatrix}=\begin{bmatrix}180\\180\end{bmatrix},$$

再进行模 26 运算,得

$$\begin{bmatrix}8\\4\end{bmatrix},\quad\begin{bmatrix}19\\4\end{bmatrix},\quad\begin{bmatrix}19\\24\end{bmatrix},\quad\begin{bmatrix}24\\24\end{bmatrix},$$

即得到明文:HD SD SX XX。

类似地,利用 Python 软件计算得到所求的明文为

GUDIANMIMASHIYIZIFUWEIJIBENJIAMIDANYUANDEMIMAA

中文即为“古典密码是以字符为基本加密单元的密码”。

计算逆阵及解密的 Python 程序如下:

```
#程序文件 Pgex1_32_2.py
import numpy as np
m=26; a=np.array([[1,2],[0,3]])
ad=np.linalg.det(a).astype(int)
def gcdfun(a,b):      #定义求两个数的最大公因数函数
    x=a% b
    while (x!=0):
        a=b; b=x; x=a% b
    return b
while gcdfun(ad,m)!=1:
    print("秘钥矩阵不可逆,矩阵格式:[[a11,a12],[a21,a22]]\n")
    a=eval(input("请重新输入矩阵 a=:\n"))
    ad=np.linalg.det(a).astype(int)
for i in range(1,m+1):
    if np.mod(ad*i,m)==1:
        nb=i; break
B=np.mod(nb*np.array([[a[1,1],-a[0,1]],[-a[1,0],a[0,0]]]),26)
s='WKVACPEAOCIXGWIZUROQWABALOHDKCEAFCLWWCVLEMIMCC'    #输入密文字符
L=len(s); flag=0
if L% 2==1:
    s=s+'X'; L=L+1; flag=1
jm=np.array([ord(s[i]) for i in range(L)])-64    #求字母对应的编码
jm[jm==26]=0    #如果存在 Z 的编码 26,把 Z 的编码改成 0
jm2=np.reshape(jm,(L//2,2)).T                    #把行向量变成两行的矩阵
mjm=np.mod(B.dot(jm2),26)                        #求明文的编码值
mjm[mjm==0]=26                                   #变换 Z 的编码
mjm=mjm.T; bm=mjm.flatten()+64                   #变换到字母的 ASCII 值
mzf=[chr(bm[i]) for i in range(L)]               #转换成明文的字符
if flag==1: mzf.pop()
mzf=''.join(mzf); print(mzf)
```

例 1.33 甲方截获了一段密文

MOFAXJEABAUCRSXJLUYHQATCZHWBCSCP

经分析这段密文是用 Hill_2 密码编译的,且这段密文的字母 UCRS 依次代表字母 TACO,问能否破译这段密文的内容?

解 该问题属于破译问题。前面两个例题的加密与解密过程类似于在二维向量空间进行线性变换与其逆变换,每个明文向量是一个 Z_m 上的二维向量,乘以加密矩阵后,仍

为 Z_m 上的一个二维向量。由于加密矩阵 $\boldsymbol{A}$ 为可逆矩阵,所以,如果知道了两个线性无关的二维明文向量与其对应的密文向量,就可以求出它的加密矩阵 $\boldsymbol{A}$ 及 $\boldsymbol{A}^{-1}$。

本例的密文中只出现一些字母,当然它可以是汉语拼音,或英文字母或其他语言的字母。所以可猜测秘密信息由 26 个字母组成,设 $m=26$。通常由破译部门通过大量的统计分析与语言分析确定表值。假如,所确定的表值为表 1.3,已知

$$\begin{bmatrix} U \\ C \end{bmatrix} \leftrightarrow \begin{bmatrix} T \\ A \end{bmatrix}, \quad \begin{bmatrix} R \\ S \end{bmatrix} \leftrightarrow \begin{bmatrix} C \\ O \end{bmatrix},$$

其中"↔"前的为密文,"↔"后的为明文。

按照表 1.3,有

$$\begin{bmatrix} U \\ C \end{bmatrix} \leftrightarrow \boldsymbol{\beta}_1 = \begin{bmatrix} 21 \\ 3 \end{bmatrix} = \boldsymbol{A\alpha}_1 \Leftrightarrow \boldsymbol{\alpha}_1 = \begin{bmatrix} 20 \\ 1 \end{bmatrix} \leftrightarrow \begin{bmatrix} T \\ A \end{bmatrix},$$

$$\begin{bmatrix} R \\ S \end{bmatrix} \leftrightarrow \boldsymbol{\beta}_2 = \begin{bmatrix} 18 \\ 19 \end{bmatrix} = \boldsymbol{A\alpha}_2 \Leftrightarrow \boldsymbol{\alpha}_2 = \begin{bmatrix} 3 \\ 15 \end{bmatrix} \leftrightarrow \begin{bmatrix} C \\ O \end{bmatrix},$$

在模 26 意义下,$\det(\boldsymbol{\beta}_1,\boldsymbol{\beta}_2) = \begin{vmatrix} 21 & 18 \\ 3 & 19 \end{vmatrix} (\bmod 26) = 345 (\bmod 26) = 7$,它有模 26 倒数,所以,$\boldsymbol{\beta}_1$、$\boldsymbol{\beta}_2$ 在模 26 意义下线性无关。类似地,也可以验证 $\det(\boldsymbol{\alpha}_1,\boldsymbol{\alpha}_2) = 11 (\bmod 26)$,$\boldsymbol{\alpha}_1$、$\boldsymbol{\alpha}_2$ 线性无关。

记 $\boldsymbol{P} = [\boldsymbol{\beta}_1,\boldsymbol{\beta}_2]$,$\boldsymbol{C} = [\boldsymbol{\alpha}_1,\boldsymbol{\alpha}_2]$,则 $\boldsymbol{P} = \boldsymbol{AC}$,$\boldsymbol{A}^{-1} = \boldsymbol{CP}^{-1} = \begin{bmatrix} 1 & 17 \\ 0 & 9 \end{bmatrix}$。

利用与例 1.32 同样的解密方法,可以求得,这段密文的明文是

HEWILLVISITACOLLEGETHISAFTERNOON

分析这段文字,并适当划分单词,则这段密文可理解为如下一段文字:

"He will visit a college this afternoon".

计算的 Python 程序如下:

```
#程序文件 Pgex1_33.py
import numpy as np
m=26;
P=np.array([[21,18],[3,19]])                 #输入已知密文对应的矩阵
ad=np.linalg.det(P).astype(int)%26         #计算对应的行列式值
for i in range(1,m+1):
    if ad*i % m == 1 : nb=i; break
pn=np.mod(nb*np.array([[P[1,1],-P[0,1]],[-P[1,0],P[0,0]]]),26)  #计算 P 的
mod26 逆阵
C=np.array([[20,3],[1,15]])
B=np.mod(C.dot(pn),26)                       #计算密钥矩阵的逆阵
s='MOFAXJEABAUCRSXJLUYHQATCZHWBCSCP'         #输入密文字符
L=len(s); flag=0
if L%2==1: s=s+'X'; L=L+1; flag=1
jm=np.array([ord(s[i]) for i in range(L)])-64      #求字母对应的编码
jm[jm==26]=0                                 #如果存在 Z 的编码 26,把 Z 的编码改成 0
```

```
jm2=np.reshape(jm,(L//2,2)).T                #把行向量变成两行的矩阵
mjm=np.mod(B.dot(jm2),26)                    #求明文的编码值
mjm[mjm==0]=26                               #变换Z的编码
mjm=mjm.T; bm=mjm.flatten()+64               #变换到字母的ASCII值
mzf=[chr(bm[i]) for i in range(L)]           #转换成明文的字符
if flag==1: mzf.pop()
mzf=''.join(mzf); print(mzf)
```

1.3 矩阵初等变换与线性方程组

1.3.1 矩阵的初等变换和矩阵的秩

把矩阵 $\boldsymbol{A}$ 化成行最简形的 Python 命令为 SymPy 库中的 rref( )方法。

例 1.34 设 $\boldsymbol{A}=\begin{bmatrix}2&-1&-1\\1&1&-2\\4&-6&2\end{bmatrix}$的行最简形矩阵为 $\boldsymbol{F}$,求 $\boldsymbol{F}$,并求一个可逆矩阵 $\boldsymbol{P}$,使 $\boldsymbol{PA}=\boldsymbol{F}$。

解 把 $\boldsymbol{A}$ 用初等行变换化成行最简形矩阵,即为 $\boldsymbol{F}$,但需求出 $\boldsymbol{P}$。对$[\boldsymbol{A},\boldsymbol{E}]$作初等行变换把 $\boldsymbol{A}$ 化成行最简形矩阵,便同时得到 $\boldsymbol{F}$ 和 $\boldsymbol{P}$,运算如下:

$$[\boldsymbol{A},\boldsymbol{E}]=\begin{bmatrix}2&-1&-1&1&0&0\\1&1&-2&0&1&0\\4&-6&2&0&0&1\end{bmatrix}\xrightarrow[r_2-2r_1]{\substack{r_1\leftrightarrow r_2\\ r_3-2r_2}}\begin{bmatrix}1&1&-2&0&1&0\\0&-3&3&1&-2&0\\0&-4&4&-2&0&1\end{bmatrix}$$

$$\xrightarrow[r_3+4r_2]{\substack{r_2-r_3\\ r_1-r_2}}\begin{bmatrix}1&0&-1&-3&3&1\\0&1&-1&3&-2&-1\\0&0&0&10&-8&-3\end{bmatrix},$$

故 $\boldsymbol{F}=\begin{bmatrix}1&0&-1\\0&1&-1\\0&0&0\end{bmatrix}$为 $\boldsymbol{A}$ 的行最简形矩阵,而使 $\boldsymbol{PA}=\boldsymbol{F}$ 的可逆矩阵

$$\boldsymbol{P}=\begin{bmatrix}-3&3&1\\3&-2&-1\\10&-8&-3\end{bmatrix}.$$

```
#程序文件 Pgex1_34.py
import numpy as np
import sympy as sp
A=np.array([[2,-1,-1],[1,1,-2],[4,-6,2]],dtype=int)
E=np.eye(3,dtype=int); AE=np.hstack([A,E])
AE=sp.Matrix(AE); SAE=AE.rref()
F=SAE[0][:,:3]; P=SAE[0][:,3:]
print(F); print(P)
```

```
check=P*A; print(check)
```

Python 程序求得 $P=\begin{bmatrix}0 & 3/5 & 1/10\\0 & 2/5 & -1/10\\1 & -4/5 & -3/10\end{bmatrix}$.

注 1.4 通过 Python 程序的运行结果可知，P 矩阵是不唯一的。

例 1.35 设 $A=\begin{bmatrix}0 & -2 & 1\\3 & 0 & -2\\-2 & 3 & 0\end{bmatrix}$，证明 A 可逆，并求 A^{-1}。

解 若初等变换把$[A,E]$化成$[F,P]$，其中 F 为 A 的行最简形矩阵，且 $F=E$，则可推知 A 可逆，并由 $PA=E$，知 $P=A^{-1}$。运算如下：

$$[A,E]=\begin{bmatrix}0 & -2 & 1 & 1 & 0 & 0\\3 & 0 & -2 & 0 & 1 & 0\\-2 & 3 & 0 & 0 & 0 & 1\end{bmatrix}$$

$$\xrightarrow[r_1\leftrightarrow r_2]{\substack{r_3\times 3\\ r_3+2r_2}}\begin{bmatrix}3 & 0 & -2 & 0 & 1 & 0\\0 & -2 & 1 & 1 & 0 & 0\\0 & 9 & -4 & 0 & 2 & 3\end{bmatrix}\xrightarrow[r_3+9r_2]{r_3\times 2}\begin{bmatrix}3 & 0 & -2 & 0 & 1 & 0\\0 & -2 & 1 & 1 & 0 & 0\\0 & 0 & 1 & 9 & 4 & 6\end{bmatrix}$$

$$\xrightarrow[r_2-r_3]{r_1+2r_3}\begin{bmatrix}3 & 0 & 0 & 18 & 9 & 12\\0 & -2 & 0 & -8 & -4 & -6\\0 & 0 & 1 & 9 & 4 & 6\end{bmatrix}\xrightarrow[r_2\div(-2)]{r_1\div 3}\begin{bmatrix}1 & 0 & 0 & 6 & 3 & 4\\0 & 1 & 0 & 4 & 2 & 3\\0 & 0 & 1 & 9 & 4 & 6\end{bmatrix},$$

因 $A\overset{r}{\sim}E$，故 A 可逆，且 $A^{-1}=\begin{bmatrix}6 & 3 & 4\\4 & 2 & 3\\9 & 4 & 6\end{bmatrix}$.

```
#程序文件 Pgex1_35.py
import numpy as np
import sympy as sp
A=np.array([[0,-2,1],[3,0,-2],[-2,3,0]])
AE=np.hstack([A,np.eye(3)]).astype(int)
SAE=sp.Matrix(AE).rref()
Ainv=SAE[0][:,3:]; print(Ainv)          #提出并显示逆阵
A2=np.linalg.inv(A)                     #直接利用库函数求逆阵
A3=np.mat(A).I                          #直接利用库函数求逆阵
```

例 1.36 求解矩阵方程 $AX=B$，其中 $A=\begin{bmatrix}2 & 1 & -3\\1 & 2 & -2\\-1 & 3 & 2\end{bmatrix}$，$B=\begin{bmatrix}1 & -1\\2 & 0\\-2 & 5\end{bmatrix}$.

解 设可逆矩阵 P 使 $PA=F$ 为行最简形矩阵，则

$$P[A,B]=[F,PB],$$

因此对矩阵$[A,B]$作初等行变换把 A 变成 F，同时把 B 变为 PB。若 $F=E$，则 A 可逆，且 $P=A^{-1}$，这时所给方程有唯一解 $X=PB=A^{-1}B$。由

$$[\boldsymbol{A},\boldsymbol{B}]=\begin{bmatrix}2&1&-3&1&-1\\1&2&-2&2&0\\-1&3&2&-2&5\end{bmatrix}\overset{\substack{r_1\leftrightarrow r_2\\ r_2-2r_1\\ r_3+r_1}}{\sim}\begin{bmatrix}1&2&-2&2&0\\0&-3&1&-3&-1\\0&5&0&0&5\end{bmatrix}$$

$$\overset{\substack{r_3\leftrightarrow r_2\\ r_2\div 5\\ r_3+3r_2}}{\sim}\begin{bmatrix}1&2&-2&2&0\\0&1&0&0&1\\0&0&1&-3&2\end{bmatrix}\overset{r_1-2r_2+2r_3}{\sim}\begin{bmatrix}1&0&0&-4&2\\0&1&0&0&1\\0&0&1&-3&2\end{bmatrix},$$

可见 $\boldsymbol{A}\overset{r}{\sim}\boldsymbol{E}$,因此 $\boldsymbol{A}$ 可逆,且

$$\boldsymbol{X}=\boldsymbol{A}^{-1}\boldsymbol{B}=\begin{bmatrix}-4&2\\0&1\\-3&2\end{bmatrix}$$

即为所给方程的唯一解。

```
#程序文件 Pgex1_36.py
import numpy as np
import sympy as sp
A=np.array([[2,1,-3],[1,2,-2],[-1,3,2]],dtype=int)
B=np.array([[1,-1],[2,0],[-2,5]],dtype=int)
AB=np.hstack([A,B]); AB=sp.Matrix(AB)
SAB=AB.rref(); X=SAB[0][:,3:]; print(X)
```

例 1.37 设 $\boldsymbol{A}=\begin{bmatrix}1&-2&2&-1\\2&-4&8&0\\-2&4&-2&3\\3&-6&0&-6\end{bmatrix}$,利用初等行变换求矩阵 $\boldsymbol{A}$ 的秩。

解 对矩阵 $\boldsymbol{A}$ 做初等行变换,计算得到

$$\boldsymbol{A}=\begin{bmatrix}1&-2&2&-1\\2&-4&8&0\\-2&4&-2&3\\3&-6&0&-6\end{bmatrix}\sim\begin{bmatrix}1&-2&0&-2\\0&0&1&0.5\\0&0&0&0\\0&0&0&0\end{bmatrix},$$

所以,矩阵 $\boldsymbol{A}$ 的秩为 2。

```
#程序文件 Pgex1_37.py
import sympy as sp
import numpy as np
a=np.array([[1,-2,2,-1],[2,-4,8,0],[-2,4,-2,3],[3,-6,0,-6]])
b=sp.Matrix(a)                  #变换为符号矩阵
c=b.rref()                      #化成行最简形
print(c)
r=np.linalg.matrix_rank(a)  #调用模块函数直接求矩阵的秩
print("矩阵的秩为:",r)
```

1.3.2 线性方程组的解

例 1.38 求非齐次方程组

$$\begin{cases}x_1+x_2-3x_3-x_4=1,\\3x_1-x_2-3x_3+4x_4=4,\\x_1+5x_2-9x_3-8x_4=0\end{cases}$$

的通解。

解 求通解只能使用 Python 方法 rref 把增广矩阵化成行最简形。

```
#程序文件 Pgex1_38.py
import sympy as sp
import numpy as np
a=np.array([[1,1,-3,-1],[3,-1,-3,4],[1,5,-9,-8]])
b=np.array([[1,4,0]]).T
c=np.hstack([a,b])
d=sp.Matrix(c).rref(); print(d)
```

求得行最简形矩阵为

$$\begin{bmatrix}1&0&-3/2&3/4&5/4\\0&1&-3/2&-7/4&-1/4\\0&0&0&0&0\end{bmatrix}.$$

通过行最简形可以写出原方程组的等价方程组为

$$\begin{cases}x_1=\dfrac{3}{2}x_3-\dfrac{3}{4}x_4+\dfrac{5}{4},\\[2mm]x_2=\dfrac{3}{2}x_3+\dfrac{7}{4}x_4-\dfrac{1}{4}.\end{cases}$$

所以,方程组的通解为

$$\begin{bmatrix}x_1\\x_2\\x_3\\x_4\end{bmatrix}=c_1\begin{bmatrix}3/2\\3/2\\1\\0\end{bmatrix}+c_2\begin{bmatrix}-3/4\\7/4\\0\\1\end{bmatrix}+\begin{bmatrix}5/4\\-1/4\\0\\0\end{bmatrix},\quad(c_1,c_2\in\mathbf{R}).$$

例 1.39 求齐次线性方程组

$$\begin{cases}x_1-x_2-x_3+x_4=0,\\x_1-x_2+x_3-3x_4=0,\\x_1-x_2-2x_3+3x_4=0\end{cases}$$

的基础解系。

解 对系数矩阵 $\boldsymbol{A}=\begin{bmatrix}1&-1&-1&1\\1&-1&1&-3\\1&-1&-2&3\end{bmatrix}$,做初等行变换,得到行最简形矩阵

$$\boldsymbol{B}=\begin{bmatrix}1&-1&0&-1\\0&0&1&-2\\0&0&0&0\end{bmatrix},$$

对应的等价齐次线性方程组为

$$\begin{cases} x_1 = x_2 + x_4, \\ x_3 = 2x_4, \end{cases}$$

求得基础解系为

$$\boldsymbol{\xi}_1 = [1,1,0,0]^{\mathrm{T}}, \quad \boldsymbol{\xi}_2 = [1,0,2,1]^{\mathrm{T}}.$$

```
#程序文件 Pgex1_39.py
import sympy as sp
a=sp.Matrix([[1,-1,-1,1],[1,-1,1,-3],[1,-1,-2,3]])
b=a.rref(); print(b)     #化行最简形并显示
x=a.nullspace()          #直接调用库函数求零空间,即基础解系
print("基础解系为:\n",x)
```

例 1.40 设有线性方程组

$$\begin{cases} (1+\lambda)x_1 + x_2 + x_3 = 0, \\ x_1 + (1+\lambda)x_2 + x_3 = 3, \\ x_1 + x_2 + (1+\lambda)x_3 = \lambda. \end{cases}$$

问 λ 取何值时,此方程组(1)有唯一解;(2)无解;(3)有无穷多解?并在有无穷多解时求其通解。

解 因系数矩阵 $\boldsymbol{A}$ 为 3 阶方阵,故有 $R(\boldsymbol{A}) \leqslant R(\boldsymbol{A},\boldsymbol{b})_{3\times4} \leqslant 3$。可知方程组有唯一解的充分必要条件是 $\boldsymbol{A}$ 的秩 $R(\boldsymbol{A})=3$,即 $|\boldsymbol{A}| \neq 0$。而

$$|\boldsymbol{A}| = \begin{vmatrix} 1+\lambda & 1 & 1 \\ 1 & 1+\lambda & 1 \\ 1 & 1 & 1+\lambda \end{vmatrix} = (3+\lambda)\begin{vmatrix} 1 & 1 & 1 \\ 1 & 1+\lambda & 1 \\ 1 & 1 & 1+\lambda \end{vmatrix}$$

$$= (3+\lambda)\begin{vmatrix} 1 & 1 & 1 \\ 0 & \lambda & 0 \\ 0 & 0 & \lambda \end{vmatrix} = (3+\lambda)\lambda^2,$$

因此,当 $\lambda \neq 0$ 且 $\lambda \neq -3$ 时,方程组有唯一解。

当 $\lambda = 0$ 时,有

$$\boldsymbol{B} = \begin{bmatrix} 1 & 1 & 1 & 0 \\ 1 & 1 & 1 & 3 \\ 1 & 1 & 1 & 0 \end{bmatrix} \overset{r}{\sim} \begin{bmatrix} 1 & 1 & 1 & 0 \\ 0 & 0 & 0 & 1 \\ 0 & 0 & 0 & 0 \end{bmatrix},$$

知 $R(\boldsymbol{A})=1, R(\boldsymbol{B})=2$,故方程组无解。

当 $\lambda = -3$ 时,有

$$\boldsymbol{B} = \begin{bmatrix} -2 & 1 & 1 & 0 \\ 1 & -2 & 1 & 3 \\ 1 & 1 & -2 & -3 \end{bmatrix} \overset{r}{\sim} \begin{bmatrix} 1 & 0 & -1 & -1 \\ 0 & 1 & -1 & -2 \\ 0 & 0 & 0 & 0 \end{bmatrix},$$

知 $R(\boldsymbol{A})=R(\boldsymbol{B})=2$,故方程组有无限多个解,且通解为

$$\begin{bmatrix} x_1 \\ x_2 \\ x_3 \end{bmatrix} = c\begin{bmatrix} 1 \\ 1 \\ 1 \end{bmatrix} + \begin{bmatrix} -1 \\ -2 \\ 0 \end{bmatrix} \quad (c \in \mathbf{R}).$$

```
#程序文件 Pgex1_40.py
import sympy as sp
t=sp.symbols('t')    #方程中的参数 lambda 用 t 表示
A=sp.Matrix([[1+t,1,1],[1,1+t,1],[1,1,1+t]])
b=sp.Matrix([0,3,t])
B=A.col_insert(3,b)
eq=A.det()           #求系数行列式的值
t0=sp.solve(eq); print(t0)
B1=B.subs(t,t0[1]).rref(); print(B1)
B2=B.subs(t,t0[0]).rref(); print(B2)
```

矩阵 $\boldsymbol{A}$ 的秩记为 $R(\boldsymbol{A})$，线性方程组 $\boldsymbol{Ax}=\boldsymbol{b}$ 的增广阵$[\boldsymbol{A},\boldsymbol{b}]$的秩记为 $R(\boldsymbol{A},\boldsymbol{b})$。

定理 1.5 n 元线性方程组 $\boldsymbol{Ax}=\boldsymbol{b}$

(1) 无解的充分必要条件是 $R(\boldsymbol{A})<R(\boldsymbol{A},\boldsymbol{b})$。

(2) 有唯一解的充分必要条件是 $R(\boldsymbol{A})=R(\boldsymbol{A},\boldsymbol{b})=n$。

(3) 有无穷多解的充分必要条件是 $R(\boldsymbol{A})=R(\boldsymbol{A},\boldsymbol{b})<n$。

无论数学上 $\boldsymbol{Ax}=\boldsymbol{b}$ 是否存在解，或者是多解，Python 的求解命令 x=pinv(A).dot(b)总是给出唯一解，给出解的情况如下：

(1) 当方程组有无穷多解时，Python 给出的是最小范数解。

(2) 当方程组无解时，Python 给出的是最小二乘解 $\boldsymbol{x}^*$，所谓的最小二乘解 $\boldsymbol{x}^*$ 是满足 $\|\boldsymbol{Ax}^*-\boldsymbol{b}\|^2$ 最小的解，即方程两边误差平方和最小的解。

例 1.41 求解非齐次线性方程组

$$\begin{cases}x_1+x_2-2x_3-x_4=-1,\\ x_1+5x_2-3x_3-2x_4=0,\\ 3x_1-x_2+x_3+4x_4=2,\\ -2x_1+2x_2+x_3-x_4=1.\end{cases}$$

计算得系数矩阵的秩 $R(\boldsymbol{A})=3$，$R(\boldsymbol{A},\boldsymbol{b})=3$，所以 $R(\boldsymbol{A})=R(\boldsymbol{A},\boldsymbol{b})=3<4$（未知数的个数），方程组有无穷多解，我们可以使用 rref( )方法，把增广矩阵化成行最简形，从而得到方程组的通解。使用 Python 软件，求得的最小范数解为$[0,0.5,0.5,0.5]^{\mathrm{T}}$。

```
#程序文件 Pgex1_41.py
import numpy as np
a=np.array([[1,1,-2,-1],[1,5,-3,-2],[3,-1,1,4],[-2,2,1,-1]])
b=np.array([[-1,0,2,1]]).T
ab=np.hstack([a,b])
r1=np.linalg.matrix_rank(a)       #计算系数矩阵的秩
r2=np.linalg.matrix_rank(ab)      #计算增广矩阵的秩
print("系数矩阵和增广矩阵的秩分别为:",r1,',',r2)
x=np.linalg.pinv(a).dot(b)
print("所求的最小范数解为:\n",x)
```

例 1.42 求解非齐次线性方程组

$$\begin{cases}x_1-2x_2+3x_3-x_4=1,\\3x_1-x_2+5x_3-3x_4=2,\\2x_1+x_2+2x_3-2x_4=3.\end{cases}$$

计算得系数矩阵的秩 $R(\boldsymbol{A})=2$，增广矩阵的秩 $R([\boldsymbol{A},\boldsymbol{b}])=3$，所以线性方程组无解，Python 给出的最小二乘解为 $[0.38422392,\ 0.46564885,\ 0.1653944,\ -0.38422392]^{\mathrm{T}}$。

计算的 Python 程序如下：

```
#程序文件 Pgex1_42.py
import numpy as np
a=np.array([[1,-2,3,-1],[3,-1,5,-3],[2,1,2,-2]])
b=np.array([1,2,3])
ab=np.c_[a,b]
r1=np.linalg.matrix_rank(a)        #计算系数矩阵的秩
r2=np.linalg.matrix_rank(ab)       #计算增广矩阵的秩
print("系数矩阵和增广矩阵的秩分别为:",r1,',',r2)
x1=np.linalg.pinv(a).dot(b)
x2=np.linalg.lstsq(a,b,rcond=None)[0]
print("两种方法求得的最小二乘解分别为:\n",x1,'\n',x2)
```

我们可以利用 Python 求解线性方程组的命令，做线性最小二乘拟合。

例 1.43 已知 (x,y) 的 8 对观测值 (x_i,y_i) $(i=1,2,\cdots,8)$，见表 1.5。拟合下列 3 类函数：

(1) $y=ax+b$；(2) $y=cx^2+dx+e$，(3) $y=f\ln x+\dfrac{g}{x}$。

其中 $a,b,\cdots,g$ 是待定的参数。

表 1.5 (x,y) 的 8 对观测值

x_i	1	2	3	4	5	6	7	8
y_i	8	12	7	14	15	16	18	21

分析：拟合参数 a,b，我们最希望的结果是把观测值代入 $y=ax+b$，得到的线性方程组

$$\begin{cases}y_1=ax_1+b,\\ \quad\vdots\\y_8=ax_8+b\end{cases}$$

有解，而该线性方程组有两个未知数 a 和 b，有 8 个方程，一般情况下是无解的，求解该方程组，Python 刚好就给出了最小二乘解。类似地，可以拟合另外两个函数。

利用 Python 拟合的函数分别为

(1) $y=1.7738x+5.8929$；(2) $y=0.1131x^2+0.7560x+7.5893$；

(3) $y=8.5557\ln x+\dfrac{7.6742}{x}$。

计算的 Python 程序如下：

```
#程序文件 Pgex1_43.py
```

```
import numpy as np
x0=np.arange(1,9)
y0=np.array([8,12,7,14,15,16,18,21])
xs=np.c_[x0,np.ones(8)]                    #构造线性方程组的系数矩阵
ab1=np.linalg.pinv(xs)@y0                  #@表示矩阵乘法
ab2=np.polyfit(x0,y0,1)
print("两种方法拟合的参数分别为:\n",ab1,'\n',ab2)
cde=np.polyfit(x0,y0,2)                    #拟合第二个函数的参数
print("第二个函数拟合的参数为:\n",cde)
xs3=np.c_[np.log(x0),1/x0]                 #构造拟合 f,g 时线性方程组的系数矩阵
fg=np.linalg.pinv(xs3).dot(y0)
print("第三个函数拟合的参数为:\n",fg)
```

在求解大规模线性方程组时,为了提高求解效率,可以使用稀疏矩阵,使用稀疏矩阵比使用普通矩阵的效率可能提高 10 倍。

稀疏矩阵在数学上是指一个矩阵的零元素很多,非零元素很少的矩阵。在数据结构中,稀疏矩阵只是一种存储数据的方式,只存放矩阵中非零元素的行地址、列地址和非零元素值。

例 1.44 利用稀疏矩阵和普通矩阵两种格式分别求解方程组,并比较两种求解方式的效率。

$$
\begin{cases}
4x_1+x_2 = 1, \\
x_1+4x_2+x_3 = 2, \\
x_2+4x_3+x_4 = 3, \\
\quad\ddots \\
x_{998}+4x_{999}+x_{1000} = 999, \\
x_{999}+4x_{1000} = 1000.
\end{cases}
$$

求解的 Python 程序如下:

```
#程序文件 Pgex1_44.py
import numpy as np
from scipy.sparse.linalg import spsolve
from scipy.sparse import csr_matrix
import time
a=4*np.eye(1000)+np.eye(1000,k=1)+np.eye(1000,k=-1)
b=np.arange(1,1001)
x1=np.linalg.inv(a).dot(b)
start=time.time()                 #1970 纪元后经过的浮点秒数
x2=np.linalg.solve(a,b)           #线性方程组的另一种普通解法
T1=time.time()-start              #计算求解花费的时间
a2=csr_matrix(a); start=time.time()
x3=spsolve(a2,b); T2=time.time()-start
cha=sum(abs(x2-x3))               #比较计算的误差
print(T1,',',T2)                  #显示稠密矩阵和稀疏矩阵两种求解方式花费的时间
```

例 1.45 在图 1.7 所示的双杆系统中,已知杆 1 重 $G_1=300\text{N}$,长 $L_1=2\text{m}$,与水平方向的夹角为 $\theta_1=\pi/6$,杆 2 重 $G_2=200\text{N}$,长 $L_2=\sqrt{2}\,\text{m}$,与水平方向的夹角为 $\theta_2=\pi/4$,3 个铰接点 A,B,C 所在平面垂直于水平面,求杆 1、杆 2 在铰接点处所受到的力。

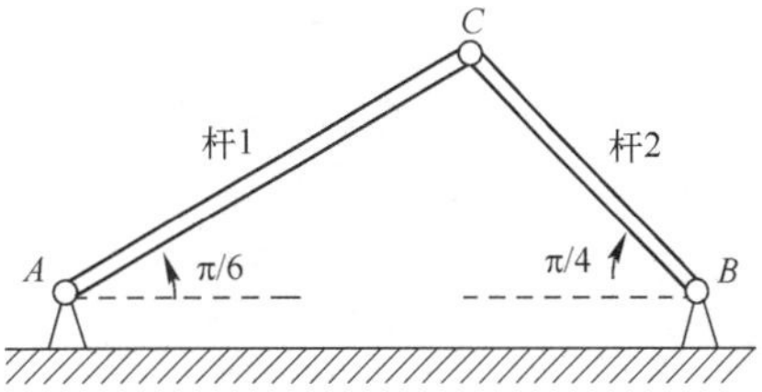

图 1.7 双杆系统

解 假设两杆都是均匀的,在铰接点处的受力情况如图 1.8 所示。记 $\theta_1=\pi/6,\theta_2=\pi/4$。

对于杆 1:

水平方向受到的合力为零,故 $N_1=N_3$,

竖直方向受到的合力为零,故 $N_2+N_4=G_1$。

以点 A 为支点的合力矩为零,故 $(L_1\sin\theta_1)N_3+(L_1\cos\theta_1)N_4=\left(\frac{1}{2}L_1\cos\theta_1\right)G_1$。

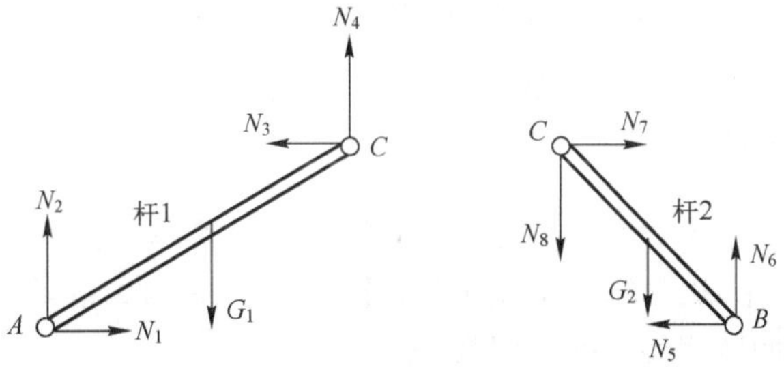

图 1.8 两杆受力情况

对于杆 2,类似地有

$N_5=N_7,N_6=N_8+G_2,(L_2\sin\theta_2)N_7-(L_2\cos\theta_2)N_8=\left(\frac{1}{2}L_2\cos\theta_2\right)G_2$。此外还有 $N_3=N_7$,$N_4=N_8$。于是将上述 8 个等式联立起来得到关于 $N_1,N_2,\cdots,N_8$ 的线性方程组:

$$\begin{cases}N_1-N_3=0,\\ N_2+N_4=G_1,\\ (L_1\sin\theta_1)N_3+(L_1\cos\theta_1)N_4=\left(\dfrac{1}{2}L_1\cos\theta_1\right)G_1,\\ N_5-N_7=0,\\ N_6-N_8=G_2,\\ (L_2\sin\theta_2)N_7-(L_2\cos\theta_2)N_8=\left(\dfrac{1}{2}L_2\cos\theta_2\right)G_2,\\ N_3-N_7=0,\\ N_4-N_8=0.\end{cases}$$

解上面的线性方程组,求得

$N_1=158.4936$, $N_2=241.5064$, $N_3=158.4936$, $N_4=58.4936$,

$N_5=158.4936$, $N_6=258.4936$, $N_7=158.4936$, $N_8=58.4936$.

计算的 Python 程序如下：

```
#程序文件 Pgex1_45.py
import numpy as np
G1=300; L1=2; theta1=np.pi/6; G2=200; L2=np.sqrt(2); theta2=np.pi/4
a=np.zeros((8,8)); a[0,[0, 2]]=[1, -1]; a[1,[1, 3]]=1
a[2,[2, 3]]=L1*np.array([np.sin(theta1),np.cos(theta1)])
a[3,[4, 6]]=[1, -1]; a[4,[5, 7]]=[1, -1]
a[5,[6, 7]]=L2*np.array([np.sin(theta2), -np.cos(theta2)])
a[6,[2, 6]]=[1, -1]; a[7,[3, 7]]=[1, -1]
b=[0, G1, L1*np.cos(theta1)*G1/2, 0, G2, L2*np.cos(theta2)*G2/2, 0, 0]
x1=np.linalg.inv(a).dot(b)    #第一种求解方法
x2=np.linalg.solve(a,b)       #第二种求解方法
print(x1,'\n------------------------------\n',x2)
```

1.4　相似矩阵与二次型

1.4.1　施密特正交化方法

在线性代数中，如果内积空间上的一组向量能够张成一个子空间，那么这一组向量就成为这个子空间的一个基，施密特正交化过程提供了一种方法，能够将这组基转化为子空间的一组正交基，进而转化为标准正交基。

设向量空间 V 的一组基为 $\boldsymbol{\alpha}_1,\boldsymbol{\alpha}_2,\cdots,\boldsymbol{\alpha}_r$，取

$$\begin{aligned}
&\boldsymbol{\beta}_1=\boldsymbol{\alpha}_1,\\
&\boldsymbol{\beta}_2=\boldsymbol{\alpha}_2-\frac{[\boldsymbol{\beta}_1,\boldsymbol{\alpha}_2]}{[\boldsymbol{\beta}_1,\boldsymbol{\beta}_1]}\boldsymbol{\beta}_1,\\
&\vdots\\
&\boldsymbol{\beta}_r=\boldsymbol{\alpha}_r-\frac{[\boldsymbol{\beta}_1,\boldsymbol{\alpha}_r]}{[\boldsymbol{\beta}_1,\boldsymbol{\beta}_1]}\boldsymbol{\beta}_1-\frac{[\boldsymbol{\beta}_2,\boldsymbol{\alpha}_r]}{[\boldsymbol{\beta}_2,\boldsymbol{\beta}_2]}\boldsymbol{\beta}_2-\cdots-\frac{[\boldsymbol{\beta}_{r-1},\boldsymbol{\alpha}_r]}{[\boldsymbol{\beta}_{r-1},\boldsymbol{\beta}_{r-1}]}\boldsymbol{\beta}_{r-1},
\end{aligned}$$

容易验证 $\boldsymbol{\beta}_1,\boldsymbol{\beta}_2,\cdots,\boldsymbol{\beta}_r$ 两两正交，且 $\boldsymbol{\beta}_1,\boldsymbol{\beta}_2,\cdots,\boldsymbol{\beta}_r$ 与 $\boldsymbol{\alpha}_1,\boldsymbol{\alpha}_2,\cdots,\boldsymbol{\alpha}_r$ 等价。

然后把它们单位化，即取

$$\boldsymbol{e}_1=\frac{\boldsymbol{\beta}_1}{\|\boldsymbol{\beta}_1\|},\quad \boldsymbol{e}_2=\frac{\boldsymbol{\beta}_2}{\|\boldsymbol{\beta}_2\|},\quad \cdots,\quad \boldsymbol{e}_r=\frac{\boldsymbol{\beta}_r}{\|\boldsymbol{\beta}_r\|}$$

就是 V 的一个规范正交基。

上述从线性无关向量组 $\boldsymbol{\alpha}_1,\boldsymbol{\alpha}_2,\cdots,\boldsymbol{\alpha}_r$ 导出正交向量组 $\boldsymbol{\beta}_1,\boldsymbol{\beta}_2,\cdots,\boldsymbol{\beta}_r$ 的过程称为施密特(Schmidt)正交化方法。

例 1.46　设 $\boldsymbol{\alpha}_1=\begin{bmatrix}1\\2\\-1\end{bmatrix},\boldsymbol{\alpha}_2=\begin{bmatrix}-1\\3\\1\end{bmatrix},\boldsymbol{\alpha}_3=\begin{bmatrix}4\\-1\\0\end{bmatrix}$，试用施密特正交化过程把这组向量规范正交化。

```
#程序文件 Pgex1_46.py
```

```
from sympy import Matrix, GramSchmidt
A=[Matrix([1,2,-1]),Matrix([-1,3,1]),Matrix([4,-1,0])]  #A 必须为列表
B=GramSchmidt(A,True)
print("所求的正交规范化向量组为:\n",B)
```

例 1.47　已知 $\boldsymbol{\alpha}_1=\begin{bmatrix}1\\1\\1\end{bmatrix}$,求一组非零向量 $\boldsymbol{\alpha}_2$、$\boldsymbol{\alpha}_3$,使 $\boldsymbol{\alpha}_1$、$\boldsymbol{\alpha}_2$、$\boldsymbol{\alpha}_3$ 两两正交。

解　$\boldsymbol{\alpha}_2,\boldsymbol{\alpha}_3$ 应满足方程 $\boldsymbol{\alpha}_1^{\mathrm{T}}\boldsymbol{x}=0$,即

$$x_1+x_2+x_3=0$$

它的基础解系为

$$\boldsymbol{\xi}_1=\begin{bmatrix}-1\\1\\0\end{bmatrix},\quad \boldsymbol{\xi}_2=\begin{bmatrix}-1\\0\\1\end{bmatrix},$$

把基础解系正交化,即

$$\boldsymbol{\alpha}_2=\boldsymbol{\xi}_1=\begin{bmatrix}-1\\1\\0\end{bmatrix},$$

$$\boldsymbol{\alpha}_3=\boldsymbol{\xi}_2-\frac{[\boldsymbol{\xi}_1,\boldsymbol{\xi}_2]}{[\boldsymbol{\xi}_1,\boldsymbol{\xi}_1]}\boldsymbol{\xi}_1=\begin{bmatrix}-1\\0\\1\end{bmatrix}-\frac{1}{2}\begin{bmatrix}-1\\1\\0\end{bmatrix}=\frac{1}{2}\begin{bmatrix}-1\\-1\\2\end{bmatrix},$$

因 $\boldsymbol{\alpha}_2$、$\boldsymbol{\alpha}_3$ 是 $\boldsymbol{\xi}_1$、$\boldsymbol{\xi}_2$ 的线性组合,故它们仍与 $\boldsymbol{\alpha}_1$ 正交,于是 $\boldsymbol{\alpha}_2$、$\boldsymbol{\alpha}_3$ 即为所求。

```
#程序文件 Pgex1_47.py
from sympy import Matrix, GramSchmidt
A1=Matrix([[1,1,1]])
X=A1.nullspace()
B=GramSchmidt(X)
print("所求的正交向量为:\n",B)
```

1.4.2　矩阵的特征值与特征向量

对于线性变换 $\boldsymbol{y}=\boldsymbol{A}\boldsymbol{x}$,向量 $\boldsymbol{x}$ 在线性变换的过程中,主要发生旋转和伸缩的变换。设列向量 $\boldsymbol{x}\neq 0$,λ 是一个数,如果通过变换矩阵 $\boldsymbol{A}$ 使得 $\boldsymbol{A}\boldsymbol{x}=\lambda\boldsymbol{x}$,即线性变换将 $\boldsymbol{x}$ 拉长或压缩了 λ 倍。其中 λ 为矩阵 $\boldsymbol{A}$ 的特征值,非零向量 $\boldsymbol{x}$ 为对应于特征值 λ 的特征向量。特征值 λ 决定了伸缩的幅度,$\lambda>1$,则向量拉长,$0<\lambda<1$,向量缩短,$\lambda<0$,向量变到反方向去了。可见,特征向量是线性不变量,以三维空间为例,通俗来说,线性变换把一条线(向量),变成另一条线(向量),一般情况下变换前后向量的方向和长度都会发生改变,但是特征向量只是变为原来的 λ 倍。矩阵的特征值和特征向量在工程上有广泛的应用,下面首先介绍 Python 的 NumPy 库中与特征值和特征向量有关的函数。

1. 函数 poly

p=numpy.poly(A),A 是一个 $n\times n$ 的矩阵时,此函数返回矩阵 A 的特征多项式 p,p 是 $n+1$ 维向量,其元素依次为特征多项式从高次幂到常数项的系数。

2. 函数 trace

numpy. trace(A),计算矩阵 A 的迹,即矩阵 A 对角线元素的和,也等于所有特征值的和。

3. 特征值和特征向量函数

numpy. linalg 模块中与特征值和特征向量有关的函数见表 1.6。

表 1.6 numpy. linalg 模块与特征值和特征向量有关的函数

功 能	函数调用格式
求特征值和特征向量	w,v=eig(A),返回值 w 为特征值,v 为对应的特征向量
求一般矩阵的特征值	w=eigvals(A)
求实对称阵或复 Hermitian 矩阵的特征值和特征向量	w,v=eigh(A),返回值 w 为特征值,v 为对应的特征向量
求实对称阵或复 Hermitian 矩阵的特征值	w=eigvalsh(A)

下面给出 Python 相关函数的一些计算例子。

例 1.48 求 $\boldsymbol{A}=\begin{bmatrix}-1 & 1 & 0\\ -4 & 3 & 0\\ 1 & 0 & 2\end{bmatrix}$ 的特征值与特征向量。

解 特征多项式 $|\boldsymbol{A}-\lambda\boldsymbol{E}|=\begin{vmatrix}-1-\lambda & 1 & 0\\ -4 & 3-\lambda & 0\\ 1 & 0 & 2-\lambda\end{vmatrix}=(2-\lambda)(1-\lambda)^2$,所以 $\boldsymbol{A}$ 的特征值为 $\lambda_1=2,\lambda_2=\lambda_3=1$。

求 $\lambda_1=2$ 的特征向量,解方程 $(\boldsymbol{A}-2\boldsymbol{E})\boldsymbol{x}=0$,得到特征向量

$$\boldsymbol{p}_1=\begin{bmatrix}0\\0\\1\end{bmatrix}.$$

求 $\lambda_2=\lambda_3=1$ 的特征向量,解方程 $(\boldsymbol{A}-\boldsymbol{E})\boldsymbol{x}=0$,得到特征向量

$$\boldsymbol{p}_2=\begin{bmatrix}-1\\-2\\1\end{bmatrix}.$$

(1) 求数值解的 Python 程序如下:

```
#程序文件 Pgex1_48_1.py
import numpy as np
A=np.array([[-1,1,0],[-4,3,0],[1,0,2]])
p=np.poly(A)                #计算特征多项式
w1=np.roots(p)              #计算特征根
w2,v=np.linalg.eig(A)       #直接求特征值和特征向量
w3=np.linalg.eigvals(A) #计算特征根
print("特征值为:",w2)
print("特征向量为:\n",v)
```

(2) 求符号解的 Python 程序如下:

```
#程序文件 Pgex1_48_2.py
import sympy as sp
A=sp.Matrix([[-1,1,0],[-4,3,0],[1,0,2]])
lamda=sp.symbols('lamda')
p=A.charpoly(lamda)        #计算特征多项式
w1=sp.roots(p)             #计算特征根
w2=A.eigenvals()           #直接计算特征值
v=A.eigenvects()           #直接计算特征向量
print("特征值为:",w2)
print("特征向量为:\n",v)
```

例 1.49(续例 1.48) 问 $\boldsymbol{A}=\begin{bmatrix}-1&1&0\\-4&3&0\\1&0&2\end{bmatrix}$能否对角化?

解 因 $\boldsymbol{A}$ 只有两个线性无关的特征向量,所以 $\boldsymbol{A}$ 无法对角化。

```
#程序文件 Pgex1_49.py
import sympy as sp
A=sp.Matrix([[-1,1,0],[-4,3,0],[1,0,2]])
if A.is_diagonal():
    P,D=A.diagonalize()
    print("P=",P); print("D=",D)
else:
    print("A 不能对角化")
```

例 1.50 设矩阵

$$\boldsymbol{A}=\begin{bmatrix}-2&1&1\\0&2&0\\-4&1&3\end{bmatrix}$$

问 $\boldsymbol{A}$ 能否对角化?若能,则求可逆矩阵 $\boldsymbol{P}$ 和对角矩阵 $\boldsymbol{\Lambda}$,使 $\boldsymbol{P}^{-1}\boldsymbol{A}\boldsymbol{P}=\boldsymbol{\Lambda}$。

解 矩阵 $\boldsymbol{A}$ 存在 3 个线性无关的特征向量,所以 $\boldsymbol{A}$ 可以对角化。

```
#程序文件 Pgex1_50.py
import sympy as sp
A=sp.Matrix([[-2,1,1],[0,2,0],[-4,1,3]])
if A.is_diagonalizable():
    P,D=A.diagonalize()
    print("P=",P); print("D=",D)
else:
    print("A 不能对角化")
```

例 1.51 设

$$\boldsymbol{A}=\begin{bmatrix}0&-1&1\\-1&0&1\\1&1&0\end{bmatrix},$$

求一个正交矩阵 $\boldsymbol{P}$，使 $\boldsymbol{P}^{-1}\boldsymbol{AP}=\boldsymbol{\Lambda}$ 为对角矩阵。

解 由

$$|\boldsymbol{A}-\lambda\boldsymbol{E}|=\begin{vmatrix}-\lambda & -1 & 1\\ -1 & -\lambda & 1\\ 1 & 1 & -\lambda\end{vmatrix}\xlongequal{r_1-r_2}\begin{vmatrix}1-\lambda & \lambda-1 & 0\\ -1 & -\lambda & 1\\ 1 & 1 & -\lambda\end{vmatrix}\xlongequal{c_2+c_1}\begin{vmatrix}1-\lambda & 0 & 0\\ -1 & -1-\lambda & 1\\ 1 & 2 & -\lambda\end{vmatrix}$$

$$=(1-\lambda)(\lambda^2+\lambda-2)=-(\lambda-1)^2(\lambda+2).$$

求得 $\boldsymbol{A}$ 的特征值为 $\lambda_1=-2,\lambda_2=\lambda_3=1$。

对应 $\lambda_1=-2$，解方程 $(\boldsymbol{A}+2\boldsymbol{E})\boldsymbol{x}=0$，由

$$\boldsymbol{A}+2\boldsymbol{E}=\begin{bmatrix}2 & -1 & 1\\ -1 & 2 & 1\\ 1 & 1 & 2\end{bmatrix}\overset{r}{\sim}\begin{bmatrix}1 & 0 & 1\\ 0 & 1 & 1\\ 0 & 0 & 0\end{bmatrix},$$

得基础解系 $\boldsymbol{\xi}_1=\begin{bmatrix}-1\\ -1\\ 1\end{bmatrix}$，将 $\boldsymbol{\xi}_1$ 单位化，得 $\boldsymbol{p}_1=\dfrac{1}{\sqrt{3}}\begin{bmatrix}-1\\ -1\\ 1\end{bmatrix}$。

对应 $\lambda_2=\lambda_3=1$，解方程 $(\boldsymbol{A}-\boldsymbol{E})\boldsymbol{x}=0$，由

$$A-E=\begin{bmatrix}-1 & -1 & 1\\ -1 & -1 & 1\\ 1 & 1 & -1\end{bmatrix}\overset{r}{\sim}\begin{bmatrix}1 & 1 & -1\\ 0 & 0 & 0\\ 0 & 0 & 0\end{bmatrix},$$

得基础解系 $\boldsymbol{\xi}_2=\begin{bmatrix}-1\\ 1\\ 0\end{bmatrix},\boldsymbol{\xi}_3=\begin{bmatrix}1\\ 0\\ 1\end{bmatrix}$。

将 $\boldsymbol{\xi}_2$、$\boldsymbol{\xi}_3$ 正交化，取 $\boldsymbol{\eta}_2=\boldsymbol{\xi}_2$，则

$$\boldsymbol{\eta}_3=\boldsymbol{\xi}_3-\frac{[\boldsymbol{\eta}_2,\boldsymbol{\xi}_3]}{\|\boldsymbol{\eta}_2\|^2}\boldsymbol{\eta}_2=\begin{bmatrix}1\\ 0\\ 1\end{bmatrix}+\frac{1}{2}\begin{bmatrix}-1\\ 1\\ 0\end{bmatrix}=\frac{1}{2}\begin{bmatrix}1\\ 1\\ 2\end{bmatrix},$$

再将 $\boldsymbol{\eta}_2,\boldsymbol{\eta}_3$ 单位化，得 $\boldsymbol{p}_2=\dfrac{1}{\sqrt{2}}\begin{bmatrix}-1\\ 1\\ 0\end{bmatrix},\boldsymbol{p}_3=\dfrac{1}{\sqrt{6}}\begin{bmatrix}1\\ 1\\ 2\end{bmatrix}$。

将 $\boldsymbol{p}_1,\boldsymbol{p}_2,\boldsymbol{p}_3$ 构成正交矩阵

$$\boldsymbol{P}=[p_1,p_2,p_3]=\begin{bmatrix}-\frac{1}{\sqrt{3}} & -\frac{1}{\sqrt{2}} & \frac{1}{\sqrt{6}}\\ -\frac{1}{\sqrt{3}} & \frac{1}{\sqrt{2}} & \frac{1}{\sqrt{6}}\\ \frac{1}{\sqrt{3}} & 0 & \frac{2}{\sqrt{6}}\end{bmatrix},$$

有

$$\boldsymbol{P}^{-1}\boldsymbol{AP}=\boldsymbol{P}^{\mathrm{T}}\boldsymbol{AP}=\boldsymbol{\Lambda}=\begin{bmatrix}-2 & 0 & 0\\ 0 & 1 & 0\\ 0 & 0 & 1\end{bmatrix}.$$

```
#程序文件 Pgex1_51.py
import sympy as sp
A=sp.Matrix([[0,-1,1],[-1,0,1],[1,1,0]])
P,D=A.diagonalize()
PM=[]    #特征向量列表初始化
for i in range(P.shape[1]):
    PM.append(P[:,i])
PZ=sp.GramSchmidt(PM,True)    #施密特正交化、单位化
print("正交矩阵为:\n",PZ); print("对角阵为:\n",D)
```

例 1.52 已知 $\boldsymbol{p}=\begin{bmatrix}1\\1\\-1\end{bmatrix}$是矩阵 $\boldsymbol{A}=\begin{bmatrix}2&-1&2\\5&a&3\\-1&b&-2\end{bmatrix}$的一个特征向量,求参数 a、b 及特征向量 $\boldsymbol{p}$ 所对应的特征值。

解 设特征向量 $\boldsymbol{p}$ 所对应的特征值为 t,则 $\boldsymbol{Ap}=t\boldsymbol{p}$,解矩阵方程 $\boldsymbol{Ap}-t\boldsymbol{p}=0$,其中 a、b、t 为未知数,就可以求得所求问题的解。利用 Python 求得

$$a=-3,\quad b=0,\quad t=-1.$$

计算的 Python 程序如下:

```
#程序文件 Pgex1_52.py
import sympy as sp
a,b,t=sp.symbols('a, b, t')
p=sp.Matrix([1,1,-1])
A=sp.Matrix([[2,-1,2],[5,a,3],[-1,b,-2]])
eq=A*p-t*p             #定义符号方程组
x=sp.solve(eq)         #解符号方程组
print(x); print("a,b,t 的值分别为:",x[a],x[b],x[t])
```

例 1.53 设矩阵 $\boldsymbol{A}=\begin{bmatrix}1&-2&-4\\-2&x&-2\\-4&-2&1\end{bmatrix}$与 $\boldsymbol{B}=\begin{bmatrix}5&&\\&-4&\\&&y\end{bmatrix}$相似,求 x,y。

解 由于矩阵 $\boldsymbol{A}$ 和 $\boldsymbol{B}$ 相似,所以它们的特征值相同,设它们的特征值为 $\lambda_1,\lambda_2,\lambda_3$,有

$$|\boldsymbol{A}|=|\boldsymbol{B}|=\lambda_1\lambda_2\lambda_3,\quad \mathrm{tr}(\boldsymbol{A})=\mathrm{tr}(\boldsymbol{B})=\lambda_1+\lambda_2+\lambda_3$$

这里 $\mathrm{tr}(\boldsymbol{A})$ 表示矩阵 $\boldsymbol{A}$ 的迹. 解关于 x,y 的方程组

$$\begin{cases}|\boldsymbol{A}|=|\boldsymbol{B}|,\\ \mathrm{tr}(\boldsymbol{A})=\mathrm{tr}(\boldsymbol{B}),\end{cases}$$

就可以求得 x,y 的值。

利用 Python 软件求得 $x=4,y=5$。

计算的 Python 程序如下:

```
#程序文件 Pgex1_53.py
import sympy as sp
x,y=sp.symbols('x,y')
A=sp.Matrix([[1,-2,-4],[-2,x,-2],[-4, 2,1]])
B=sp.diag(5,-4,y)
```

```
eq1=A.det()-B.det()
eq2=A.trace()-B.trace()
xy=sp.solve((eq1,eq2),(x,y))
print("x 的值为:",xy[x],';',"y 的值为:",xy[y])
```

例 1.54 在某国家,每年有比例为 p 的农村居民移居城镇,有比例为 q 的城镇居民移居农村。假设该国总人数不变,且上述人口迁移的规律也不变。把 n 年后农村人口和城镇人口占总人口的比例依次记为 x_n 和 $y_n(x_n+y_n=1)$。

(1) 求关系式 $\begin{bmatrix} x_{n+1} \\ y_{n+1} \end{bmatrix}=\boldsymbol{A}\begin{bmatrix} x_n \\ y_n \end{bmatrix}$ 中的矩阵 $\boldsymbol{A}$;

(2) 设目前农村人口与城镇人口相等,即 $\begin{bmatrix} x_0 \\ y_0 \end{bmatrix}=\begin{bmatrix} 0.5 \\ 0.5 \end{bmatrix}$,求 $\begin{bmatrix} x_n \\ y_n \end{bmatrix}$。

解 (1) 由题设,有

$$\begin{cases} x_{n+1}=(1-p_n)x_n+qy_n, \\ y_{n+1}=px_n+(1-q)y_n, \end{cases}$$

即

$$\begin{bmatrix} x_{n+1} \\ y_{n+1} \end{bmatrix}=\begin{bmatrix} 1-p & q \\ p & 1-q \end{bmatrix}\begin{bmatrix} x_n \\ y_n \end{bmatrix}, \tag{1.20}$$

故 $\boldsymbol{A}=\begin{bmatrix} 1-p & q \\ p & 1-q \end{bmatrix}$。

(2) 由式(1.20),得

$$\begin{bmatrix} x_n \\ y_n \end{bmatrix}=\boldsymbol{A}\begin{bmatrix} x_{n-1} \\ y_{n-1} \end{bmatrix}=\cdots=\boldsymbol{A}^n\begin{bmatrix} x_0 \\ y_0 \end{bmatrix}=\frac{1}{2}\boldsymbol{A}^n\begin{bmatrix} 1 \\ 1 \end{bmatrix}.$$

为了求 $\boldsymbol{A}^n$,需要把矩阵 $\boldsymbol{A}$ 相似对角化。先求 $\boldsymbol{A}$ 的特征值和特征向量,易求得 $\boldsymbol{A}$ 的特征值 $\lambda_1=1,\lambda_2=1-p-q$。

对应于 $\lambda_1=1$ 的特征向量为 $\boldsymbol{\xi}_1=\begin{bmatrix} q/p \\ 1 \end{bmatrix}$;对应于 $\lambda_2=1-p-q$ 的特征向量为 $\boldsymbol{\xi}_2=\begin{bmatrix} -1 \\ 1 \end{bmatrix}$,令 $\boldsymbol{P}=[\xi_1,\xi_2]$,则 $\boldsymbol{P}$ 可逆,且 $\boldsymbol{P}^{-1}\boldsymbol{A}\boldsymbol{P}=\begin{bmatrix} 1 & 0 \\ 0 & r \end{bmatrix}$,其中 $r=1-p-q$。因此,$\boldsymbol{A}=\boldsymbol{P}\begin{bmatrix} 1 & 0 \\ 0 & r \end{bmatrix}\boldsymbol{P}^{-1}$,则

$$\begin{aligned} \begin{bmatrix} x_n \\ y_n \end{bmatrix} &= \frac{1}{2}\boldsymbol{A}^n\begin{bmatrix} 1 \\ 1 \end{bmatrix}=\frac{1}{2}\boldsymbol{P}\begin{bmatrix} 1 & 0 \\ 0 & r^n \end{bmatrix}\boldsymbol{P}^{-1}\begin{bmatrix} 1 \\ 1 \end{bmatrix} \\ &= \frac{1}{2(p+q)}\begin{bmatrix} 2q+(p-q)r^n \\ 2p+(q-p)r^n \end{bmatrix}, \quad r=1-p-q. \end{aligned}$$

```
#程序文件 Pgex1_54.py
import sympy as sp
p,q,n,lamda=sp.symbols('p,q,n,lamda')
A=sp.Matrix([[1-p,q],[p,1-q]])
```

```
p=A.charpoly(lamda)        #计算特征多项式
w1=sp.roots(p)             #求特征值
P,D=A.diagonalize()        #把A相似对角化
An=P*D**n*(P.inv())*sp.Matrix([[1/2],[1/2]])
An=sp.simplify(An); print(An)
```

例 1.55 设 $\boldsymbol{A}=\begin{bmatrix}2&1&2\\1&2&2\\2&2&1\end{bmatrix}$,求 $\phi(\boldsymbol{A})=\boldsymbol{A}^{10}-6\boldsymbol{A}^9+5\boldsymbol{A}^8$。

解 如果手工做的话,需要把矩阵 $\boldsymbol{A}$ 相似对角化。下面直接利用 Python 计算矩阵多项式,求得

$$\phi(\boldsymbol{A})=\begin{bmatrix}2&2&-4\\2&2&-4\\-4&-4&8\end{bmatrix}.$$

```
#程序文件 Pgex1_55.py
import sympy as sp; import numpy as np
A=sp.Matrix([[2,1,2],[1,2,2],[2,2,1]])
P,D=A.diagonalize()                  #把A相似对角化
s1=P*(D**10-6*D**9+5*D**8)*(P.inv())
A2=np.mat(A)
s2=A2**10-6*A2**9+5*A**8             #直接计算矩阵多项式
print(s1); print(s2)
```

1.4.3 二次型

例 1.56 求一个正交变换,把二次型

$$f=-2x_1x_2+2x_1x_3+2x_2x_3$$

化为标准形。

解 二次型的矩阵为

$$\boldsymbol{A}=\begin{bmatrix}0&-1&1\\-1&0&1\\1&1&0\end{bmatrix},$$

可以求得正交矩阵

$$\boldsymbol{P}=\begin{bmatrix}-\frac{\sqrt{3}}{3}&-\frac{\sqrt{2}}{2}&\frac{\sqrt{6}}{6}\\-\frac{\sqrt{3}}{3}&\frac{\sqrt{2}}{2}&\frac{\sqrt{6}}{6}\\\frac{\sqrt{3}}{3}&0&\frac{\sqrt{6}}{3}\end{bmatrix},\quad 使\ \boldsymbol{P}^{-1}\boldsymbol{AP}=\boldsymbol{\Lambda}=\begin{bmatrix}-2&0&0\\0&1&0\\0&0&1\end{bmatrix},$$

于是有正交变换

$$\begin{bmatrix} x_1 \\ x_2 \\ x_3 \end{bmatrix} = \begin{bmatrix} -\frac{\sqrt{3}}{3} & -\frac{\sqrt{2}}{2} & \frac{\sqrt{6}}{6} \\ -\frac{\sqrt{3}}{3} & \frac{\sqrt{2}}{2} & \frac{\sqrt{6}}{6} \\ \frac{\sqrt{3}}{3} & 0 & \frac{\sqrt{6}}{3} \end{bmatrix} \begin{bmatrix} y_1 \\ y_2 \\ y_3 \end{bmatrix},$$

把二次型 f 化成标准形

$$f=-2y_1^2+y_2^2+y_3^2.$$

```
#程序文件 Pgex1_56.py
import sympy as sp; import numpy as np
A=sp.Matrix([[0,-1,1],[-1,0,1],[1,1,0]])
P1,D=A.diagonalize()              #把 A 对角化
P2=np.array(P1); P2=[sp.Matrix(p) for p in P2]
P3=sp.GramSchmidt(P2,True)        #施密特正交化、单位化
print(P3); print(D)
```

例 1.57 判定二次型 $f=-5x^2-6y^2-4z^2+4xy+4xz$ 的正定性。

解 f 的矩阵为

$$\boldsymbol{A}=\begin{bmatrix} -5 & 2 & 2 \\ 2 & -6 & 0 \\ 2 & 0 & -4 \end{bmatrix},$$

其中

$$a_{11}=-5<0, \quad \begin{vmatrix} a_{11} & a_{12} \\ a_{21} & a_{22} \end{vmatrix} = \begin{vmatrix} -5 & 2 \\ 2 & -6 \end{vmatrix} = 26>0, \quad |\boldsymbol{A}|=-80<0,$$

根据赫尔维茨定理,知 f 为负定。

上述计算过程的 Python 程序如下:

```
#程序文件 Pgex1_57_1.py
import numpy as np
a=np.array([[-5,2,2],[2,-6,0],[2,0,-4]])
b=np.zeros(3)          #存放顺序主子式数组的初始化
for i in range(len(a)):
    b[i]=np.linalg.det(a[:i+1,:i+1])
print(b)               #显示各阶顺序主子式的取值
```

也可以根据矩阵 $\boldsymbol{A}$ 的特征值的正负号判定二次型的正定性。

```
#程序文件 Pgex1_57_2.py
import numpy as np
a=np.array([[-5,2,2],[2,-6,0],[2,0,-4]])
vals=np.linalg.eigvals(a)      #求 a 的特征值
print("所有的特征值为:\n",vals)
if np.all(vals>0):
    print("A 是正定的")
```

```
    elif np.all(vals<0):
        print("A是负定的")
    else:
        print("A非正定也非负定")
```

求得 $\boldsymbol{A}$ 的特征值为 $\lambda_1=-2,\lambda_2=-5,\lambda_3=-8$，所以 $\boldsymbol{A}$ 为负定矩阵，即二次型为负定的。

1.4.4 最大模特征值及对应的特征向量

求矩阵最大模特征值和特征向量的应用很多，例如应用在层次分析法、马尔可夫链和 PageRank 等算法中，下面首先介绍 Python 的求解命令。

求矩阵模最大的特征值及对应的特征向量的命令为

val, vec= scipy. sparse. linalg. eigs(A,1)

其中 val 返回的是模最大的特征值，vec 是模最大特征值对应的特征向量。

val, vec= scipy. sparse. linalg. eigs(A,k,which=str)

其中 str 可取的值如下

'LM'：求前 k 个最大模的特征值及对应的特征向量。

'SM'：求后 k 个最小模的特征值及对应的特征向量。

例 1.58 设有半径为 1，球心为坐标原点的球。球面上点 $P(x_1,x_2,x_3)$ 处的温度（单位：℃）为

$$T(x_1,x_2,x_3)=3x_1^2+6x_2^2+x_3^2+2x_1x_2+4x_1x_3-4x_2x_3.$$

问球面上哪些点处温度最高，哪些点处温度最低，最高温度和最低温度分别是多少？

解 二次型 $T(x_1,x_2,x_3)$ 对应的矩阵

$$\boldsymbol{A}=\begin{bmatrix}3&1&2\\1&6&-2\\2&-2&1\end{bmatrix}$$

则有正交矩阵

$$\boldsymbol{P}=[\boldsymbol{p}_1,\boldsymbol{p}_2,\boldsymbol{p}_3]=\begin{bmatrix}-0.4905&-0.8663&-0.0946\\0.3054&-0.0693&-0.9497\\0.8162&-0.4947&0.2986\end{bmatrix}$$

使得，$\boldsymbol{P}^{-1}\boldsymbol{AP}=\boldsymbol{\Lambda}=\begin{bmatrix}-0.9504&&\\&4.2221&\\&&6.7283\end{bmatrix}$，对应地，有正交变换

$$\begin{bmatrix}x_1\\x_2\\x_3\end{bmatrix}=\begin{bmatrix}-0.4905&-0.8663&-0.0946\\0.3054&-0.0693&-0.9497\\0.8162&-0.4947&0.2986\end{bmatrix}\begin{bmatrix}y_1\\y_2\\y_3\end{bmatrix}$$

把二次型 $T(x_1,x_2,x_3)$ 化为 $T_2(y_1,y_2,y_3)=-0.9504y_1^2+4.2221y_2^2+6.7283y_3^2$。

由于正交变换把单位球面变换到单位球面，因而在单位球面上

$$-0.9504\leqslant T_2(y_1,y_2,y_3)=-0.9504y_1^2+4.2221y_2^2+6.7283y_3^2\leqslant 6.7283$$

即二次型对应矩阵 $\boldsymbol{A}$ 的最大特征值为二次型的最大值；二次型对应矩阵 $\boldsymbol{A}$ 的最小特征值为二次型的最小值。

设 λ_{max} 为矩阵 $\boldsymbol{A}$ 的最大特征值,对应的单位特征向量为 $\boldsymbol{v}$,即

$$\boldsymbol{A}\boldsymbol{v}=\lambda_{max}\boldsymbol{v},\quad \|\boldsymbol{v}\|=1.$$

所以 $\boldsymbol{v}^{T}\boldsymbol{A}\boldsymbol{v}=\lambda_{max}\|\boldsymbol{v}\|^{2}=\lambda_{max}$,因而二次型在矩阵的最大特征值对应的单位特征向量上取得最大值。

所以二次型 $T(x_1,x_2,x_3)$ 的最小值为 -0.9504,在 $[x_1,x_2,x_3]^{T}=\pm\boldsymbol{p}_1$ 达到;最大值为 6.7283,在 $[x_1,x_2,x_3]^{T}=\pm\boldsymbol{p}_3$ 达到。

```
#程序文件 Pgex1_58.py
import numpy as np
A=np.array([[3,1,2],[1,6,-2],[2,-2,1]])
val,vec=np.linalg.eig(A)    #求特征值和特征向量
print("特征值为:",val)
print("特征向量为:\n",vec)
```

1.4.5 层次分析法

层次分析法(The analytic hierarchy process, AHP),在 20 世纪 70 年代中期由美国运筹学家托马斯·塞蒂(T. L. Saaty)正式提出。它是一种定性和定量相结合,系统化、层次化的分析方法。层次分析法是将决策问题按总目标、各层子目标、评价准则直至具体备选方案顺序分解为不同的层次结构,然后用求解判断矩阵归一化特征向量的办法,求得每一层次的各元素对上一层次某元素的优先权重,最后加权递归各备选方案对总目标的最终权重,权重最大的即为最优方案。层次分析法比较适合于具有分层交错评价指标的目标系统,而且目标值又难于定量描述的决策问题。本节将通过一个具体的案例介绍层次分析法的应用和求解。

例 1.59 某单位拟从 3 名干部中选拔 1 人担任领导职务,选拔的标准有健康状况、业务知识、写作能力、口才、政策水平和工作作风。把这 6 个标准进行成对比较后,得到判断矩阵 $\boldsymbol{A}$ 如下:

$$\boldsymbol{A}=\begin{matrix}\text{健康状况}\\ \text{业务知识}\\ \text{写作能力}\\ \text{口才}\\ \text{政策水平}\\ \text{工作作风}\end{matrix}\begin{bmatrix}1 & 1 & 1 & 4 & 1 & 1/2\\ 1 & 1 & 2 & 4 & 1 & 1/2\\ 1 & 1/2 & 1 & 5 & 3 & 1/2\\ 1/4 & 1/4 & 1/5 & 1 & 1/3 & 1/3\\ 1 & 1 & 1/3 & 3 & 1 & 1\\ 2 & 2 & 2 & 3 & 1 & 1\end{bmatrix}.$$

矩阵 $\boldsymbol{A}$ 表明,这个单位选拔干部时最重视工作作风,而最不重视口才。$\boldsymbol{A}$ 的最大特征值为 6.4203,相应的特征向量为

$$\boldsymbol{B}_1=[0.1584\quad 0.1892\quad 0.1980\quad 0.0483\quad 0.1502\quad 0.2558]^{T}.$$

用 I、II、III 表示 3 个干部,假设成对比较的结果为

$$\text{健康情况}\quad \begin{matrix} & \text{I} & \text{II} & \text{III}\end{matrix}\qquad \begin{matrix}\text{I}\\ \text{II}\\ \text{III}\end{matrix}\begin{bmatrix}1 & 1/4 & 1/2\\ 4 & 1 & 3\\ 2 & 1/3 & 1\end{bmatrix}$$

$$\text{业务知识}\quad \begin{matrix} & \text{I} & \text{II} & \text{III}\end{matrix}\qquad \begin{matrix}\text{I}\\ \text{II}\\ \text{III}\end{matrix}\begin{bmatrix}1 & 1/4 & 1/5\\ 4 & 1 & 1/2\\ 5 & 2 & 1\end{bmatrix}$$

$$\text{写作能力}\quad \begin{matrix} & \text{I} & \text{II} & \text{III}\end{matrix}\qquad \begin{matrix}\text{I}\\ \text{II}\\ \text{III}\end{matrix}\begin{bmatrix}1 & 3 & 1/3\\ 1/3 & 1 & 1\\ 3 & 1 & 1\end{bmatrix}$$

$$
\begin{array}{ccc}
\text{口才} & \text{政策水平} & \text{工作水平} \\
\begin{array}{c} \\ \text{I} \\ \text{II} \\ \text{III} \end{array}\begin{array}{c} \begin{array}{ccc} \text{I} & \text{II} & \text{III} \end{array} \\ \begin{bmatrix} 1 & 1/4 & 1/2 \\ 4 & 1 & 3 \\ 2 & 1/3 & 1 \end{bmatrix} \end{array} &
\begin{array}{c} \\ \text{I} \\ \text{II} \\ \text{III} \end{array}\begin{array}{c} \begin{array}{ccc} \text{I} & \text{II} & \text{III} \end{array} \\ \begin{bmatrix} 1 & 1/4 & 1/5 \\ 4 & 1 & 1/2 \\ 5 & 2 & 1 \end{bmatrix} \end{array} &
\begin{array}{c} \\ \text{I} \\ \text{II} \\ \text{III} \end{array}\begin{array}{c} \begin{array}{ccc} \text{I} & \text{II} & \text{III} \end{array} \\ \begin{bmatrix} 1 & 3 & 1/3 \\ 1/3 & 1 & 1 \\ 3 & 1 & 1 \end{bmatrix} \end{array}
\end{array}
$$

由此可求得各属性的最大特征值见表 1.7。把对应的特征向量,按列组成矩阵 $\boldsymbol{B}_2$。

表 1.7 各属性的最大特征值

属性	健康水平	业务知识	写作能力	口才	政策水平	工作作风
最大特征值	3.0183	3.0246	3.5608	3.0649	3.0000	3.2085

$$
\boldsymbol{B}_2=\begin{bmatrix} 0.1365 & 0.0974 & 0.3189 & 0.2790 & 0.4667 & 0.7720 \\ 0.6250 & 0.3331 & 0.2211 & 0.6491 & 0.4667 & 0.1734 \\ 0.2385 & 0.5695 & 0.4600 & 0.0719 & 0.0667 & 0.0545 \end{bmatrix}.
$$

从而,得各对象的评价值

$$
\boldsymbol{B}_3=\boldsymbol{B}_2\boldsymbol{B}_1=[0.3843 \quad 0.3517 \quad 0.2641]^{\mathrm{T}},
$$

即在 3 人中应选拔 I 担任领导职务。

```
#程序文件 Pgex1_59.py
import numpy as np
import scipy.sparse.linalg as SLA
a=np.array([[1,1,1,4,1,1/2],[1,1,2,4,1,1/2],[1,1/2,1,5,3,1/2],
  [1/4,1/4,1/5,1,1/3,1/3],[1,1,1/3,3,1,1],[2,2,2,3,1,1]])
[val,vec]=SLA.eigs(a,1)     #求最大模的特征值及对应的特征向量
B1=(vec/sum(vec)).real      #特征向量归一化
a1=np.array([[1,1/4,1/2],[4,1,3],[2,1/3,1]])  #健康情况的判断矩阵
a2=np.array([[1,1/4,1/5],[4,1,1/2],[5,2,1]])  #业务知识的判断矩阵
a3=np.array([[1,3,1/3],[1/3,1,1],[3,1,1]])    #写作能力的判断矩阵
a4=np.array([[1,1/3,5],[3,1,7],[1/5,1/7,1]])  #口才的判断矩阵
a5=np.array([[1,1,7],[1,1,7],[1/7,1/7,1]])    #政策水平的判断矩阵
a6=np.array([[1,7,9],[1/7,1,5],[1/9,1/5,1]])  #工作作风的判断矩阵
lamda=[]; B2=np.zeros((3,6))                  #初始化
for i in range(1,7):
    s='a'+str(i)
    [v,vect]=SLA.eigs(eval(s),1)
    lamda.append(v)
    vect=vect.real; vect=vect/sum(vect)       #特征向量取实部并归一化
    B2[:,i-1]=vect.flatten()
B3=B2.dot(B1)                                 #求各对象的评价值
print(B1); print(lamda); print(B2); print(B3)
```

1.4.6 马尔可夫链

一个随机试验的结果有多种可能性,在数学上用一个随机变量(或随机向量)来描

述。在许多情况下，人们不仅需要对随机现象进行一次观测，而且要进行多次，甚至接连不断地观测它的变化过程。这就要研究无限多个，即一族随机变量。随机过程理论就是研究随机现象变化过程的概率规律性的。现实世界中有很多这样的现象，某一系统在已知现在情况的条件下，系统未来时刻的情况只与现在有关，而与过去的历史无直接关系。例如，研究一个商店的累计销售额，如果现在时刻的累计销售额已知，则未来某一时刻的累计销售额与现在时刻以前的任一时刻累计销售额无关，描述这类随机现象的数学模型称为马尔可夫模型。马尔可夫链（Markov Chain），描述的正是这样一种状态序列，其每个状态值取决于前面有限个状态。

定义 1.3 设$\{\xi_t, t\in T\}$是一族随机变量，T是一个实数集合，若对任意实数$t\in T$，ξ_t是一个随机变量，则称$\{\xi_t, t\in T\}$为随机过程。

定义 1.4 设$\{\xi_n, n=1,2,\cdots\}$是一个随机序列，状态空间E为有限或可列集，对于任意的正整数m,n，若$i,j,i_k\in E(k=1,\cdots,n-1)$，有

$$P\{\xi_{n+m}=j\mid \xi_n=i,\xi_{n-1}=i_{n-1},\cdots,\xi_1=i_1\}=P\{\xi_{n+m}=j\mid \xi_n=i\}, \tag{1.21}$$

则称$\{\xi_n, n=1,2,\cdots\}$为一个马尔可夫链，式(1.21)即具有马尔可夫性质。

事实上，可以证明若式(1.21)对于$m=1$成立，则它对于任意的正整数m也成立。因此，只要当$m=1$时式(1.21)成立，就可以称随机序列$\{\xi_n, n=1,2,\cdots\}$具有马尔可夫性质，即$\{\xi_n, n=1,2,\cdots\}$是一个马尔可夫链。

定义 1.5 设$\{\xi_n, n=1,2,\cdots\}$是一个马尔可夫链。如果式(1.21)右边的条件概率与n无关，即

$$P\{\xi_{n+m}=j\mid \xi_n=i\}=p_{ij}(m), \tag{1.22}$$

则称$\{\xi_n, n=1,2,\cdots\}$为时齐的马尔可夫链。称$p_{ij}(m)$为系统由状态i经过m个时间间隔（或m步）转移到状态j的转移概率。式(1.22)称为时齐性，它的含义是系统由状态i到状态j的转移概率只依赖于时间间隔的长短，与起始的时刻无关。

定义 1.6 对于一个马尔可夫链$\{\xi_n, n=1,2,\cdots\}$，状态空间$\boldsymbol{E}=\{1,2,\cdots,N\}$，称以$m$步转移概率$p_{ij}(m)$为元素的矩阵$\boldsymbol{P}(m)=(p_{ij}(m))$为马尔可夫链的$m$步转移矩阵。当$m=1$时，记$\boldsymbol{P}(1)=\boldsymbol{P}$称为马尔可夫链的一步转移矩阵，简称转移矩阵。

定理 1.6（柯尔莫哥洛夫—开普曼定理） 设$\{\xi_n, n=1,2,\cdots\}$是一个马尔可夫链，其状态空间$\boldsymbol{E}=\{1,2,\cdots\}$，则对任意正整数$m$、$n$有

$$p_{ij}(n+m)=\sum_{k\in \boldsymbol{E}} p_{ik}(n)p_{kj}(m),$$

其中的$i,j\in \boldsymbol{E}$。

定理 1.7 设$\boldsymbol{P}$是一个马尔可夫链转移矩阵（$\boldsymbol{P}$的行向量是概率向量），$\boldsymbol{P}^{(0)}$是初始分布行向量，则第n步的概率分布为

$$P^{(n)}=P^{(0)}P^n.$$

一般地，设时齐马尔可夫链的状态空间为$\boldsymbol{E}=\{1,2,\cdots,N\}$，如果对于所有$i,j\in \boldsymbol{E}$，转移概率$p_{ij}(n)$存在极限

$$\lim_{n\to\infty} p_{ij}(n)=\pi_j(\text{不依赖于 } i),$$

或

$$P(n)=P^n \xrightarrow[(n\to\infty)]{} \begin{bmatrix} \pi_1 & \pi_2 & \cdots & \pi_N \\ \pi_1 & \pi_2 & \cdots & \pi_N \\ \vdots & \vdots & & \vdots \\ \pi_1 & \pi_2 & \cdots & \pi_N \end{bmatrix},$$

则称此链具有遍历性,同时称 $\boldsymbol{\pi}=[\pi_1,\pi_2,\cdots,\pi_N]$ 为链的极限分布。

下面就有限链的遍历性给出一个充分条件。

定理 1.8 设时齐(齐次)马尔可夫链 $\{\xi_n,n=1,2,\cdots\}$ 的状态空间为 $\boldsymbol{E}=\{1,2,\cdots,N\}$,$\boldsymbol{P}=(p_{ij})_{N\times N}$ 是它的一步转移概率矩阵,如果存在正整数 m,使对任意的 $i,j\in\boldsymbol{E}$,都有

$$p_{ij}(m)>0,\quad i,j=1,2,\cdots,N,$$

则此链具有遍历性;且有极限分布 $\boldsymbol{\pi}=[\pi_1,\pi_2,\cdots,\pi_N]$,它是方程组

$$\boldsymbol{P}^{\mathrm{T}}\boldsymbol{\pi}^{\mathrm{T}}=\boldsymbol{\pi}^{\mathrm{T}} \quad 或即 \quad \sum_{i=1}^{N}\pi_i p_{ij}=\pi_j,\quad j=1,\cdots,N$$

的满足条件

$$\pi_j>0,\quad \sum_{j=1}^{N}\pi_j=1$$

的唯一解。

例 1.60 某商品的市场状态有畅销、平销、滞销 3 种,3 年有如下记录,见表 1.8。用"1"表示"畅销",用"2"表示平销,用"3"代表滞销。

表 1.8 各月份市场状态

月份	1	2	3	4	5	6	7	8	9	10	11
市场状态	1	1	2	3	3	2	2	1	1	1	3
月份	12	13	14	15	16	17	18	19	20	21	22
市场状态	2	2	3	1	1	2	3	1	3	2	2
月份	23	24	25	26	27	28	29	30	31	32	
市场状态	3	2	3	2	2	1	3	2	1	1	

(1) 求一步状态转移概率矩阵 $\boldsymbol{P}$ 的估计值;

(2) 求未来第 33 个月和第 34 个月市场状态概率预测;

(3) 求极限分布。

解 (1) 从表 1.8 可以得出 32 次记录中状态转移情况见表 1.9。

表 1.9 状态转移表

		下一次状态		
		1	2	3
当前状态	1	5	2	3
	2	3	4	5
	3	2	6	1

由表 1.9,可得一步状态转移矩阵为

$$P=\begin{bmatrix}\frac{5}{10} & \frac{2}{10} & \frac{3}{10}\\ \frac{3}{12} & \frac{4}{12} & \frac{5}{12}\\ \frac{2}{9} & \frac{6}{9} & \frac{1}{9}\end{bmatrix}=\begin{bmatrix}\frac{1}{2} & \frac{1}{5} & \frac{3}{10}\\ \frac{1}{4} & \frac{1}{3} & \frac{5}{12}\\ \frac{2}{9} & \frac{2}{3} & \frac{1}{9}\end{bmatrix}.$$

(2) 二步转移概率矩阵为

$$P(2)=P^2=\begin{bmatrix}11/30 & 11/30 & 4/15\\ 65/216 & 79/180 & 281/1080\\ 49/162 & 46/135 & 289/810\end{bmatrix}$$

将第 32 个月的市场状态记为 $\boldsymbol{\Pi}(0)$,因为第 32 月份为状态“1”,故 $\boldsymbol{\Pi}(0)=[1,0,0]$,这也是预测未来月份的初始状态向量。

该商品在未来第一个月的市场状态向量

$$\boldsymbol{\Pi}(1)=\boldsymbol{\Pi}(0)\boldsymbol{P}=\left[\frac{1}{2},\quad \frac{1}{5},\quad \frac{3}{10}\right],$$

也就是说该商品在第 33 月份有 1/2 的概率处于畅销,有 1/5 的概率处于平销状态,有 3/10 的概率处于滞销状态。

该商品在未来第二个月的市场状态向量

$$\boldsymbol{\Pi}(2)=\boldsymbol{\Pi}(0)\boldsymbol{P}^2=\left[\frac{11}{30},\quad \frac{11}{30},\quad \frac{4}{15}\right],$$

也就是说该商品在第 34 月份有 11/30 的概率处于畅销状态,有 11/30 的概率处于平销状态,有 4/15 的概率处于滞销状态。

(3) 极限状态概率计算

设极限状态的概率为 $\boldsymbol{\pi}=[\pi_1,\quad \pi_2,\quad \pi_3]$,则 $\boldsymbol{\pi}$ 满足如下线性方程组:

$$\begin{cases}\frac{1}{2}\pi_1+\frac{1}{4}\pi_2+\frac{2}{9}\pi_3=\pi_1,\\ \frac{1}{5}\pi_1+\frac{1}{3}\pi_2+\frac{2}{3}\pi_3=\pi_2,\\ \frac{3}{20}\pi_1+\frac{5}{12}\pi_2+\frac{1}{9}\pi_3=\pi_3,\\ \pi_1+\pi_2+\pi_3=1.\end{cases}$$

解上述线性方程组,可得 $\pi_1=0.3226$,$\pi_2=0.3871$,$\pi_3=0.2903$。这也说明,该商品市场状态的变化过程,在无穷多次状态转移之后,该商品处于“畅销”状态的概率为 0.3226,处于“平销”状态的概率为 0.3871,处于“滞销”状态的概率为 0.2903。

或者利用求状态转移矩阵 $\boldsymbol{P}$ 的转置矩阵 $\boldsymbol{P}^{\mathrm{T}}$ 的最大特征值 1 对应的特征(概率)向量,求得极限概率。

```
#程序文件 Pgex1_60.py
import numpy as np; import pandas as pd
import sympy as sp
import scipy.sparse.linalg as SLA
```

```
a=pd.read_csv('Pgdata1_40.txt',header=None,sep='\t')
b=a.values                         #提取所有的数据
c=b[1::2,:]                        #提取市场状态数据
d=np.delete(c,-1).astype(int)      #删除最后一个元素
f=np.zeros((3,3),dtype=int)
for i in range(len(d)-1):f[d[i]-1][d[i+1]-1] +=1
P=f/np.tile(f.sum(axis=1).reshape(3,1),(1,3))
val,vec=SLA.eigs(P.T,1)            #求最大特征值1对应的特征向量
vec=vec.real; vec=vec/sum(vec)     #特征向量归一化
print(vec)
```

1.4.7 PageRank 算法

Google 拥有多项专利技术，其中 PageRank 算法是关键技术之一，它奠定了 Google 强大的检索功能及提供各种特色功能的基础。虽然 Google 每天有很多工程师负责全面改进 Google 系统，但是仍把 PageRank 算法作为所有网络搜索工具的基础结构。

1. PageRank 原理

PageRank 算法是 Google 搜索引擎对检索结果的一种排序算法。它的基本思想主要是来自传统文献计量学中的文献引文分析,即一篇文献的质量和重要性可以通过其他文献对其引用的数量和引文质量来衡量。也就是说,一篇文献被其他文献引用越多,并且引用它的文献的质量越高,则该文献本身就越重要。Google 在给出页面排序时也有两条标准:一是看有多少超级链接指向它;二是要看超级链接指向它的那个页面重要不重要。这两条直观的想法就是 PageRank 算法的数学基础,也是 Google 搜索引擎最基本的工作原理。

PageRank 算法利用了互联网独特的超链接结构。在庞大的超链接资源中,Google 提取出上亿个超链接页面进行分析,制作出一个巨大的网络地图。具体地讲,就是把所有的网页看作图里面相应的顶点,如果网页 A 有一个指向网页 B 的链接,则认为存在一条从顶点 A 到顶点 B 的有向边。这样就可以利用图论来研究网络的拓扑结构。

PageRank 算法正是利用网络的拓扑结构来判断网页的重要性。具体来说,假如网页 A 有一个指向网页 B 的超链接,Google 就认为网页 A 投了网页 B 一票,说明网页 A 认为网页 B 有链接价值,因而 B 可能是一个重要的网页。Google 根据指向网页 B 的超链接数及其重要性来判断页面 B 的重要性,并赋予相应的页面等级值(PageRank)。网页 A 的页面等级值被平均分配给网页 A 所链接指向的网页,从而当网页 A 的页面等级值比较高时,则网页 B 可从网页 A 到它的超链接分得一定的重要性。根据这样的分析,得到了高评价的重要页面会被赋予较高的网页等级,在检索结果内的排名也会较高。页面等级值(PageRank)是 Google 表示网页重要性的综合性指标,当然,重要性高的页面如果和检索关键词无关同样也没有任何意义。为此,Google 使用了完善的超文本匹配分析技术,使得能够检索出重要而且正确的网页。

2. 基础的 PageRank 算法

PageRank 算法的具体实现可以利用网页所对应图的邻接矩阵来表达超链接关系。为此,首先写出所对应图的邻接矩阵 $\boldsymbol{W}$。为了能将网页的页面等级值平均分配给该网页

所链接指向的网页,对各个行向量进行归一化处理,得矩阵 $\boldsymbol{P}$。矩阵 $\boldsymbol{P}$ 称为状态转移概率矩阵,它的各个行向量元素之和为 1,$\boldsymbol{P}^{\mathrm{T}}$ 的最大特征值(一定为 1)所对应的归一化特征向量即为各顶点的 PageRank 值。

PageRank 值的计算步骤如下:

(1) 构造有向图 $D=(V,A,\boldsymbol{W})$,其中 $V=\{v_1,v_2,\cdots,v_N\}$ 为顶点集合,每一个网页是图的一个顶点,A 为弧的集合,网页间的每一个超链接是图的一条弧,邻接矩阵 $\boldsymbol{W}=(w_{ij})_{N\times N}$,如果从网页 i 到网页 j 有超链接,则 $w_{ij}=1$,否则为 0。

(2) 记矩阵 $\boldsymbol{W}$ 的行和为 $r_i=\sum_{j=1}^{N} w_{ij}$,它给出了页面 i 的链出链接数目。定义矩阵 $\boldsymbol{P}=(p_{ij})_{N\times N}$如下

$$p_{ij}=\frac{w_{ij}}{r_i},\quad i,j=1,2,\cdots,N,$$

$\boldsymbol{P}$ 是马尔可夫链的状态转移概率矩阵,p_{ij}表示从页面 i 转移到页面 j 的概率。

(3) 求马尔可夫链的平稳分布 $\boldsymbol{x}=[x_1,\cdots,x_N]^{\mathrm{T}}$,它满足

$$\boldsymbol{P}^{\mathrm{T}}\boldsymbol{x}=\boldsymbol{x},\ \sum_{i=1}^{N} x_i=1.$$

$\boldsymbol{x}$ 表示在极限状态(转移次数趋于无限)下各网页被访问的概率分布,Google 将它定义为各网页的 PageRank 值。假设 $\boldsymbol{x}$ 已经得到,则它按分量满足方程

$$x_k=\sum_{i=1}^{N} p_{ik}x_i=\sum_{i=1}^{N}\frac{w_{ik}}{r_i}x_i.$$

网页 i 的 PageRank 值是 x_i,它链出的页面有 r_i 个,于是页面 i 将它的 PageRank 值分成 r_i 份,分别“投票”给它链出的网页。x_k 为网页 k 的 PageRank 值,即网络上所有页面“投票”给网页 k 的最终值。

根据马尔可夫链的基本性质还可以得到,平稳分布(PageRank 值)是状态转移概率矩阵 $\boldsymbol{P}$ 的转置矩阵 $\boldsymbol{P}^{\mathrm{T}}$ 的最大特征值(=1)所对应的归一化特征向量。

例 1.61 计算图 1.9 所示有向图中各顶点的 PageRank 值。

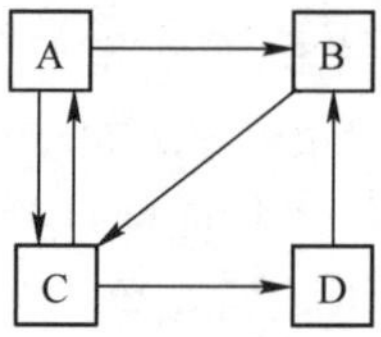

图 1.9 一个向图

解 用 $D=(V,E,\boldsymbol{W})$ 表示图 1.9 中所示的有向图,其中顶点集 $V=\{v_1,v_2,v_3,v_4\}$,这里 v_1、v_2、v_3、v_4 分别表示 A、B、C、D;E 为弧的集合,邻接矩阵

$$\boldsymbol{W}=\begin{bmatrix}0&1&1&0\\0&0&1&0\\1&0&0&1\\0&1&0&0\end{bmatrix},$$

对 $\boldsymbol{W}$ 各个行向量进行归一化处理,得状态转移概率矩阵

$$\boldsymbol{P}=\begin{bmatrix}0&1/2&1/2&0\\0&0&1&0\\1/2&0&0&1/2\\0&1&0&0\end{bmatrix}.$$

求 $\boldsymbol{P}^{\mathrm{T}}$ 的最大特征值 1 对应的归一化特征向量 $\boldsymbol{x}=[0.1818,0.2727,0.3636,$

0.1818]^{T},由此可以确定顶点的排序为 C、B、A、D,其中 A、D 的 PageRank 值是相同的。

```
#程序文件 Pgex1_61.py
import numpy as np; import pylab as plt
import scipy.sparse.linalg as SLA
a=np.zeros((4,4))
a[0,[1,2]]=1; a[1,2]=1; a[2,[0,3]]=1; a[3,1]=1
#下面对矩阵进行逐行归一化
b=a/np.tile(a.sum(axis=1).reshape(-1,1),(1,a.shape[1]))
val,vec=SLA.eigs(b.T,1)          #求最大特征值 1 对应的特征向量
vec=vec.real; vec=vec/sum(vec)   #特征向量归一化
print(vec); ind=np.arange(1,5)
plt.bar(ind,vec.flatten(),width=0.3)
plt.xticks(ind,['A','B','C','D']); plt.show()
```

3. 随机冲浪模型的 PageRank 值

PageRank 算法原理中有一个重要的假设,即所有的网页形成一个闭合的链接图,除了这些文档以外没有其他任何链接的出入,并且每个网页能从其他网页通过超链接达到。但是,在现实的网络中并不完全是这样的情况。当一个页面没有出链的时候,它的 PageRank 值就不能被分配给其他的页面。同样道理,只有出链接而没有入链接的页面也是存在的。但 PageRank 并不考虑这样的页面,因为没有流入的 PageRank 而只流出的 PageRank,从对称性角度来考虑是很奇怪的。同时,有时候也有链接只在一个集合内部旋转而不向外界链接的现象。在现实中的页面,无论怎样顺着链接前进,仅仅顺着链接是绝对不能进入的页面群总归是存在的。PageRank 技术为了解决这样的问题,提出用户的随机冲浪模型:用户虽然在大多数场合都顺着当前页面中的链接前进,但有时会突然重新打开浏览器随机进入到完全无关的页面。Google 认为用户在 85%的情况下沿着链接前进,但在 15%的情况下会跳跃到无关的页面中。用公式表示相应的转移概率矩阵为

$$\widetilde{\boldsymbol{P}}=\frac{(1-d)}{N}\boldsymbol{e}\boldsymbol{e}^{\mathrm{T}}+d\boldsymbol{P},$$

式中:$\boldsymbol{e}$ 为分量全为 1 的 N 维列向量,从而 $\boldsymbol{e}\boldsymbol{e}^{\mathrm{T}}$ 为全 1 矩阵;$d\in(0,1)$ 为阻尼因子(damping factor),在实际中 Google 取 $d=0.85$。也就是说,在随机冲浪模型中,求各个页面等级的 PageRank 值问题归结为求矩阵$\widetilde{\boldsymbol{P}}$的最大特征值 1 对应的归一化特征向量问题。

例 1.62(续例 1.61)　用随机冲浪模型计算图 1.9 所示有向图中各顶点的 PageRank 值。

解　取 $d=0.85$,计算得状态转移概率矩阵

$$\widetilde{\boldsymbol{P}}=\frac{(1-0.85)}{4}\boldsymbol{e}\boldsymbol{e}^{\mathrm{T}}+0.85\boldsymbol{P}=\begin{bmatrix}0.0375 & 0.4625 & 0.4625 & 0.0375\\ 0.0375 & 0.0375 & 0.8875 & 0.0375\\ 0.4625 & 0.0375 & 0.0375 & 0.4625\\ 0.0375 & 0.8875 & 0.0375 & 0.0375\end{bmatrix}.$$

状态转移概率矩阵的最大特征值为 1,对应的归一化特征向量为

$$\boldsymbol{x}=[0.1867,0.2755,0.3511,0.1867]^{\mathrm{T}}.$$

由此可以确定各顶点的排序仍然为 C、B、A、D,PageRank 值与例 1.61 的计算结果差

异不大。

```
#程序文件 Pgex1_62.py
import numpy as np; import pylab as plt
import scipy.sparse.linalg as SLA
a=np.zeros((4,4))
a[0,[1,2]]=1; a[1,2]=1; a[2,[0,3]]=1; a[3,1]=1
#下面对矩阵进行逐行归一化
b=a/np.tile(a.sum(axis=1).reshape(-1,1),(1,a.shape[1]))
c=0.15/4+0.85*b                    #计算冲浪模型的状态转移概率矩阵
val,vec=SLA.eigs(c.T,1)            #求最大特征值1对应的特征向量
vec=vec.real; vec=vec/sum(vec)#特征向量归一化
print(vec); ind=np.arange(1,5)
plt.bar(ind,vec.flatten(),width=0.3)
plt.xticks(ind,['A','B','C','D']); plt.show()
```

4. PageRank 的应用

首先从图论的角度解释 PageRank 算法的原理:一是看这个页面对应顶点的入度;二是要给指向该顶点的边赋予权重,表明这个超级链接的重要性。具体来讲,就是把所有的页面看作图里面的点,然后给每一个页面一个数量,用这个数量来刻画页面的重要性,这样网页的重要性就脱离了它的具体内容。我们只需从网络拓扑结构出发研究网页的重要性,这样就可以用图论来研究像互联网这样的复杂网络。而且,按照这个原理对网页排序具有 3 个优点:第一,排序与特定搜索关键词无关;第二,网页排序与网页的具体内容无关;第三,只需要知道网页所对应的图的结构。

PageRank 算法的这个特点使得它可以被应用于社会领域的其他问题,如体育比赛的排名问题。下面针对 1993 年全国大学生数学建模竞赛 B 题,利用 PageRank 算法讨论足球队排名次问题,我们发现随机冲浪模型可以有效克服数据缺损等方面的困难。

例 1.63 足球赛排名问题。

表 1.10 所列为我国 12 支足球队在 1988—1989 年全国足球甲级联赛中的成绩,要求设计一个依据这些成绩排出诸队名次的算法,并给出用该算法排名次的结果。

表 1.10 1988—1989 年全国足球甲级联赛成绩表

	T_1	T_2	T_3	T_4	T_5	T_6	T_7	T_8	T_9	T_{10}	T_{11}	T_{12}
T_1	X	0:1 1:0 0:0	2:2 1:0 0:2	2:0 3:1 1:0	3:1	1:0	0:1 1:3	0:2 2:1	1:0 4:0	1:1 1:1	X	X
T_2		X	2:0 0:1 1:3	0:0 2:0 0:0	1:1	2:1	1:1 1:1	0:0 0:0	2:0 1:1	0:2 0:0	X	X
T_3			X	4:2 1:1 0:0	2:1	3:0	1:0 1:4	0:1 3:1	1:0 2:3	0:1 2:0	X	X
T_4				X	2:3	0:1	0:5 2:3	2:1 1:3	0:1 0:0	0:1 1:1	X	X

（续）

	T_1	T_2	T_3	T_4	T_5	T_6	T_7	T_8	T_9	T_{10}	T_{11}	T_{12}
T_5					X	0:1	X	X	X	X	1:0 1:2	0:1 1:1
T_6						X	X	X	X	X	X	X
T_7							X	1:0 2:0 0:0	2:1 3:0 1:0	3:1 3:0 2:2	3:1	2:0
T_8								X	0:1 1:2 2:0	1:1 1:0 0:1	3:1	0:0
T_9									X	3:0 1:0 0:0	1:0	1:0
T_{10}										X	1:0	2:0
T_{11}											X	1:1 1:2 1:1
T_{12}												X

对表 1.10 的说明如下：

① 12 支球队依次记为 $T_1, T_2, \cdots, T_{12}$。

② 符号 X 表示两队未曾比赛。

③ 表中的数字表示两队比赛结果，如 T_3 行与 T_8 列交叉处的数字表示 T_3 与 T_8 的进球之比为 0:1 和 3:1。

（1）问题的分析。

足球队排名次问题要求我们建立一个客观的评估方法，只依据过去一段时间（几个赛季或几年）内每个球队的战绩给出各个球队的名次，具有很强的实际背景。通过分析题中 12 支足球队在联赛中的成绩，不难发现表中的数据残缺不全，队与队之间的比赛场数相差很大，直接根据比赛成绩来排名次比较困难。下面我们利用 PageRank 算法的随机冲浪模型来求解。

类比 PageRank 算法，可以综合考虑各队的比赛成绩为每支球队计算相应的等级分，然后根据各队的等级分高低来确定名次。直观上看，给定球队的等级分应该由它所战胜和战平的球队的数量以及被战胜或战平的球队的实力共同决定。具体来说，确定球队 T_i 的等级分的依据应为：一是看它战胜和战平了多少支球队；二是要看它所战胜或战平球队的等级分的高低。这两条就是我们确定排名的基本原理。在实际中，若出现等级分相同的情况，可以进一步根据净胜球的多少来确定排名。

由于表中包含的数据量较大，我们先不计平局，只考虑获胜局的情形下计算出各队的等级分，以说明算法原理。然后，综合考虑获胜局和平局，加权后得到各队的等级分，并据此进行排名。考虑到竞技比赛的结果的不确定性，我们最后建立等级分的随机冲浪模型，分析表明等级分排名结果具有良好的参数稳定性。

(2) 获胜局的等级分。

首先构造赋权有向图 $D=(V,A,\boldsymbol{W}_1)$，其中顶点集合 $V=\{v_1,v_2,\cdots,v_{12}\}$，这里 v_i 表示球队 $T_i(i=1,2,\cdots,12)$；A 为弧的集合，邻接矩阵 $\boldsymbol{W}_1=(w_{ij}^{(1)})_{12\times12}$，这里

$$w_{ij}^{(1)}=\begin{cases}n(T_i\text{ 队输给 }T_j\text{ 队 }n\text{ 次},n=1,2,3)\\0(\text{其他})\end{cases}$$

由此，可以写出表 1.10 中 12 支球队所对应的有向赋权图的邻接矩阵。

$$\boldsymbol{W}_1=\begin{bmatrix}0&1&1&0&0&0&2&1&0&0&0&0\\1&0&2&0&0&0&0&0&0&1&0&0\\1&1&0&0&0&0&1&0&0&1&0&0\\3&1&1&0&1&1&2&1&1&1&0&0\\1&0&1&0&0&1&0&1&1&0&1&1\\1&1&1&0&0&0&0&0&0&0&0&0\\0&0&1&0&0&0&0&0&0&0&0&0\\1&0&1&1&0&0&2&0&2&1&0&0\\2&1&1&0&0&0&3&1&0&0&0&0\\0&0&1&0&0&0&2&1&2&0&0&0\\0&0&0&0&1&0&1&1&1&1&0&1\\0&0&0&0&0&0&1&0&1&1&0&0\end{bmatrix}.$$

将邻接矩阵的各个行向量进行归一化，得状态转移概率矩阵 $\boldsymbol{P}_1=(p_{ij}^{(1)})_{12\times12}$，这里 $p_{ij}^{(1)}=w_{ij}^{(1)}/r_i^{(1)}$，$r_i^{(1)}=\sum\limits_{j=1}^{12}w_{ij}^{(1)}$，$i,j=1,2,\cdots,12$。

现设每个队 T_i 的等级分为 x_i，这些等级分应由被 T_i 战胜的那些队的等级分确定，即

$$\sum_{i=1}^{12}p_{ij}^{(1)}x_i=\lambda x_j,\quad j=1,2,\cdots,12, \tag{1.23}$$

式中：λ 为比例系数。令 $\boldsymbol{x}=[x_1,x_2,\cdots,x_{12}]^{\mathrm{T}}$，则由矩阵乘法，式(1.23)可以写为

$$\boldsymbol{P}_1^{\mathrm{T}}\boldsymbol{x}=\lambda\boldsymbol{x},$$

即各个队的等级分的计算，转化为状态转移概率矩阵 $\boldsymbol{P}_1$ 的转置矩阵 $\boldsymbol{P}_1^{\mathrm{T}}$ 的最大正特征值 λ 所对应的归一化特征向量。

直接利用 Python 软件计算得 $\lambda=1$，相应的等级分为

0.13046	0.11379	0.32150	0.00658	0.00056	0.00063
0.20520	0.05263	0.05249	0.11599	0.00008	0.00009

由此可以确定只算获胜局的情况下各队的排名为

$$T_3,T_7,T_1,T_{10},T_2,T_8,T_9,T_4,T_6,T_5,T_{12},T_{11}.$$

```
#程序文件 Pganli1_1_1.py
import numpy as np
import scipy.sparse.linalg as SLA
a=np.zeros((12,12)); a[0,[1,2,7]]=1
a[0,6]=2; a[1,[0,9]]=1; a[1,2]=2
a[2,[0,1,6,9]]=1; a[3,[1,2,4,5,7,8,9]]=1
```

```
a[3,0]=3; a[3,6]=2; a[4,[0,2,5,7,8,10,11]]=1;
a[5,0:3]=1; a[6,2]=1; a[7,[0,2,3,9]]=1
a[7,[6,8]]=2; a[8,[1,2,7]]=1; a[8,[0,6]]=[2,3]
a[9,[2,7]]=1; a[9,[6,8]]=2;
a[10,[4,6,7,8,9,11]]=1; a[11,[6,8,9]]=1
#下面对矩阵进行逐行归一化
b=a/np.tile(a.sum(axis=1).reshape(-1,1),(1,a.shape[1]))
val,vec=SLA.eigs(b.T,1)                    #求最大特征值1对应的特征向量
vec=vec.real; vec=vec/sum(vec)             #特征向量归一化
vec=vec.flatten(); print(vec)
np.savetxt('Pgdata1A_1.txt',b)
sv=sorted(vec,reverse=True)
ind1=np.argsort(vec); ind2=ind1[::-1]+1  #降序排列的地址
print(ind2)
```

(3) 加权等级分。

在实际中,平局也会对双方的排名产生影响,因此也有必要考虑平局对等级分的贡献。因为平局是相互的,所以可以利用无向图来表示各队之间的平局关系。为此,构造无向图 $G=(V,E,\boldsymbol{W}_2)$,其中顶点集 $V=\{v_1,v_2,\cdots,v_{12}\}$ 同上,E 为边的集合,邻接矩阵 $\boldsymbol{W}_2=(w_{ij}^{(2)})_{12\times 12}$,这里

$$w_{ij}^{(2)}=\begin{cases}n, & T_i \text{ 与 } T_j \text{ 平局的次数为 } n(n=1,2)\\0, & \text{其他}\end{cases}$$

可以写出对应的邻接矩阵

$$\boldsymbol{W}_2=\begin{bmatrix}0&1&1&0&0&0&0&0&0&2&0&0\\1&0&0&2&1&0&2&2&1&1&0&0\\1&0&0&1&0&0&0&0&0&0&0&0\\0&2&1&0&0&0&0&0&1&1&0&0\\0&1&0&0&0&0&0&0&0&0&0&2\\0&0&0&0&0&0&0&0&0&0&0&0\\0&2&0&0&0&0&0&1&0&1&0&0\\0&2&0&0&0&0&1&0&0&1&0&1\\0&1&0&1&0&0&0&0&0&1&0&0\\2&1&0&1&0&0&1&1&1&0&0&0\\0&0&0&0&0&0&0&0&0&0&0&2\\0&0&0&0&2&0&0&1&0&0&2&0\end{bmatrix}.$$

将邻接矩阵的各个行向量进行归一化,得矩阵 $\boldsymbol{P}_2=(p_{ij}^{(2)})_{12\times 12}$,这里

$$p_{ij}^{(2)}=\begin{cases}w_{ij}^{(2)}/r_i^{(2)}, & r_i^{(2)}=\sum\limits_{j=1}^{12}w_{ij}^{(2)}\neq 0,\\ w_{ij}^{(2)}, & r_i^{(2)}=\sum\limits_{j=1}^{12}w_{ij}^{(2)}=0.\end{cases}$$

根据常识,在一场比赛中平局出现的概率为1/3。同时,考虑到通常平局与获胜局的得分比为1:3,我们可以对获胜局和平局的状态转移概率矩阵进行加权处理,得到加权权重矩阵 $\boldsymbol{W}_3=\frac{2}{3}\times 3\boldsymbol{P}_1+\frac{1}{3}\times 1\boldsymbol{P}_2=(w_{ij}^{(3)})_{12\times 12}$。同样,将加权权重矩阵的各个行向量进行归一化处理,得到状态转移概率矩阵 $\boldsymbol{P}_3=(p_{ij}^{(3)})_{12\times 12}$,这里 $p_{ij}^{(3)}=w_{ij}^{(3)}/r_i^{(3)}$, $r_i^{(3)}=\sum\limits_{j=1}^{12} w_{ij}^{(3)}$, $i,j=1,2,\cdots,12$。

类似地,求得矩阵 $\boldsymbol{P}_3^{\mathrm{T}}$ 的最大特征1对应的归一化特征向量为

0.13829　0.12080　0.27342　0.03475　0.00448　0.00303

0.18477　0.06230　0.05624　0.11824　0.00072　0.00296

由此可以确定加权等级分的情况下各队的排名为

$$T_3,T_7,T_1,T_2,T_{10},T_8,T_9,T_4,T_5,T_6,T_{12},T_{11}.$$

```
#程序文件 Pganli1_1_2.py
import numpy as np
import scipy.sparse.linalg as SLA
b=np.loadtxt('PgdatalA_1.txt')
a=np.zeros((12,12)); a[0,[1,2,9]]=[1,1,2]
a[1,[0,4,8,9]]=1; a[1,[3,6,7]]=2
a[2,[0,3]]=1; a[3,1]=2; a[3,[2,8,9]]=1
a[4,[1,11]]=[1, 2]; a[6,[1,7,9]]=[2,1,1]
a[7,1]=2; a[7,[6,9,11]]=1; a[8,[1,3,9]]=1
a[9,0]=2; a[9,[1,3,6,7,8]]=1; a[10,11]=2
a[11,[4,7,10]]=[2,1,2]
b2=a; rs=a.sum(axis=1)                       #计算矩阵 a 的行和
for i in range(a.shape[0]):
    if rs[i]!=0: b2[i,:]=b2[i,:]/rs[i]
b3=b*2+b2/3                                   #构造加权矩阵
c=b3/b3.sum(axis=1,keepdims=True)             #利用矩阵广播
val,vec=SLA.eigs(c.T,1)                       #求最大特征值 1 对应的特征向量
vec=vec.real; vec=vec/sum(vec)                #特征向量归一化
vec=vec.flatten(); print(vec)
np.savetxt('PgdatalA_2.txt',c)
sv=sorted(vec,reverse=True)
ind1=np.argsort(vec); ind2=ind1[::-1]+1       #降序排列的地址
print(ind2)
```

(4) 等级分的随机冲浪模型。

在大多数时候,竞技比赛的结果都是两队之间实力的客观反映。但是,竞技比赛的结果有时具有一定的不确定性,它很容易受到某些偶然或人为因素的影响。为了消除这些不确定因素的影响,我们需要建立等级分的随机冲浪模型。

设球队的实力能确定比赛的结果的概率为 d,即强队因为不确定因素输掉任意一支球队的概率为 $1-d$。则可得到下面的状态转移概率矩阵:

$$P_4 = dP_3 + \frac{1-d}{12} ee^{\mathrm{T}}.$$

式中：$\boldsymbol{e}$ 为分量全为 1 的 12 维列向量，从而 $\boldsymbol{ee}^{\mathrm{T}}$ 为全 1 矩阵；$d\in(0,1]$ 为权重因子，在实际中可以根据历史数据确定。同样，各个队的等级分的计算，转化为求状态转移概率矩阵 $\boldsymbol{P}_4$ 的转置矩阵 $\boldsymbol{P}_4^{\mathrm{T}}$ 的最大特征值 1 对应的归一化特征向量。

下面着重分析权重因子 $d\in(0,1]$ 的变化对排名的影响。为此，利用 Python 软件计算出权重因子 d 取不同的值时的排名情况见表 1.11。

表 1.11　权重因子 d 取不同值时的排名情况

d 取值范围	球队排名
$d=1$	$T_3,T_7,T_1,T_2,T_{10},T_8,T_9,T_4,T_5,T_6,T_{12},T_{11}$
$d=0.95$	$T_3,T_7,T_1,T_2,T_{10},T_8,T_9,T_4,T_5,T_{12},T_6,T_{11}$
$0.66\leqslant d\leqslant 0.85$	$T_3,T_7,T_1,T_2,T_{10},T_9,T_8,T_4,T_{12},T_5,T_6,T_{11}$
$0.47\leqslant d\leqslant 0.65$	$T_3,T_7,T_1,T_{10},T_2,T_9,T_8,T_4,T_{12},T_5,T_6,T_{11}$
$0.1\leqslant d\leqslant 0.46$	$T_3,T_7,T_1,T_{10},T_2,T_9,T_8,T_{12},T_4,T_5,T_6,T_{11}$

从表 1.11 中可以看出，根据等级分的排名结果具有良好的稳定性；并且，权重因子的变化只对没有比赛场数较多的球队有较大影响。例如，当 $0.66\leqslant d\leqslant 0.85$ 时，排名结果都是一样的。因此，等级分随机冲浪模型可以成功地处理数据缺损方面的困难。

```python
#程序文件 Pganli1_1_3.py
import numpy as np
import scipy.sparse.linalg as SLA
c=np.loadtxt('Pgdata1A_2.txt')
ind=np.zeros((12,8))
d=[1,0.95,0.85,0.66,0.65,0.47,0.46,0.1]
for k in range(len(d)):
    P=d[k]*c+(1-d[k])/12*np.ones((12,12))
    val,vec=SLA.eigs(P.T,1)                    #求最大特征值 1 对应的特征向量
    vec=vec.real; vec=vec/sum(vec)             #特征向量归一化
    vec=vec.flatten()
    ind1=np.argsort(vec); ind2=ind1[::-1]+1    #降序排列的地址
    ind[:,k]=ind2
print(ind)    #显示不同参数 d 的排序结果,每一列对应一个参数
```

习　题　1

1.1　求一个顶点在原点，向量顶点在 (1,0,-2)，(1,2,4)，(7,1,0) 的平行六面体的体积。

1.2　求线性方程组

$$\begin{cases} 2x_1-x_2+3x_3=5, \\ 3x_1+x_2-5x_3=5, \\ 4x_1-x_2+x_3=9. \end{cases}$$

的符号解和数值解。

1.3 已知矩阵$\boldsymbol{A}=\begin{bmatrix} a_{11} & a_{12} & a_{13} & a_{14} \\ a_{21} & a_{22} & a_{23} & a_{24} \\ a_{31} & a_{32} & a_{33} & a_{34} \\ a_{41} & a_{42} & a_{43} & a_{44} \end{bmatrix}$。

(1) 求$|\boldsymbol{A}|$;

(2) 交换矩阵$\boldsymbol{A}$的第1行与第2行,得到新矩阵$\boldsymbol{A}_2$,求$|\boldsymbol{A}_2|$,并验证$|\boldsymbol{A}|+|\boldsymbol{A}_2|=0$。

1.4 问λ,μ取何值时,齐次线性方程组

$$\begin{cases} \lambda x_1+x_2+x_3=0, \\ x_1+\mu x_2+x_3=0, \\ x_1+2\mu x_2+x_3=0 \end{cases}$$

有非零解?

1.5 求齐次线性方程组

$$\begin{cases} x_1+2x_2+x_3-x_4=0, \\ 3x_1+6x_2-x_3-3x_4=0, \\ 5x_1+10x_2+x_3-5x_4=0 \end{cases}$$

的基础解系.

1.6 求非齐次线性方程组

$$\begin{cases} x_1-5x_2+2x_3-3x_4=11, \\ 5x_1+3x_2+6x_3-x_4=-1, \\ 2x_1+4x_2+2x_3+x_4=-6 \end{cases}$$

的通解。

1.7 某一电网的输电线路,电网负荷量及流向如图1.10所示。

(1) 计算各个线路的负荷量;

(2) 若线路BC出现故障无法运行,那么线路AD段的负荷量控制在什么范围内,才能使所有线路的负荷流量都不超过300。

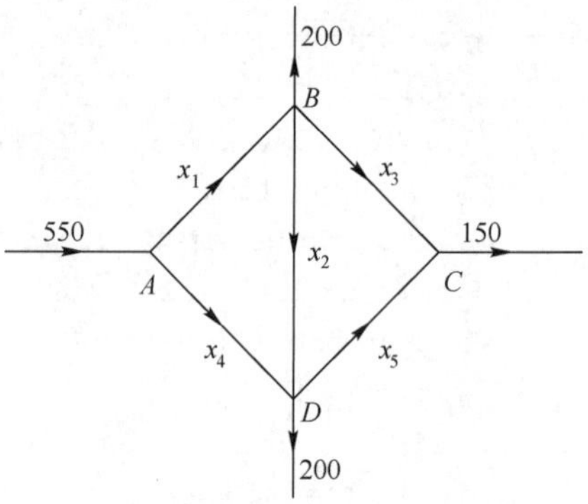

图1.10 电网负荷量及流向图

1.8 利用施密特正交化法把下列列向量组正交化:

$$[\alpha_1,\alpha_2,\alpha_3]=\begin{bmatrix} 1 & 1 & -1 \\ 0 & -1 & 1 \\ -1 & 0 & 1 \\ 1 & 1 & 0 \end{bmatrix}.$$

1.9 求二次型$f=\boldsymbol{x}^{\mathrm{T}}\boldsymbol{A}\boldsymbol{x}=[x_1,x_2,x_3]\begin{bmatrix} 2 & 1 & 2 \\ 1 & 2 & 2 \\ 2 & 2 & 1 \end{bmatrix}\begin{bmatrix} x_1 \\ x_2 \\ x_3 \end{bmatrix}$在单位球面$x_1^2+x_2^2+x_3^2=1$上的最大值和最小值。

1.10 画出圆$(x-2)^2+y^2=4$关于直线$y=2x+1$对称的图形。

1.11 设初始正方形顶点坐标为$A(0,0)$,$B(1,0)$,$C(1,1)$,$D(0,1)$,对正方形$ABCD$做线性变换

$$\begin{cases} X=2x+3y+4, \\ Y=x+4y+5. \end{cases}$$

求变换以后 4 个顶点的坐标,并画出原来的正方形 $ABCD$ 及变换后的正方形 $A'B'C'D'$。

1.12 求出下列矩阵 $\boldsymbol{A}$ 的特征多项式,并验证 Hamilton-Cayley 定理。

$$\boldsymbol{A}=\begin{bmatrix}-1 & 1 & 1 & 1\\ 1 & 1 & 1 & 1\\ 1 & -1 & 1 & -1\\ -1 & 1 & -1 & 1\end{bmatrix}.$$

1.13 设 S 是顶点为(9,3,-5),(12,8,2),(1.8,2.7,1)的三角形,求出透视中心在(0,0,10)处时 S 的透视投影的像。

1.14 图 1.11 所示为 6 支球队的比赛结果,即 1 队战胜 2,4,5,6 队,而输给了 3 队;5 队战胜 3,6 队,而输给 1,2,4 队,等等。

(1) 利用竞赛图的适当方法,给出 6 支球队的一个排名顺序;

(2) 利用 PageRank 算法,再次给出 6 支球队的排名顺序;

(3) 比较前面两个排序结果是否有差异,如果有差异的话,解释差异的原因。

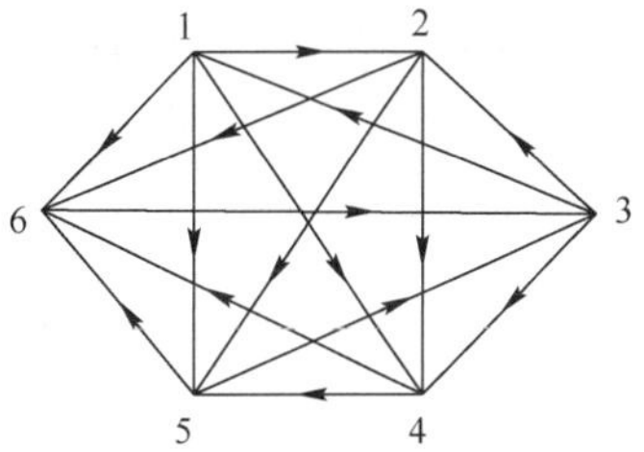

图 1.11 球队的比赛结果

1.15 金融机构为保证现金充分支付,设立一笔总额 5400 万元的基金,分开放置在位于 A 城和 B 城的两家公司,基金在平时可以使用,但每周末结算时必须确保总额仍然为 5400 万元。经过相当长的一段时期的现金流动,发现每过一周,各公司的支付基金在流通过程中多数还留在自己的公司内,而 A 城公司有 10%支付基金流动到 B 城公司,B 城公司则有 12%支付基金流动到 A 城公司。起初 A 城公司基金为 2600 万元,B 城公司基金为 2800 万元。按此规律,两公司支付基金数额变化趋势如何?如果金融专家认为每个公司的支付基金不能少于 2200 万元,那么是否需要在必要时调动基金?

第 2 章　矩阵分析基础

矩阵作为一种语言,是表示复杂系统的有利工具。矩阵分析作为研究生的一门基础课,是线性代数的延伸内容,可以进一步帮助学生利用矩阵这一工具来灵活解决工程技术中的大量问题。在本章中,我们只介绍矩阵分析中的范数理论、奇异值分解和广义逆等基础知识,并列举了线性代数中一些有趣的反问题,从另一个角度加深学生对线性代数的理解。

2.1　范数理论

2.1.1　线性空间

线性空间的建立离不开相应的数域。如果复数的一个非空集合 $\mathbb{P}$ 含有非零的数,且其中任意两个数的和、差、积、商(除数不等于零)仍属于该集合,则称 $\mathbb{P}$ 为一个数域。例如,有理数域 $\mathbb{Q}$ 、实数域 $\mathbb{R}$ 、复数域 $\mathbb{C}$ 等,而且有理数域是最小的数域,其他所有的数域都包含有理数域。

定义 2.1　设 $\boldsymbol{V}$ 是一个非空集合, $\mathbb{P}$ 是一个数域。如果

(1) 在集合 $\boldsymbol{V}$ 上定义了一个二元运算“+”(称为加法),使得对任意的 $\boldsymbol{x},\boldsymbol{y}\in\boldsymbol{V}$,都有 $\boldsymbol{x}+\boldsymbol{y}\in\boldsymbol{V}$。

(2) 在数域 $\mathbb{P}$ 的元素与集合 $\boldsymbol{V}$ 的元素之间定义了数量乘法运算,使得对任意的 $\lambda\in\mathbb{P}$, $\boldsymbol{x}\in\boldsymbol{V}$,都有 $\lambda\boldsymbol{x}\in\boldsymbol{V}$。

(3) 上述两个运算满足下列 8 条规则:

① 对任意的 $\boldsymbol{x},\boldsymbol{y}\in\boldsymbol{V}$,都有 $\boldsymbol{x}+\boldsymbol{y}=\boldsymbol{y}+\boldsymbol{x}$(交换律)。

② 对任意的 $\boldsymbol{x},\boldsymbol{y},\boldsymbol{z}\in\boldsymbol{V}$,都有 $(\boldsymbol{x}+\boldsymbol{y})+\boldsymbol{z}=\boldsymbol{x}+(\boldsymbol{y}+\boldsymbol{z})$(结合律)。

③ $\boldsymbol{V}$ 中存在零元素,记为 $\boldsymbol{\vartheta}$,对于任意的 $\boldsymbol{x}\in\boldsymbol{V}$,都有 $\boldsymbol{x}+\boldsymbol{\vartheta}=\boldsymbol{x}$。

④ 对任意的 $\boldsymbol{x}\in\boldsymbol{V}$,存在 $\boldsymbol{y}\in\boldsymbol{V}$,使得 $\boldsymbol{x}+\boldsymbol{y}=\boldsymbol{\vartheta}$, $\boldsymbol{y}$ 称为 $\boldsymbol{x}$ 的负元素,记为 $\boldsymbol{y}=-\boldsymbol{x}$。

⑤ 对任意的 $\boldsymbol{x}\in\boldsymbol{V}$,都有 $1\boldsymbol{x}=\boldsymbol{x}$。

对任意的 $\lambda,\mu\in\mathbb{P}$,对任意的 $\boldsymbol{x},\boldsymbol{y}\in\boldsymbol{V}$,下列 3 条成立:

⑥ $\lambda(\mu\boldsymbol{x})=(\lambda\mu)\boldsymbol{x}$。

⑦ $(\lambda+\mu)\boldsymbol{x}=\lambda\boldsymbol{x}+\mu\boldsymbol{x}$。

⑧ $\lambda(\boldsymbol{x}+\boldsymbol{y})=\lambda\boldsymbol{x}+\lambda\boldsymbol{y}$。

则集合 $\boldsymbol{V}$ 称为数域 $\mathbb{P}$ 上的线性空间或向量空间,简称为线性空间。当 $\mathbb{P}$ 是实数域时, $\boldsymbol{V}$ 称为实线性空间;当 $\mathbb{P}$ 是复数域时, $\boldsymbol{V}$ 称为复线性空间。

例 2.1　设 $\mathbb{P}$ 是一个数域,由分量属于 $\mathbb{P}$ 的 n 维向量的全体构成的集合记为

$$\mathbb{P}^n=\{\boldsymbol{x}=[x_1,x_2,\cdots,x_n]\mid x_i\in\mathbb{P},i=1,2,\cdots,n\},$$

则 $\mathbb{P}^n$ 按照通常的向量加法运算和数乘向量运算成为数域 $\mathbb{P}$ 上一个线性空间。

例 2.2 设 $\mathbb{P}$ 是一个数域，由元素属于 $\mathbb{P}$ 的 $m\times n$ 矩阵的全体构成的集合记为

$$\mathbb{P}^{m\times n}=\{\boldsymbol{A}=(a_{ij})_{m\times n}\mid a_{ij}\in\mathbb{P},i=1,2,\cdots,m;j=1,2,\cdots,n\},$$

则 $\mathbb{P}^{m\times n}$ 按照通常的矩阵加法运算和数乘矩阵运算成为 $\mathbb{P}$ 上的一个线性空间。

例 2.3 设 $\boldsymbol{A}$ 是 $m\times n$ 矩阵，则齐次线性方程组 $\boldsymbol{Ax}=\boldsymbol{0}$ 的所有解（包括零解）的集合，按照向量加法运算和数乘向量运算构成一个线性空间，称为该方程组的解空间，也称为矩阵 $\boldsymbol{A}$ 的核或零空间，记为 $\mathbb{N}(\boldsymbol{A})$。

例 2.4 设 $\boldsymbol{A}$ 是 $m\times n$ 矩阵，则集合

$$\boldsymbol{V}=\{\boldsymbol{y}=\boldsymbol{Ax}\in\mathbb{C}^m\mid\boldsymbol{x}\in\mathbb{C}^n\}$$

按照向量加法运算和数乘向量运算构成一个复线性空间，称为矩阵 $\boldsymbol{A}$ 的列空间或值域，记为 $\Re(\boldsymbol{A})$。

定义 2.2 设 $\boldsymbol{V}$ 是实数域 $\mathbb{R}$ 上的线性空间。如果对于 $\boldsymbol{V}$ 中任意两个向量 $\boldsymbol{x},\boldsymbol{y}$，都有一个实数（记为 $(\boldsymbol{x},\boldsymbol{y})$）与之对应，并且满足下列条件：

(1) $(\boldsymbol{x},\boldsymbol{x})\geqslant 0$，当且仅当 $\boldsymbol{x}=\boldsymbol{\vartheta}$ 时，等号成立。

(2) $(\boldsymbol{x},\boldsymbol{y})=(\boldsymbol{y},\boldsymbol{x})$。

(3) $(\lambda\boldsymbol{x},\boldsymbol{y})=\lambda(\boldsymbol{x},\boldsymbol{y}),\lambda\in\mathbb{R}$。

(4) $(\boldsymbol{x}+\boldsymbol{y},\boldsymbol{z})=(\boldsymbol{x},\boldsymbol{z})+(\boldsymbol{y},\boldsymbol{z}),\boldsymbol{z}\in\boldsymbol{V}$。

则实数 $(\boldsymbol{x},\boldsymbol{y})$ 称为向量 $\boldsymbol{x},\boldsymbol{y}$ 的内积。定义了内积的实线性空间 $\boldsymbol{V}$ 称为实内积空间。

例 2.5 对于 $\mathbb{R}^n$ 中的任意两个向量

$$\boldsymbol{x}=[\xi_1,\xi_2,\cdots,\xi_n]^n,\quad \boldsymbol{y}=[\eta_1,\eta_2,\cdots,\eta_n]^{\mathrm{T}},$$

定义内积

$$(\boldsymbol{x},\boldsymbol{y})=\boldsymbol{x}^{\mathrm{T}}\boldsymbol{y}=\sum_{i=1}^{n}\xi_i\eta_i,$$

则 $\mathbb{R}^n$ 成为一个内积空间。

实内积空间 $\mathbb{R}^n$ 称为欧几里得空间。由于 n 维实内积空间都与 $\mathbb{R}^n$ 同构，所以也称有限维的实内积空间为欧几里得空间。

定义 2.3 设 $\boldsymbol{V}$ 是复数域 $\mathbb{C}$ 上的线性空间。若对任意的 $\boldsymbol{x},\boldsymbol{y}\in\boldsymbol{V}$ 都有一个复数 $(\boldsymbol{x},\boldsymbol{y})$ 与之对应，并且满足下列各个条件：

(1) $(\boldsymbol{x},\boldsymbol{x})\geqslant 0$，当且仅当 $\boldsymbol{x}=\boldsymbol{\vartheta}$ 时，等号成立。

(2) $(\boldsymbol{x},\boldsymbol{y})=\overline{(\boldsymbol{y},\boldsymbol{x})}$。

(3) $(\lambda\boldsymbol{x},\boldsymbol{y})=\lambda(\boldsymbol{x},\boldsymbol{y})$。

(4) $(\boldsymbol{x}+\boldsymbol{y},\boldsymbol{z})=(\boldsymbol{x},\boldsymbol{z})+(\boldsymbol{y},\boldsymbol{z}),\boldsymbol{z}\in\boldsymbol{V}$。

则称复数 $(\boldsymbol{x},\boldsymbol{y})$ 为向量 $\boldsymbol{x},\boldsymbol{y}$ 的内积，此时线性空间称为复内积空间，或酉空间。

显然，欧几里得空间是酉空间的特例，酉空间有一套和欧几里得空间基本相似的理论。

例 2.6 在 $\mathbb{C}^n$ 中定义向量 $\boldsymbol{x}=[\xi_1,\xi_2,\cdots,\xi_n]^n,\boldsymbol{y}=[\eta_1,\eta_2,\cdots,\eta_n]^{\mathrm{T}}$ 的内积为

$$(\boldsymbol{x},\boldsymbol{y})=\boldsymbol{y}^{\mathrm{H}}\boldsymbol{x}=\sum_{i=1}^{n}\xi_i\overline{\eta_i},$$

其中

$$\boldsymbol{y}^{\mathrm{H}}=\boldsymbol{y}^{\mathrm{T}}=[\overline{\eta}_1,\overline{\eta}_2,\cdots,\overline{\eta}_n]$$

表示向量 $\boldsymbol{y}$ 的共轭转置,则$\mathbb{C}^n$成为一个酉空间。

2.1.2 向量范数

定义 2.4 设 $\boldsymbol{V}$ 是数域$\mathbb{P}$ 上的线性空间,如果对于 $\boldsymbol{V}$ 中的任一向量 $\boldsymbol{x}$,都有一非负实数$\|\boldsymbol{x}\|$与之对应,并且满足下列 3 个条件:

(1) 正定性。当 $\boldsymbol{x}\neq\boldsymbol{\vartheta}$ 时,$\|\boldsymbol{x}\|>0$;当 $\boldsymbol{x}=\boldsymbol{\vartheta}$ 时$\|\boldsymbol{x}\|=0$。

(2) 齐次性:$\|k\boldsymbol{x}\|=|k|\|\boldsymbol{x}\|,k\in\mathbb{P}$ 。

(3) 三角不等式:$\|\boldsymbol{x}+\boldsymbol{y}\|\leqslant\|\boldsymbol{x}\|+\|\boldsymbol{y}\|,\boldsymbol{x},\boldsymbol{y}\in V$。

则称$\|\boldsymbol{x}\|$是向量 $\boldsymbol{x}$ 的范数。

由欧几里得空间及酉空间中的向量长度$|\boldsymbol{x}|=\sqrt{(x,x)}$的性质知,它们都是向量范数,但向量范数要比向量长度广义得多。

定理 2.1(Minkowski 不等式) 对任意的 $p\geqslant1$,有

$$\left(\sum_{i=1}^{n}|a_i+b_i|^p\right)^{\frac{1}{p}}\leqslant\left(\sum_{i=1}^{n}|a_i|^p\right)^{\frac{1}{p}}+\left(\sum_{i=1}^{n}|b_i|^p\right)^{\frac{1}{p}}.$$

由 Minkowski 不等式,可以引入常用的 p-范数。

定理 2.2(p-范数) 设 $p\geqslant1$,则向量 $\boldsymbol{x}=[x_1,x_2,\cdots,x_n]^{\mathrm{T}}\in\mathbb{C}^n$的 p-范数定义为

$$\|\boldsymbol{x}\|_p=\left(\sum_{i=1}^{n}|x_i|^p\right)^{\frac{1}{p}}.$$

分别令 p 等于 1,2,有

$$\|\boldsymbol{x}\|_1=\sum_{i=1}^{n}|x_i|,$$

$$\|\boldsymbol{x}\|_2=\left(\sum_{i=1}^{n}|x_i|^2\right)^{\frac{1}{2}}=(\boldsymbol{x}^{\mathrm{H}}\boldsymbol{x})^{\frac{1}{2}}=\sqrt{(\boldsymbol{x},\boldsymbol{x})},$$

分别称为向量 $\boldsymbol{x}$ 的 1-范数和 2-范数,并且还有

$$\|\boldsymbol{x}\|_\infty=\max_{1\leqslant i\leqslant n}|x_i|=\lim_{p\to\infty}\|\boldsymbol{x}\|_p.$$

事实上,令 $\alpha=\max\limits_{1\leqslant i\leqslant n}|x_i|$,则$\beta_i=\dfrac{|x_i|}{\alpha}\leqslant1$。于是,有

$$1\leqslant\left(\sum_{i=1}^{n}\beta_i^p\right)^{\frac{1}{p}}\leqslant n^{\frac{1}{p}},$$

故

$$\lim_{p\to\infty}\left(\sum_{i=1}^{n}\beta_i^n\right)^{\frac{1}{p}}=1.$$

所以

$$\lim_{p\to\infty}\|\boldsymbol{x}\|_p=\lim_{p\to\infty}\alpha\left(\sum_{i=1}^{n}\beta_i^p\right)^{\frac{1}{p}}=\alpha=\max_{1\leqslant1\leqslant n}|x_i|=\|\boldsymbol{x}\|_\infty.$$

因此,往往也把∞-范数作为 p-范数的一类。

2.1.3 矩阵范数

矩阵空间$\mathbb{C}^{m\times n}$是 $m\times n$ 维的线性空间,所以定义 2.4 仍然适用,只不过由于矩阵之间还

存在乘法运算，所以在定义矩阵范数时应该予以体现。

定义 2.5 在矩阵空间$\mathbb{C}^{m\times n}$上定义一个非负实值函数$\|\cdot\|$，如果对于任意的$\boldsymbol{A}\in\mathbb{C}^{m\times n}$，它满足下列 4 个条件：

（1）正定性：$\|\boldsymbol{A}\|\geqslant 0$，并且当且仅当$\boldsymbol{A}=\boldsymbol{0}$时，$\|\boldsymbol{A}\|=0$。

（2）齐次性：$\|\alpha\boldsymbol{A}\|=|\alpha|\|\boldsymbol{A}\|,\alpha\in\mathbb{C}$。

（3）三角不等式：$\|\boldsymbol{A}+\boldsymbol{B}\|\leqslant\|\boldsymbol{A}\|+\|\boldsymbol{B}\|,B\in\mathbb{C}^{m\times n}$。

（4）矩阵乘法的相容性：对于$\mathbb{C}^{m\times n}$，$\mathbb{C}^{n\times l}$，$\mathbb{C}^{m\times l}$的同类非负实值函数$\|\cdot\|$，有$\|\boldsymbol{AB}\|\leqslant\|\boldsymbol{A}\|\cdot\|\boldsymbol{B}\|$，其中$\boldsymbol{B}\in\mathbb{C}^{n\times l}$，则称$\|\boldsymbol{A}\|$是矩阵$\boldsymbol{A}$的范数。

例 2.7 对于任意的$\boldsymbol{A}=(a_{ij})_{m\times n}\in\mathbb{C}^{m\times n}$，有

$$\|\boldsymbol{A}\|=\sum_{i=1}^{m}\sum_{j=1}^{n}|a_{ij}|$$

是矩阵范数。

定义 2.6 矩阵$\boldsymbol{A}=(a_{ij})_{n\times n}\in\mathbb{C}^{n\times n}$的对角线元素之和，称为矩阵$\boldsymbol{A}$的迹，记为 trace($\boldsymbol{A}$)，简记 tr($\boldsymbol{A}$)，即

$$\mathrm{trace}(\boldsymbol{A})=\sum_{i=1}^{n}a_{ii}.$$

矩阵$\boldsymbol{A}$的所有特征值之和等于$\boldsymbol{A}$的迹，而所有特征值之积等于$\boldsymbol{A}$的行列式。

例 2.8 对于任意的$A=(a_{ij})_{m\times n}\in\mathbb{C}^{m\times n}$，规定

$$\|\boldsymbol{A}\|_{\mathrm{F}}=\left(\sum_{i=1}^{m}\sum_{j=1}^{n}|a_{ij}|^2\right)^{\frac{1}{2}}=\sqrt{\mathrm{trace}(\boldsymbol{A}^{\mathrm{H}}\boldsymbol{A})}.$$

则$\|\boldsymbol{A}\|_{\mathrm{F}}$是一种矩阵范数。该范数称为矩阵$\boldsymbol{A}$的 Frobenius 范数。

定义 2.7 对于$\mathbb{C}^{m\times n}$上的矩阵范数$\|\cdot\|_\beta$和$\mathbb{C}^n$上的向量范数$\|\cdot\|_\alpha$，如果满足

$$\|\boldsymbol{Ax}\|_\alpha\leqslant\|\boldsymbol{A}\|_\beta\|\boldsymbol{x}\|_\alpha,\quad \boldsymbol{A}\in\mathbb{C}^{m\times n},\quad \boldsymbol{x}\in\mathbb{C}^n,$$

则称矩阵范数$\|\cdot\|_\beta$和向量范数$\|\cdot\|_\alpha$是相容的。

定理 2.3 已知$\mathbb{C}^m$和$\mathbb{C}^n$上的同类向量范数$\|\cdot\|$，则

$$\|\boldsymbol{A}\|=\max_{\|\boldsymbol{x}\|=1}\|\boldsymbol{Ax}\|,\quad \boldsymbol{A}\in\mathbb{C}^{m\times n},\quad \boldsymbol{x}\in\mathbb{C}^n \tag{2.1}$$

是$\mathbb{C}^{m\times n}$上与向量范数$\|\cdot\|$相容的矩阵范数。

定义 2.8 由式(2.1)所定义的矩阵范数称为由向量范数$\|\cdot\|$所诱导的诱导范数。由向量的p-范数$\|\boldsymbol{x}\|_p$所诱导的矩阵范数称为矩阵p-范数，即

$$\|\boldsymbol{A}\|_p=\max_{\|\boldsymbol{x}\|_p=1}\|\boldsymbol{Ax}\|_p. \tag{2.2}$$

常用的矩阵p-范数有$\|\boldsymbol{A}\|_1$，$\|\boldsymbol{A}\|_2$和$\|\boldsymbol{A}\|_\infty$，并且有如下的具体计算方法。

定理 2.4 设$\boldsymbol{A}=(a_{ij})_{m\times n}$，则

（1）列和范数

$$\|\boldsymbol{A}\|_1=\max_{1\leqslant j\leqslant n}\sum_{i=1}^{m}|a_{ij}|. \tag{2.3}$$

（2）谱范数

$$\|\boldsymbol{A}\|_2=\max_{1\leqslant j\leqslant n}(\boldsymbol{\lambda}_j(\boldsymbol{A}^{\mathrm{H}}\boldsymbol{A}))^{\frac{1}{2}}, \tag{2.4}$$

式中：$\lambda_j(\boldsymbol{A}^{\mathrm{H}}\boldsymbol{A})$为矩阵$\boldsymbol{A}^{\mathrm{H}}\boldsymbol{A}$的第$j$个特征值。

(3) 行和范数

$$\|A\|_\infty = \max_{1\leqslant i\leqslant m}\sum_{j=1}^{n}|a_{ij}|. \tag{2.5}$$

定义 2.9 设矩阵 $A\in\mathbb{C}^{n\times n}$ 的 n 个特征值为 $\lambda_1,\lambda_2,\cdots,\lambda_n$,称

$$\rho(A)=\max\{|\lambda_1|,|\lambda_2|,\cdots,|\lambda_n|\}$$

为 A 的谱半径。

定理 2.5 设矩阵 $A\in\mathbb{C}^{n\times n}$,则

$$\rho(A)\leqslant\|A\|,$$

其中:$\|A\|$是 A 的任一种范数。

例 2.9 计算矩阵 $A=\begin{bmatrix}5 & 2 & -2\\ -1 & 4 & 3\\ 2 & 6 & 5\end{bmatrix}$ 的1-范数、∞-范数、Frobenius 范数和2-范数。

解 由矩阵范数的定义

$$\|A\|_1=\max\{5+1+2,2+4+6,2+3+5\}=12$$

$$\|A\|_\infty=\max\{5+2+2,1+4+3,2+6+5\}=13$$

$$\|A\|_F=\sqrt{25+4+4+1+9+16+4+36+25}=\sqrt{124}$$

$$A^HA=\begin{bmatrix}30 & 18 & -3\\ 18 & 56 & 38\\ -3 & 38 & 38\end{bmatrix}$$

可求得 A^HA 的最大特征值 $\lambda_{max}=88.7129$,因此,有

$$\|A\|_2=\sqrt{\lambda_{max}}=9.4188$$

```
#程序文件 Pgex2_1.py
import numpy as np
from numpy import linalg as LA
a=np.array([[5,2,-2],[-1,4,3],[2,6,5]])
L1=LA.norm(a,1); print(L1)                  #1-范数
Linf=LA.norm(a,np.inf); print(Linf)         #inf-范数
L3=LA.norm(a,'fro'); print(L3)              #Frobenius 范数
B=a.T.dot(a); val,vec=LA.eig(B)
L4=np.sqrt(val.max()); print(L4)            #2-范数
```

2.2 矩阵的奇异值分解及应用

2.2.1 矩阵的奇异值分解

矩阵奇异值分解在最优化问题、特征值问题、最小二乘问题、广义逆矩阵及统计学等方面有着重要作用。

定义 2.10 设矩阵 $A\in\mathbb{C}^{n\times n}$,如果满足

$$A^HA=AA^H=I$$

式中：A^{H} 为 A 的共轭转置；I 为 n 阶单位阵，则称 A 为酉矩阵。

定义 2.11 设 $A\in\mathbb{C}^{n\times n}$，且 $A^{H}A=AA^{H}$，则称 A 为正规矩阵。

容易验证，对角矩阵、实对称矩阵($A^{T}=A$)、实反对称矩阵($A^{T}=-A$)、Hermite 矩阵($A^{H}=A$)、反 Hermite 矩阵($A^{H}=-A$)、正交矩阵及酉矩阵等都是正规矩阵。

引理 2.1 对任意的 $A\in\mathbb{C}^{m\times n}$，都有

$$\operatorname{rank}(A^{H}A)=\operatorname{rank}(AA^{H})=\operatorname{rank}(A).$$

式中：$\operatorname{rank}(A)$ 为矩阵 A 的秩。

引理 2.2 $A^{H}A$ 和 AA^{H} 是半正定的 Hermite 矩阵。

定义 2.12 设 $A\in\mathbb{C}_{r}^{m\times n}$，这里 $r=\operatorname{rank}(A)$ ($r>0$)，$A^{H}A$ 的特征值为

$$\lambda_1\geqslant\lambda_2\geqslant\cdots\geqslant\lambda_r>\lambda_{r+1}=\cdots=\lambda_n=0. \tag{2.6}$$

则称 $d_i=\sqrt{\lambda_i}$ ($i=1,2,\cdots,n$) 为 A 的奇异值。当 A 是零矩阵时，规定它的奇异值都是 0。

易见，矩阵 A 的奇异值的个数等于 A 的列数，A 的非零奇异值的个数等于 $\operatorname{rank}(A)$。

定理 2.6 设 $A\in\mathbb{C}_{r}^{m\times n}$ ($r>0$)，则存在 m 阶酉矩阵 P 和 n 阶酉矩阵 Q，使得

$$P^{H}AQ=\begin{bmatrix} D & O \\ O & O \end{bmatrix}, \tag{2.7}$$

其中 $D=\operatorname{diag}(d_1,\cdots,d_r)$，$d_i$ ($i=1,2,\cdots,r$) 是 A 的正奇异值。

证明 记 Hermite 矩阵 $A^{H}A$ 的特征值如式(2.6)所述。

根据 Hermite 矩阵的性质，存在 n 阶酉矩阵 Q，使得

$$Q^{H}(A^{H}A)Q=\begin{bmatrix} \lambda_1 & & \\ & \ddots & \\ & & \lambda_n \end{bmatrix}=\begin{bmatrix} D^2 & O \\ O & O \end{bmatrix}. \tag{2.8}$$

将 Q 分块为

$$Q=[Q_1 \vdots Q_2],\quad Q_1\in\mathbb{C}_{r}^{n\times r},\quad Q_2\in\mathbb{C}_{n-r}^{n\times(n-r)},$$

并改写式(2.8)为

$$(A^{H}A)Q=Q\begin{bmatrix} D^2 & O \\ O & O \end{bmatrix},$$

则有

$$A^{H}AQ_1=Q_1D^2,\quad A^{H}AQ_2=O. \tag{2.9}$$

注意到 $Q_1^{H}Q_1=I_r$，所以由式(2.9)的第一式，得

$$Q_1^{H}A^{H}AQ_1=D^2,$$

或写为

$$(AQ_1D^{-1})^{H}(AQ_1D^{-1})=I_r.$$

由式(2.9)的第二式，得

$$Q_2^{H}A^{H}AQ_2=O,$$

即 $AQ_2=O$.

令 $P_1=AQ_1D^{-1}$，则 $P_1^{H}P_1=I_r$，即 P_1 的列向量是两两正交的单位向量。

记 $P_1=[p_1,p_2,\cdots,p_r]$，将 $p_1,p_2,\cdots,p_r$ 扩充为 $\mathbb{C}^{m}$ 的标准正交基，记增添的向量为

$\boldsymbol{p}_{r+1},\boldsymbol{p}_{r+2},\cdots,\boldsymbol{p}_m$,并构造矩阵 $\boldsymbol{P}_2=[\boldsymbol{p}_{r+1},\boldsymbol{p}_{r+2},\cdots,\boldsymbol{p}_m]$,则 $\boldsymbol{P}=[\boldsymbol{P}_1 \vdots \boldsymbol{P}_2]$ 是 m 阶酉矩阵,且有

$$\boldsymbol{P}_1^{\mathrm{H}}\boldsymbol{P}_1=\boldsymbol{I}_r,\quad \boldsymbol{P}_2^{\mathrm{H}}\boldsymbol{P}_1=\boldsymbol{O}.$$

于是,得

$$\boldsymbol{P}^{\mathrm{H}}\boldsymbol{A}\boldsymbol{Q}=\boldsymbol{P}^{\mathrm{H}}[\boldsymbol{A}\boldsymbol{Q}_1,\boldsymbol{A}\boldsymbol{Q}_2]=\begin{bmatrix}\boldsymbol{P}_1^{\mathrm{H}}\\ \boldsymbol{P}_2^{\mathrm{H}}\end{bmatrix}[\boldsymbol{P}_1\boldsymbol{D},\boldsymbol{O}]=\begin{bmatrix}\boldsymbol{D} & \boldsymbol{O}\\ \boldsymbol{O} & \boldsymbol{O}\end{bmatrix}.$$

注 2.1 式(2.7)可以写为

$$\boldsymbol{A}=\boldsymbol{P}\begin{bmatrix}\boldsymbol{D} & \boldsymbol{O}\\ \boldsymbol{O} & \boldsymbol{O}\end{bmatrix}\boldsymbol{Q}^{\mathrm{H}} \tag{2.10}$$

称为 $\boldsymbol{A}$ 的奇异值分解。

注 2.2 矩阵 $\boldsymbol{A}$ 的奇异值由 $\boldsymbol{A}$ 唯一确定,但酉矩阵 $\boldsymbol{P}$ 和 $\boldsymbol{Q}$ 一般不是唯一的,因此奇异值分解一般也不是唯一的。

注 2.3 记

$$\boldsymbol{P}=[\boldsymbol{P}_1,\boldsymbol{P}_2],\quad \boldsymbol{Q}=[\boldsymbol{Q}_1,\boldsymbol{Q}_2],$$

式中:$\boldsymbol{P}_1$ 为 $m\times r$ 的列正交矩阵;$\boldsymbol{Q}_1$ 为 $r\times m$ 的列正交矩阵。则奇异值分解式(2.10)等价于

$$\boldsymbol{A}=\boldsymbol{P}_1\boldsymbol{D}\boldsymbol{Q}_1^{\mathrm{H}}. \tag{2.11}$$

例 2.10 试求矩阵 $\boldsymbol{A}=\begin{bmatrix}1&0&1\\0&1&1\\0&0&0\end{bmatrix}$ 的奇异值分解。

解 $\boldsymbol{A}^{\mathrm{H}}\boldsymbol{A}=\begin{bmatrix}1&0&1\\0&1&1\\1&1&2\end{bmatrix}$ 的特征值为 3,1,0,对应的特征向量分别为

$$\begin{bmatrix}1\\1\\2\end{bmatrix},\begin{bmatrix}1\\-1\\0\end{bmatrix},\begin{bmatrix}1\\1\\-1\end{bmatrix}.$$

故 $\mathrm{rank}(\boldsymbol{A})=2$,则

$$\boldsymbol{D}=\begin{bmatrix}\sqrt{3} & \\ & 1\end{bmatrix},$$

而

$$\boldsymbol{Q}=\begin{bmatrix}\frac{1}{\sqrt{6}} & \frac{1}{\sqrt{2}} & \frac{1}{\sqrt{3}}\\ \frac{1}{\sqrt{6}} & -\frac{1}{\sqrt{2}} & \frac{1}{\sqrt{3}}\\ \frac{2}{\sqrt{6}} & 0 & -\frac{1}{\sqrt{3}}\end{bmatrix},$$

计算得到

$$P_1 = AQ_1D^{-1} = \begin{bmatrix} \frac{1}{\sqrt{2}} & \frac{1}{\sqrt{2}} \\ \frac{1}{\sqrt{2}} & -\frac{1}{\sqrt{2}} \\ 0 & 0 \end{bmatrix},$$

构造

$$P_2 = \begin{bmatrix} 0 \\ 0 \\ 1 \end{bmatrix}, \quad P = \begin{bmatrix} \frac{1}{\sqrt{2}} & \frac{1}{\sqrt{2}} & 0 \\ \frac{1}{\sqrt{2}} & -\frac{1}{\sqrt{2}} & 0 \\ 0 & 0 & 1 \end{bmatrix},$$

则矩阵 A 的奇异值分解为

$$A = P\begin{bmatrix} \sqrt{3} & & \\ & 1 & \\ & & 0 \end{bmatrix}Q^{\mathrm{H}}.$$

```
#程序文件 Pgex2_2.py
import numpy as np
from numpy import linalg as LA
a=np.array([[1,0,1],[0,1,1],[0,0, 0]])
p,d,q=LA.svd(a)   #a=p@np.diag(d)@q
print(p); print(d); print(q)
```

下面几小节将介绍奇异值分解的一些应用。

2.2.2 图像压缩

一幅图像经过采样和量化后便可以得到一幅数字图像。通常可以用一个矩阵来表示,如图 2.1 所示。

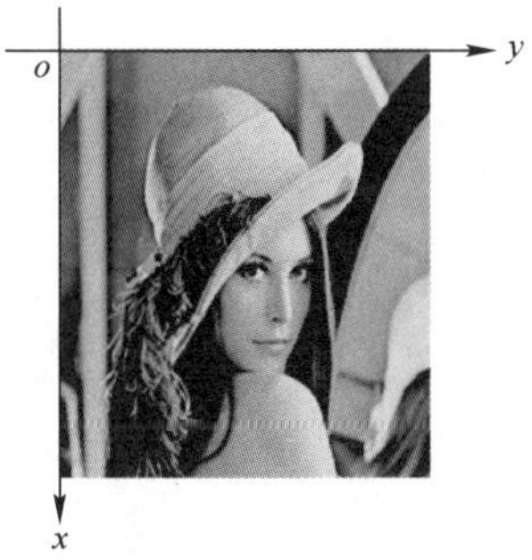

$$f(x,y) = \begin{bmatrix} f(0,0) & f(0,1) & \cdots & f(0,N-1) \\ f(1,0) & f(1,1) & \cdots & f(1,N-1) \\ \vdots & \vdots & & \vdots \\ f(M-1,0) & f(M-1,1) & \cdots & f(M-1,N-1) \end{bmatrix}$$

图 2.1　数字图像的矩阵表示

一幅数字图像在 Python 中可以很自然地表示成同样矩阵,即

$$f = \begin{bmatrix} f(0,0) & f(0,1) & \cdots & f(0,N-1) \\ f(1,0) & f(1,1) & \cdots & f(1,N-1) \\ \vdots & & & \\ f(M-1,0) & f(M-1,1) & \cdots & f(M-1,N-1) \end{bmatrix}.$$

矩阵中的元素称作像素。每一个像素都有 x 和 y 两个坐标,表示其在图像中的位置。另外,还有一个值,称为灰度值,对应于原始模拟图像在该点处的亮度。量化后的灰度值,代表了相应的色彩浓淡程度,以 256 色灰度等级的数字图像为例,一般有 8 位,即一个字节表示灰度值,由 0~255 对应于由黑到白的颜色变化。对只有黑白二值采用一个比特表示的特定二值图像,就可以用 0 和 1 来表示黑白二色。

一幅彩色数字图像用 3 个矩阵表示,分别表示红、绿、蓝像素的取值。在 Python 中用一个三维矩阵表示。

图像压缩是数据压缩技术在数字图像上的应用,它的目的是减少图像数据中的冗余信息从而用更加高效的格式存储和传输数据。图像数据之所以能被压缩,就是因为数据中存在着冗余。图像数据的冗余主要表现为:图像中相邻像素间的相关性引起的空间冗余;图像序列中不同帧之间存在相关性引起的时间冗余;不同彩色平面或频谱带的相关性引起的频谱冗余。

图像压缩可以是有损数据压缩,也可以是无损数据压缩。无损图像压缩方法主要有行程长度编码、熵编码法(如 LZW);有损压缩方法主要有变换编码,如离散余弦变换(DCT)或者小波变换这样的傅里叶相关变换,然后进行量化以及用熵编码法压缩和分形压缩(fractal compression)。

图像矩阵 $\boldsymbol{A}$ 的奇异值(Singular Value)及其特征空间反映了图像中的不同成分和特征。

奇异值分解(Singular Value Decomposition,SVD) 是一种基于特征向量的矩阵变换方法,在信号处理、模式识别、数字水印技术等方面都得到了应用。

1. 奇异值分解的图像性质

设 $\boldsymbol{A}\in\mathbb{C}_r^{m\times n}$,$r=\mathrm{rank}(\boldsymbol{A})$,$d_1,d_2,\cdots,d_r$ 是 $\boldsymbol{A}$ 的正奇异值,它是唯一的,刻画了矩阵数据的分布特征。直观上,可以这样理解矩阵的奇异值分解,即将矩阵 $\boldsymbol{A}\in\mathbb{C}_r^{m\times n}$ 看成是一个线性变换,它将 n 维空间的点映射到 m 维空间。$\boldsymbol{A}\in\mathbb{C}_r^{m\times n}$ 经过奇异值分解后,这种变换被分割成 3 个部分,分别为 $\boldsymbol{U}$、$\boldsymbol{D}$ 和 $\boldsymbol{V}$,其中 $\boldsymbol{U}$ 和 $\boldsymbol{V}$ 都是标准正交矩阵,它们对应的线性变换就相当于对 m 维和 n 维坐标系中坐标轴的旋转变换。

若 $\boldsymbol{A}$ 为数字图像,则 $\boldsymbol{A}$ 可视为二维时频信息,可将 $\boldsymbol{A}$ 的奇异值分解公式写为

$$\boldsymbol{A}=\boldsymbol{U}\boldsymbol{D}\boldsymbol{V}^{\mathrm{H}}=\boldsymbol{U}\begin{bmatrix}\boldsymbol{\Delta} & \boldsymbol{O}\\ \boldsymbol{O} & \boldsymbol{O}\end{bmatrix}\boldsymbol{V}^{\mathrm{H}}=\sum_{i=1}^{r}\boldsymbol{A}_i=\sum_{i=1}^{r}\delta_i\boldsymbol{u}_i\boldsymbol{v}_i^{\mathrm{H}},$$

式中:$\boldsymbol{u}_i$,$\boldsymbol{v}_i$ 分别为 $\boldsymbol{U}$ 和 $\boldsymbol{V}$ 的列向量;δ_i 为 $\boldsymbol{A}$ 的非零奇异值,即 $\boldsymbol{U}=[\boldsymbol{u}_1,\boldsymbol{u}_2,\cdots,\boldsymbol{u}_m]$,$\boldsymbol{V}=[\boldsymbol{v}_1,\boldsymbol{v}_2,\cdots,\boldsymbol{v}_n]$,$\boldsymbol{\Delta}=\mathrm{diag}\{\delta_1,\delta_2,\cdots,\delta_r\}$ 为对角阵。故上式表示的数字图像 $\boldsymbol{A}$ 可以看成是 r 个秩为 1 的子图 $\boldsymbol{u}_i\boldsymbol{v}_i^{\mathrm{H}}$ 叠加的结果,而奇异值 δ_i 为权系数。所以 $\boldsymbol{A}_i$ 也表示时频信息,对应的 $\boldsymbol{u}_i$ 和 $\boldsymbol{v}_i$ 可分别视为频率向量和时间向量,因此数字图像 $\boldsymbol{A}$ 中的时频信息就被分解到一系列由 $\boldsymbol{u}_i$ 和 $\boldsymbol{v}_i$ 构成的时频平面中。

若以 F-范数(Frobenious-范数)的平方表示图像的能量,则由矩阵奇异值分解的定义知:

$$\|\boldsymbol{A}\|_{\mathrm{F}}^2=\mathrm{tr}(\boldsymbol{A}^{\mathrm{H}}\boldsymbol{A})=\mathrm{tr}\left(\boldsymbol{V}\begin{bmatrix}\boldsymbol{\Delta} & \boldsymbol{O}\\ \boldsymbol{O} & \boldsymbol{O}\end{bmatrix}\boldsymbol{U}^{\mathrm{H}}\boldsymbol{U}\begin{bmatrix}\boldsymbol{\Delta} & \boldsymbol{O}\\ \boldsymbol{O} & \boldsymbol{O}\end{bmatrix}\boldsymbol{V}^{\mathrm{H}}\right)=\sum_{i=1}^{r}\delta_i^2. \tag{2.12}$$

也就是说,数字图像 $\boldsymbol{A}$ 经奇异值分解后,其纹理和几何信息都集中在 $\boldsymbol{U}$、$\boldsymbol{V}$ 之中,而 $\boldsymbol{\Delta}$ 中的奇异值则代表图像的能量信息。

性质 2.1 矩阵的奇异值代表图形的能量信息,且具有稳定性。

设 $\boldsymbol{A}\in\mathbb{C}^{m\times n}$,$\boldsymbol{B}=\boldsymbol{A}+\boldsymbol{\delta}$,$\boldsymbol{\delta}$ 是矩阵 $\boldsymbol{A}$ 的一个扰动矩阵。$\boldsymbol{A}$ 和 $\boldsymbol{B}$ 的非零奇异值分别记为:$\delta_{11}\geqslant\delta_{12}\geqslant\cdots\geqslant\delta_{1r}$ 和 $\delta_{21}\geqslant\delta_{22}\geqslant\cdots\geqslant\delta_{2r}$,这里 $r=\operatorname{rank}(\boldsymbol{A})$。$\delta_1$ 是 $\boldsymbol{\delta}$ 的最大奇异值,则有

$$|\delta_{1i}-\delta_{2i}|\leqslant\|\boldsymbol{A}-\boldsymbol{B}\|_2=\|\boldsymbol{\delta}\|_2=\delta_1$$

由此可知,当图像被施加小的扰动时,图像矩阵的奇异值变化不会超过扰动矩阵的最大奇异值,所以图像奇异值的稳定性很好。

性质 2.2 矩阵的奇异值具有比例不变性。

设 $\boldsymbol{A}\in\mathbb{C}^{m\times n}$,矩阵 $\boldsymbol{A}$ 的奇异值为 $\delta_i(i=1,2,\cdots,r)$,$r=\operatorname{rank}(\boldsymbol{A})$,矩阵 $k\boldsymbol{A}(k\neq 0)$ 的奇异值为 $\gamma_i(i=1,2,\cdots,r)$,则有:$|k|[\delta_1,\delta_2,\cdots,\delta_r]=[\gamma_1,\gamma_2,\cdots,\gamma_r]$。

性质 2.3 矩阵的奇异值具有旋转不变性。

设 $\boldsymbol{A}\in\mathbb{C}^{m\times n}$,矩阵 $\boldsymbol{A}$ 的奇异值为 $\delta_i(i=1,2,\cdots,r)$,$r=\operatorname{rank}(\boldsymbol{A})$。若 $\boldsymbol{T}$ 是酉矩阵,则矩阵 $\boldsymbol{TA}$ 的奇异值与矩阵 $\boldsymbol{A}$ 的奇异值相同。

性质 2.4 设 $\boldsymbol{A}\in\mathbb{C}^{m\times n}$,$\operatorname{rank}(\boldsymbol{A})=r\geqslant s$。若 $\boldsymbol{\Delta}_s=\operatorname{diag}(\delta_1,\delta_2,\cdots,\delta_s)$,$\boldsymbol{A}_s=\sum_{i=1}^{s}\delta_i\boldsymbol{u}_i\boldsymbol{v}_i$,则有 $\operatorname{rank}(\boldsymbol{A}_s)=\operatorname{rank}(\boldsymbol{\Delta}_s)=s$,且

$$\|\boldsymbol{A}-\boldsymbol{A}_s\|=\min\{\|\boldsymbol{A}-\boldsymbol{B}\|\mid\boldsymbol{B}\in\mathbb{C}^{m\times n}\}=\sqrt{\delta_{s+1}^2+\delta_{s+2}^2+\cdots+\delta_r^2}. \tag{2.13}$$

上式表明,在 F-范数意义下,$\boldsymbol{A}_s$ 是在空间 $\mathbb{C}_r^{m\times n}$ 中对 $\boldsymbol{A}$ 的一个最佳秩逼近。因此,可根据需要保留 $s(s<r)$ 个大于某个阈值 M 的 δ_i 而舍弃其余 $r-s$ 个小于阈值 M 的 δ_i 且保证两幅图像在某种意义下的近似,这就为奇异值的数据压缩等应用找到了依据。

2. 奇异值分解压缩原理分析

用奇异值分解来压缩图像的基本思想是对图像矩阵进行奇异值分解,选取部分奇异值和对应的左、右奇异向量来重构图像矩阵。根据奇异值分解的图像性质 2.1 和性质 2.4 可以知道,奇异值分解可以代表图像的能量信息,并且可以降低图像的维数。如果 $\boldsymbol{A}$ 表示 n 个 m 维向量,可以通过奇异值分解将 $\boldsymbol{A}$ 表示为 $m+n$ 个 r 维向量。若 $\boldsymbol{A}$ 的秩远远小于 m 和 n,则通过奇异值分解可以大大降低保存数据的数量。

对于一个 $m\times n$ 像素的图像矩阵 $\boldsymbol{A}$,设 $\boldsymbol{A}=\widetilde{\boldsymbol{U}}\boldsymbol{D}\widetilde{\boldsymbol{V}}^{\mathrm{H}}$,其中 $\boldsymbol{D}=\operatorname{diag}(\delta_1,\delta_2,\cdots,\delta_r)$,$\delta_1\geqslant\delta_2\geqslant\cdots\geqslant\delta_r$,按奇异值从大到小取 k 个奇异值和这些奇异值对应的左奇异向量及右奇异向量重构原图像矩阵 $\boldsymbol{A}$。如果选择的 $k=r$,这是无损的压缩;基于奇异值分解的图像压缩讨论的是 $k<r$,即有损压缩的情况。这时,可以只用 $m\times k+k+n\times k=k(m+n+1)$ 个数值代替原来的 $m\times n$ 个图像数据,这 $k(m+n+1)$ 个数据分别是矩阵 $\boldsymbol{A}$ 的前 k 个奇异值,左奇异向量矩阵 $\widetilde{\boldsymbol{U}}$ 的前 k 列的 $m\times k$ 个元素和右奇异向量矩阵 $\widetilde{\boldsymbol{V}}$ 的前 k 列的 $n\times k$ 个元素。

比率

$$\rho=\left(1-\frac{k(m+n+1)}{m\times n}\right)\times 100\%$$

称为图像的压缩比率。

3. 奇异值分解压缩举例

例 2.11 利用奇异值压缩一幅图像,并计算压缩比率。

```python
#程序文件 Pgex2_11.py
import numpy as np
from numpy import linalg as LA
from PIL import Image
import pylab as plt                          #加载 Matplotlib 的 Pylab 接口
plt.rc('font', size=13)
plt.rc('font', family='SimHei')
a = Image.open("Lena.bmp")                   #返回一个 PIL 图像对象
if a.mode != 'L':
    a = a.convert("L")                       #转换为灰度图像
b = np.array(a).astype(float)                #把图像对象转换为数组
p, d, q = LA.svd(b)
m,n=b.shape
R = LA.matrix_rank(b)                        #图像矩阵的秩
plt.plot(np.arange(1,len(d)+1),d,'k-')
plt.ylabel('奇异值');
plt.title('图像矩阵的奇异值')
plt.show(); CR=[]
for K in range(1,int(R/4),10):
    plt.figure(K)
    plt.subplot(121)
    plt.title('原图')
    plt.imshow(b, cmap='gray')
    I = p[:,:K+1].dot(np.diag(d[:K+1])).dot(q[:K+1,:])
    plt.subplot(122)
    plt.title('图像矩阵的秩='+str(K))
    plt.imshow(I, cmap='gray')
    src=m*n; compress=K*(m+n+1)
    ratio=(1-compress/src)*100       #计算压缩比率
    CR.append(ratio)
    print("Rank=%d:K=%d个:ratio=%5.2f"%(R,K,ratio))
plt.show()
plt.figure; plt.plot(range(1,int(R/4),10),CR,'ob-');
plt.title("奇异值个数与压缩比率的关系"); plt.xlabel("奇异值个数")
plt.ylabel("压缩比率"); plt.show()
```

2.2.3 对应分析

矩阵的奇异值分解建立了因子分析中 R 型与 Q 型的关系，因而从 R 型因子分析出发可以直接得到 Q 型因子分析的结果，这里的数学原理我们就不介绍了，感兴趣的读者可以参看文献[7]。

1. 对应分析的基本计算步骤

设有 p 个变量的 n 个样本观测数据矩阵 $\boldsymbol{A}=(a_{ij})_{n\times p}$，其中 $a_{ij}>0$。对数据矩阵 $\boldsymbol{A}$ 做对

应分析的具体步骤如下。

(1) 由数据矩阵 $\boldsymbol{A}$,计算规格化的概率矩阵 $\boldsymbol{P}=(p_{ij})_{n\times p}$,其中 $p_{ij}=\dfrac{a_{ij}}{a_{..}}$, $a_{..}=\sum_{i=1}^{n}\sum_{j=1}^{p}a_{ij}$。

(2) 计算过渡矩阵 $\boldsymbol{B}=(b_{ij})_{n\times p}$,其中 $b_{ij}=\dfrac{p_{ij}-p_{.j}p_{i.}}{\sqrt{p_{.j}p_{i.}}}$,这里 $p_{i.}=\sum_{j=1}^{p}p_{ij}$,$p_{.j}=\sum_{i=1}^{n}p_{ij}$ $(i=1,2,\cdots,n;j=1,2,\cdots,p)$。

(3) 进行因子分析。

① R 型因子分析:计算 $\boldsymbol{R}=\boldsymbol{B}^{\mathrm{T}}\boldsymbol{B}$ 的特征根 $\lambda_1\geqslant\lambda_2\geqslant\cdots\geqslant\lambda_p$,并计算相应的单位特征向量 $\boldsymbol{v}_1,\boldsymbol{v}_2,\cdots,\boldsymbol{v}_p$,这里 $\boldsymbol{v}_i=[v_{1i},v_{2i},\cdots,v_{pi}]^{\mathrm{T}}$,在实际应用中常按累积贡献率

$$\frac{\lambda_1+\lambda_2+\cdots+\lambda_k}{\lambda_1+\cdots+\lambda_l+\cdots+\lambda_p}\geqslant 0.80(\text{或 }0.70,\text{或 }0.85)$$

确定所取公共因子个数 $k(k\leqslant p)$,取前 k 个特征根 $\lambda_1\geqslant\lambda_2\geqslant\cdots\geqslant\lambda_k$(一般 $k=2$),得到 R 型因子载荷矩阵(列轮廓坐标)

$$\boldsymbol{F}=\begin{bmatrix} v_{11}\sqrt{\lambda_1} & v_{12}\sqrt{\lambda_2}\\ v_{21}\sqrt{\lambda_1} & v_{22}\sqrt{\lambda_2}\\ \vdots & \vdots\\ v_{p1}\sqrt{\lambda_1} & v_{p2}\sqrt{\lambda_2}\end{bmatrix}.$$

② Q 型因子分析:由上述求得的特征值 $\lambda_1\geqslant\lambda_2\geqslant\cdots\geqslant\lambda_k$,计算 $\boldsymbol{Q}=\boldsymbol{B}\boldsymbol{B}^{\mathrm{T}}$ 所对应的单位特征向量 $\boldsymbol{u}_i=[u_{1i},u_{2i},\cdots,u_{ni}]^{\mathrm{T}}(i=1,2,\cdots,k)$,得到 Q 型因子载荷矩阵(行轮廓坐标)

$$\boldsymbol{G}=\begin{bmatrix} u_{11}\sqrt{\lambda_1} & u_{12}\sqrt{\lambda_2}\\ u_{21}\sqrt{\lambda_1} & u_{22}\sqrt{\lambda_2}\\ \vdots & \vdots\\ u_{n1}\sqrt{\lambda_1} & u_{n2}\sqrt{\lambda_2}\end{bmatrix}.$$

注 2.4 设 $\mathrm{rank}(\boldsymbol{B})=r$,矩阵 $\boldsymbol{B}$ 的奇异值分解为 $\boldsymbol{B}=\boldsymbol{U}\boldsymbol{D}_r\boldsymbol{V}^{\mathrm{T}}$,其中 $\boldsymbol{U}$ 为 $n\times r$ 的列正交矩阵(列向量也为单位向量);$\boldsymbol{V}$ 为 $p\times r$ 的列正交矩阵(列向量也为单位向量);$\boldsymbol{D}_r$ 为 r 阶对角矩阵,对角线元素为奇异值,即 $\boldsymbol{D}_r=\mathrm{diag}(\sqrt{\lambda_1},\sqrt{\lambda_2},\cdots,\sqrt{\lambda_r})$。可以证明:列正交矩阵 $\boldsymbol{V}$ 的 r 个列向量分别是 $\boldsymbol{B}^{\mathrm{T}}\boldsymbol{B}$ 的非零特征值 $\lambda_1,\lambda_2,\cdots,\lambda_r$ 对应的特征向量;而列正交矩阵 $\boldsymbol{U}$ 的 r 个列向量分别是 $\boldsymbol{B}\boldsymbol{B}^{\mathrm{T}}$ 的非零特征值 $\lambda_1,\lambda_2,\cdots,\lambda_r$ 对应的特征向量,且 $\boldsymbol{U}=\boldsymbol{B}\boldsymbol{V}\boldsymbol{D}_r^{-1}$。

(4) 在相同二维平面上用行轮廓的坐标 $\boldsymbol{G}$ 和列轮廓的坐标 $\boldsymbol{F}$ 绘制出点的平面图。也就是把 n 个行点(样品点)和 p 个列点(变量点)在同一个平面坐标系中绘制出来,对一组行点或一组列点,二维图中的欧几里得距离与原始数据中各行(或列)轮廓之间的加权距离是相对应的。这样就在一个平面上同时显示了变量和样品间的相互关系。

(5) 对样品点和变量点进行分类,并结合专业知识进行成因解释。

2. 对应分析的应用

例 2.12 为了研究我国部分省市自治区的农村居民家庭人均消费支出结构,现从中抽取 10 个省市,选取 8 项指标,即食品支出(x_1)、衣着支出(x_2)、居住支出(x_3)、家庭设备及服务支出(x_4)、交通和通信支出(x_5)、文教娱乐用品及服务支出(x_6)、医疗保健支出(x_7)、其他商品及服务支出(x_8)。原始数据资料见表 2.1,对所给数据进行对应分析。

表 2.1 2008 年 10 个省市自治区的农村居民家庭人均生活消费支出原始数据

(单位:元)

序号	省市自治区	x_1	x_2	x_3	x_4	x_5	x_6	x_7	x_8
1	北京	2470.72	577.81	1162.96	402.56	950.53	883.35	709.44	127.29
2	河北	1192.93	203.74	696.14	151.94	346.73	250.07	219.32	64.68
3	山西	1206.59	276.23	486.75	138.26	328.74	380.70	210.32	69.85
4	辽宁	1549.00	298.82	601.71	158.91	426.47	387.97	283.37	107.78
5	上海	3731.27	467.33	1806.08	503.96	879.57	855.30	697.11	179.06
6	广东	2388.91	177.67	964.53	189.01	483.66	272.87	259.00	136.82
7	广西	1594.67	91.19	535.45	124.01	261.85	172.73	154.32	50.81
8	海南	1537.55	89.89	391.04	104.07	261.57	288.49	123.82	86.67
9	重庆	1537.59	160.34	328.97	167.74	238.43	211.83	197.15	42.87
10	新疆	1146.69	218.61	492.77	97.58	276.31	168.99	244.59	46.24

解 用 $i=1,2,\cdots,10$ 分别表示北京、河北、山西、辽宁、上海、广东、广西、海南、重庆、新疆。第 i 个对象关于第 j 个指标变量 x_j 的取值记作 a_{ij}。

(1) 对原始数据计算总和 $a_{..}$。

(2) 根据公式 $p_{ij}=a_{ij}/a_{..}$,计算概率矩阵 $\boldsymbol{P}$。

(3) 根据公式 $b_{ij}=\dfrac{p_{ij}-p_{\cdot j}p_{i\cdot}}{\sqrt{p_{\cdot j}p_{i\cdot}}}$,计算数据变换矩阵 $\boldsymbol{B}$。

(4) 根据公式 $\boldsymbol{R}=\boldsymbol{B}^{\mathrm{T}}\boldsymbol{B}$ 计算协方差矩阵 $\boldsymbol{R}$。

(5) 进行因子分析。

① R 型因子分析。计算协方差矩阵 $\boldsymbol{R}$ 的特征值、累积贡献率,结果见表 2.2。

表 2.2 协方差矩阵 $\boldsymbol{R}$ 的特征值、累积贡献率

序　号	特　征　值	累积贡献率
1	0.0231	0.6540
2	0.0062	0.8310
3	0.0026	0.9054
4	0.0022	0.9666
5	0.0007	0.9876
6	0.0002	0.9939
7	0.0002	1.0000
8	1.1244×10^{-32}	1.0000

由于前两个特征值的累积贡献率已经达到 83.1%,因此提取前两个特征值即可。由此确定公共因子个数 $k=2$。

对应于 R 型因子分析的前两个公共因子的因子载荷矩阵见表 2.3。

表 2.3　R 型因子载荷矩阵

序　号	F_1	F_2
1	0.0979	0.0261
2	-0.0704	0.0131
3	0.0014	-0.0662
4	-0.0174	0.0001
5	-0.0380	-0.0030
6	-0.0620	0.0313
7	-0.0531	-0.0051
8	0.0103	0.0017

② Q 型因子分析。

Q 型因子分析的公共因子个数 $k=2$。对应于 Q 型因子分析的前两个公共因子的因子载荷矩阵见表 2.4。

表 2.4　Q 型因子载荷矩阵

序　号	G_1	G_2
1	-0.0933	0.0118
2	-0.0120	-0.0354
3	-0.0356	0.0211
4	-0.0224	0.0146
5	-0.0052	-0.0272
6	0.0636	-0.0240
7	0.0645	-0.0035
8	0.0524	0.0346
9	0.0379	0.0392
10	-0.0061	-0.0115

(6) 绘制对应分布图。

在 R 型因子平面上，根据因子载荷矩阵 $\boldsymbol{F}$ 中的数据做变量图；在 Q 型因子平面上，根据因子载荷矩阵 $\boldsymbol{G}$ 中的数据做样本点，如图 2.2 所示。

由于第一个公共因子的贡献率占了 65.4%，而第二个公共因子的贡献率占了 17.7%，因此，在对应分布图的分析中，可以主要以横坐标对应的分类结果为主。若以横轴为中心轴，可粗略地将变量和样本点分为 3 类。

① 变量：x_2，x_6，x_7；样本点：北京。

② 变量：x_3，x_4，x_5，x_8；样本点：河北、新疆、上海、辽宁和山西。

③ 变量：x_1；样本点：广东、广西、海南和重庆。

在①中，变量为衣着支出，文教娱乐用品及服务支出和医疗保健，只有北京，说明北京的生活消费支出比较重视衣着、文教娱乐用品及服务和医疗保健。

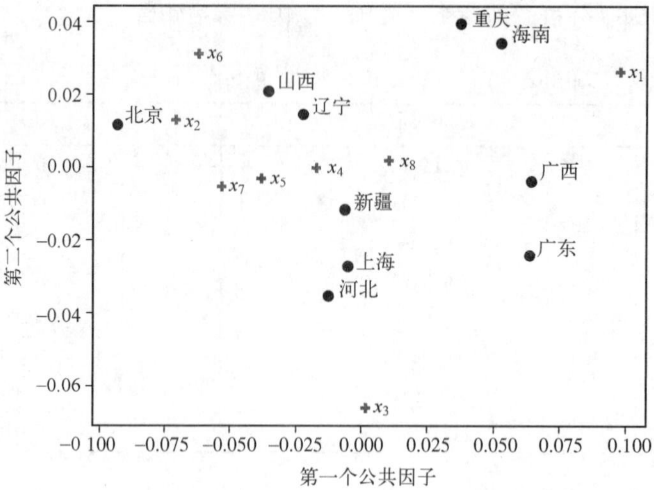

图 2.2 省市自治区消费结构种类的对应分布图

在②中，变量为居住支出，家庭设备及服务支出，交通和通信支出，其他商品及服务支出。有河北、新疆、上海、辽宁和山西，说明这 5 地的消费支出结构很相似。

在③中，变量为食品支出。有广东，广西，海南和重庆。说明这 4 地的消费支出结果很相似，且以食品支出最多。

```
#程序文件 Pgex2_12.py
import numpy as np; import pandas as pd
import numpy.linalg as LA
import pylab as plt
plt.rc('font',size=13); plt.rc('font',family='SimHei')
plt.rc('axes',unicode_minus=False)
a=np.loadtxt("Pgdata2_12.txt")
m,n=a.shape; T=a.sum(); P=a/T          #计算对应矩阵 P
r=P.sum(axis=1,keepdims=True)          #计算行和
c=P.sum(axis=0,keepdims=True)          #计算列和
B=(P-r@c)/np.sqrt(r@c)                 #计算过渡矩阵
p,d,q=LA.svd(B)
lamda=d**2                             #特征值等于奇异值的平方
rate=np.cumsum(lamda)/sum(lamda)
k=2;
F=d[:k]*(q[:k,:].T)
G=p[:,:k]*d[:k]
ch=['北京','河北','山西','辽宁','上海','广东','广西','海南','重庆','新疆']
plt.plot(G[:,0],G[:,1],'ok')
for k in range(G.shape[0]): plt.text(G[k,0]+0.002,G[k,1],ch[k])
plt.plot(F[:,0],F[:,1],'P')
plt.rc('text',usetex=True)
for k in range(F.shape[0]):
```

```
    plt.text(F[k,0]+0.002,F[k,1]-0.003,'$x_'+str(k+1)+'$')
plt.xlabel('第一个公共因子')
plt.ylabel('第二个公共因子'); plt.show()
F=pd.DataFrame(F); G=pd.DataFrame(G)
f=pd.ExcelWriter('Pgdata2_12.xlsx')
F.to_excel(f,'Sheet1'); G.to_excel(f,'Sheet2'); f.save()
```

2.2.4 语义挖掘

下面介绍奇异值分解在降维以及挖掘语义结构方面上的应用。

传统向量空间模型使用精确的词匹配,即精确匹配用户输入的词与向量空间中存在的词。由于一词多义(polysemy)和一义多词(synonymy)的存在,使得该模型无法提供给用户语义层面的检索。例如,用户搜索"automobile",即汽车,传统向量空间模型仅仅会返回包含"automobile"单词的页面,而实际上包含"car"单词的页面也可能是用户所需要的。

LSA(latent semantic analysis)潜在语义分析,也称为 LSI(latent semantic index),是 Scott Deerwester, Susan T. Dumais 等在 1990 年提出来的一种索引和检索方法。该方法主要是用矩阵的奇异值分解来挖掘文档的潜在语义,和传统向量空间模型(vector space model)一样使用向量来表示词(terms)和文档(documents),并通过向量间的关系(如夹角余弦值)来判断词及文档间的关系;而不同的是,LSA 将词和文档映射到潜在语义空间,从而去除了原始向量空间中的一些"噪声",提高了信息检索的精确度。

例 2.13 表 2.5 所列为 11 个单词在 9 篇文献中出现的频数,试分析表中的数据关系。

表 2.5 单词在文献中出现的频数

Index Words									
	T1	T2	T3	T4	T5	T6	T7	T8	T9
book			1	1					
dads						1			1
dummies		1						1	
estate							1		1
guide	1					1			
investing	1	1	1	1	1	1	1	1	1
market	1		1						
real							1		1
rich						2			1
stock	1		1					1	
value				1	1				

解 记

$$
\boldsymbol{A}=\begin{bmatrix}
0&0&1&1&0&0&0&0&0\\
0&0&0&0&0&1&0&0&1\\
0&1&0&0&0&0&0&1&0\\
0&0&0&0&0&0&1&0&1\\
1&0&0&0&0&1&0&0&0\\
1&1&1&1&1&1&1&1&1\\
1&0&1&0&0&0&0&0&0\\
0&0&0&0&0&0&1&0&1\\
0&0&0&0&0&2&0&0&1\\
1&0&1&0&0&0&0&1&0\\
0&0&0&1&1&0&0&0&0
\end{bmatrix}.
$$

对 $\boldsymbol{A}$ 进行奇异值分解得,$\boldsymbol{A}=\boldsymbol{UDV}$,其中

$$
\boldsymbol{U}=\begin{bmatrix}
-0.1528&0.2660&-0.0445&0.3588&-0.3480&0.6354&0.3192&-0.3245&-0.2077&0.0000&0.0000\\
-0.2375&-0.3783&0.0860&0.0150&-0.0252&0.2213&-0.2922&0.3680&-0.6072&0.1624&-0.3570\\
-0.1303&0.1743&-0.0690&-0.1829&0.7497&0.2246&0.1816&0.0415&-0.3368&-0.1624&0.3570\\
-0.1844&-0.1939&-0.4457&-0.3224&-0.2328&-0.0472&0.0018&-0.1442&-0.1006&-0.7249&-0.1142\\
-0.2161&-0.0873&0.4601&-0.0203&-0.0616&-0.5230&0.3334&-0.4268&-0.4036&0.0000&0.0000\\
-0.7401&0.2111&-0.2108&0.0983&0.1702&-0.1671&0.1782&0.1280&0.3078&0.1624&-0.3570\\
-0.1769&0.2979&0.2832&-0.1982&-0.4113&-0.0419&0.1834&0.6330&-0.0375&-0.1624&0.3570\\
-0.1844&-0.1939&-0.4457&-0.3224&-0.2328&-0.0472&0.0018&-0.1442&-0.1006&0.5625&0.4712\\
-0.3631&-0.5885&0.3412&0.1604&0.0590&0.2501&-0.0707&-0.0716&0.3868&-0.1624&0.3570\\
-0.2502&0.4156&0.2844&-0.3514&-0.0460&0.1299&-0.6557&-0.3321&0.0341&0.0000&0.0000\\
-0.1229&0.1432&-0.2345&0.6565&-0.0196&-0.3314&-0.4101&0.0374&-0.2114&-0.1624&0.3570
\end{bmatrix},
$$

$$
\boldsymbol{D}=\begin{bmatrix}
3.9094&0&0&0&0&0&0&0&0\\
0&2.6091&0&0&0&0&0&0&0\\
0&0&1.9968&0&0&0&0&0&0\\
0&0&0&1.6870&0&0&0&0&0\\
0&0&0&0&1.5468&0&0&0&0\\
0&0&0&0&0&1.0445&0&0&0\\
0&0&0&0&0&0&0.5938&0&0\\
0&0&0&0&0&0&0&0.4104&0\\
0&0&0&0&0&0&0&0&0.2665
\end{bmatrix},
$$

$$
\boldsymbol{V}=\begin{bmatrix}
-0.3538&-0.2226&-0.3376&-0.2599&-0.2208&-0.4911&-0.2836&-0.2866&-0.4373\\
0.3209&0.1477&0.4563&0.2378&0.1358&-0.5486&-0.0677&0.3070&-0.4383\\
0.4091&-0.1401&0.1564&-0.2453&-0.2230&0.5097&-0.5519&0.0023&-0.3380\\
-0.2796&-0.0501&-0.0549&0.6601&0.4475&0.2453&-0.3240&-0.2584&-0.2200\\
-0.2255&0.5947&-0.4106&-0.1277&0.0973&0.1302&-0.1909&0.5649&-0.1691\\
-0.5764&0.0551&0.5326&0.1311&-0.4772&0.0301&-0.2503&0.1795&0.2010\\
0.0664&0.6060&0.0425&0.1471&-0.3906&0.1316&0.3061&-0.4982&-0.3051\\
0.0053&0.4131&0.2545&-0.3877&0.4030&-0.1804&-0.3906&-0.3961&0.3314\\
-0.3725&-0.1088&0.3625&-0.4179&0.3615&0.2649&0.3999&0.0191&-0.4268
\end{bmatrix}.
$$

奇异值的柱状图见图 2. 3。

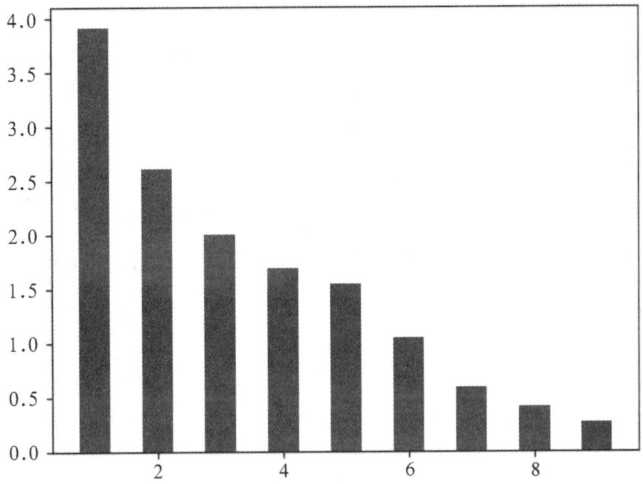

图 2. 3　奇异值的柱状图

继续看奇异值分解还可以发现一些有意思的东西，首先，左奇异向量的第一列的相反数为

$[0.1528,0.2375,0.1303,0.1844,0.2161,0.7401,0.1769,0.1844,0.3631,0.2502,0.1229]^{\mathrm{T}}$

表示每一个词的出现频繁程度，虽然不是线性的，但是可以认为是一个大概的描述，比如 book 是 0. 1528，对应文档中出现了 2 次；investing 是 0. 7401，对应文档中出现了 9 次；rich 是 0. 3631，对应文档中出现了 3 次。

其次，右奇异向量中的第一行的相反数为

$[0.3538,0.2226,0.3376,0.2599,0.2208,0.4911,0.2836,0.2866,0.4373]$

表示每一篇文档中出现词的个数的近似，比如说，T6 是 0. 4911，出现了 5 个词；T2 是 0. 2226，出现了 2 个词。

我们可以将左奇异向量和右奇异向量的第 2 维和第 3 维（矩阵 $\boldsymbol{U}$ 的第 2 列和第 3 列，$\boldsymbol{V}$ 的第 2 行和第 3 行），投影到一个平面上，可以得到图 2. 4。在图上，每一个小菱形，

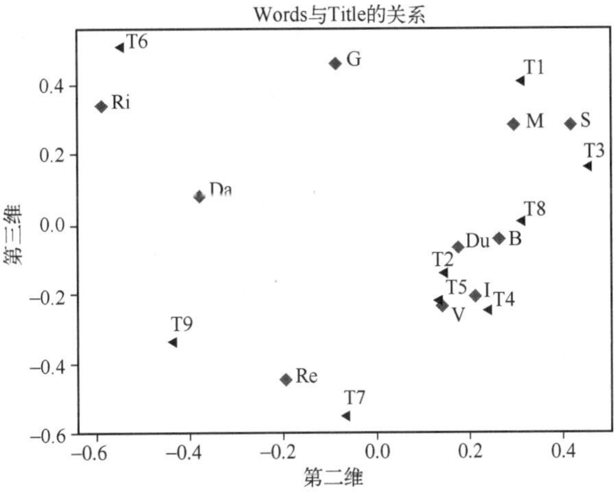

图 2. 4　对应关系图

都表示一个词，每一个小三角形，都表示一篇文档，这样我们可以对这些词和文档进行聚类，比如说 stock 和 market 可以放在一类，因为他们老是出现在一起，real 和 estate 可以放在一类，dads，guide 这种词看起来有点孤立了，我们就不对它们进行合并了。按这样聚类出现的效果，可以提取文档集合中的近义词，这样当用户检索文档的时候，是用语义级别（近义词集合）去检索的，而不是之前的词的级别。这样减少了我们的检索、存储量，因为这样压缩的文档集合和主成分分析（PCA）是异曲同工的，其次可以提高用户体验，用户输入一个词，可以在这个词的近义词的集合中去找，这是传统索引无法做到的。

注 2.5 在图 2.4 中分别用大写的单词首字符表示该单词，如果首字符一样的话，用前两个字符表示该单词。

```
#程序文件 Pgex2_13.py
import numpy as np; import pandas as pd
import numpy.linalg as LA
import pylab as plt
plt.rc('font',size=13); plt.rc('font',family='SimHei')
plt.rc('axes',unicode_minus=False)
a=pd.read_excel("Pgdata2_13.xlsx",header=None)
b=a.values; b[np.isnan(b)]=0
p,d,q=LA.svd(b)
plt.bar(np.arange(1,10),d,width=0.5); plt.show()
plt.plot(p[:,1],p[:,2],'D');
s1=['B','Da','Du','E','G','I','M','Re','Ri','S','V']
for i in range(len(s1)): plt.text(p[i,1]+0.015,p[i,2]-0.012,s1[i])
plt.plot(q[1,:],q[2,:],'k<')
s2=['T'+str(i+1) for i in range(9)]
for i in range(9): plt.text(q[1,i],q[2,i]+0.01,s2[i])
plt.xlabel('第二维'); plt.ylabel('第三维')
plt.title('Words 与 Title 的关系'); plt.show()
```

2.3 广义逆矩阵

2.3.1 矩阵的满秩分解

矩阵的满秩分解是将非零矩阵分解为列满秩矩阵与行满秩矩阵的乘积。这在广义逆矩阵的研究中有着重要的应用。

定理 2.7 设 $\boldsymbol{A}\in\mathbb{C}_r^{m\times n}$，则存在 $\boldsymbol{B}\in\mathbb{C}_r^{m\times r}$，$\boldsymbol{C}\in\mathbb{C}_r^{r\times n}$，使得

$$\boldsymbol{A}=\boldsymbol{BC}. \tag{2.14}$$

证明 (1) 若 $\boldsymbol{A}$ 的前 r 个列向量是线性无关的，则经过初等行变换可以将 $\boldsymbol{A}$ 变为

$$\begin{bmatrix}\boldsymbol{I}_r & \boldsymbol{O}\\ \boldsymbol{O} & \boldsymbol{O}\end{bmatrix},$$

即存在 $\boldsymbol{P}\in\mathbb{C}_m^{m\times m}$，满足

$$PA=\begin{bmatrix} I_r & D \\ O & O \end{bmatrix},$$

或

$$A=P^{-1}\begin{bmatrix} I_r & D \\ O & O \end{bmatrix}=P^{-1}\begin{bmatrix} I_r \\ O \end{bmatrix}[I_r,D]=BC,$$

式中：$B=P^{-1}\begin{bmatrix} I_r \\ O \end{bmatrix}$，$C=[I_r,D]$。

(2) 若 A 的前 r 个列向量线性相关，则先经过列变换使 A 的前 r 个列向量是线性无关的，然后利用上面的证明方法可得存在 $P\in\mathbb{C}_m^{m\times m}$，$Q\in\mathbb{C}_n^{n\times n}$，使得

$$PAQ=\begin{bmatrix} I_r & D \\ O & O \end{bmatrix},$$

于是，有

$$A=P^{-1}\begin{bmatrix} I_r & D \\ O & O \end{bmatrix}Q^{-1}=P^{-1}\begin{bmatrix} I_r \\ O \end{bmatrix}[I_r,D]Q^{-1}=BC,$$

其中 $B=P^{-1}\begin{bmatrix} I_r \\ O \end{bmatrix}$，$C=[I_r,D]Q^{-1}$。

从定理 2.7 的证明过程可以看出，实现矩阵的满秩分解只需要进行矩阵的初等行变换即可。当利用初等行变换将矩阵 A 化为行最简形后，根据 r 阶单位矩阵 I_r 所在的列号找出 A 中相应的 r 列来，所组成的矩阵即是 B；而 A 的行最简形中的非零行组成的矩阵即是 C。

例 2.14 试求矩阵 $A=\begin{bmatrix} 1 & 4 & -1 & 2 & 3 \\ 2 & 0 & 0 & 0 & -4 \\ 1 & 2 & -4 & -6 & -10 \\ 2 & 6 & 3 & 12 & 17 \end{bmatrix}$ 的满秩分解。

解 对矩阵 A 进行一系列初等行变换，得

$$A\to\begin{bmatrix} 1 & 0 & 0 & 0 & -2 \\ 0 & 1 & 0 & 1 & 2 \\ 0 & 0 & 1 & 2 & 3 \\ 0 & 0 & 0 & 0 & 0 \end{bmatrix}$$

令

$$B=\begin{bmatrix} 1 & 4 & -1 \\ 2 & 0 & 0 \\ 1 & 2 & -4 \\ 2 & 6 & 3 \end{bmatrix},\quad C=\begin{bmatrix} 1 & 0 & 0 & 0 & -2 \\ 0 & 1 & 0 & 1 & 2 \\ 0 & 0 & 1 & 2 & 3 \end{bmatrix}$$

则有 $A=BC$。

```
#程序文件 Pgex2_14.py
import sympy as sp
a=sp.Matrix([[1,4,-1,2,3],[2,0,0,0,-4],[1,2,-4,-6,-10],[2,6,3,12,17]])
r,ind=a.rref()
b=a[:,ind]; c=r[:len(ind),:]        #求矩阵的满秩分解
```

```
check=b*c                         #验证满秩分解
print(b); print(c)
```

注 2.6 矩阵 $\boldsymbol{A}$ 的满秩分解式(2.14)并不是唯一的,这是因为任意给定一个 r 阶的非奇异矩阵 $\boldsymbol{F}$,式(2.14)可以改写为

$$\boldsymbol{A}=(\boldsymbol{BF})(\boldsymbol{F}^{-1}\boldsymbol{C})$$

这是矩阵 $\boldsymbol{A}$ 的另一个满秩分解。

2.3.2 广义逆矩阵的一般概念、伪逆矩阵

普通的逆矩阵只是对非奇异方阵才有意义。但在理论研究和实际应用中,遇到的矩阵不一定是方阵,即使是方阵也不一定是非奇异的,这就需要考虑将逆矩阵的概念做进一步的推广。下面给出广义逆矩阵的一般定义。

定义 2.13 设矩阵 $\boldsymbol{A}\in\mathbb{C}^{m\times n}$,如果存在矩阵 $\boldsymbol{G}\in\mathbb{C}^{n\times m}$,满足 Moore-Penrose 方程

(1) $\boldsymbol{AGA}=\boldsymbol{A}$;

(2) $\boldsymbol{GAG}=\boldsymbol{G}$;

(3) $(\boldsymbol{GA})^{\mathrm{H}}=\boldsymbol{GA}$;

(4) $(\boldsymbol{AG})^{\mathrm{H}}=\boldsymbol{AG}$

的一部分或全部,则称 $\boldsymbol{G}$ 为 $\boldsymbol{A}$ 的广义逆矩阵。

用 $\boldsymbol{A}\{i_1,i_2,\cdots,i_k\}$ 来表示 $\boldsymbol{A}$ 的满足第 $i_1,i_2,\cdots,i_k$ 个 Moore-Penrose 方程的广义逆矩阵,则共有

$$C_4^1+C_4^2+C_4^3+C_4^4=15$$

类广义逆矩阵,其中 $1\leqslant i_1<i_2<\cdots<i_k\leqslant 4$。但应用比较多的是以下 5 类:

$$\boldsymbol{A}\{1\},\boldsymbol{A}\{1,2\},\boldsymbol{A}\{1,3\},\boldsymbol{A}\{1,4\},\boldsymbol{A}\{1,2,3,4\}.$$

定义 2.14 若矩阵 $\boldsymbol{G}$ 满足全部的 Moore-Penrose 方程,即 $\boldsymbol{G}\in\boldsymbol{A}\{1,2,3,4\}$,则称 $\boldsymbol{G}$ 为 $\boldsymbol{A}$ 的 M-P 广义逆(伪逆矩阵),记作 $\boldsymbol{G}=\boldsymbol{A}^{+}$。

下面的两个定理给出了伪逆矩阵存在且唯一的重要性质。并且给出了用满秩分解求伪逆矩阵的方法。

定理 2.8 设 $\boldsymbol{A}\in\mathbb{C}^{m\times n}$,$\boldsymbol{A}=\boldsymbol{BC}$ 是 $\boldsymbol{A}$ 的一个满秩分解,则

$$\boldsymbol{G}=\boldsymbol{C}^{\mathrm{H}}(\boldsymbol{CC}^{\mathrm{H}})^{-1}(\boldsymbol{B}^{\mathrm{H}}\boldsymbol{B})^{-1}\boldsymbol{B}^{\mathrm{H}} \tag{2.15}$$

是 $\boldsymbol{A}$ 的伪逆矩阵。

推论 2.1 (1) 若 $\boldsymbol{A}\in\mathbb{C}_r^{m\times r}$,则

$$\boldsymbol{A}^{+}=(\boldsymbol{A}^{\mathrm{H}}\boldsymbol{A})^{-1}\boldsymbol{A}^{\mathrm{H}}. \tag{2.16}$$

(2) 若 $\boldsymbol{A}\in\mathbb{C}_r^{r\times n}$,则

$$\boldsymbol{A}^{+}=\boldsymbol{A}^{\mathrm{H}}(\boldsymbol{AA}^{\mathrm{H}})^{-1}. \tag{2.17}$$

定理 2.9 $\boldsymbol{A}$ 的伪逆矩阵是唯一的。

由推论 2.1 立即可得,若 $\boldsymbol{A}\in\mathbb{C}_n^{n\times n}$,则 $\boldsymbol{A}^{+}=\boldsymbol{A}^{-1}$。

例 2.15 设 $\boldsymbol{A}=\mathrm{diag}(\lambda_1,\lambda_2,\cdots,\lambda_n)$,容易验证 $\boldsymbol{A}^{+}=\mathrm{diag}(\mu_1,\mu_2,\cdots,\mu_n)$,其中,当 $\lambda_i\neq 0$ 时,$\mu_i=\lambda_i^{-1}$;当 $\lambda_i=0$ 时,$\mu_i=0$。

例 2.16 已知

$$A=\begin{bmatrix}0 & 2i & i & 0 & 1+i & 1\\ 0 & 0 & 0 & -3 & -2 & -1-i\\ 0 & 2 & 1 & 1 & 1-i & 1\end{bmatrix},$$

试求 A^+。

解 因为 A 的一个满秩分解

$$A=BC=\begin{bmatrix}2i & 0 & 1+i\\ 0 & -3 & -2\\ 2 & 1 & 1-i\end{bmatrix}\begin{bmatrix}0 & 1 & 1/2 & 0 & 0 & 1-i/2\\ 0 & 0 & 0 & 1 & 0 & 1+i\\ 0 & 0 & 0 & 0 & 1 & -1-i\end{bmatrix},$$

从而

$$A^+=C^{\mathrm{H}}(CC^{\mathrm{H}})^{-1}(B^{\mathrm{H}}B)^{-1}B^{\mathrm{H}}=\begin{bmatrix}0 & 0 & 0\\ 0 & 2/15-i/15 & 1/3\\ 0 & 1/15-i/30 & 1/6\\ 0 & -7/30-i/30 & -1/30-i/10\\ -i/2 & -4/15+i/30 & -7/15+i/10\\ 1/2+i/2 & 2/15-i/10 & 17/30-7i/15\end{bmatrix}.$$

```
#程序文件 Pgex2_16.py
import sympy as sp
from sympy.core.numbers import I
a=sp.Matrix([[0,2*I,I,0,1+I,1],[0,0,0,-3,-2,-1-I],
            [0,2,1,1,1-I,1]])
r,ind=a.rref()
b=a[:,ind]; c=r[:len(ind),:]        #计算满秩分解矩阵
ap1=c.H*((c*(c.H)).inv())*((b.H*b).inv())*(b.H)
ap1=sp.simplify(ap1); print(ap1)
ap2=a.pinv()                        #直接利用库函数求解
ap2=sp.simplify(ap2); print(ap2)
```

2.3.3 广义逆与线性方程组

定义 2.15 当一个方程组有解时,该方程组称为相容方程组。

由线性代数知道,方程组 $Ax=b$ 相容的充分必要条件是

$$\operatorname{rank}(A,b)=\operatorname{rank}(A).$$

定理 2.10 设 $A\in\mathbb{C}^{m\times n}$,$b\in\mathbb{C}^n$,方程 $Ax=b$ 有解的充分必要条件是

$$AA^+b=b.$$

证明 充分性:由 $AA^+b=b$ 直接就知道,$x=A^+b$ 是方程组的一个解。

必要性:如果 $Ax=b$ 有解,则由 $AA^+A=A$ 推出 $AA^+Ax=b$,即

$$AA^+b=b.$$

定理 2.11 若 $Ax=b$ 有解,则它的通解是

$$x=A^+b+(I-A^+A)z, \tag{2.18}$$

式中:z 为任意 n 维向量。

证明 方程 $Ax=b$ 有解,根据定理 2.10 有 $AA^+b=b$。而

$$A(I-A^+A)z=(A-AA^+A)z=\mathbf{0}.$$

因此

$$A(A^+b+(I-A^+A)z)=b.$$

这说明对任意 n 维向量 z,$A^+b+(I-A^+A)z$ 都是 $Ax=b$ 的解。

反过来,如果 y 是方程组 $Ax=b$ 的解,则 y 可以表示成式(2.18)的形式。这是因为把 $Ay=b$ 和 $AA^+b=b$ 相减,得

$$Ay-AA^+b=A(y-A^+b)=0.$$

这说明 $y-A^+b$ 是齐次方程 $Ax=0$ 的解,而 z 是 $Ax=0$ 的解时,z 可以写为

$$z=z-A^+(Az)=z-A^+Az=(I-A^+A)z.$$

故

$$y=A^+b+(I-A^+A)z.$$

给定相容线性方程组

$$Ax=b,\quad A\in\mathbb{C}^{m\times n},\quad b\in\mathbb{C}^m,$$

它的解一般并不唯一。

定义 2.16 相容的线性方程组 $Ax=b$ 满足 $\|x\|_2=\sqrt{x^{\mathrm{H}}x}$ 最小的解称为该方程组的最小范数解。

定理 2.12 相容的方程组 $Ax=b$ 的最小范数解是唯一的,且最小范数解为 $x=A^+b$。

定义 2.17 当 $\mathrm{rank}(A,b)\neq\mathrm{rank}(A)$,即 $b\notin\Re(A)$ 时,方程组 $Ax=b$ 无解,称为不相容方程组。

在许多实际问题中,如参数拟合,所得到的方程组往往是不相容的,而要求它的近似解。

定义 2.18 设 $A\in\mathbb{C}^{m\times n}$,$b\in\mathbb{C}^m$。如果存在 $x_0\in\mathbb{C}^n$,使得对于任意的 $x\in\mathbb{C}^n$,都有

$$\|Ax_0-b\|_2\leqslant\|Ax-b\|_2,$$

则称 x_0 是方程组 $Ax=b$ 的一个最小二乘解。求最小二乘解的方法称为最小二乘法。

令 $y=Ax$,$\delta=\|y-b\|_2^2$,所谓的最小二乘法就是要找一 n 维向量 x_0,使得 δ 最小。设$A=[\alpha_1,\alpha_2,\cdots,\alpha_n]$,$x=[x_1,x_2,\cdots,x_n]^{\mathrm{T}}$,则有

$$y=x_1\alpha_1+x_2\alpha_2+\cdots+x_n\alpha_n\in L(\alpha_1,\alpha_2,\cdots,\alpha_n).$$

所以最小二乘法可以叙述为:在 $\alpha_1,\alpha_2,\cdots,\alpha_n$ 生成的向量空间 $L(\alpha_1,\alpha_2,\cdots,\alpha_n)$ 中找一向量 y,使得向量 b 到它的距离比到 $L(\alpha_1,\alpha_2,\cdots,\alpha_n)$ 其他向量的距离都短。这就要求向量 $c=b-y=b-Ax$ 必须垂直于向量空间 $L(\alpha_1,\alpha_2,\cdots,\alpha_n)$。而保证这一结论成立的充分必要条件是

$$(c,\alpha_1)=\cdots=(c,\alpha_n)=0,$$

即

$$\alpha_1^{\mathrm{H}}c=\cdots=\alpha_n^{\mathrm{H}}c=0.$$

这组等式相当于

$$A^{\mathrm{H}}(b-Ay)=0,$$

亦即

$$A^{\mathrm{H}}Ax=A^{\mathrm{H}}b, \tag{2.19}$$

这就是最小二乘解所满足的代数方程组。

可以证明,式(2.19)一定是相容的。

将上面的讨论过程总结成下面定理。

定理 2.13 $\boldsymbol{x}$ 是方程组 $\boldsymbol{Ax}=\boldsymbol{b}$ 的最小二乘解的充分必要条件是，$\boldsymbol{x}$ 是式(2.19)的解。

因为式(2.19)的解不一定是唯一的，所以不相容方程组 $\boldsymbol{Ax}=\boldsymbol{b}$ 的最小二乘解也不一定是唯一的。

定义 2.19 不相容方程组范数最小的最小二乘解称为它的极小范数最小二乘解。

注 2.7 在一般情况下，$\boldsymbol{Ax}=\boldsymbol{b}$ 的最小二乘解也由式(2.18)表示，其中 $\boldsymbol{A}^{+}\boldsymbol{b}$ 是唯一的极小范数最小二乘解。

例 2.17 试求不相容方程组

$$\begin{cases}x_1+x_2=1,\\ x_1+x_2+2x_3=2,\\ x_1+x_2+x_3=0,\\ x_1+2x_2-x_3=-1\end{cases}$$

的极小范数最小二乘解。

解 容易验证，系数矩阵 $\boldsymbol{A}$ 是列满秩矩阵，由式(2.16)，有

$$\boldsymbol{x}=\boldsymbol{A}^{+}\boldsymbol{b}=(\boldsymbol{A}^{\mathrm{H}}\boldsymbol{A})^{-1}\boldsymbol{A}^{\mathrm{H}}\boldsymbol{b}=\begin{bmatrix}3/2\\ -1\\ 1/2\end{bmatrix}.$$

```
#程序文件 Pgex2_17.py
import sympy as sp
a=sp.Matrix([[1,1,0],[1,1,2],[1,1,1],[1,2,-1]])
b=sp.Matrix([[1,2,0,-1]]).T
x1=(a.T*a).inv()*(a.T)*b          #根据数学理论计算
x2=a.pinv()*b                     #直接利用库函数求解
print(x1); print(x2)
```

2.4 线性代数中的反问题

2.4.1 原因和可识别性

线性代数是一门本科课程，它主要关注的是线性方程组 $\boldsymbol{Ax}=\boldsymbol{b}$ 解的存在性和唯一性。线性代数的正问题包含确定线性变换的表示矩阵：给定 $m\times n$ 的矩阵 $\boldsymbol{A}$ 和一个 n 维向量 $\boldsymbol{x}$，确定 m 维向量 $\boldsymbol{b}=\boldsymbol{Ax}$。而寻找所有满足 $\boldsymbol{Ax}=\boldsymbol{b}$ 的解 $\boldsymbol{x}$ 的原因反问题可能比其他基本的线性代数问题得到更多的关注。一个很少被提到的反问题是识别问题：确定矩阵 $\boldsymbol{A}$，使得给定的“输入-输出”对 $\langle\boldsymbol{x},\boldsymbol{b}\rangle$ 的集合满足 $\boldsymbol{Ax}=\boldsymbol{b}$，这个模型是 $m\times n$ 实矩阵的反问题的基本表达。

首先考虑原因反问题。求解向量 $\boldsymbol{x}\in\mathbb{R}^n$ 满足 $\boldsymbol{Ax}=\boldsymbol{b}$，其中 $\boldsymbol{A}$ 是一个给定的 $m\times n$ 实矩阵，$\boldsymbol{b}\in\mathbb{R}^m$。这个问题的解 $\boldsymbol{x}$ 存在，当且仅当 $\boldsymbol{b}$ 存在于 $\boldsymbol{A}$ 的值域，即属于子空间

$$\Re(\boldsymbol{A})=\{\boldsymbol{Ax}:\boldsymbol{x}\in\mathbb{R}^n\}.$$

按照矩阵 $\boldsymbol{A}$ 作用于向量 $\boldsymbol{x}$ 的定义，这一子空间就是所有 $\boldsymbol{A}$ 的列向量的线性组合形成

的$\mathbb{R}^m$的子空间。确定 $\boldsymbol{b}$ 是否属于 $\Re(\boldsymbol{A})$，也就是解是否存在。

唯一性问题是通过 $\boldsymbol{A}$ 的零空间

$$\mathbb{N}(\boldsymbol{A})=\{\boldsymbol{x}\in\mathbb{R}^n:\boldsymbol{A}\boldsymbol{x}=\boldsymbol{0}\}$$

来解决的。

$\boldsymbol{A}\boldsymbol{x}=\boldsymbol{b}$ 的解 $\boldsymbol{x}$ 关于右端项 $\boldsymbol{b}$ 的扰动的稳定性，可以用矩阵 $\boldsymbol{A}$ 的条件数来量化。我们假设对于每个 $\boldsymbol{b}$ 存在唯一解，即矩阵 $\boldsymbol{A}$ 为可逆矩阵。我们想知道 $\boldsymbol{b}$ 在怎样一个相对误差内会导致解 $\boldsymbol{x}$ 的相对大的改变。假设$\widetilde{\boldsymbol{b}}$是右端项 $\boldsymbol{b}$ 的一个扰动。相对于 $\boldsymbol{b}$ 的大小，扰动的大小可以用一个给定范数$\|\cdot\|$来衡量，即$\|\boldsymbol{b}-\widetilde{\boldsymbol{b}}\|/\|\boldsymbol{b}\|$。令 $\boldsymbol{x}$ 是右端项为 $\boldsymbol{b}$ 的方程组对应的唯一解，而$\widetilde{\boldsymbol{x}}$是右端项为$\widetilde{\boldsymbol{b}}$的解。那么

$$\|\boldsymbol{x}-\widetilde{\boldsymbol{x}}\|=\|\boldsymbol{A}^{-1}\boldsymbol{b}-\boldsymbol{A}^{-1}\widetilde{\boldsymbol{b}}\|\leqslant\|\boldsymbol{A}^{-1}\|\|\boldsymbol{b}-\widetilde{\boldsymbol{b}}\|,$$

所以，矩阵范数$\|\boldsymbol{A}^{-1}\|$给出了解在右端扰动下所产生的误差的界。可以得到如下的相对误差估计

$$\frac{\|\boldsymbol{x}-\widetilde{\boldsymbol{x}}\|}{\|\boldsymbol{x}\|}\leqslant\|\boldsymbol{A}^{-1}\|\frac{\|\boldsymbol{b}\|}{\|\boldsymbol{x}\|}\frac{\|\boldsymbol{b}-\widetilde{\boldsymbol{b}}\|}{\|\boldsymbol{b}\|}\leqslant\|\boldsymbol{A}^{-1}\|\|\boldsymbol{A}\|\frac{\|\boldsymbol{b}-\widetilde{\boldsymbol{b}}\|}{\|\boldsymbol{b}\|},$$

因此

$$\frac{\|\boldsymbol{x}-\widetilde{\boldsymbol{x}}\|}{\|\boldsymbol{x}\|}\leqslant\operatorname{cond}(\boldsymbol{A})\frac{\|\boldsymbol{b}-\widetilde{\boldsymbol{b}}\|}{\|\boldsymbol{b}\|},$$

式中：$\operatorname{cond}(\boldsymbol{A})=\|\boldsymbol{A}\|\|\boldsymbol{A}^{-1}\|$称为矩阵 $\boldsymbol{A}$（关于范数$\|\cdot\|$）的条件数。因此，条件数给出了由给定的右端项相对误差造成的解的相对误差的上界。对于大条件数的矩阵，即病态矩阵，右端相对小的扰动会引起解的相对大的变化。在这种意义下，病态线性方程组是不稳定的。

现在考虑对无解的或有无穷多解的线性方程组。当 $\boldsymbol{b}\in\mathbb{R}^m$不属于 $m\times n$ 矩阵 $\boldsymbol{A}$ 的值域时，$\boldsymbol{A}\boldsymbol{x}=\boldsymbol{b}$ 无解。可以求它的一类广义解，并且这一广义解总是存在的。我们想到的这一类的广义解是一种最小二乘解，即解向量 $\boldsymbol{u}\in\mathbb{R}^n$使得在所有的 $\boldsymbol{x}\in\mathbb{R}^n$中范数$\|\boldsymbol{A}\boldsymbol{u}-\boldsymbol{b}\|$达到最小，其中范数是通常的欧几里得范数。如果 $\boldsymbol{u}$ 是最小二乘解，那么对于任意向量$\boldsymbol{v}\in\mathbb{R}^n$，函数

$$g(t)=\|\boldsymbol{A}(\boldsymbol{u}+t\boldsymbol{v})-\boldsymbol{b}\|^2=\|\boldsymbol{A}\boldsymbol{u}-\boldsymbol{b}\|^2+2(\boldsymbol{A}\boldsymbol{v},\boldsymbol{A}\boldsymbol{u}-\boldsymbol{b})t+\|\boldsymbol{A}\boldsymbol{v}\|^2t^2$$

在 $t=0$ 时达到最小值，其中$(\cdot,\cdot)$为欧几里得内积。由最小值的必要条件 $g'(x)=0$ 得到$(\boldsymbol{A}\boldsymbol{v},\boldsymbol{A}\boldsymbol{u}-\boldsymbol{b})=0$，所以对于所有$\boldsymbol{v}\in\mathbb{R}^n$成立$(\boldsymbol{v},\boldsymbol{A}^{\mathrm{T}}\boldsymbol{A}\boldsymbol{u}-\boldsymbol{A}^{\mathrm{T}}\boldsymbol{b})=0$。也就是说，如果 $\boldsymbol{u}$ 是最小二乘解，那么

$$\boldsymbol{A}^{\mathrm{T}}\boldsymbol{A}\boldsymbol{u}=\boldsymbol{A}^{\mathrm{T}}\boldsymbol{b},$$

式中：$\boldsymbol{A}^{\mathrm{T}}$ 为 $\boldsymbol{A}$ 的转置矩阵。

相反地，如果 $\boldsymbol{A}^{\mathrm{T}}\boldsymbol{A}\boldsymbol{u}=\boldsymbol{A}^{\mathrm{T}}\boldsymbol{b}$，那么对于任何 $\boldsymbol{x}\in\mathbb{R}^n$，有

$$\begin{aligned}\|\boldsymbol{A}\boldsymbol{x}-\boldsymbol{b}\|^2&=\|\boldsymbol{A}(\boldsymbol{x}-\boldsymbol{u})+\boldsymbol{A}\boldsymbol{u}-\boldsymbol{b}\|^2\\&=\|\boldsymbol{A}(\boldsymbol{x}-\boldsymbol{u})\|^2+2(\boldsymbol{A}(\boldsymbol{x}-\boldsymbol{u}),\boldsymbol{A}\boldsymbol{u}-\boldsymbol{b})+\|\boldsymbol{A}\boldsymbol{u}-\boldsymbol{b}\|^2\\&=\|\boldsymbol{A}(\boldsymbol{x}-\boldsymbol{u})\|^2+2(\boldsymbol{x}-\boldsymbol{u},\boldsymbol{A}^{\mathrm{T}}\boldsymbol{A}\boldsymbol{u}-\boldsymbol{A}^{\mathrm{T}}\boldsymbol{b})+\|\boldsymbol{A}\boldsymbol{u}-\boldsymbol{b}\|^2\\&\geqslant\|\boldsymbol{A}\boldsymbol{u}-\boldsymbol{b}\|^2,\end{aligned}$$

即 $\boldsymbol{u}$ 为 $\boldsymbol{A}\boldsymbol{x}=\boldsymbol{b}$ 的最小二乘解。

所以，$\boldsymbol{A}\boldsymbol{x}=\boldsymbol{b}$ 的最小二乘解就是问题 $\boldsymbol{A}^{\mathrm{T}}\boldsymbol{A}\boldsymbol{x}=\boldsymbol{A}^{\mathrm{T}}\boldsymbol{b}$ 的普通解。现在由于 $\Re(\boldsymbol{A}^{\mathrm{T}})=$

$\Re(\boldsymbol{A}^{\mathrm{T}}\boldsymbol{A})$（参见习题 3），因此对于任意 $\boldsymbol{b}\in\mathbb{R}^m$，$\boldsymbol{A}^{\mathrm{T}}\boldsymbol{b}\in\Re(\boldsymbol{A}^{\mathrm{T}}\boldsymbol{A})$，$\boldsymbol{A}^{\mathrm{T}}\boldsymbol{A}\boldsymbol{x}=\boldsymbol{A}^{\mathrm{T}}\boldsymbol{b}$ 总是有解的。所以任意线性方程组 $\boldsymbol{A}\boldsymbol{x}=\boldsymbol{b}$ 存在最小二乘解。事实上，如果 $\boldsymbol{u}$ 是一个最小二乘解，那么对于任意的$\boldsymbol{v}\in\mathbb{N}(\boldsymbol{A})$，$\boldsymbol{u}+\boldsymbol{v}$也是最小二乘解，即最小二乘解的集合构成平行于零空间的超平面。因此，如果 $\boldsymbol{A}$ 有一个非平凡的零空间，那么 $\boldsymbol{A}\boldsymbol{x}=\boldsymbol{b}$ 有无限多个最小二乘解。然而，其中有一个最小二乘解能够区别其他的解，也就是，这个解是与零空间正交的。这样的最小二乘解至多只有一个，因为如果 $\boldsymbol{u}$ 和 $\boldsymbol{w}$ 都是最小二乘解，并且与$\mathbb{N}(\boldsymbol{A})$正交，那么 $\boldsymbol{u}-\boldsymbol{w}$ 也与$\mathbb{N}(\boldsymbol{A})$正交，而 $\boldsymbol{A}^{\mathrm{T}}\boldsymbol{A}(\boldsymbol{u}-\boldsymbol{w})=\boldsymbol{A}^{\mathrm{T}}\boldsymbol{b}-\boldsymbol{A}^{\mathrm{T}}\boldsymbol{b}=\boldsymbol{0}$，所以 $\boldsymbol{u}-\boldsymbol{w}\in\mathbb{N}(\boldsymbol{A}^{\mathrm{T}}\boldsymbol{A})=\mathbb{N}(\boldsymbol{A})$（参见习题 4）。因此 $\boldsymbol{u}-\boldsymbol{w}\in\mathbb{N}(\boldsymbol{A})\cap\mathbb{N}(\boldsymbol{A})^{\perp}$，即 $\boldsymbol{u}=\boldsymbol{w}$。另一方面，这种与零空间正交的最小二乘解总是存在的（参见习题 5），所以任意线性方程组总存在唯一的与系数矩阵的零空间正交的最小二乘解。

最后，简要地考虑以下识别问题，即给定关于 $\boldsymbol{A}\boldsymbol{x}=\boldsymbol{b}$ 的向量对$\langle\boldsymbol{x},\boldsymbol{b}\rangle$，确定 $m\times n$ 矩阵 $\boldsymbol{A}$ 的反问题。对于每个向量对，称 $\boldsymbol{x}$ 为输入，$\boldsymbol{b}$ 为相关的输出。我们的工作是通过“询问”适当的 $\boldsymbol{x}$，观察输出的 $\boldsymbol{b}$ 来识别“黑箱”$\boldsymbol{A}$。因为我们控制输入，可以安排它们成为线性无关的，并且假设这一工作已经完成，用一个 $n\times p$ 矩阵来表示输入是相当方便的，其中矩阵的每一列分别为输入向量 $\boldsymbol{X}_1,\boldsymbol{X}_2,\cdots,\boldsymbol{X}_p$，记为 $\boldsymbol{X}$。类似地，相应的输出向量 $\boldsymbol{B}_1,\boldsymbol{B}_2,\cdots,\boldsymbol{B}_p$ 可用 $m\times p$ 矩阵 $\boldsymbol{B}$ 表示。如果存在唯一的 $m\times n$ 矩阵 $\boldsymbol{A}$ 满足 $\boldsymbol{A}\boldsymbol{X}=\boldsymbol{B}$，那么称可以通过矩阵对$\langle\boldsymbol{X},\boldsymbol{B}\rangle$来识别 $\boldsymbol{A}$。

我们考虑 3 种情况，每种情况都是以 n 和 p 之间的不同关系为前提的。首先注意到 $p>n$ 是不可能的，那是因为$\{\boldsymbol{X}_1,\boldsymbol{X}_2,\cdots,\boldsymbol{X}_p\}$是$\mathbb{R}^n$中的一个线性无关的集合。第二种情况是如果 $p=n$，那么 $\boldsymbol{X}$ 是可逆的，$\boldsymbol{A}$ 是可识别的，事实上，$\boldsymbol{A}=\boldsymbol{B}\boldsymbol{X}^{-1}$。

最后的一种情况是当 $p<n$，我们怀疑识别 $\boldsymbol{A}$ 的输入输出信息是不充分的。情况确实如此，因为在这种情况下，存在一个向量 $\boldsymbol{q}\in\mathbb{R}^n$与 $\boldsymbol{X}_1,\boldsymbol{X}_2,\cdots,\boldsymbol{X}_p$ 正交。令 $\boldsymbol{C}$ 是 $m\times n$ 矩阵，它的第一行是 $\boldsymbol{q}^{\mathrm{T}}$，其他行都是零向量。那么 $\boldsymbol{C}\boldsymbol{X}$ 是 $m\times p$ 的零矩阵。因此，如果 $\boldsymbol{A}\boldsymbol{X}=\boldsymbol{B}$，同样地$(\boldsymbol{A}+\boldsymbol{C})\boldsymbol{X}=\boldsymbol{B}$，所以从信息$\langle\boldsymbol{X},\boldsymbol{B}\rangle$是无法识别 $\boldsymbol{A}$ 的。

例 2.18 假设 $\boldsymbol{b}=[1,0,1]^{\mathrm{T}}$ 和

$$\boldsymbol{A}=\begin{bmatrix}1&1\\1&1\\1&1\end{bmatrix}.$$

证明线性方程组 $\boldsymbol{A}\boldsymbol{x}=\boldsymbol{b}$ 没有解，但是它有无限个最小二乘解。寻求与零空间正交的最小二乘解。

证明 容易得到

$$\mathrm{rank}(\boldsymbol{A})=1,\quad \mathrm{rank}(\boldsymbol{A},\boldsymbol{b})=2,$$

所以线性方程组 $\boldsymbol{A}\boldsymbol{x}=\boldsymbol{b}$ 没有解。

求最小二乘解，实际上是解线性方程 $\boldsymbol{A}^{\mathrm{T}}\boldsymbol{A}\boldsymbol{x}=\boldsymbol{A}^{\mathrm{T}}\boldsymbol{b}$，容易验证 $\mathrm{rank}(\boldsymbol{A}^{\mathrm{T}}\boldsymbol{A})=\mathrm{rank}(\boldsymbol{A}^{\mathrm{T}}\boldsymbol{A},\boldsymbol{A}^{\mathrm{T}}\boldsymbol{b})=1$，所以线性方程组 $\boldsymbol{A}^{\mathrm{T}}\boldsymbol{A}\boldsymbol{x}=\boldsymbol{A}^{\mathrm{T}}\boldsymbol{b}$ 有无穷多解，即有无限个最小二乘解。

与零空间正交的最小二乘解实际上就是求极小最小二乘解。矩阵 $\boldsymbol{A}$ 的满秩分解为

$$\boldsymbol{A}=\boldsymbol{B}\boldsymbol{C}=\begin{bmatrix}1\\1\\1\end{bmatrix}[1,1],$$

利用式(2.15)极小范数最小二乘解为

$$x = A^+ b = C^T (CC^T)^{-1} (B^T B)^{-1} B^T b = \begin{bmatrix} 1/3 \\ 1/3 \end{bmatrix}.$$

```
#程序文件 Pgex2_18.py
import sympy as sp
A=sp.Matrix([[1,1],[1,1],[1,1]])
b=sp.Matrix([[1,0,1]]).T
r1=A.rank(); ab=A.row_join(b)
r2=ab.rank(); r3=(A.T*A).rank()
c=(A.T*A).row_join(A.T*b)
r4=c.rank(); r,ind=A.rref()
B=A[:,ind]; C=r[:len(ind),:]
x=C.T*((C*(C.T)).inv())*((B.T*B).inv())*(B.T)*b
print(x)
```

2.4.2 断层成像的数学艺术

计算机断层成像(CT)是一种先进的成像技术，它是在无损状态下获得被检物体断层的灰度图像，以其灰度来分辨被检测断面内部的几何结构、材质情况、缺陷种类等，被国际上公认为最佳的无损检测手段。目前,CT 技术已广泛应用于医学、机械、航空航天、核工业等领域。CT 成像的算法大致分为两类,即变换法和迭代法。变换法的优点是重建速度快，重建质量好，其最大的缺点是对投影数据的完备性要求较高，而实际应用中往往由于客观原因无法检测或很难检测到完全的投影数据。迭代法中以代数重建法(ART) 为代表。

ART 算法首先将一个 $n\times n$ 的正方形网格叠加在未知图像 $f(x,y)$ 上,f_j 代表第 j 个像素值,$N=n\times n$ 为像素总数,p_i 为第 i 条射线的投影值,图像重建归结为解下列线性方程组:

$$\begin{cases} w_{11}f_1+w_{12}f_2+\cdots+w_{1N}f_N=p_1, \\ w_{21}f_1+w_{22}f_2+\cdots+w_{2N}f_N=p_2, \\ \quad\vdots \\ w_{M1}f_1+w_{M2}f_2+\cdots+w_{MN}f_N=p_M. \end{cases} \tag{2.20}$$

式中:M 为投影总数;$w_{ij}(i=1,2,\cdots,M;j=1,2,\cdots,N)$ 为投影系数,反映了第 j 个像素对第 i 条射线的贡献。

将式(2.20)写成矩阵形式为

$$\boldsymbol{RF}=\boldsymbol{P}, \tag{2.21}$$

式中:$\boldsymbol{P}=[p_1,p_2,\cdots,p_M]^T$ 为 M 维投影向量;$\boldsymbol{F}=[f_1,f_2,\cdots,f_N]^T$ 为 N 维图像向量;$\boldsymbol{R}=(w_{ij})_{M\times N}$ 为 $M\times N$ 投影矩阵。

为了获得高质量的图像,M、N 通常都很大,由于对每条射线来说,它只与很少的像素相交,因此 $\boldsymbol{R}$ 是一个大稀疏矩阵,故很难用常规的矩阵理论来求解,实际中都采用迭代法,即 ART 算法。

ART 算法的基本思想是 Kaczmarz 提出的“投影方法”。在 N 维空间中,式(2.20)中的每个方程代表一个超平面,而图像向量 $\boldsymbol{F}$ 则为 N 维空间中的一个点。当式(2.20)存在唯一解时,其解必为这 M 个超平面的交点。迭代过程是从向量初始值 $\boldsymbol{F}^{(0)}$ 开始的,将 $\boldsymbol{F}^{(0)}$ 投影到式(2.20)中的第一个方程所表示的超平面上,得到 $\boldsymbol{F}^{(1)}$,再将 $\boldsymbol{F}^{(1)}$ 投影到第二个方程所表示的超平面,得到 $\boldsymbol{F}^{(2)}$,一般地,当将 $\boldsymbol{F}^{(i-1)}$ 投影到第 i 个方程所表示的超平面时,得到 $\boldsymbol{F}^{(i)}$,这一过程用数学公式表示为

$$\boldsymbol{F}^{(i)}=\boldsymbol{F}^{(i-1)}+\frac{(p_i-(\boldsymbol{W}_i,\boldsymbol{F}^{(i-1)}))}{\|\boldsymbol{W}_i\|^2}\boldsymbol{W}_i. \tag{2.22}$$

式中:$\boldsymbol{W}_i=[w_{i1},w_{i2},\cdots,w_{iN}]$为第 i 个方程的投影系数向量;$(\cdot,\cdot)$是通常的内积。

当投影进行到最后一个方程所表示的超平面时得到 $\boldsymbol{F}^{(M)}$,为一次完整迭代。在第二次迭代中,将 $\boldsymbol{F}^{(M)}$ 作为初始值重复上述过程,得到 $\boldsymbol{F}^{(2M)}$,如此反复。如果式(2.20)存在唯一解 $\boldsymbol{F}$,则有 $\lim\limits_{k\to+\infty}\boldsymbol{F}^{(kM)}=\boldsymbol{F}$。

下面说明式(2.22)的原理,式(2.20)中的第 i 个方程所表示的超平面由向量 $\boldsymbol{W}_i$ 的系数和标量 p_i 来决定,它可以表示为

$$\boldsymbol{H}_i=\{\boldsymbol{x}\in\mathbb{R}^N:(\boldsymbol{W}_i,\boldsymbol{x})=p_i\}$$

向量 $\boldsymbol{W}_i$ 是超平面的法线,因此对于所有 $\boldsymbol{x},\boldsymbol{z}\in\boldsymbol{H}_i$,$(\boldsymbol{W}_i,\boldsymbol{x}-\boldsymbol{z})=0$。对于给定的 $\boldsymbol{y}\in\mathbb{R}^N$,$\boldsymbol{y}$ 关于 $\boldsymbol{H}_i$ 的正交投影因此为唯一向量 $\boldsymbol{Ty}\in\boldsymbol{H}_i$,且对于某个标量 t,$\boldsymbol{y}-\boldsymbol{Ty}=t\boldsymbol{W}_i$。由于 $\boldsymbol{Ty}\in\boldsymbol{H}_i$,标量 t 必须满足

$$t\|\boldsymbol{W}_i\|^2=(\boldsymbol{W}_i,\boldsymbol{y}-\boldsymbol{Ty})=(\boldsymbol{W}_i,\boldsymbol{y})-p_i$$

因此,超平面的投影是很容易实现的,特别是如果向量 $\boldsymbol{W}_i$ 有相对少非零元素时。

例 2.19 考虑一个 3×3 的图像,其像素值$\widetilde{\boldsymbol{F}}=\begin{bmatrix}1&0&0.5\\0&1&0\\0.5&0&1\end{bmatrix}$,为了利用 Python 软件计算方便,把$\widetilde{\boldsymbol{F}}$逐行展开成一个行向量 $\boldsymbol{F}=[1,0,0.5,0,1,0,0.5,0,1]$,假设我们有图像的 6 个观测值,包括 3 个行片层,沿主对角线向下,沿另一根对角线向上和沿中间列向下,则投影矩阵

$$\boldsymbol{R}=\begin{bmatrix}1&1&1&0&0&0&0&0&0\\0&0&0&1&1&1&0&0&0\\0&0&0&0&0&0&1&1&1\\1&0&0&0&1&0&0&0&1\\0&0&1&0&1&0&1&0&0\\0&1&0&0&1&0&0&1&0\end{bmatrix}.$$

且相应的投影向量为

$$\boldsymbol{P}=[1.5,1,1.5,3,2,1]^{\mathrm{T}}.$$

我们利用 $\boldsymbol{R}$ 和 $\boldsymbol{P}$ 可以反演出原来的图像矩阵,计算的 Python 程序如下:

```
#程序文件 Pgex2_19.py
import numpy as np
```

```
import numpy.linalg as LA
a=np.array([[1,0,0.5],[0,1,0],[0.5,0,1]])
a=a.flatten()
R=np.zeros((6,9))
R[0,:3]=1; R[1,3:6]=1; R[2,6:9]=1
R[3,::4]=1; R[4,2:7:2]=1; R[5,1::3]=1
P=R@ a     #@表示矩阵乘法,这里 a 看成是列向量
X1=np.zeros(9); X2=np.ones(9)
while LA.norm(X1-X2)>0.000001:
    for i in range(R.shape[0]):
        X1=X2
        X2=X2+(P[i]-R[i,:]@X2)/LA.norm(R[i,:])**2*R[i,:]
X22=X2.reshape(3,3); print(X22)
```

习 题 2

2.1 将式(2.15)代入4个Moore-Penrose方程进行验证。

2.2 已知

(1) $\boldsymbol{A}=\begin{bmatrix}-1 & 1 & 2 & 2\\ 2 & 1 & -1 & -2\\ 0 & 1 & 1 & -2\end{bmatrix}, \boldsymbol{b}=\begin{bmatrix}0\\0\\1\end{bmatrix}$;

(2) $\boldsymbol{A}=\begin{bmatrix}1 & 1 & 0 & 1\\ 0 & 1 & 1 & 0\\ 1 & 2 & 1 & 1\end{bmatrix}, \boldsymbol{b}=\begin{bmatrix}3\\1\\4\end{bmatrix}$。

试用广义逆矩阵的方法判断方程组 $\boldsymbol{Ax}=\boldsymbol{b}$ 是否有解,并求其最小范数解或极小范数最小二乘解。

2.3 证明对于任意实矩阵 $\boldsymbol{A}$,$\Re(\boldsymbol{A}^{\mathrm{T}})=\Re(\boldsymbol{A}^{\mathrm{T}}\boldsymbol{A})$。

2.4 证明对于任意实矩阵 $\boldsymbol{A}$,$\mathbb{N}(\boldsymbol{A})=\mathbb{N}(\boldsymbol{A}^{\mathrm{T}}\boldsymbol{A})$。

2.5 假设 $\boldsymbol{u}$ 是 $\boldsymbol{Ax}=\boldsymbol{b}$ 的一个最小二乘解,令 $\boldsymbol{Pu}$ 是 $\boldsymbol{u}$ 关于$\mathbb{N}(\boldsymbol{A})$的正交投影$\left(\boldsymbol{Pu}=\sum\limits_{j=1}^{k}(\boldsymbol{u},\boldsymbol{v}^{(j)})\boldsymbol{v}^{(j)}\right.$,其中$\{\boldsymbol{v}^{(1)},\boldsymbol{v}^{(2)},\cdots,\boldsymbol{v}^{(k)}\}$是$\mathbb{N}(\boldsymbol{A})$的正交基$\Big)$。证明 $\boldsymbol{u}-\boldsymbol{Pu}$ 是一个与$\mathbb{N}(\boldsymbol{A})$正交的最小二乘解。

2.6 利用ART算法求线性方程组

$$\begin{cases}-x_1+2x_2=1,\\ 3x_1+x_2=2\end{cases}$$

的解。

2.7 设 $\boldsymbol{A}=\begin{bmatrix}1 & -4 & 1\\ 2 & 3 & -1\\ 1 & -1 & -6\end{bmatrix}$,求$\|\boldsymbol{A}\|_1$,$\|\boldsymbol{A}\|_\infty$,$\|\boldsymbol{A}\|_2$ 和$\|\boldsymbol{A}\|_{\mathrm{F}}$。

2.8 要实现对寿险公司偿付能力检测的量化分析,寿险要建立一套科学的指标体系。结合中国寿险业务的特点,充分考虑到数据的可得性,选用了衡量寿险偿付能力的最基本指标,这些指标尽可能考虑到影响偿付能力的各个方面,与拟采用的分析方法相适应。原始数据如表2.6所列。

表 2.6 12 家人寿保险公司的资产

保险公司	x_1	x_2	x_3	x_4	x_5	x_6	x_7	x_8
中国人寿	0.0300	0.0699	1.0215	0.0062	0.0172	0.6775	0.6725	0.7522
太保人寿	-0.0444	-0.0850	0.8935	0.0000	0.0334	0.8464	0.6738	0.1455
新华人寿	0.1135	0.2325	1.1043	0.0008	0.0019	0.8336	0.5841	0.0466
康泰人寿	0.0976	0.1818	1.0852	-0.0446	0.0229	0.6904	0.7375	0.0383
太平人寿	0.1633	0.2395	1.1890	-0.0551	0.0125	0.5405	0.8805	0.0097
中宏人寿	0.3156	0.7456	1.4508	-0.0480	0.0347	0.4968	0.4069	0.0024
太平安泰	0.3430	0.6825	1.4889	0.1590	0.0410	0.6882	0.5301	0.0026
安联大众	0.3277	1.0085	1.4798	-0.3090	0.0172	0.6613	0.7838	0.0007
金盛人寿	0.7095	3.7865	3.4254	-0.4516	0.0000	0.5537	0.4731	0.0005
中保康联	0.9127	14.2440	11.1641	-0.8887	0.1857	0.7244	0.3070	0.0001
信诚人寿	0.7007	2.0315	-1.1326	-0.1789	0.0000	0.8001	0.3485	0.0012
恒康天安	0.8691	7.0630	7.4116	-9.9169	0.2621	0.5749	0.5609	0.0001

x_1—净产比重:等于所有者权益与总资产之比;

x_2—所有者权益与自留保费之比;

x_3—实际资产与实际负债之比;

x_4—净利润与总收入之比;

x_5—投资收益与保费收入之比;

x_6—流动性比率:等于平均流动资产与平均总资产之比;

x_7—寿险责任准备金增额对寿险保费收入之比;

x_8—保费收入与寿险市场的总保费收入之比。

研究并讨论如下问题:

(1) 采用对应分析方法对寿险公司偿付能力进行量化分析,得到对应分布图。如何根据对应分布图实现对样品和变量的分类?

(2) 根据上面分类结果讨论我国主要寿险公司的偿付能力与实际的监管要求之间是否有差距?如存在差距,人寿保险公司应该怎样提高偿付能力?

第 3 章　概率论与数理统计

概率论与数理统计是数学一个有特色的分支,具有自己独特的概念和方法,内容丰富,与很多学科交叉相连,广泛应用于工业、农业、军事和科学技术领域。本章以浙江大学编写的《概率论与数理统计》(第 4 版)为基础,以书中例题和课后习题为依托,主要介绍如何借助 Python 软件解决概率论与数理统计中的相关问题。基本的概念和定理请参见该书,本章不再详述。在此基础上对一些应用广泛的相关数学方法进行了扩展。

3.1　随机事件及其概率

Python 中计算 $n!$ 的命令为 math. factorial(n)或 math. gamma(n+1),计算组合数 C_n^k 的命令为 scipy. special. comb(n,k)。

3.1.1　随机事件的模拟

例 3.1　已知在一次随机试验中,事件 A、B、C 发生的概率分别为 0.3、0.5、0.2,试模拟 1000 次该随机试验,统计事件 A、B、C 发生的次数。

在一次随机试验中,事件发生的概率分布见表 3.1。

表 3.1　事件发生的概率分布

事　件	A	B	C
概率	0.3	0.5	0.2
累积概率	0.3	0.8	1

我们用产生[0,1]区间上均匀分布的随机数,来模拟事件 A,B,C 的发生。由表 3.1 的数据和几何概率的知识,可以认为如果产生的随机数在区间[0,0.3)上,事件 A 发生了;产生的随机数在区间[0.3,0.8)上,事件 B 发生了;产生的随机数在区间[0.8,1]上,事件 C 发生了。产生 1000 个[0,1]区间上均匀分布的随机数,统计随机数落在相应区间上的次数,就是在这 1000 次模拟中事件 A、B、C 发生的次数。

```
#程序文件 Pgex3_1.py
from numpy.random import rand
import numpy as np
n=10000; a=rand(n)  #产生[0,1)区间上的 n 个随机数
n1=sum(a<0.3); n2=sum((a>=0.3) & (a<0.8));
n3=sum(a>=0.8); f=np.array([n1,n2,n3])/n
print(f)
```

例 3.2　蒲丰投针问题

蒲丰(Buffon)是法国著名学者,于 1977 年提出了用随机投针实验求圆周率 π 的方法。在平面上画有等距离为 a 的一些平行直线,向平面上随机投掷一长为 $l(l<a)$ 的针。若投针总次数为 n,针与平行线相交次数为 m。试求针与平行线相交的概率 p,并利用计算机模拟求 π 的近似值。

(1) 问题分析与数学模型。

令 M 表示针的中点,针投在平面上时,x 表示点 M 与最近一条平行线的距离,φ 表示针与平行线的交角,如图 3.1 所示。显然 $0\leqslant x\leqslant a/2, 0\leqslant\varphi\leqslant\pi$。

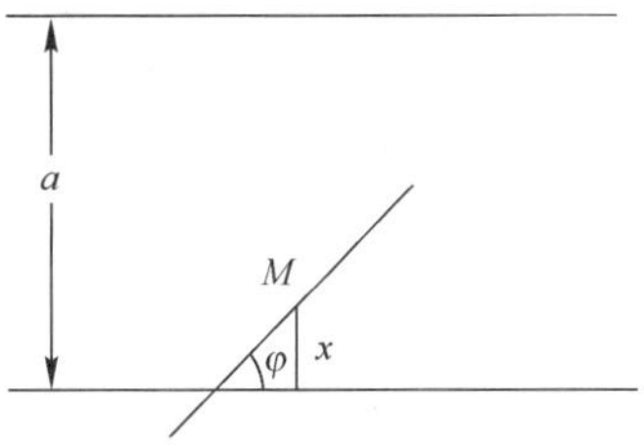

图 3.1 投针问题

随机投针的概率含义是:针的中点 M 与平行线的距离 x 均匀地分布于区间 $[0,a/2]$ 内,针与平行线交角 φ 均匀分布于区间 $[0,\pi]$ 内,x 与 φ 是相互独立的,而针与平行线相交的充分必要条件是 $x\leqslant\frac{l}{2}\sin\varphi$。

将针投掷到平面上理解为向样本空间 $\Omega=\{(x,\varphi)\mid 0\leqslant x\leqslant\frac{a}{2}, 0\leqslant\varphi\leqslant\pi\}$(图 3.2)内均匀分布投掷点,求针与平行线相交的概率 p,即求点 (x,φ) 落在

$$G=\left\{(x,\varphi)\mid 0\leqslant x\leqslant\frac{l}{2}\sin\varphi, 0\leqslant\varphi\leqslant\pi\right\}$$

中的概率,显然,这一概率为

$$p=\frac{\int_0^{\pi}\frac{l}{2}\sin\varphi\,\mathrm{d}\varphi}{\frac{a}{2}\pi}=\frac{2l}{a\pi}.$$

这表明,可以利用投针实验计算 π 值。当投针次数 n 充分大且针与平行线相交 m 次,可用频率 m/n 作为概率 p 的估计值,因此可求得 π 的估计值为

$$\pi\approx\frac{2nl}{am}.$$

历史上曾经有一些学者做了随机投针实验,并得到了 π 的估计值。表 3.2 列出了两个最详细的试验情况。

表 3.2 历史上蒲丰投针实验

实验者	a	l	投针次数 n	相交次数 m	π 的近似值
Wolf(1853)	45	36	5000	2532	3.1596
Lazzarini(1911)	3	2.5	3408	1808	3.1415929

(2) 蒲丰随机投针实验的计算机模拟。

真正使用随机投针实验方法来计算 π 值,需要做大量的实验才能完成。可以把蒲丰随机投针实验交给计算机来模拟实现,具体做法如下:

① 产生互相独立的随机变量 Φ 和 X 的抽样序列 $\{(\varphi_i, x_i)\mid i=1,\cdots,n\}$,其中 $\Phi\sim$

$U(0,\pi)$，$X \sim U(0,a/2)$。

② 检验条件 $x_i \leqslant \frac{l}{2}\sin\varphi_i(i=1,\cdots,n)$ 是否成立，若上述条件成立，则表示第 i 次实验成功，即针与平行线相交（$(\varphi_i,x_i) \in G$），如果在 n 次实验中成功次数为 m，则 π 的估计值为$\frac{2nl}{am}$。

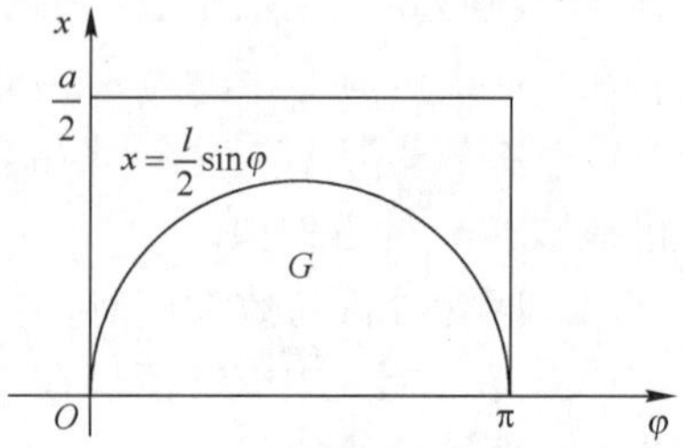

图 3.2 样本空间及事件的几何表示

下面是蒲丰投针实验的 Python 程序，其中的 a、l、n 的取值与 Wolf 实验相同。

```
#程序文件 Pgex3_2.py
from numpy.random import uniform
import numpy as np
a=45; L=36; n=5000
x=uniform(0,a/2,n);          #产生 n 个[0,a/2)区间上均匀分布的随机数
phi=uniform(0,np.pi,n)
m=sum(x<=L*np.sin(phi)/2)
pis=2*n*L/(a*m)              #计算 pi 的近似值
print(pis)
```

其中的一次运行结果，求得 π 的近似值为 3.1583。

(3) 说明。

随机模拟方法是一种具有独特风格的数值计算方法，这一方法是以概率统计理论为主要基础，以随机抽样为主要手段的广义的数值计算方法。它用随机数进行统计实验，把得到的统计特征（均值和概率等）作为所求问题的数值解。

3.1.2 概率计算

例 3.3 设有 100 件产品，其中有 20 件次品，今从中任取 8 件，问其中恰有 2 件次品的概率是多少？

解 所求概率为

$$p=\frac{C_{80}^{6}C_{20}^{2}}{C_{100}^{8}}=0.3068.$$

```
#程序文件 Pgex3_3.py
from scipy.special import comb
p=comb(80,6)*comb(20,2)/comb(100,8)
print(p)
```

例 3.4 要验收一批（100 件）乐器，验收方案如下：自该批乐器中随机地取 3 件测试（设 3 件乐器的测试结果是相互独立的），如果 3 件中至少有一件在测试中被认为音色不纯，则这批乐器就被拒绝接收。设一件音色不纯的乐器经测试查出其为音色不纯的概率为 0.95；而一件音色纯的乐器经测试被误认为不纯的概率为 0.01。如果已知这 100 件乐器中恰有 4 件是音色不纯的，试问这批乐器被接收的概率是多少？

设以 $H_i(i=0,1,2,3)$ 表示事件“随机地取出 3 件乐器，其中恰有 i 件音色不纯”，H_0、

H_1、H_2、H_3 是样本空间 S 的一个划分,以 A 表示事件“这批乐器被接收”。已知一件音色纯的乐器,经测试被认为音色纯的概率为 0.99,而一件音色不纯的乐器,经测试被误认为音色纯的概率为 0.05,并且 3 件乐器的测试的结果是相互独立的,于是有

$$P(A\mid H_0)=0.99^3,P(A\mid H_1)=0.99^2\times 0.05,P(A\mid H_2)=0.99\times 0.05^2,P(A\mid H_3)=0.05^3$$

$$P(H_0)=C_{96}^3/C_{100}^3,P(H_1)=C_4^1C_{96}^2/C_{100}^3,P(H_2)=C_4^2C_{96}^1/C_{100}^3,P(H_3)=C_4^3/C_{100}^3$$

故

$$P(A)=\sum_{i=0}^{3}P(A\mid H_i)P(H_i)=0.8629$$

```
#程序文件 Pgex3_4.py
from scipy.special import comb
import numpy as np
p1=0.99; p2=0.05; k=np.arange(4)
PAH=p1**(3-k)*p2**k
PHi=[]
for i in k:
    PHi.append(comb(96,3-i)*comb(4,i)/comb(100,3))
PA=PAH@PHi; print(PA)
```

3.2 随机变量及其分布

3.2.1 分布函数、密度函数和分位数

随机变量的特性完全由它的(概率)分布函数或(概率)密度函数来描述。设有随机变量 X,其分布函数定义为 $X\leqslant x$ 的概率,即 $F(x)=P\{X\leqslant x\}$。若 X 是连续型随机变量,则其密度函数 $p(x)$ 与 $F(x)$ 的关系为

$$F(x)=\int_{-\infty}^{x}p(x)\mathrm{d}x.$$

定义 3.1 α 分位数。若随机变量 X 的分布函数为 $F(x)$,对于 $0<\alpha<1$,若 x_α 使得 $P\{X\leqslant x_\alpha\}=\alpha$,则称 x_α 为这个分布的 α 分位数。若 $F(x)$ 的反函数 $F^{-1}(x)$ 存在,则有 $x_\alpha=F^{-1}(\alpha)$。

定义 3.2 上 α 分位数。若随机变量 X 的分布函数为 $F(x)$,对于 $0<\alpha<1$,若 $\tilde{x}_\alpha$ 使 $P\{X>\tilde{x}_\alpha\}=\alpha$,则称 $\tilde{x}_\alpha$ 为这个分布的上 α 分位数。若 $F(x)$ 的反函数存在,则 $\tilde{x}_\alpha=F^{-1}(1-\alpha)$。

3.2.2 统计模块 scipy.stats 介绍

SciPy 的 stats 模块包含了多种概率分布的随机变量,随机变量分为连续型和离散型两种。

1. 连续型随机变量

表 3.3 列举了 scipy.stats 模块常用的连续型分布。

表 3.3　scipy.stats 模块常用的连续型分布

名　称	Beta 分布	χ^2 分布	Erlang 分布	指数分布	F 分布
关键字	beta	chi2	erlang	expon	f
名　称	Γ 分布	对数正态分布	正态分布	t 分布	均匀分布
关键字	gamma	lognorm	norm	t	uniform

连续型随机变量对象都有如下方法：

rvs：随机变量的随机数。

pdf：随机变量的概率密度函数。

cdf：随机变量的分布函数。

sf：随机变量的生存函数，它的值是 1-cdf。

ppf：分布函数的反函数。

stat：计算随机变量的期望和方差。

fit：拟合一组随机取样数据的参数。

定义 3.3　如果随机变量 X 的概率密度函数为

$$f(x)=\frac{x^{\alpha-1}}{\beta^{\alpha}}\frac{e^{-\frac{x}{\beta}}}{\Gamma(\alpha)},x>0,\alpha>0,\beta>0, \tag{3.1}$$

则称 X 服从参数为(α,β)的伽马分布，记为 $X\sim \mathrm{Gamma}(\alpha,\beta)$，这时 α 称为形状参数，β 称为尺度参数。

注 3.1　$\Gamma(\alpha)=\int_0^{\infty}t^{\alpha-1}e^{-t}dt$，当 α 是正整数时，$\Gamma(\alpha)=(\alpha-1)!$。

伽马函数的另一个重要而且常用的性质是下面的递推公式

$$\Gamma(\alpha+1)=\alpha\Gamma(\alpha),\alpha>0.$$

例 3.5　在一个图形界面上画 3 个不同的 Γ 分布的概率密度曲线。

画出的伽马分布的概率密度曲线如图 3.3 所示。

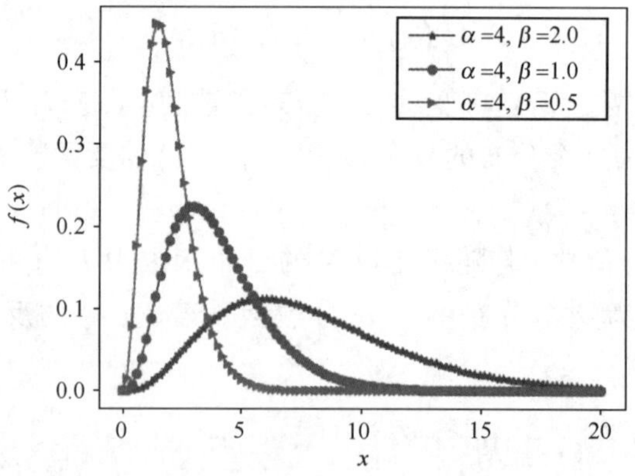

图 3.3　伽马分布的概率密度曲线

```
#程序文件 Pgex3_5.py
import pylab as plt; import numpy as np
from scipy.stats import gamma
```

```
plt.rc('text',usetex=True); plt.rc('font',size=15)
x=np.linspace(0,20,100)
s=['*-','o-','>-']; b=[2,1,0.5]
for i in range(len(b)):
    plt.plot(x,gamma.pdf(x,4,0,b[i]),s[i],label=
             '$\\alpha=4, \\beta={}$'.format(b[i]))
plt.legend(); plt.xlabel('$x$'); plt.ylabel('$f(x)$')
plt.show()
```

2. 离散型随机变量

表 3.4 所列为 scipy.stats 模块常用的离散型分布。

表 3.4 scipy.stats 模块常用的离散型分布

名　称	伯努利分布	二项分布	几何分布	超几何分布	泊松分布	离散均匀分布
关键字	bernoulli	binom	geom	hypergeom	poisson	randint

离散型随机变量分布的方法大多数与连续型分布很类似,但是 pdf 被更换为分布律函数 pmf。

例 3.6 画出均值参数 $\lambda=3$ 的泊松分布的分布律图形和分布函数图形。

```
#程序文件 Pgex3_6.py
import pylab as plt; import numpy as np
from scipy.stats import poisson
plt.rc('font',size=12); plt.rc('font',family='SimHei')
x=np.arange(15); lamda=3
plt.subplot(121); plt.plot(x,poisson.pmf(x,lamda),'o')
plt.title('分布律散点图')
plt.subplot(122); plt.plot(x,poisson.cdf(x,lamda),'*')
plt.title('分布函数散点图'); plt.show()
```

3.2.3 一维随机变量的计算

例 3.7 设 $X \sim N(2,3^2)$,

(1) 求 $P\{1<X<5\}$;

(2) 确定 c,使得 $P\{-c<X<2c\}=0.8$。

```
#程序文件 Pgex3_7.py
import numpy as np
from scipy.stats import norm
from scipy.optimize import fsolve
print("p=",norm.cdf(5,2,3)-norm.cdf(1,2,3))
f=lambda c: norm.cdf(2*c,2,3)-norm.cdf(-c,2,3)-0.8
print("c=",fsolve(f,0))
```

求得 $P\{1<X<5\}=0.4719, c=2.6298$。

例 3.8 设随机变量 $X\sim N(98.6,2)$,已知 $Y=\frac{5}{9}(X-32)$,试求 Y 的概率密度。

解 手工计算得到 Y 的概率密度 $f(y)=\frac{9}{10\sqrt{\pi}}e^{-\frac{81}{100}(y-37)^2}$,下面用 Python 软件求解。

```
#程序文件 Pgex3_8.py
import sympy as sp
from sympy.core.numbers import pi
sp.var('x,y')    #定义两个符号变量
f=sp.solve(y-5/9*(x-32),x)[0]
df=sp.diff(f,y)
y1=1/sp.sqrt(4*pi)*sp.exp(-(x-98.6)**2/4)
y2=y1.subs(x,f)*df; print(sp.simplify(y2))
```

3.2.4 多维随机变量的计算

例 3.9 设 (X,Y) 的概率密度为

$$f(x,y)=\begin{cases}kx(x-y), & 0<x<1,-x<y<x,\\ 0, & \text{其他}.\end{cases}$$

(1) 试确定常数 k;

(2) 求概率 $P\{Y<X/2\}$。

解 (1) 仅在区域 $G=\{(x,y)\mid 0<x<1,-x<y<x\}$ 上有 $f(x,y)>0$,否则 $f(x,y)=0$。由

$$1=\int_{-\infty}^{+\infty}\int_{-\infty}^{+\infty}f(x,y)\mathrm{d}x\mathrm{d}y=\iint_G f(x,y)\mathrm{d}x\mathrm{d}y$$

$$=\int_0^1\mathrm{d}x\int_{-x}^{x}kx(x-y)\mathrm{d}y=2k\int_0^1\mathrm{d}x\int_0^x x^2\mathrm{d}y=2k\int_0^1 x^3\mathrm{d}x=\frac{1}{2}k.$$

得 $k=2$。

(2) 将 (X,Y) 看成是平面上随机点的坐标,事件 $\{Y<X/2\}=\{(X,Y)\in D\}$,其中 D 是直线 $y=x/2$ 下方的区域。因此

$$P\{Y<X/2\}=P\{(X,Y)\in D\}=\iint_{D\cap G}2x(x-y)\mathrm{d}x\mathrm{d}y$$

$$=\int_0^1\mathrm{d}x\int_{-x}^{x/2}2x(x-y)\mathrm{d}y=\int_0^1\frac{15}{4}x^3\mathrm{d}x=\frac{15}{16}.$$

```
#程序文件 Pgex3_9.py
import sympy as sp
sp.var('x,y,k')    #定义三次符号变量
I1=sp.integrate(k*x*(x-y),(y,-x,x))
I2=sp.integrate(I1,(x,0,1))
k0=sp.solve(I2-1,k)[0]; print(k0)
I=sp.integrate(sp.integrate(k0*x*(x-y),(y,-x,x/2)),(x,0,1))
print(I)
```

可以使用数值积分计算一些事件的概率。

例 3.10 设随机变量(X,Y)的概率密度为

$$f(x,y)=\begin{cases}\frac{1}{8}(6-x-y), & 0<x<2,2<y<4,\\ 0, & 其他.\end{cases}$$

求:$P\{X+Y\leqslant 4\}$。

解 利用 Python 软件求得

$$P\{X+Y\leqslant 4\}=\iint\limits_{x+y\leqslant 4} f(x,y)\mathrm{d}x\mathrm{d}y=0.6667.$$

```
#程序文件 Pgex3_10.py
from scipy.integrate import dblquad
fxy=lambda y,x: (6-x-y)/8 * ((x>0) & (x<2)) * ((y>2) & (y<4)) * (x+y<4)
I,err=dblquad(fxy,0,2,2,4)
print("所求概率为:",I)
```

例 3.11 已知(X,Y)服从二维正态分布$N(0,0,2^2,2^2)$,即概率密度函数为

$$f(x,y)=\frac{1}{8\pi}\mathrm{e}^{-\frac{x^2+y^2}{8}},-\infty<x,y<+\infty.$$

(1) 求关于X,Y的边缘概率密度函数;

(2) 求r,使得$\iint\limits_{x^2+y^2\leqslant r^2} f(x,y)\mathrm{d}x\mathrm{d}y=0.8$。

解 (1) 利用 Python 求得关于X,Y的边缘概率密度函数分别为

$$f_X(x)=\frac{\sqrt{2}}{4\sqrt{\pi}}\mathrm{e}^{-\frac{x^2}{8}},-\infty<x<+\infty,$$

$$f_Y(y)=\frac{\sqrt{2}}{4\sqrt{\pi}}\mathrm{e}^{-\frac{y^2}{8}},-\infty<y<+\infty.$$

(2) 利用 Python 软件计算得$r=3.5882$。

```
#程序文件 Pgex3_11_1.py
import sympy as sp; import numpy as np
from scipy.integrate import dblquad
from scipy.optimize import fsolve
from sympy.core.numbers import pi, oo
sp.var('x,y')      #定义两个符号变量
fxy=1/(8*pi)*sp.exp(-(x**2+y**2)/8)
fx=sp.integrate(fxy,(y,-oo,oo))
fy=sp.integrate(fxy,(x,-oo,oo))
print(fx); print(fy)
gr=lambda r: dblquad(lambda y,x:1/(8*np.pi)*np.exp(-(x**2+y**2)/8),
-r,r,lambda x :-np.sqrt(r**2-x**2),lambda x: np.sqrt(r**2-x**2))[0]-0.8
r0=fsolve(gr,10)[0]; print(r0)
```

注 3.2 计算 r 时,Python 给出了警告信息,解可能是发散的。因为

$$\iint_{x^2+y^2\leq r^2} f(x,y)\,\mathrm{d}x\mathrm{d}y$$

值关于 r 是单调增的,所以可以使用二分法求问题(2)中 r 值。利用二分法计算 r 值的 Python 程序如下:

```
#程序文件 Pgex3_11_2.py
import numpy as np
from scipy.integrate import dblquad
from scipy.optimize import fsolve
fxy=lambda y,x:1/(8*np.pi)*np.exp(-(x**2+y**2)/8)
I=0; r1=0; r2=10;
while abs(I-0.8)>1E-10:
    r=(r1+r2)/2
    I=dblquad(fxy,-r,r,lambda x :-np.sqrt(r**2-x**2),
        lambda x: np.sqrt(r**2-x**2))[0]
    if I>0.8: r2=r
    else: r1=r
print("r=",r)
```

使用 Python 很容易求得离散型随机变量函数的分布。

例 3.12 已知离散型随机变量 X 和 Y 的联合分布律见表 3.5,求 $P\{X^2-3Y\geq 1\}$。

表 3.5 (X,Y) 的联合分布律

Y \ X	-3	0	1	3	5
-2	0.036	0.0198	0.0297	0.0209	0.0180
0	0.0372	0.0558	0.0837	0.0589	0.0744
1	0.0516	0.0774	0.1161	0.0817	0.1032
2	0.0264	0.0270	0.0405	0.0285	0.0132

解 利用 Python 软件求得

$$P\{X^2-3Y\geq 1\}=0.6832.$$

```
#程序文件 Pgex3_12.py
import numpy as np
P=np.loadtxt("Pgdata3_12.txt")
X=[-3,0,1,3,5]; Y=[-2,0,1,2]
X,Y=np.meshgrid(X,Y)
PP=P*(X**2-3*Y>=1)
sump=PP.sum(); print(sump)
```

例 3.13 设随机变量(X,Y)的联合分布律见表 3.6。

表 3.6 (X,Y) 的联合分布律

Y \ X	0	1	2	3	4	5
0	0	0.01	0.03	0.05	0.07	0.09
1	0.01	0.02	0.04	0.05	0.06	0.08
2	0.01	0.03	0.05	0.05	0.05	0.06
3	0.01	0.02	0.04	0.06	0.06	0.05

(1) 求 $V=\max\{X,Y\}$ 的分布律;

(2) 求 $U=\min\{X,Y\}$ 的分布律;

解 (1) $P\{V=0\}=P\{X=0,Y=0\}=0$。

$$P\{V=i\}=P\{\max\{X,Y\}=i\}=P\{X=i,Y\leqslant i\}+P\{X<i,Y=i\}$$

$$=\sum_{k=0}^{i}P\{X=i,Y=k\}+\sum_{k=0}^{i-1}P\{X=k,Y=i\},i=0,1,\cdots,5.$$

计算得 V 的分布律见表 3.7。

表 3.7 V 的分布律

V	0	1	2	3	4	5
P	0	0.04	0.16	0.28	0.24	0.28

(2) $P\{U=i\}=P\{\min\{X,Y\}=i\}$

$$=P\{X=i,Y\geqslant i\}+P\{X>i,Y=i\}$$

$$=\sum_{k=i}^{3}P\{X=i,Y=k\}+\sum_{k=i+1}^{5}P\{X>i,Y=i\},i=0,1,2,3.$$

计算得 U 的分布律见表 3.8。

表 3.8 U 的分布律

U	0	1	2	3
P	0.28	0.3	0.25	0.17

上面的最大分布和最小分布,用手工做很麻烦。用 Rython 做就很简洁,考虑到 X 的取值有 6 种可能,Y 的取值有 4 种,(X,Y) 的取值有 24 种组合,$\max(X,Y)$ 和 $\min(X,Y)$ 的取值也有 24 种,把重复取值的概率进行合并即可。

```
#程序文件 Pgex3_13.py
import numpy as np
P=np.loadtxt("Pgdata3_13.txt")
X=np.arange(6); Y=np.arange(4);
X,Y=np.meshgrid(X,Y)
U=np.maximum(X,Y)
V=np.minimum(X,Y)
```

```
UU=np.unique(U)  #去掉重复元素
VV=np.unique(V)
P1=np.zeros(len(UU)); P2=np.zeros(len(VV))
for i in range(len(UU)):
    P1[i]=P[U==UU[i]].sum()
for j in range(len(VV)):
    P2[j]=P[V==VV[j]].sum()
print(UU,'\n',P1,'\n-----'); print(VV,'\n',P2)
```

3.3 随机变量的数字特征

这里只举几个求随机变量数字特征的例子。

例 3.14 计算二项分布 $B(10,0.2)$ 的均值和方差。

```
#程序文件 Pgex3_14.py
from scipy.stats import binom
n, p=10, 0.2
print("期望和方差分布为:", binom.stats(n,p))
```

求得均值 mu=2,方差 $v=1.6$.

例 3.15 计算二项分布 $B(10,0.2)$ 的均值、方差、偏度和峰度。

```
#程序文件 Pgex3_15.py
from scipy.stats import binom
n, p=10, 0.2
mean, variance, skewness, kurtosis=binom.stats(n, p, moments='mvsk')
print("所求的均值、方差、偏度和峰度分别为:",
      mean, variance, skewness, kurtosis)
```

求得均值均值、方差、偏度和峰度分别为 2、1.6、0.4743 和 0.0250。

例 3.16 已知某商品卖出一件能赚 $k=10$ 元;如果销售不出去而削价处理,每件赔 $h=8$ 元。假设该时期内商品需求量 $X\sim N(100,10^2)$,求使期望总利润最大的订货量 Q(不考虑存货费、缺货费和固定订货费)。

解 当订货量为 Q 时,利润为

$$Y(Q)=\begin{cases}kX-h(Q-X), & X\leqslant Q,\\ kQ, & X>Q.\end{cases}$$

记 X 的概率密度函数为 $\varphi(x)$,其期望值为

$$\begin{aligned}E[X]&=\int_0^Q(kx-hQ+hx)\varphi(x)\,\mathrm{d}x+\int_Q^{+\infty}kQ\varphi(x)\,\mathrm{d}x\\&=(k+h)\int_0^Q x\varphi(x)\,\mathrm{d}x-(k+h)Q\int_0^Q\varphi(x)\,\mathrm{d}x+kQ.\end{aligned}\tag{3.2}$$

对式(3.2)两端关于 Q 求导数,得

$$\frac{\mathrm{d}E[X]}{\mathrm{d}Q}=k-(k+h)\int_0^Q\varphi(x)\,\mathrm{d}x,\tag{3.3}$$

$$\frac{\mathrm{d}^2E[X]}{\mathrm{d}Q^2}=-(k+h)\varphi(Q)<0.$$

因此,满足方程

$$\int_0^Q\varphi(x)\mathrm{d}x=\frac{k}{k+h} \tag{3.4}$$

的 Q 是函数 $E[X]$的极大值点,即满足式(3.4)的订货量 Q 使得期望总利润最大。利用 Python 软件,求解最佳订货量 $Q^*=101.3971$。

```
#程序文件 Pgex3_16.py
from scipy.stats import norm
from scipy.optimize import fsolve
k=10; h=8; BD=k/(k+h); mu=100; s=10
y=lambda x: norm.cdf(x,100,10)-norm.cdf(0,100,10)-BD
Q=fsolve(y,100)[0]; print("最佳订购量为:",Q)
```

3.4 大数定律和中心极限定理

3.4.1 数学原理

定理 3.1(大数定理) 设 $\xi_1,\xi_2,\cdots,\xi_n$ 为一随机变量序列,独立同分布,数学期望值 $E\xi_i=a$ 存在,则对任意 $\varepsilon>0$,有

$$\lim_{n\to\infty}P\left\{\left|\frac{1}{n}\sum_{i=1}^n\xi_i-a\right|<\varepsilon\right\}=1. \tag{3.5}$$

大数定理指出,当 $n\to\infty$ 时,随机变量的算术平均值依概率收敛到数学期望 a。至于要进一步研究收敛的程度,作出种种误差估计,则要用到下面的中心极限定理。

定理 3.2(中心极限定理) 设 $\xi_1,\xi_2,\cdots,\xi_n$ 为一随机变量序列,独立同分布,数学期望为 $E\xi_i=a$,方差 $D\xi_i=\sigma^2$,则当 $n\to\infty$ 时,有

$$P\left\{\frac{\frac{1}{n}\sum_{i=1}^n\xi_i-a}{\frac{\sigma}{\sqrt{n}}}<x_{\alpha/2}\right\}\to\frac{1}{\sqrt{2\pi}}\int_{-\infty}^{x_{\alpha/2}}\mathrm{e}^{-\frac{x^2}{2}}\mathrm{d}x. \tag{3.6}$$

利用中心极限定理,当 $n\to\infty$ 时,还可得到

$$P\left\{\left|\frac{1}{n}\sum_{i=1}^n\xi_i-a\right|<\frac{x_{\alpha/2}\sigma}{\sqrt{n}}\right\}\to\frac{1}{\sqrt{2\pi}}\int_{-x_{\alpha/2}}^{x_{\alpha/2}}\mathrm{e}^{-\frac{x^2}{2}}\mathrm{d}x, \tag{3.7}$$

若记

$$\frac{1}{\sqrt{2\pi}}\int_{-x_{\alpha/2}}^{x_{\alpha/2}}\mathrm{e}^{-\frac{x^2}{2}}\mathrm{d}x=1-\alpha, \tag{3.8}$$

那就是说,当 n 很大时,不等式

$$\left|\frac{1}{n}\sum_{i=1}^n\xi_i-a\right|<\frac{x_{\alpha/2}\sigma}{\sqrt{n}} \tag{3.9}$$

成立的概率为 $1-\alpha$。通常将 α 称为显著性水平，$1-\alpha$ 就是置信水平。$x_{\alpha/2}$ 为标准正态分布的上 $\alpha/2$ 分位数，$\alpha/2$ 和 $x_{\alpha/2}$ 的关系可以在正态分布表中查到。

3.4.2 应用举例

例 3.17 一船舶在某海区航行，已知每遭受一次波浪的冲击，纵摇角大于 3°的概率为 $p=1/3$，若船舶遭受了 90000 次波浪的冲击，问其中有 29500~30500 次纵摇角度大于 3°的概率是多少？

解 将船舶每遭受一次波浪冲击看作是一次试验，并假设各试验是独立的。在 90000 次波浪冲击中纵摇角度大于 3°的次数记为 X，则 X 是一个随机变量，且有 $X \sim B(90000,1/3)$。由中心极限定理知，X 近似服从 $N(30000,20000)$。所求的概率为 $P\{29500 \leqslant X \leqslant 30500\}$，下面用两种方法计算所求的概率，一种是直接利用工具箱的命令计算，另一种是利用中心极限定理近似计算。

```
#程序文件 Pgex3_17.py
from scipy.stats import binom, norm
from numpy import sqrt
n=90000; p=1/3
P1=binom.cdf(30500,n,p)-binom.cdf(29499,n,p)
mu=n*p; s=sqrt(n*p*(1-p))  #计算正态分布的均值和标准差
P2=norm.cdf(30500,mu,s)-norm.cdf(29500,mu,s)
print(P1); print(P2)
```

两种方法求得的结果都是 $P\{29500 \leqslant X \leqslant 30500\} \approx 0.9996$。

例 3.18 在一零售商店中，其结账柜台为各顾客服务的时间（以分计）是相互独立的随机变量，均值为 1.5，方差为 1。

（1）求对 100 位顾客的总服务时间不多于 2h 的概率。

（2）要求总的服务时间不超过 1 小时的概率大于 0.95，问至多能对几位顾客服务。

解 （1）以 $X_i(i=1,2,\cdots,100)$ 表示对第 i 位顾客的服务时间。按题设 $X_1,X_2,\cdots,X_{100}$ 相互独立且服从相同的分布，近似地有 $\sum_{i=1}^{100} X_i \sim N(150,100)$，则

$$P\left\{\sum_{i=1}^{100} X_i \leqslant 120\right\} = P\left\{\frac{\sum_{i=1}^{100} X_i - 150}{\sqrt{100}} \leqslant \frac{120-150}{\sqrt{100}}\right\}$$

$$\approx \Phi(-3) = 0.0013.$$

这一概率这么小。在实际中可以认为对 100 位顾客服务的总时间不多于 2h 几乎是不可能的。

（2）设能对 N 位顾客服务，以 $X_i(i=1,2,\cdots,N)$ 记对第 i 位顾客的服务时间。按题意需要确定最大的 N，使

$$P\left\{\sum_{i=1}^{N} X_i \leqslant 60\right\} > 0.95.$$

类似地，有

$$P\left\{\frac{\sum_{i=1}^{N} X_i - 1.5N}{\sqrt{N}} \leqslant \frac{60 - 1.5N}{\sqrt{N}}\right\} \approx \Phi\left(\frac{60 - 1.5N}{\sqrt{N}}\right) > 0.95,$$

即

$$\frac{60-1.5N}{\sqrt{N}}>1.645,$$

解之，得 $N<33.6$，因 N 为正整数，故取 $N=33$。即最多只能为 33 个顾客服务，才能使总的服务时间不超过 1h 的概率大于 0.95。

```
#程序文件 Pgex3_18.py
from scipy.stats import norm
from numpy import sqrt
from scipy.optimize import fsolve
p=norm.cdf(-3,0,1); print('p=',p)
x0=norm.ppf(0.95)    #求标准正态分布的 0.95 分位数
eq=lambda n: (60-1.5*n)/sqrt(n)-x0
n=fsolve(eq,1)[0]; print('n=',n)
```

3.5 一些常用的统计量和统计图

3.5.1 统计量

假设有一个容量为 n 的样本(一组数据)，记作 $\boldsymbol{x}=(x_1,x_2,\cdots,x_n)$，需要对它进行一定的加工，才能提出有用的信息，用作对总体(分布)参数的估计和检验。统计量就是加工出来的、反映样本数量特征的函数，它不含任何未知量。

下面介绍几种常用的统计量。

1. 表示位置的统计量——算术平均值和中位数

算术平均值(简称均值)描述数据取值的平均位置，记作$\bar{x}$，

$$\bar{x} = \frac{1}{n}\sum_{i=1}^{n} x_i. \tag{3.10}$$

中位数是将数据由小到大排序后位于中间位置的那个数值。

2. 表示变异程度的统计量——标准差、方差和极差

标准差 s 定义为

$$s = \left[\frac{1}{n-1}\sum_{i=1}^{n}(x_i - \bar{x})^2\right]^{\frac{1}{2}}. \tag{3.11}$$

它是各个数据与均值偏离程度的度量，这种偏离不妨称为变异。

方差是标准差的平方 s^2。

极差是 $x=(x_1,x_2,\cdots,x_n)$ 的最大值与最小值之差。

3. 中心矩、表示分布形状的统计量——偏度和峰度

随机变量 X 的 r 阶中心矩为 $E(X-E(X))^r$。

随机变量 X 的偏度和峰度指的是 X 的标准化变量 $(X-E(X))/\sqrt{D(X)}$ 的三阶中心矩和四阶中心矩,即

$$\nu_1=E\left[\left(\frac{X-E(X)}{\sqrt{D(X)}}\right)^3\right]=\frac{E[(X-E(X))^3]}{(D(X))^{3/2}},$$

$$\nu_2=E\left[\left(\frac{X-E(X)}{\sqrt{D(X)}}\right)^4\right]=\frac{E[(X-E(X))^4]}{(D(X))^2}.$$

偏度反映分布的对称性,$\nu_1>0$ 称为右偏态,此时数据位于均值右边的比位于左边的多;$\nu_1<0$ 称为左偏态,情况相反;而 ν_1 接近 0 则可认为分布是对称的。

峰度是分布形状的另一种度量,正态分布的峰度为 3,若 ν_2 比 3 大得多,表示分布有沉重的尾巴,说明样本中含有较多远离均值的数据,因而峰度可以用作衡量偏离正态分布的尺度。

4. 协方差和相关系数

$\boldsymbol{x}=(x_1,x_2,\cdots,x_n)$ 和 $\boldsymbol{y}=(y_1,y_2,\cdots,y_n)$ 的协方差

$$\operatorname{cov}(\boldsymbol{x},\boldsymbol{y})=\frac{\sum_{i=1}^{n}(x_i-\bar{x})(y_i-\bar{y})}{n-1},$$

其中 $\bar{x}=\frac{1}{n}\sum_{i=1}^{n}x_i,\bar{y}=\frac{1}{n}\sum_{i=1}^{n}y_i$。

$\boldsymbol{x}$ 和 $\boldsymbol{y}$ 的相关系数

$$\rho_{xy}=\frac{\sum_{i=1}^{n}(x_i-\bar{x})(y_i-\bar{y})}{\sqrt{\sum_{i=1}^{n}(x_i-\bar{x})^2}\sqrt{\sum_{i=1}^{n}(y_i-\bar{y})^2}}.$$

5. Python 计算统计量的函数

(1) 使用 NumPy 计算统计量。使用 NumPy 库中的函数可以计算上述统计量,也可以使用模块 scipy. stats 中的函数计算统计量,模块 scipy. stats 中的函数就不介绍了。

NumPy 库中计算统计量的函数见表 3.9。

表 3.9　NumPy 库中计算统计量的函数

函　数	mean	median	ptp	var	std	cov	corrcoef
计算功能	均值	中位数	极差	方差	标准差	协方差	相关系数

注 3.3　标准差 s 的定义式(3.11)中,对 n 个 $(x_i-\bar{x})$ 的平方求和,却被 $(n-1)$ 除,这是出于无偏估计的要求,Python 可用 std(x,ddof=1)来实现。若需要改为被 n 除,Python 可用 std(x)来实现。

(2) 使用 Pandas 的 DataFrame 计算统计量。Pandas 的 DataFrame 数据结构提供了若干统计函数,表 3.10 所列为部分统计量的方法。

表 3.10 Pandas 中的部分统计量

方　法	说　明
count	返回非 NaN 数据项的个数
mean	返回算术平均值
std	返回标准差
cov	返回协方差矩阵
var	返回方差
describe	返回样本数据的多个统计量
mad	计算中位数绝对偏差(Median absolute deviation)
mode	返回众数,即一组数据中出现次数最多的数据值
skew	返回偏度
kurt	返回峰度
quantile	返回样本分位数,默认返回样本的 50%分位数

例 3.19 已知 500 个三国人物的数据见文件 sanguo_data. csv,数据格式如图 3.4 所示。试对其中的指标数据进行统计。

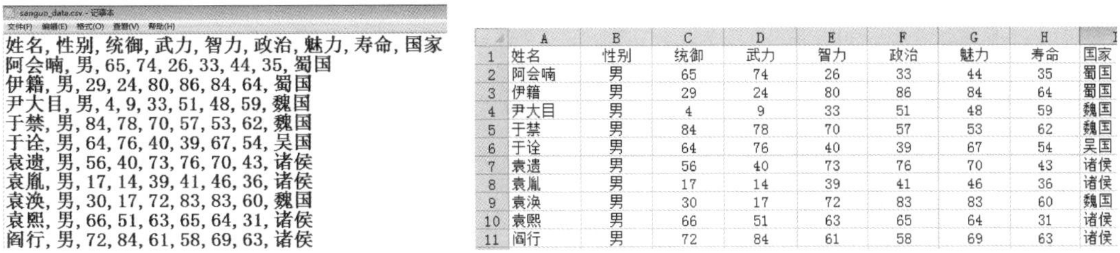

姓名, 性别, 统御, 武力, 智力, 政治, 魅力, 寿命, 国家
阿会喃, 男, 65, 74, 26, 33, 44, 35, 蜀国
伊籍, 男, 29, 24, 80, 86, 84, 64, 蜀国
尹大目, 男, 4, 9, 33, 51, 48, 59, 魏国
于禁, 男, 84, 78, 70, 57, 53, 62, 魏国
于诠, 男, 64, 76, 40, 39, 67, 54, 吴国
袁遗, 男, 56, 40, 73, 76, 70, 43, 诸侯
袁胤, 男, 17, 14, 39, 41, 46, 36, 诸侯
袁涣, 男, 30, 17, 72, 83, 83, 60, 魏国
袁熙, 男, 66, 51, 63, 65, 64, 31, 诸侯
阎行, 男, 72, 84, 61, 58, 69, 63, 诸侯

	A	B	C	D	E	F	G	H	I
1	姓名	性别	统御	武力	智力	政治	魅力	寿命	国家
2	阿会喃	男	65	74	26	33	44	35	蜀国
3	伊籍	男	29	24	80	86	84	64	蜀国
4	尹大目	男	4	9	33	51	48	59	魏国
5	于禁	男	84	78	70	57	53	62	魏国
6	于诠	男	64	76	40	39	67	54	吴国
7	袁遗	男	56	40	73	76	70	43	诸侯
8	袁胤	男	17	14	39	41	46	36	诸侯
9	袁涣	男	30	17	72	83	83	60	魏国
10	袁熙	男	66	51	63	65	64	31	诸侯
11	阎行	男	72	84	61	58	69	63	诸侯

(a) 记事本打开的格式　　(b) Excel 打开的格式

图 3.4 三国人物数据格式

(1) 描述性统计。

```
#程序文件 Pgex3_19_1.py
import pandas as pd
a=pd.read_csv('sanguo_data.csv',header=0)
print(a.head())          #显示前 5 个人物的数据
print(a.describe())      #进行描述性统计
```

输出的描述性统计如下:

	统御	武力	智力	政治	魅力	寿命
count	500.000000	500.000000	500.000000	500.000000	500.000000	500.000000
mean	58.478000	56.016000	58.784000	56.470000	59.918000	48.930000
std	22.644537	25.303285	21.895391	23.043853	19.698308	13.256567
min	1.000000	1.000000	1.000000	1.000000	1.000000	12.000000
25%	47.000000	34.000000	42.000000	39.000000	48.750000	39.000000
50%	65.000000	65.000000	66.000000	62.000000	64.000000	48.000000
75%	75.000000	74.000000	75.000000	76.000000	74.000000	59.000000
max	98.000000	100.000000	100.000000	98.000000	99.000000	94.000000

上面的描述性统计给出了指标变量的非 NaN 数据个数,均值,标准差,最小值,样本的 25%、50%和 75%分位数,最大值。

(2) 用 Pandas 库计算统计量。

```
#程序文件 Pgex3_19_2.py
import pandas as pd
#下面提取 6 个指标变量的取值
a=pd.read_csv('sanguo_data.csv',usecols=range(2,8),header=0)
MODE=a.mode()           #计算各指标的众数
SKEW=a.skew()           #计算各指标的偏度
KURT=a.kurt()           #计算各指标的峰度
COV=a.cov()             #计算 6 个指标变量间的协方差矩阵
CORR=a.corr()           #计算 6 个指标变量间的相关系数矩阵
```

(3) 用 NumPy 库计算统计量。

```
#程序文件 Pgex3_19_3.py
import pandas as pd
import numpy as np
#下面提取 6 个指标变量的取值
a=pd.read_csv('sanguo_data.csv',usecols=range(2,8),header=0)
b=a.values                  #提取其中的数值矩阵
MEAN=b.mean(axis=0)         #计算各指标的均值
STD=b.std(axis=0)           #计算各指标的标准差
PTP=b.ptp(axis=0)           #计算各指标的极差
COV=np.cov(b.T)             #计算 6 个指标变量间的协方差矩阵
CORR=np.corrcoef(b.T)       #计算 6 个指标变量间的相关系数矩阵
```

3.5.2 统计图

下面的画图函数除非特殊声明,使用的都是 matplotlib. pyplot 模块中的函数,加载该模块都使用

import pylab as plt

1. 频数表及直方图

计算数据频数并且画直方图的命令为

```
hist(x, bins=None, range=None, density=None, weights=None, cumulative=False, bottom=None, histtype='bar', align='mid', orientation='vertical', rwidth=None, log=False, color=None, label=None, stacked=False)
```

它将区间[min(x),max(x)]等分为 bins 份,统计在每个左闭右开小区间(最后一个小区间为闭区间)上数据出现的频数并画直方图。其中的一些参数含义如下:

(1) range:指定直方图数据的上下界,默认为数据的最大值和最小值。

(2) density:是否将直方图的频数转换成频率。

(3) weights:该参数可为每个数据点设置权重。

(4) cumulative:是否需要计算累计频数或频率。

(5) bottom:可以为直方图的每个条形添加基准线,默认为 0。

(6) histtype:指定直方图的类型,默认为 bar,还有 barstacked、step 和 stepfilled。

(7) align:设置条形边界值的对齐方式,默认为 mid,还有 left 和 right。

(8) orientation:设置直方图的摆放方向,默认为垂直方向。

(9) rwidth:设置直方图条形的宽度。

(10) log:是否需要对绘图数据进行 log 变换。

(11) color:设置直方图的填充色。

(12) label:设置直方图的标签,可通过 legend 展示其图例。

(13) stacked:当有多个数据时,是否需要将直方图呈堆叠摆放,默认水平摆放。

例 3.20(续例 3.19) 画出魅力数据的直方图;并统计从寿命最小值到寿命最大值,等间距分割成 8 个小区间时,数据出现在每个小区间的频数,并画出直方图。

解 画出的直方图如图 3.5 所示。寿命的频数统计结果见表 3.11。

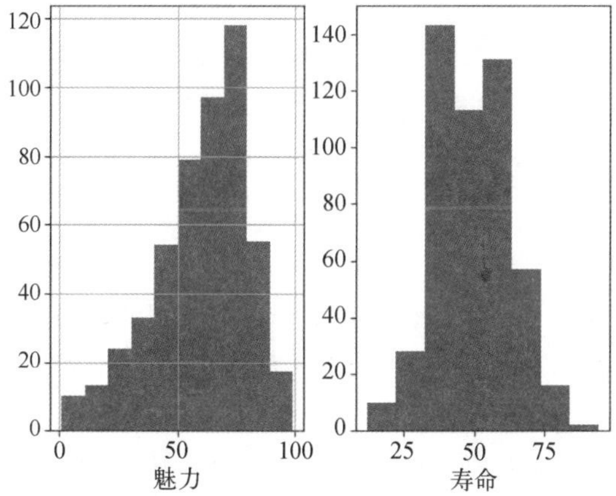

图 3.5 魅力和寿命的直方图

表 3.11 寿命的频数统计结果

区间	[12,22.25)	[22.25,32.5)	[32.5,42.75)	[42.75,53)	[53,63.25)	[63.25,73.5)	[73.5,83.75)	[83.75,94]
频数	10	28	143	113	131	57	16	2

从直方图上可以看出,魅力的分布大致呈中间高、两端低的钟形;而寿命则看不出什么规律。要想从数值上给出更确切的描述,需要进一步研究反映数据特征的所谓“统计量”。直方图所展示的魅力的分布形状可看作正态分布,当然也可以用这组数据对分布做假设检验。

```
#程序文件 Pgex3_20.py
import pandas as pd
import pylab as plt
plt.rc('font',size=15); plt.rc('font',family="SimHei")
#下面提取 6 个指标变量的取值
a=pd.read_csv('sanguo_data.csv',usecols=range(6,8),header=0)
plt.subplot(121); a["魅力"].hist(bins=10)          #只画直方图
plt.xlabel("魅力"); plt.subplot(122)
```

```
h=plt.hist(a["寿命"],bins=8)                                 #画图并返回频数表
plt.xlabel("寿命"); print(h); plt.show()
```

2. 箱线图

先介绍样本分位数。

定义 3.4 设有容量为 n 的样本观测值 $x_1,x_2,\cdots,x_n$,样本 p 分位数($0<p<1$)记为 x_p,它具有以下的性质:(1) 至少有 np 个观测值小于或等于 x_p;(2) 至少有 $n(1-p)$ 个观测值大于或等于 x_p。

样本 p 分位数可按以下法则求得。将 $x_1,x_2,\cdots,x_n$ 按自小到大的次序排列成 $x_{(1)}\leqslant x_{(2)}\leqslant\cdots\leqslant x_{(n)}$。

$$x_p=\begin{cases}x_{([np]+1)}, & np\text{ 不是整数},\\ \dfrac{1}{2}[x_{(np)}+x_{(np+1)}], & np\text{ 是整数}.\end{cases}$$

特别地,当 $p=0.5$ 时,0.5 分位数 $x_{0.5}$ 也记为 Q_2 或 M,称为样本中位数,即有

$$x_{0.5}=\begin{cases}x_{\left(\left[\frac{n}{2}\right]+1\right)}, & n\text{ 是奇数},\\ \dfrac{1}{2}\left[x_{\left(\frac{n}{2}\right)}+x_{\left(\frac{n}{2}+1\right)}\right], & n\text{ 是偶数}.\end{cases}$$

当 n 是奇数时中位数 $x_{0.5}$ 就是 $x_{(1)}\leqslant x_{(2)}\leqslant\cdots\leqslant x_{(n)}$ 这一数组最中间的一个数;而当 n 是偶数时中位数 $x_{0.5}$ 就是 $x_{(1)}\leqslant x_{(2)}\leqslant\cdots\leqslant x_{(n)}$ 这一数组中最中间两个数的平均值。

0.25 分位数 $x_{0.25}$ 称为第一四分位数,又记为 Q_1;0.75 分位数 $x_{0.75}$ 称为第三四分位数,又记为 Q_3。$x_{0.25},x_{0.5},x_{0.75}$ 在统计中是很有用的。

例 3.21 设有一组容量为 18 的样本值如下(已经排过序)

122	126	133	140	145	145	149	150	157
162	166	175	177	177	183	188	199	212

求:样本分位数:$x_{0.25},x_{0.5}$。

解 (1) 因为 $np=18\times0.25=4.5$,$x_{0.25}$ 位于第$[4.5]+1=5$ 处,即有 $x_{0.25}=145$。

(2) 因为 $np=18\times0.5=9$,$x_{0.5}$ 是这组数中间两个数的平均值,即有

$$x_{0.5}=\frac{1}{2}(157+162)=159.5.$$

```
#程序文件 Pgex3_21.py
import numpy as np
a=np.loadtxt("Pgdata3_21.txt").flatten()
x1=np.quantile(a,[0.25,0.5])
x2=np.median(a)
print(x1); print(x2)
```

下面介绍箱线图。

数据集的箱线图是由箱子和直线组成的图形,它是基于以下 5 个数的图形概括:最小值 min,第一四分位数 Q_1,中位数 M,第三四分位数 Q_3 和最大值 max。它的作法如下:

(1) 画一水平数轴,在轴上标上 min、Q_1、M、Q_3、max。在数轴上方画一个上、下侧平

行于数轴的矩形箱子,箱子的左右两侧分别位于 Q_1、Q_3 的上方,在 M 点的上方画一条垂直线段,线段位于箱子内部。

(2) 自箱子左侧引一条水平线直至最小值 min;在同一水平高度自箱子右侧引一条水平线直至最大值 max。这样就将箱线图做好了,如图 3.6 所示。箱线图也可以沿垂直数轴来做。从箱线图可以形象地看出数据集的以下重要性质:

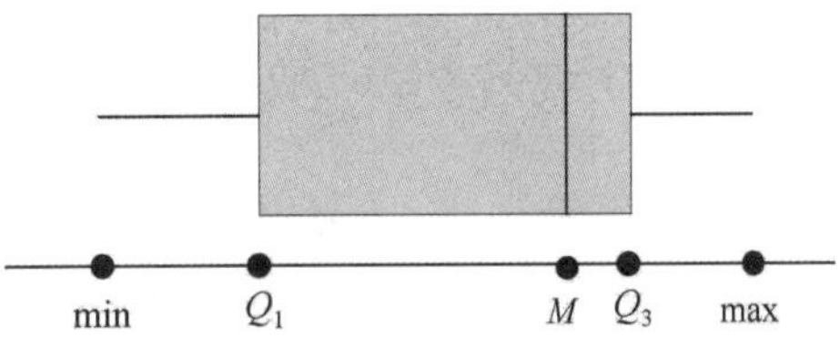

图 3.6 箱线图示意图

① 中心位置:中位数所在的位置就是数据集的中心。

② 散布程度:全部数据都落在[min, max]之内,在区间[min, Q_1]、[Q_1, M]、[M, Q_3]、[Q_3, max]的数据个数各占 1/4。区间较短时,表示落在该区间的点较集中,反之较为分散。

③ 对称性:若中位数位于箱子的中间位置。则数据分布较为对称。又若 min 离 M 的距离较 max 离 M 的距离大,则表示数据分布向左倾斜,反之表示数据向右倾斜,且能看出分布尾部的长短。

pylab 中画箱线图的命令为 boxplot,其基本调用格式为

```
boxplot(x, notch=None, sym=None, vert=None, whis=None, positions=None,
widths=None)
```

其中:x 为输入的数据;notch 设置是否创建有凹口的箱盒;sym 设置异常点的颜色和形状,例如 sym='gx'设置异常点为绿色,形状为"x";vert 设置为水平或垂直方向箱盒,whis 默认为 1.5,见下面异常值的说明;position 设置箱盒的位置,widths 设置箱盒的宽度。

例 3.22 以下是 8 个病人的血压(收缩压,mmHg)[①]数据(已经过排序),试作出箱线图。

102 110 117 118 122 123 132 150

解 画出的箱线图见图 3.7。

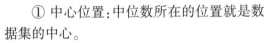

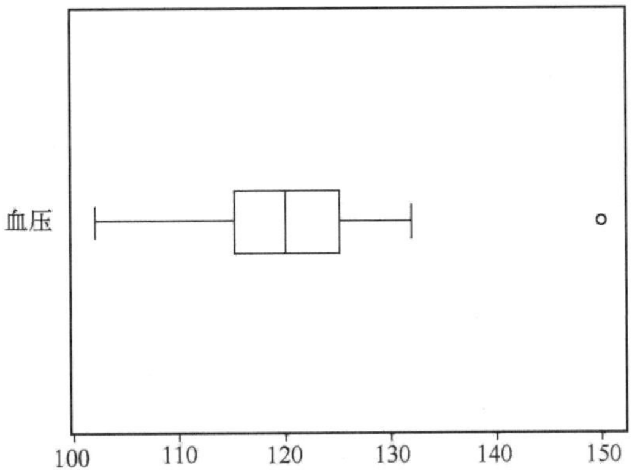

图 3.7 箱线图

① 1mmHg=133.3Pa。

```
#程序文件 Pgex3_22.py
import numpy as np; import pylab as plt
a=np.array([102, 110, 117, 118, 122, 123, 132, 150])
plt.rc("font",size=16); plt.rc('font',family="SimHei")
plt.boxplot(a,vert=False)
plt.gca().set_yticklabels(["血压"]); plt.show()
```

在数据集中某一个观察值不寻常地大于或小于该数集中的其他数据，称为疑似异常值。疑似异常值的存在，会对随后的计算结果产生不适当的影响。检查疑似异常值并加以适当的处理是十分重要的。

第一四分位数 Q_1 与第三四分位数 Q_3 之间的距离：Q_3-Q_1 记为 IQR，称为四分位数间距。若数据小于 $Q_1-1.5\text{IQR}$ 或大于 $Q_3+1.5\text{IQR}$，就认为它是疑似异常值。

例 3.23（续例 3.19） 画出文件 sanguo_data.csv 给出的 6 个数值指标数据的箱线图。

画出的箱线图见图 3.8。

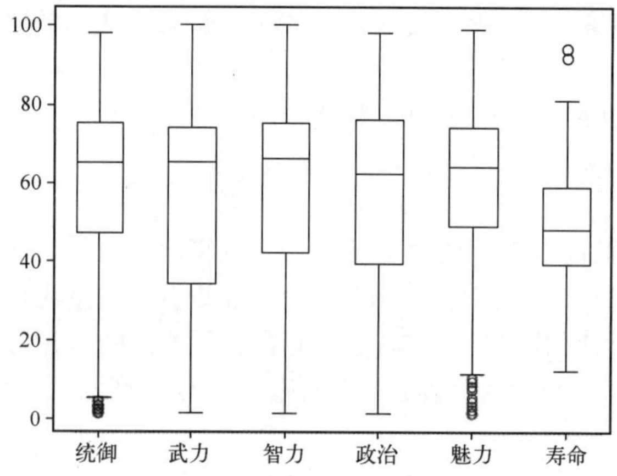

图 3.8 三国人物数据箱线图

```
#程序文件 Pgex3_23.py
import pandas as pd
import pylab as plt
plt.rc('font',size=14); plt.rc('font',family='SimHei')
a=pd.read_csv('sanguo_data.csv',header=0,usecols=range(2,8))
ax=a.boxplot(); ax.grid(); plt.show()
```

3. 经验分布函数

设 $X_1,X_2,\cdots,X_n$ 是总体 F 的一个样本，用 $S(x),-\infty<x<\infty$ 表示 $X_1,X_2,\cdots,X_n$ 中不大于 x 的随机变量的个数。定义经验分布函数 $F_n(x)$ 为

$$F_n(x)=\frac{1}{n}S(x),-\infty<x<\infty.$$

对于一个样本值，那么经验分布函数 $F_n(x)$ 的观察值是很容易得到的（$F_n(x)$ 的观察值仍以 $F_n(x)$ 表示）。

一般地，设 $x_1,x_2,\cdots,x_n$ 是总体 F 的一个容量为 n 的样本值。先将 $x_1,x_2,\cdots,x_n$ 按自

小到大的次序排列,并重新编号。设为

$$x_{(1)} \leqslant x_{(2)} \leqslant \cdots \leqslant x_{(n)}.$$

则经验分布函数 $F_n(x)$ 的观察值为

$$F_n(x)=\begin{cases}0, & x<x_{(1)}, \\ \dfrac{k}{n}, & x_{(k)} \leqslant x<x_{(k+1)}, k=1,2,\cdots,n-1, \\ 1, & x \geqslant x_{(n)}.\end{cases}$$

对于经验分布函数 $F_n(x)$,格里汶科(Glivenko)在 1933 年证明了,当 $n\to\infty$ 时 $F_n(x)$ 以概率 1 一致收敛于分布函数 $F(x)$。因此,对于任一实数 x,当 n 充分大时,经验分布函数的任一个观察值 $F_n(x)$ 与总体分布函数 $F(x)$ 只有微小的差别,从而在实际上可当作 $F(x)$ 来使用。

例 3.24(续例 3.19) 根据文件 sanguo_data.csv 中的数据,计算魅力的经验分布函数并画出经验分布函数的图形。

首先计算 $F_n(h_i)$ 在每个互异点 h_i(总共 94 个点)的值,计算结果的前 9 个和后 9 个列在表 3.12 中。画出经验分布函数 $F_n(h)$ 的图形,见图 3.9。

表 3.12 魅力数据经验分布

h_i	1	2	3	4	5	7	8	9	10
$F_n(h_i)$	0.004	0.006	0.008	0.01	0.012	0.014	0.016	0.018	0.02
h_i	90	91	92	93	94	95	96	98	99
$F_n(h_i)$	0.972	0.974	0.984	0.99	0.992	0.994	0.996	0.998	1

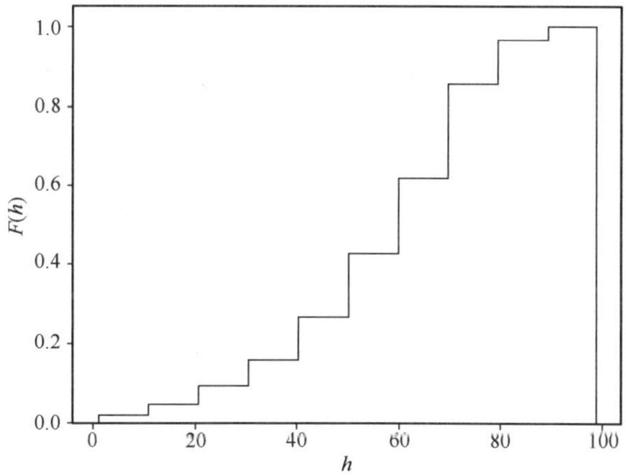

图 3.9 魅力数据经验分布图

```
#程序文件 Pgex3_24.py
import pandas as pd; import numpy as np
import pylab as plt
from statsmodels.distributions.empirical_distribution import ECDF
plt.rc('font',size=14); plt.rc('font',family='SimHei')
plt.rc('text',usetex=True)
```

```
a=pd.read_csv('sanguo_data.csv',header=0,usecols=[6])
b=a.values.flatten(); h=np.unique(b)          #提出互异的点
print('n=',len(h))                            #显示不同的观测值个数
ecdf=ECDF(b); Fh=ecdf(h); print(Fh)           #显示经验分布函数值
f=plt.hist(b,density=True, histtype='step', cumulative=True)
plt.xlabel("$h$"); plt.ylabel("$F(h)$")
plt.show()
```

4. Q-Q 图

Q-Q 图是 Quantile-quantile Plot 的简称,是检验拟合优度的好方法,目前在国外被广泛使用,它的图示方法简单直观,易于使用。

对于一组观察数据 $x_1,x_2,\cdots,x_n$,利用参数估计方法确定了分布模型的参数 θ 后,分布函数 $F(x;\theta)$ 就知道了,现在我们希望知道观测数据与分布模型的拟合效果如何。如果拟合效果好,观测数据的经验分布就应当非常接近分布模型的理论分布,而经验分布函数的分位数自然也应当与分布模型的理论分位数近似相等。Q-Q 图的基本思想就是基于这个观点,将经验分布函数的分位数点和分布模型的理论分位数点作为一对数组画在直角坐标图上,就是一个点,n 个观测数据对应 n 个点,如果这 n 个点看起来像一条直线,说明观测数据与分布模型的拟合效果很好,以下给出计算步骤。

判断观测数据 $x_1,x_2,\cdots,x_n$ 是否来自于分布 $F(x)$,Q-Q 图的计算步骤如下:

(1) 将 $x_1,x_2,\cdots,x_n$ 依大小顺序排列成:$x_{(1)}\leqslant x_{(2)}\leqslant\cdots\leqslant x_{(n)}$。

(2) 取 $y_i=F^{-1}((i-1/2)/n)$,$i=1,2,\cdots,n$。

(3) 将$(y_i,x_{(i)})$,$i=1,2,\cdots,n$,这 n 个点画在直角坐标图上。

(4) 如果这 n 个点看起来呈一条45°角的直线,从(0,0)到(1,1)分布,我们就相信 $x_1,x_2,\cdots,x_n$ 拟合分布 $F(x)$ 的效果很好。

例 3.25(续例 3.19) 文件 sanguo_data.csv 中的魅力数据,如果它们来自于正态分布,求该正态分布的参数,试画出它们的 Q-Q 图,判断拟合效果。

解 (1) 采用矩估计方法估计参数的取值。先从所给的数据算出样本均值和标准差

$$\bar{x}=59.918,s=19.6786$$

正态分布 $N(\mu,\sigma^2)$ 中参数的估计值为$\hat{\mu}=59.918$,$\hat{\sigma}=19.6786$。

(2) 画 Q-Q 图。

① 将观测数据记为 $x_1,x_2,\cdots,x_{500}$,并依从小到大顺序排列为

$$x_{(1)}\leqslant x_{(2)}\leqslant\cdots\leqslant x_{(500)}.$$

② 取 $y_i=F^{-1}((i-1/2)/n)$,$i=1,2,\cdots,500$,这里 $F^{-1}(x)$ 是参数 $\mu=59.918$,$\sigma=19.6786$ 的正态分布函数的反函数。

③ 将$(y_i,x_{(i)})(i=1,2,\cdots,500)$这 500 个点画在直角坐标系上,见图 3.10。

④ 这些点看起来比较接近一条 45°角的直线,说明拟合结果一般。

```
#程序文件 Pgex3_25.py
import pandas as pd; import numpy as np
import pylab as plt
from scipy.stats import norm
plt.rc('font',size=14); plt.rc('font',family='SimHei')
```

```
a=pd.read_csv('sanguo_data.csv',header=0,usecols=[6])
b=a.values.flatten(); n=len(a)
mu=b.mean(); s=b.std()              #计算均值和标准差
sx=sorted(b)                        #从小到大排列
yi=norm.ppf((np.arange(n)+1/2)/n,mu,s)
plt.plot(yi,sx,'.',label='QQ 图')
plt.plot([1,115],[1,115],'r-',label='参照直线')
plt.legend(); plt.show()
```

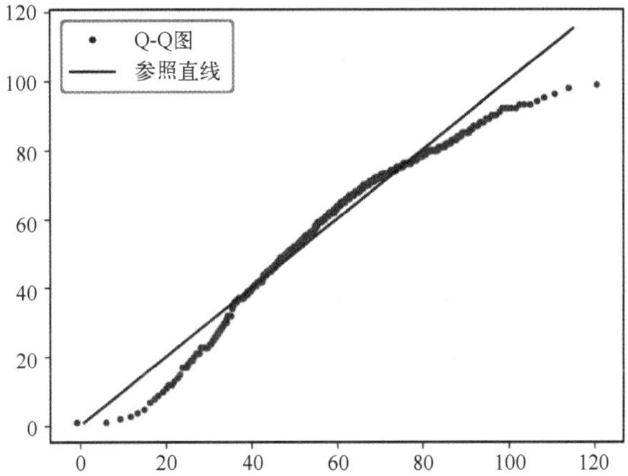

图 3.10　Q-Q 图

3.6　参数估计

参数估计有点估计和区间估计两种方法。点估计就是用一个具体的数值去估计分布函数中的一个未知的参数,而区间估计则是用两个数值作为上下限估计一个未知数,也就是说,这个未知参数的估计值是在一个区间内。这一节中,主要介绍参数点估计的两种方法:矩估计方法、极大似然估计方法,以及参数的区间估计方法。

3.6.1　矩估计

定义 3.5　如果随机变量 X 的分布函数为 $F(x,\theta)$,θ 为未知参数。用观测 $x_1,x_2,\cdots,x_n$ 建立的不含未知参数的统计量 $T(x_1,x_2,\cdots,x_n)$,作为 θ 的估计量,就称 $T(x_1,x_2,\cdots,x_n)$ 是 θ 的点估计量,记为$\hat{\theta}=T(x_1,x_2,\cdots,x_n)$,称为参数 θ 的点估计。

注 3.4　这里不区分 $x_1,x_2,\cdots,x_n$ 是随机变量还是随机变量的观测值。

一个未知参数的估计量原则上可以随意给出,但是一个好的估计量是按照一定的统计思想建立起来的。格里汶科定理告诉我们,当观测到的数据量 n 充分大时,经验分布函数 $F_n(x)$ 与总体分布函数 $F(x)$ 很接近,可以用 $F_n(x)$ 来估计 $F(x)$,因而经验分布函数各阶矩就是总体随机变量各阶矩的观测值。按照这种统计方法构造的未知参数估计量的方法,称为矩估计方法,所得到的估计量称为矩估计量。

定义 3.6　如果随机变量 X 的分布函数为 $F(x;\theta_1,\theta_2,\cdots,\theta_m)$,其中 $\theta_1,\cdots,\theta_m$ 为 m 个

未知参数,$x_1,x_2,\cdots,x_n$ 是来自 X 的样本。如果随机变量 X 的 k 阶原点矩 $E(X^k)$ 存在,$k=1,2,\cdots,m$,它通常是 $\theta_1,\theta_2,\cdots,\theta_m$ 的函数,记为

$$E(X^k)=g_k(\theta_1,\theta_2,\cdots,\theta_m),k=1,2,\cdots,m.$$

由下列方程组

$$\begin{cases}\frac{1}{n}\sum_{i=1}^{n}x_i=g_1(\theta_1,\theta_2,\cdots,\theta_m),\\ \frac{1}{n}\sum_{i=1}^{n}x_i^2=g_2(\theta_1,\theta_2,\cdots,\theta_m),\\ \qquad\vdots\\ \frac{1}{n}\sum_{i=1}^{n}x_i^m=g_m(\theta_1,\theta_2,\cdots,\theta_m).\end{cases}$$

解得

$$\hat{\theta}_k=h_k(x_1,x_2,\cdots,x_n),k=1,2,\cdots,m.$$

以$\hat{\theta}_k$ 作为参数 θ_k 的估计值,就称$\hat{\theta}_k$ 是未知参数 θ_k 的矩估计。

例 3.26 二项分布参数的矩估计。

如果随机变量 X 服从参数为(n,p)的二项分布,求未知参数(n,p)的矩估计值。

解 由于二项分布的均值和方差为

$$E(X)=np,\quad \mathrm{Var}(X)=np(1-p).$$

令$\bar{x}$和 s^2 分别为样本的均值和样本的方差,解方程组

$$\begin{cases}np=\bar{x},\\ np(1-p)=s^2.\end{cases}$$

得

$$\hat{p}=1-\frac{s^2}{\bar{x}},\hat{n}=\frac{\bar{x}^2}{\bar{x}-s^2}.$$

$\hat{p}$就是 p 的矩估计,$\hat{n}$就是 n 的矩估计。

例 3.27 Poisson 分布参数的矩估计。

如果随机变量 X 是服从参数为 λ 的 Poisson 分布,求未知参数 λ 的矩估计值。

解 由于 Poisson 分布的均值就是 λ,由

$$\lambda=\bar{x},$$

得到矩估计为$\hat{\lambda}=\bar{x}$。

例 3.28 如果随机变量 X 服从参数为(α,β)的伽马分布,求未知参数(α,β)的矩估计。

解 由于伽马分布的均值与二阶矩分别为

$$E(X)=\alpha\beta,\quad E(X^2)=\alpha(\alpha+1)\beta^2.$$

令 $m_1=\frac{1}{n}\sum_{i=1}^{n}x_i$, $m_2=\frac{1}{n}\sum_{i=1}^{n}x_i^2$ 分别为样本的一阶矩和二阶矩,解方程组

$$\begin{cases}\alpha\beta=m_1,\\ \alpha(\alpha+1)\beta^2=m_2.\end{cases}$$

得

$$\hat{\alpha}=\frac{m_1^2}{m_2-m_1^2},\quad \hat{\beta}=\frac{m_2-m_1^2}{m_1},$$

即$\hat{\alpha}$为未知参数 α 的矩估计,$\hat{\beta}$为未知参数 β 的矩估计。

注 3.5 若记样本均值和样本方差分别为

$$\bar{x}=\frac{1}{n}\sum_{i=1}^{n}x_i,\quad s^2=\frac{1}{n-1}\sum_{i=1}^{n}(x_i-\bar{x})^2.$$

伽马分布的均值和方差分别为

$$E(X)=\alpha\beta,\quad \mathrm{Var}(X)=\alpha\beta^2.$$

解方程组

$$\begin{cases}\alpha\beta=\bar{x},\\ \alpha\beta^2=s^2.\end{cases}$$

得

$$\hat{\alpha}=\frac{\bar{x}^2}{s^2},\quad \hat{\beta}=\frac{s^2}{\bar{x}}.$$

性质 3.1 如果随机变量 X 服从参数为(μ,σ^2)的对数正态分布,则参数(μ,σ^2)的矩估计值为

$$\hat{\mu}=2\ln\left(\frac{1}{n}\sum_{i=1}^{n}x_i\right)-\frac{1}{2}\ln\left(\frac{1}{n}\sum_{i=1}^{n}x_i^2\right),\tag{3.12}$$

$$\hat{\sigma}^2=\ln\left(\frac{1}{n}\sum_{i=1}^{n}x_i^2\right)-2\ln\left(\frac{1}{n}\sum_{i=1}^{n}x_i\right).\tag{3.13}$$

用矩估计方法获得参数估计值的优点是简便易行,但它的缺点是:在有些场合下,矩估计值不唯一。像 Poisson 分布,它的参数 λ 既是总体的均值,又是总体的方差,因而样本的均值和样本方差都是参数 λ 的矩估计值。矩估计方法还要求随机变量的矩必须存在,有时虽然随机变量的矩存在,但仍然无法从矩估计方程中解出参数的解析形式的矩估计值,这时只能借助于数值计算估计参数的矩估计。

例 3.29 观测到 40 个数据,如果它们来自于伽马分布,求该伽马分布的参数,并画出其概率密度函数图。

1.48 2.85 3.02 0.90 2.14 2.93 3.98 0.95 2.26 0.96 0.61 0.70
3.43 2.42 1.49 1.66 4.54 2.41 1.52 4.01 1.94 1.74 1.95 2.47 1.33
2.08 1.40 0.41 1.50 1.16 3.96 1.50 2.47 3.07 1.28 2.63 0.71 2.14
3.82 1.83

解 采用矩估计方法,先从所给的数据算出样本均值和方差

$$\bar{x}=2.0912,\quad s^2=1.1043,$$

由

$$\alpha\beta=2.0912,\quad \alpha\beta^2=1.1043,$$

可解得

$$\hat{\alpha}=3.9603,\quad \hat{\beta}=0.5281,$$

这就是伽马分布的参数。其概率密度函数图形如图 3.11 所示。

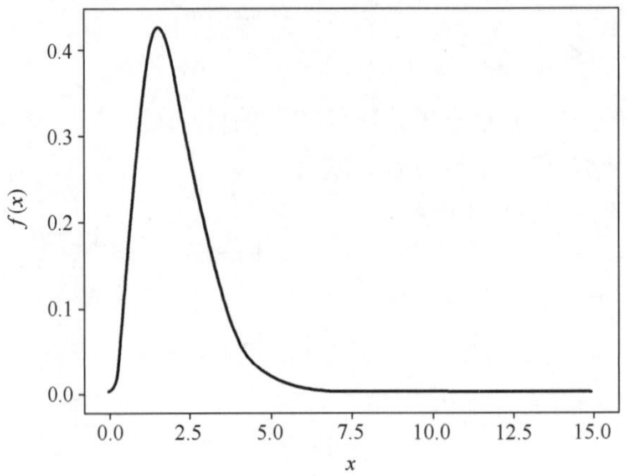

图 3.11　参数$\hat{\alpha}=3.9603$,$\hat{\beta}=0.5281$ 的伽马分布概率密度函数图

```
#程序文件 Pgex3_29.py
import numpy as np
import pylab as plt
from scipy.stats import gamma
plt.rc('font',size=15)
plt.rc('text',usetex=True)
d=np.genfromtxt("Pgdata3_29.txt")
mu=d.mean(); v=d.var(ddof=1)
a=mu**2/v; b=v/mu
x0=np.linspace(0,15,100);
y0=gamma.pdf(x0,a,0,b)
plt.plot(x0,y0); plt.xlabel("$x$")
plt.ylabel("$f(x)$"); plt.show()
```

3.6.2　极大似然估计方法

极大似然估计方法是 1922 年英国统计学家 R. A. Fisher 引进的,是参数点估计中最重要的方法。极大似然估计方法,是充分利用总体分布函数 $F(x;\theta)$ 的表达式,以及样本所提供的信息,建立未知参数 θ 的估计值。

定义 3.7　如果随机变量 X 的概率密度函数为$f(x;\theta_1,\theta_2,\cdots,\theta_m)$,其中 $\theta_1,\theta_2,\cdots,\theta_m$ 为未知参数,$x_1,x_2,\cdots,x_n$ 是 n 个相互独立的样本观测值。称

$$L(\theta_1,\theta_2,\cdots,\theta_m)=\prod_{i=1}^{n}f(x_i;\theta_1,\theta_2,\cdots,\theta_m) \tag{3.14}$$

为 $\theta_1,\theta_2,\cdots,\theta_m$ 的似然函数(Likelihood Function)。若有$\hat{\theta}_1,\hat{\theta}_2,\cdots,\hat{\theta}_m$ 存在,使得

$$L(\hat{\theta}_1,\hat{\theta}_2,\cdots,\hat{\theta}_m)=\max_{(\theta_1,\theta_2,\cdots,\theta_m)\in\Omega}L(\theta_1,\theta_2,\cdots,\theta_m) \tag{3.15}$$

称$\hat{\theta}_1,\hat{\theta}_2,\cdots,\hat{\theta}_m$ 为参数 $\theta_1,\theta_2,\cdots,\theta_m$ 的极大似然估计(Maximum Likelihood Estimation,

MLE)。

求式(3.15)的极大值常常是很复杂的,常用的方法是对其两边取对数

$$\ln L(\theta_1,\theta_2,\cdots,\theta_m)=\sum_{i=1}^{n}\ln f(x_i;\theta_1,\theta_2,\cdots,\theta_m) \tag{3.16}$$

称为对数似然函数。由于 $\ln x$ 是 x 的单调上升函数,因而 $\ln L$ 与 L 有相同的极大值点。称

$$\frac{\partial \ln L(\theta_1,\theta_2,\cdots,\theta_m)}{\partial \theta_j}=0,\quad j=1,2,\cdots,m \tag{3.17}$$

为似然方程,由它解得的 $\hat{\theta}_1,\hat{\theta}_2,\cdots,\hat{\theta}_m$ 为 $\theta_1,\theta_2,\cdots,\theta_m$ 的极大似然估计。

例 3.30 二项分布参数 p 的极大似然估计。

如果随机变量 X 服从参数为 (n,p) 的二项分布,求未知参数 p 的极大似然估计。

解 二项分布的概率分布为

$$P\{X=k\}=C_n^k p^k(1-p)^{n-k}.$$

若样本观测值为 $x_1,x_2,\cdots,x_m$,则对数似然函数为

$$l(p)=\ln L(p)=\sum_{k=1}^{m}[\ln C_n^{x_j}+x_k\ln p+(n-x_k)\ln(1-p)],$$

对其取导数,并令导数等于0,得

$$\frac{\mathrm{d}l(p)}{\mathrm{d}p}=\frac{1}{p}\sum_{k=1}^{m}x_k-\frac{1}{1-p}\sum_{k=1}^{m}(n-x_k)=0,$$

解之,得

$$\hat{p}=\frac{\sum_{k=1}^{m}x_k}{mn}.$$

例 3.31 Poisson 分布参数的估计。

如果随机变量 X 服从参数为 λ 的 Poisson 分布,求未知参数 λ 的极大似然估计值。

解 Poisson 分布的概率分布为

$$p_k=P\{X=k\}=\frac{\mathrm{e}^{-\lambda}\lambda^k}{k!},k=0,1,2,\cdots.$$

若 n 个样本观测值为 $x_1,x_2,\cdots,x_n$,则似然函数为

$$L(\lambda)=\prod_{k=1}^{n}\frac{\mathrm{e}^{-\lambda}\lambda^{x_i}}{x_i!},$$

对数似然函数为

$$\ln L(\lambda)=-n\lambda+\sum_{i=k}^{n}x_k\ln\lambda-\sum_{k=1}^{n}\ln x_i!,$$

对上式关于 λ 求导数,并令导数等于0,得

$$\hat{\lambda}=\frac{\sum_{k=1}^{n}x_k}{n}.$$

λ 的极大似然估计就是样本均值,与矩估计方法得到的估计是一样的。

性质 3.2 如果随机变量 X 服从参数为 (μ,σ^2) 的对数正态分布,则参数 (μ,σ^2) 的极

大似然估计值为

$$\hat{\mu}=\frac{1}{n}\sum_{i=1}^{n}\ln x_i,\hat{\sigma}^2=\frac{1}{n}\sum_{i=1}^{n}(\ln x_i-\hat{\mu})^2. \tag{3.18}$$

例 3.32 表 3.13 概括了某保险公司火灾保险 100 个赔款样本的赔款额状况。如果火灾保险的赔款额分布适用于对数正态分布，求其参数 μ 和 σ 的估计值。

解 首先根据表 3.13 中的数据画出柱状图如图 3.12 所示。

表 3.13 火灾保险赔款额

赔 款 额	赔款次数
0~400	2
400~800	24
800~1200	32
1200~1600	21
1600~2000	10
2000~2400	6
2400~2800	3
2800~3200	1
3200~3600	1
3600 以上	0
总数	100

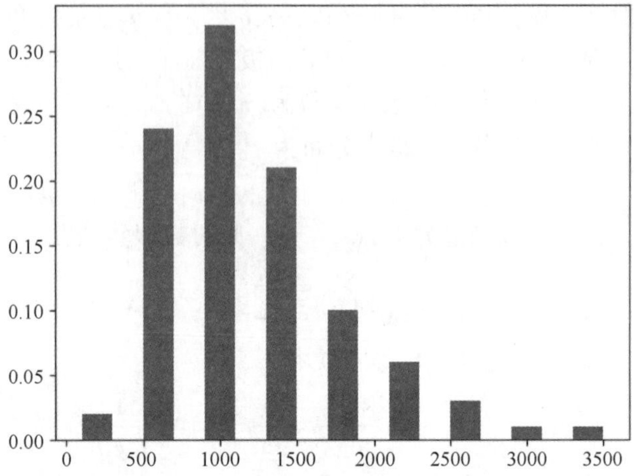

图 3.12 火灾保险赔款额数据对应的柱状图

从图 3.12 可以看出，该分布具有明显的偏性。假设表 3.13 中的赔款次数是指相当于各组赔款额中位数的赔款次数，我们就可以得到样本的均值和方差。首先由式(3.12)和式(3.13)的矩估计方法得到均值和方差的估计值。

$$\hat{\mu}=6.9936,\hat{\sigma}^2=0.2195$$

再由式(3.18)给出的均值与方差的极大似然估计值为

$$\hat{\mu}=6.9816,\hat{\sigma}^2=0.2590$$

这两种估计方法得出的结果有一些差异。对于具有偏性的分布，用中位数作为赔款额会有一些问题，可能导致估计结果不够准确。

```
#程序文件 Pgex3_32.py
import numpy as np
import pylab as plt
from scipy.stats import lognorm
d=np.array([2,24,32,21,10,6,3,1,1])
bin=np.arange(200,3500,400)
plt.bar(bin,d/100,width=200); plt.show()
mu1=2*np.log(np.dot(d,bin)/100)-0.5*np.log(np.dot(d,bin**2)/100)
var1=np.log(np.dot(d,bin**2)/100)-2*np.log(np.dot(d,bin)/100)
```

```
mu2=np.dot(d,np.log(bin))/100
var2=np.dot((np.log(bin)-mu2)**2,d)/100
```

3.6.3 区间估计

1. 区间估计的概念及步骤

参数的点估计值随样本观测值的变化而不同,每一次都给出一个明确的数值作为参数的估计值,但这个估计值的误差是多少,有多少可信度,点估计本身并不能告诉我们。区间估计是在点估计的基础上确定一个范围,这个范围包含被估计参数的概率相当大,这个范围就是参数的置信区间。

定义 3.8 设总体 X 的分布函数 $F(x;\theta)$ 含有一未知数 θ。对于给定值 $\alpha(0<\alpha<1)$,若由样本 $x_1,x_2,\cdots,x_n$ 确定的两个统计量 $\underline{\theta}=\underline{\theta}(x_1,x_2,\cdots,x_n)$ 和 $\overline{\theta}=\overline{\theta}(x_1,x_2,\cdots,x_n)$ 满足

$$P\{\underline{\theta}(x_1,x_2,\cdots,x_n)<\theta<\overline{\theta}(x_1,x_2,\cdots,x_n)\}=1-\alpha.$$

则称随机区间 $(\underline{\theta},\overline{\theta})$ 是 θ 的置信度为 $1-\alpha$ 的置信区间,$\underline{\theta}$ 和 $\overline{\theta}$ 分别称为置信度为 $1-\alpha$ 的双侧置信区间的置信下限和置信上限,$1-\alpha$ 称为置信度。

注 3.5 置信度为 $1-\alpha$ 的置信区间并不是唯一的,置信区间短表示估计的精度高。

求未知参数 θ 的置信区间的步骤如下:

(1) 寻求一个样本 $x_1,x_2,\cdots,x_n$ 的函数

$$Z=Z(x_1,x_2,\cdots,x_n;\theta),$$

它包含待估参数 θ,而不含其他未知参数。并且 Z 的分步已知且不依赖于任何未知参数(当然不依赖于待估参数 θ)。

(2) 对于给定的置信度 $1-\alpha$,定出两个常数 a,b,使 $P\{a<Z(x_1,x_2,\cdots,x_n;\theta)<b\}=1-\alpha$。

(3) 若能从 $a<Z(x_1,x_2,\cdots,x_n;\theta)<b$ 得到等价的不等式 $\underline{\theta}<\theta<\overline{\theta}$,其中 $\underline{\theta}=\underline{\theta}(x_1,x_2,\cdots,x_n)$,$\overline{\theta}=\overline{\theta}(x_1,x_2,\cdots,x_n)$ 都是统计量,那么 $(\underline{\theta},\overline{\theta})$ 就是 θ 的一个置信度为 $1-\alpha$ 的置信区间。

2. 区间估计举例

例 3.33 某矿工人的血压(收缩压,以 mmHg 计)服从正态分布 $N(\mu,\sigma^2)$,μ,σ^2 均未知。今随机选取了 13 位工人测得

129 134 114 120 116 133 142 138 148 129 133 141 142

试求 μ 的置信水平为 0.95 的置信区间。

解 μ 的一个置信水平为 $1-\alpha$ 的置信区间为 $\left(\overline{X}\pm\frac{S}{\sqrt{n}}t_{\alpha/2}(n-1)\right)$,这里置信水平 $1-\alpha=0.95$,$\alpha/2=0.025$,$n=13$,$t_{0.025}(12)=2.1788$,由给出的数据算得 $\overline{x}=132.2308$,$s=10.4893$,计算得总体均值 μ 的置信水平为 0.95 的置信区间为

$$(125.8921,138.5694).$$

```
#程序文件 Pgex3_33.py
import numpy as np
import scipy.stats as st
x0=np.array([129,134,114,120,116,133,142,138,148,129,133,141,142])
mu=np.mean(x0); s=np.std(x0,ddof=1); n=len(x0)
t=st.t.ppf(0.975,n-1)
```

```
L=[mu-s/np.sqrt(n)*t,mu+s/np.sqrt(n)*t]
print("置信区间为:",L)
```

例 3.34 有一大批糖果,现从中随机地取 16 袋,称得重量(以克计)如下:

506 508 499 503 504 510 497 512

514 505 493 496 506 502 509 496

设袋装糖果的重量近似地服从正态分布,试求总体标准差 σ 的置信水平为 0.95 的置信区间。

解 σ 的一个置信水平为 $1-\alpha$ 的置信区间为 $\left(\frac{\sqrt{n-1}S}{\sqrt{\chi^2_{\alpha/2}(n-1)}},\frac{\sqrt{n-1}S}{\sqrt{\chi^2_{1-\alpha/2}(n-1)}}\right)$,这里显著性水平 $\alpha=0.05,\alpha/2=0.025,n-1=15,\chi^2_{0.025}(15)=27.4884,\chi^2_{0.925}(15)=2.2621$,由给出的数据算得 $s=6.2022$。计算得总体均值 σ 的置信水平为 0.95 的置信区间为

$$(4.5816,9.5990).$$

```
#程序文件 Pgex3_34.py
import numpy as np
import scipy.stats as st
x0=np.genfromtxt("Pgdata3_34.txt").flatten()
s=np.std(x0,ddof=1); n=len(x0)
c1=st.chi2.ppf(0.975,n-1)
c2=st.chi2.ppf(0.025,n-1)
L=[np.sqrt(n-1)*s/np.sqrt(c1),np.sqrt(n-1)*s/np.sqrt(c2)]
print("置信区间为:",L)
```

3.7 假设检验

统计推断的另一类重要问题是假设检验问题。在总体的分布函数完全未知或只知其形式但不知其参数的情况,为了推断总体的某些性质,提出某些关于总体的假设。例如,提出总体服从泊松分布的假设、对于正态总体提出均值等于 μ_0 的假设等。假设检验就是根据样本对所提出的假设作出判断:是接受还是拒绝。这就是假设检验问题。

3.7.1 参数检验

1. 单个总体 $N(\mu,\sigma^2)$ 均值 μ 的检验

例 3.35 某批矿砂的 5 个样品中的镍含量,经测定为(%)

3.25 3.27 3.24 3.26 3.24

设测定值总体服从正态分布,但参数均未知,问在 $\alpha=0.01$ 下能否接受假设:这批矿砂的镍含量的均值为 3.25。

解 按题意总体 $X\sim N(\mu,\sigma^2)$,μ,σ^2 均未知,要求在显著性水平 $\alpha=0.01$ 下检验假设

$$H_0:\mu=3.25,H_1:\mu\neq3.25.$$

因 σ^2 未知,故采用 t 检验,取检验统计量为 $t=\dfrac{\overline{X}-3.25}{S/\sqrt{n}}$,今 $n=5,\bar{x}=3.252,s=0.0130$, $\alpha=0.01,t_{\alpha/2}(n-1)=t_{0.005}(4)=4.6041$,拒绝域为

$$|t|=\left|\frac{\bar{x}-3.25}{s/\sqrt{n}}\right|\geqslant t_{\alpha/2}(n-1)=4.6041$$

因 $|t|$ 的观测值 $|t|=\left|\dfrac{3.252-3.25}{0.013/\sqrt{5}}\right|=0.3430<4.6041$,不落在拒绝域之内,故在显著性水平 $\alpha=0.01$ 下接受原假设 H_0,即认为这批矿砂镍含量的均值为 3.25。

```
#程序文件 Pgex3_35.py
import numpy as np
import scipy.stats as st
a=np.array([3.25,3.27,3.24,3.26,3.24])
mu=a.mean(); s=a.std(ddof=1)
t=(mu-3.25)/(s/np.sqrt(len(a)))          #计算统计量的值
ta=st.t.ppf(0.995,len(a)-1)              #计算上 alpha/2 分位数
print(t); print(ta)
```

例 3.36 要求一种元件平均使用寿命不得低于 1000h,生产者从一批这种元件中随机抽取 25 件,测得其寿命的平均值为 950h,已知该种元件寿命服从标准差为 $\sigma=100$h 的正态分布。试在显著性水平 $\alpha=0.05$ 下判断这批元件是否合格?设总体均值为 μ,μ 未知,即需检验假设 $H_0:\mu\geqslant1000,H_1:\mu<1000$。

解 本题要求在显著性水平 $\alpha=0.05$ 下,检验正态总体均值的假设

$$H_0:\mu\geqslant1000,H_1:\mu<1000.$$

因 σ^2 已知,故采用 Z 检验,取检验统计量为 $Z=\dfrac{\overline{X}-1000}{\sigma/\sqrt{n}}$,今 $n=25,\bar{x}=950,\sigma=100,\alpha=0.05,z_{0.05}=1.645$,拒绝域为

$$z=\frac{\bar{x}-1000}{\sigma/\sqrt{n}}\leqslant-z_{\alpha}=-1.645.$$

因 Z 的观测值为 $z=\dfrac{950-1000}{100/\sqrt{n}}=-2.5<-1.645$,落在拒绝域内,故在显著性水平 $\alpha=0.05$ 下拒绝原假设 H_0,认为这批元件不合格。

```
#程序文件 Pgex3_36.py
import numpy as np
import scipy.stats as st
n=25; mu=950; s=100;
z=(mu-1000)/(s/np.sqrt(n))          #计算 z 统计量的值
za=-st.norm.ppf(0.95)               #计算临界值
print(z); print(za)
```

2. 两个正态总体均值差的检验(t 检验)

例 3.37 表 3.14 所列为两位文学家马克·吐温(Mark Twain)的 8 篇小品文以及斯诺特格拉斯(Snodgrass)的 10 篇小品文中由 3 个字母组成的单词的比例。

表 3.14　两位文学家作品中单词统计数据

马克·吐温	0.225	0.262	0.217	0.240	0.230	0.229	0.235	0.217		
斯诺特格拉斯	0.209	0.205	0.196	0.210	0.202	0.207	0.224	0.223	0.220	0.201

设两组数据分别来自正态总体,且两总体方差相等,但参数均未知,两样本相互独立。问两位作家所写的小品文中包含由 3 个字母组成的单词的比例是否有显著的差异(取 $\alpha=0.05$)?

解　按题意总体 $X\sim N(\mu_1,\sigma^2)$,$Y\sim N(\mu_2,\sigma^2)$,两样本相互独立。本题需在显著性水平 $\alpha=0.05$ 下检验假设

$$H_0:\mu_1=\mu_2,H_1:\mu_1\neq\mu_2.$$

采用 t 检验,取检验统计量为 $t=\dfrac{\overline{X}-\overline{Y}}{\sqrt{\dfrac{(n_1-1)S_1^2+(n_2-1)S_2^2}{n_1+n_2-2}}\sqrt{\dfrac{1}{n_1}+\dfrac{1}{n_2}}}$,拒绝域为

$$|t|=\left|\frac{\bar{x}-\bar{y}}{\sqrt{\dfrac{(n_1-1)s_1^2+(n_2-1)s_2^2}{n_1+n_2-2}}\sqrt{\dfrac{1}{n_1}+\dfrac{1}{n_2}}}\right|\geqslant t_{\alpha/2}(n_1+n_2-2).$$

今 $n_1=8,n_2=10,\bar{x}=0.2319,\bar{y}=0.2097,s_1^2=0.0146^2,s_2^2=0.0097^2,t_{0.025}(16)=2.1199$。因观测值

$$|t|=3.8781>2.1199,$$

落在拒绝域之内,故拒绝 H_0,认为两位作家所写的小品文中包含由 3 个字母组成的单词的比例有显著的差异。

```
#程序文件 Pgex3_37.py
import numpy as np
import pandas as pd
import scipy.stats as st
a=pd.read_csv('Pgdata3_37.txt',header=None,sep='\t')
av=a.values  #提取其中的数据
x1=av[0,:-2]; x2=av[1,:]
n1=len(x1); n2=len(x2)
mu1=x1.mean(); mu2=x2.mean()             #计算均值
s1=x1.std(ddof=1)                        #计算方差
s2=x2.std(ddof=1)
ta=st.t.ppf(0.975,n1+n2-2)               #计算上 alpha/2 分位数
t=(mu1-mu2)/np.sqrt(((n1-1)*s1**2+(n2-1)*s2**2)/(
    (n1+n2-2)))/np.sqrt(1/n1+1/n2)
print(ta); print(t)
```

3.7.2　非参数检验

在实际问题中,有时不能预知总体服从什么类型的分布,这时就需要根据样本来检验关于分布的假设。下面介绍 χ^2 检验法。

若总体 X 是离散型的,则建立待检假设 H_0:总体 X 的分布律为 $P\{X=x_i\}=p_i, i=1, 2,\cdots$。

若总体 X 是连续型的,则建立待检假设 H_0:总体 X 的概率密度为 $f(x)$。

可按照下面的 5 个步骤进行检验:

(1) 建立待检假设 H_0:总体 X 的分布函数为 $F(x)$。

(2) 在数轴上选取 $k-1$ 个分点 $t_1, t_2, \cdots, t_{k-1}$,将数轴分成 k 个区间:$(-\infty, t_1), [t_1, t_2), \cdots, [t_{k-2}, t_{k-1}), [t_{k-1}, +\infty)$,令 p_i 为分布函数 $F(x)$ 的总体 X 在第 i 个区间内取值的概率,设 m_i 为 n 个样本观察值中落入第 i 个区间上的个数,也称为组频数。

(3) 选取统计量 $\chi^2=\sum\limits_{i=1}^{k}\dfrac{(m_i-np_i)^2}{np_i}$,如果 H_0 为真,则 $\chi^2 \sim \chi^2(k-1-r)$,其中 r 为分布函数 $F(x)$ 中未知参数的个数。

(4) 对于给定的显著性 α,确定 χ^2_α,使其满足 $P\{\chi^2(k-1-r)>\chi^2_\alpha\}=\alpha$,并且依据样本计算统计量 χ^2 的观察值。

(5) 作出判断:若 $\chi^2<\chi^2_\alpha$,则接受 H_0;否则拒绝 H_0,即不能认为总体 X 的分布函数为 $F(x)$。

1. 离散型分布

例 3.38 表 3.15 所列为某一地区在夏季的一个月中由 100 个气象站报告的雷暴雨的次数。其中 m_i 是报告雷暴雨次数为 i 的气象站数。试用 χ^2 拟合检验法检验雷暴雨的次数 X 是否服从均值 $\lambda=1$ 的泊松分布(取显著性水平 $\alpha=0.05$)。

表 3.15 雷暴雨次数统计数据

i	0	1	2	3	4	5	≥6
m_i	22	37	20	13	6	2	0
A_i	A_0	A_1	A_2	A_3	A_4	A_5	A_6

解 按题意需检验假设

$$H_0: P\{X=i\}=\frac{\lambda^i e^{-\lambda}}{i!}=\frac{e^{-1}}{i!}, \quad i=0,1,\cdots.$$

在 H_0 下 X 所有可能取的值为 $\Omega=\{0,1,2,\cdots\}$,将 Ω 分解成如表 3.15 所列的两两不相交的子集 $A_0, A_1, \cdots, A_6$,则有

$$p_i=P\{X=i\}=\frac{e^{-1}}{i!}, \quad i=0,1,\cdots,5,$$

$$p_6=P\{X\geqslant 6\}=1-\sum_{i=0}^{5}p_i.$$

计算结果如表 3.16 所列,其中有些 $np_i<5$ 的组予以适当合并,使得每组均有 $np_i\geqslant 5$,并组后 $k=4$,统计量的自由度为 $k-1=4-1=3$,$\chi^2_{0.05}(k-1)=\chi^2_{0.05}(3)=7.8147$。现在统计量 $\chi^2=27.0341>7.8147$,故在显著性水平 0.05 下拒绝 H_0,认为样本不是来自均值 $\lambda=1$ 的泊松分布。

表 3.16 χ^2 拟合检验计算表

A_i	m_i	p_i	np_i	合并后 np_i
$A_0:\{X=0\}$	22	0.3679	36.7879	36.7879
$A_1:\{X=1\}$	37	0.3679	36.7879	36.7879
$A_2:\{X=2\}$	20	0.1840	18.3940	18.3940
$A_3:\{X=3\}$	13	0.0613	6.1313	
$A_4:\{X=4\}$	6	0.0153	1.5328	8.0301
$A_5:\{X=5\}$	2	0.0031	0.3066	
$A_6:\{X\geqslant 6\}$	0	0.0006	0.0594	

```
#程序文件 Pgex3_38.py
import numpy as np
from scipy.stats import poisson,chi2
x=np.arange(6);
pi=np.zeros(7)                       #初始化
pi[:-1]=poisson.pmf(x,1)
pi[6]=1-pi.sum(); npi=100 * pi;
snpi=sum(npi[3:])                    #计算合并后的 npi
cp=np.zeros(4)                       #合并后的概率初始化
cm=np.array([22,37,20,21])           #合并以后的频数
cp[:3]=pi[:3]; cp[3]=sum(pi[3:])     #合并后的概率
st=sum((cm-100 * cp) ** 2/(100 * cp))#计算统计量
chi0=chi2.ppf(0.95,3)                #计算上 0.95 分位数
print("统计量为:",st); print("阈值为:",chi0)
```

例 3.39 在研究牛的毛色与牛角的有无这样两对性状分离现象时,用黑色无角牛与红色有角牛杂交,子二代出现黑色无角牛 192 头,黑色有角牛 78 头,红色无角牛 72 头,红色有角牛 18 头,共 360 头,问这两对性状是否符合孟德尔遗传规律中 9:3:3:1 的遗传比例(取显著性水平 $\alpha=0.1$)。

解 现将题中的数据列于表 3.17 中。

表 3.17 题中给定数据

序　号	1	2	3	4
种类	黑色无角	黑色有角	红色无角	红色有角
数量	192	78	72	18
A_i	A_1	A_2	A_3	A_4

以 X 记各种牛的序号,按题意需检验各类牛的头数符合比例 9:3:3:1,即

$$(9/16):(3/16):(3/16):(1/16).$$

需检验假设:

H_0:X 的分布律为

X	1	2	3	4
p_k	9/16	3/16	3/16	1/16

χ^2 拟合检验的计算数据列于表 3.18 中。

表 3.18　χ^2 拟合检验计算表

A_i	m_i	p_i	np_i
A_1	192	9/16	360×9/16=202.5
A_2	78	3/16	360×3/16=67.5
A_3	72	3/16	360×3/16=67.5
A_4	18	1/16	360×1/16=22.5

计算得$\chi^2=3.3778$，$k=4$，$\chi^2_{0.1}(4-1)=6.2514>3.3778$，故接受 H_0，认为两性状符合孟德尔遗传规律中 9:3:3:1 的遗传比例。

```
#程序文件 Pgex3_39.py
import numpy as np
from scipy.stats import chi2
m=np.array([192,78,72,18])
pi=np.array([9/16,3/16,3/16,1/16])
npi=360*pi
st=sum((m-360*pi)**2/(360*pi))                    #计算统计量
chi0=chi2.ppf(0.9,3)                              #计算上 0.99 分位数
print("统计量为:",st); print("阈值为:",chi0)
```

2. 连续型分布

例 3.40　自 1965 年 1 月 1 日至 1971 年 2 月 9 日共 2231 天中，全世界记录到里氏震级 4 级和 4 级以上地震计 162 次，统计数据列于表 3.19 中。试检验相继两次地震间隔的天数 X 服从指数分布（取显著性水平 $\alpha=0.05$）。

表 3.19　地震观测数据

相继两次地震间隔天数	0~4	5~9	10~14	15~19	20~24	25~29	30~34	35~39	≥40
出现频数	50	31	26	17	10	8	6	6	8

解　按题意需检验假设 H_0：X 的概率密度为

$$f(x)=\begin{cases}\dfrac{1}{\theta}e^{-x/\theta}, & x>0,\\ 0, & x\leqslant 0.\end{cases}$$

在这里，H_0 中的参数 θ 未给出，先由最大似然估计法求得 θ 的估计为$\hat{\theta}=\bar{x}=\dfrac{2231}{162}=13.7716$。在 H_0 下，X 可能取值的全体 Ω 为区间$[0,+\infty)$，将区间$[0,+\infty)$分为 $k=9$ 个互不重叠的小区间：$A_1=[0,4.5)$，$A_2=[4.5,9.5)$，…，$A_9=[39.5,+\infty)$，如表 3.20 第一列所示。若 H_0 为真，X 的分布函数的估计为

$$\hat{F}(x)=\begin{cases}1-e^{-x/13.7716}, & x>0,\\ 0, & x\leqslant 0.\end{cases} \tag{3.19}$$

由式(3.19)可得概率 $p_i=P(A_i)$ 的估计：

$$\hat{p}_i=\hat{P}(A_i)=\hat{P}\{a_i\leqslant X<a_{i+1}\}=\hat{F}(a_{i+1})-\hat{F}(a_i),\quad i=1,2,\cdots,8.$$

例如

$$\hat{p}_2=\hat{P}(A_2)=\hat{P}\{4.5\leqslant X<9.5\}=\hat{F}(9.5)-\hat{F}(4.5)=0.2196$$

而

$$\hat{p}_9=\hat{P}(A_9)=1-\sum_{i=1}^{8}\hat{P}(A_i)=0.0568.$$

将计算结果列于表 3.20 中。

表 3.20 χ^2 检验计算表

A_i	m_i	$\hat{p}_i$	$n\hat{p}_i$	合并后 $n\hat{p}_i$
$A_1:0\leqslant x<4.5$	50	0.2787	45.1563	45.1563
$A_2:4.5\leqslant x<9.5$	31	0.2196	35.5742	35.5742
$A_3:9.5\leqslant x<14.5$	26	0.1527	24.7433	24.7433
$A_4:14.5\leqslant x<19.5$	17	0.1062	17.2100	17.2100
$A_5:19.5\leqslant x<24.5$	10	0.0739	11.9702	11.9702
$A_6:24.5\leqslant x<29.5$	8	0.0514	8.3258	8.3258
$A_7:29.5\leqslant x<34.5$	6	0.0357	5.7909	5.7909
$A_8:34.5\leqslant x<39.5$	6	0.0249	4.0278	13.2294
$A_9:39.5\leqslant x$	8	0.0568	9.2016	

计算得统计量 $\chi^2=1.5636$；估计参数个数 $r=1$，区间个数 $k=8$，$\chi^2_{0.05}(k-r-1)=\chi^2_{0.05}(6)=12.5916>1.5636$，故在显著性水平 0.05 下接受 H_0，认为 X 服从指数分布。

```
#程序文件 Pgex3_40.py
import numpy as np
from scipy.stats import chi2
th=2231/162                          #计算 theta 的最大似然估计
x1=np.array([0,4.5])
x2=np.arange(9.5,40,5)
x=np.hstack([x1,x2])
Fx=lambda x:1-np.exp(-x/th)          #指数分布的分布函数
y=Fx(x); dy=np.diff(y)               #计算前 8 个区间的概率
dy2=1-y[-1]                          #计算第 9 个区间的概率
ndy1=162*dy; ndy2=162*dy2            #验证 n*Pi≥5 是否成立
dyg=dy; dyg[-1]=dyg[-1]+dy2          #合并最后两个区间后的概率
npy=162*dyg                          #计算合并后的期望频数
m=np.array([50,31,26,17,10,8,6,14])
```

```
st=sum((m-162*dyg)**2/(162*dyg))  #计算统计量
chi0=chi2.ppf(0.95,6)                 #计算上 0.95 分位数
print("统计量为:",st); print("阈值为:",chi0)
```

例 3.41 某车间生产滚珠,随机地抽出了 45 粒,测得它们的直径为(单位:mm)。

15.0	15.8	15.2	15.1	15.9	14.7	14.8	15.5	15.6	15.3
15.1	15.3	15.0	15.6	15.7	14.8	14.5	14.2	14.9	14.9
15.2	15.0	15.3	15.6	15.1	14.9	14.2	14.6	15.8	15.2
15.9	15.2	15.0	14.9	14.8	14.5	15.1	15.5	15.5	15.1
15.1	15.0	15.3	14.7	14.5					

经过计算知样本均值$\bar{x}=15.1089$,样本标准差 $s=0.4209$,试问滚珠直径是否服从正态分布 $N(15.0780,0.4325^2)$ $(\alpha=0.05)$?

解 检验假设 H_0:滚珠直径 $X\sim N(15.1089,0.4209^2)$。

找出样本值中最大值和最小值 $x_{\max}=15.9$,$x_{\min}=14.2$,然后将区间$(-\infty,+\infty)$分成 7 个区间,计算结果见表 3.21。

表 3.21 χ^2 检验计算过程数据表

i	区间	频数 m_i	概率 p_i	np_i
1	$(-\infty,14.68)$	6	0.1541	6.9359
2	$[14.68,14.88)$	5	0.1392	6.2629
3	$[14.88,15.05)$	9	0.1511	6.7979
4	$[15.05,15.22)$	10	0.1597	7.1876
5	$[15.22,15.39)$	4	0.1438	6.4701
6	$[15.39,15.6)$	3	0.1305	5.8707
7	$[15.6,+\infty)$	8	0.1217	5.4750

计算得$\chi^2=5.7060$,自由度 $k-r-1=7-2-1=4$,查χ^2 分布表,$\alpha=0.05$,得临界值 $\chi^2_{0.05}(4)=9.4877$,因 $\chi^2=5.7060<9.4877$,所以 H_0 成立,即滚珠直径服从正态分布 $N(15.1089,0.4209^2)$。

```
#程序文件 Pgex3_41.py
import numpy as np
from scipy.stats import norm, chi2
with open('Pgdata3_41.txt', "r") as f:
    s = f.read()
a = np.array(list(map(float, s.split())))
mu=a.mean(); s=a.std(ddof=1)                          #计算均值和标准差
amin=a.min(); amax=a.max()                            #计算最小值和最大值
x=np.array([14.68,14.88,15.05,15.22,15.39,15.6])     #主观取的分点
y=norm.cdf(x,mu,s)
Pi=np.hstack([y[0],np.diff(y),1-y[-1]])              #计算每个小区间的概率
nPi=45*Pi         #验证 n*Pi 的取值,如果不满足 n*Pi>=5,适当合并区间
m=[sum(a<x[0])]
```

```
for i in range(len(x)-1):
    m.append(sum((a>=x[i]) & (a<x[i+1])))
m.append(sum(a>=x[-1]))
st=sum((np.array(m)-45*Pi)**2/(45*Pi))              #计算统计量
chi0=chi2.ppf(0.95,4)                               #计算上 0.95 分位数
print("统计量为:",st); print("阈值为:",chi0)
```

3.8 方差分析

方差分析实际上是多个总体的假设检验问题。下面只给出单因素方差分析。

设因素 A 有 s 个水平 $A_1, A_2, \cdots, A_s$,在水平 $A_j(j=1,2,\cdots,s)$ 下,进行 $n_j(n_j \geqslant 2)$ 次独立试验,得出表 3.22 所列结果。

表 3.22　方差分析数据表

	A_1	A_2	$\cdots$	A_s
试验批号	X_{11}	X_{12}	$\cdots$	X_{1s}
	X_{21}	X_{22}	$\cdots$	X_{2s}
	$\vdots$	$\vdots$		$\vdots$
	$X_{n_1 1}$	$X_{n_2 2}$	$\cdots$	$X_{n_s s}$
样本总和 $T_{\cdot j}$	$T_{\cdot 1}$	$T_{\cdot 2}$	$\cdots$	$T_{\cdot s}$
样本均值 $\overline{X}_{\cdot j}$	$\overline{X}_{\cdot 1}$	$\overline{X}_{\cdot 2}$	$\cdots$	$\overline{X}_{\cdot s}$
总体均值	μ_1	μ_2	$\cdots$	μ_s

其中 X_{ij} 表示第 j 个等级进行第 i 次试验的结果,记 $n=n_1+n_2+\cdots+n_s$,

$$\overline{X}_{\cdot j} = \frac{1}{n_j}\sum_{i=1}^{n_j} X_{ij}, T_{\cdot j} = \sum_{i=1}^{n_j} X_{ij}, \overline{X} = \frac{1}{n}\sum_{j=1}^{s}\sum_{i=1}^{n_j} X_{ij}, T_{\cdot\cdot} = \sum_{j=1}^{s}\sum_{i=1}^{n_j} X_{ij} = n\overline{X}.$$

1. 方差分析的假设前提

(1) 对变异因素的某一个水平,例如第 j 个水平,进行实验,把得到的观察值 $X_{1j}, X_{2j}, \cdots, X_{n_j j}$ 可以看成是从正态总体 $N(\mu_j, \sigma^2)$ 中取得的一个容量为 n_j 的样本,且 μ_j, σ^2 未知。

(2) 对于表示 s 个水平的 s 个正态总体的方差认为是相等的。

(3) 由不同总体中抽取的样本相互独立。

2. 统计假设

提出待检假设 $H_0: \mu_1 = \mu_2 = \cdots = \mu_s = \mu$。

3. 检验方法

设 $S_T = \sum_{j=1}^{s}\sum_{i=1}^{n_j}(X_{ij} - \overline{X})^2 = \sum_{j=1}^{s}\sum_{i=1}^{n_j} X_{ij}^2 - \frac{T_{\cdot\cdot}^2}{n}$,

$$S_E = \sum_{j=1}^{s}\sum_{i=1}^{n_j}(X_{ij} - \overline{X}_{\cdot j})^2 = \sum_{j=1}^{s}\sum_{i=1}^{n_j} X_{ij}^2 - \sum_{j=1}^{s}\frac{T_{\cdot j}^2}{n_j}, S_A = S_T - S_E,$$

若 H_0 为真，则检验统计量 $F=\dfrac{(n-s)S_A}{(s-1)S_E}\sim F(s-1,n-s)$，对于给定的显著性水平 α，查表确定临界值 F_α，使得 $P\left\{\dfrac{(n-s)S_A}{(s-1)S_E}>F_\alpha\right\}=\alpha$，依据样本值计算检验统计量 F 的观察值，并与 F_α 比较，最后下结论：若检验统计量 F 的观察值大于临界值 F_α，则拒绝原假设 H_0；若 F 的值小于 F_α，则接受 H_0。

例 3.42 设有如表 3.23 所列的 3 个组 5 年保险理赔额的观测数据。试用方差分析法检验 3 个组的理赔额均值是否有显著差异（取显著性水平 $\alpha=0.05$，已知 $F_{0.05}(2,12)=3.8853$）。

表 3.23 保险理赔额观测数据

	$t=1$	$t=2$	$t=3$	$t=4$	$t=5$
$j=1$	98	93	103	92	110
$j=2$	100	108	118	99	111
$j=3$	129	140	108	105	116

解 用 X_{jt} 来表示第 j 组第 t 年的理赔额，其中 $j=1,2,3$；$t=1,2,\cdots,5$。假设所有的 X_{jt} 相互独立且服从 $N(m_j,s^2)$ 分布，即对应于每组均值 m_j 可能不相等，但是方差 $s^2>0$ 是相同的。

记 $\bar{X}_{j\cdot}=\dfrac{1}{5}\sum\limits_{t=1}^{5}X_{jt}$，$\bar{X}=\dfrac{1}{15}\sum\limits_{j=1}^{3}\sum\limits_{t=1}^{5}X_{jt}$，

$$S_A=\sum_{j=1}^{3}5\,(\bar{X}_{j\cdot}-\bar{X})^2,\quad S_E=\sum_{j=1}^{3}\sum_{t=1}^{5}(X_{jt}-\bar{X}_{j\cdot})^2.$$

提出原假设 $H_0:m_1=m_2=m_3$，$H_1:m_1,m_2,m_3$ 不全相等。

若 H_0 为真，则检验统计量 $F=\dfrac{12S_A}{2S_E}\sim F(2,12)$，对于给定的显著性水平 α 及临界值 $F_\alpha(2,12)$，依据样本值计算检验统计量 F 的观察值，并与 $F_\alpha(2,12)$ 比较，最后下结论：若检验统计量 F 的观察值大于临界值 $F_\alpha(2,12)$，则拒绝原假设 H_0；若 F 的值小于 $F_\alpha(2,12)$，则接受 H_0。

这里求得 $S_A=1056.53$，自由度为 2，$S_E=1338.8$，自由度为 12。于是 $F=4.7350$，这与临界值 $F_{0.05}(2,12)=3.8853$ 比较起来数值过大了。结论是这些数据表明每组的平均理赔不全相等。

```
#程序文件 Pgex3_42.py
import numpy as np
from scipy.stats import f
a=np.array([[98,93,103,92,110],
  [100,108,118,99,111],[129,140,108,105,116]])
T=a.sum()                    #求所有元素的和
n=a.size                     #元素的总个数
St=(a**2).sum()-T**2/n
```

```
Tj=a.sum(axis=1)            #计算行和
nj=a.shape[1]               #每行元素的个数
Se=(a**2).sum()-(Tj**2/nj).sum()
Sa=St-Se
F=(Sa/2)/(Se/12)            #计算F统计量
F0=f.ppf(0.95,2,12)
print("F统计量值为:",F); print("临界值为:",F0)
```

3.9 回归分析

3.9.1 线性回归分析

例 3.43 某种商品的需求量 y,消费者平均收入 x_1 以及商品价格 x_2 的统计数据见表 3.24 。求 y 关于 x_1, x_2 的回归方程 $y=b_0+b_1x_1+b_2x_2$。

表 3.24 已知统计数据

x_{1i}	1000	600	1200	500	300	400	1300	1100	1300	300
x_{2i}	5	7	6	6	8	7	5	4	3	9
y	100	75	80	70	50	65	90	100	110	60

利用 Python 软件求得回归方程为 $y=111.6918+0.0143x_1-7.1882x_2$。模型的相关系数平方 $R^2=0.8944$。

```
#程序文件 Pgex3_43.py
import numpy as np
from sklearn.linear_model import LinearRegression
a=np.loadtxt("Pgdata3_43.txt").T                   #加载表中的数据并转置
md=LinearRegression().fit(a[:,:2],a[:,2])          #构建并拟合模型
y=md.predict(a[:,:2])                              #求预测值
b0=md.intercept_; b12=md.coef_                     #输出回归系数
R2=md.score(a[:,:2],a[:,2])                        #计算R^2
print("b0=%.4f\nb12=%.4f%10.4f"%(b0,*b12))
print("相关系数平方R^2=%.4f"%R2)
```

3.9.2 多元多项式回归

多元多项式回归一般选择如下的 4 种模型:

linear(线性):$y=\beta_0+\beta_1x_1+\cdots+\beta_mx_m$,

purequadratic(纯二次):$y=\beta_0+\beta_1x_1+\cdots+\beta_mx_m+\sum_{j=1}^{m}\beta_{jj}x_j^2$,

interaction(交叉):$y=\beta_0+\beta_1x_1+\cdots+\beta_mx_m+\sum_{1\leqslant j<k\leqslant m}\beta_{jk}x_jx_k$,

quadratic(完全二次):$y=\beta_0+\beta_1x_1+\cdots+\beta_mx_m+\sum_{1\leqslant j\leqslant k\leqslant m}\beta_{jk}x_jx_k$.

下面对拟合和统计中使用的一些检验参数给出解释。

(1) SSE(The sum of squares due to error,误差平方和)。

该统计参数计算的是拟合数据和原始数据对应点的误差平方和,计算公式为

$$\mathrm{SSE}=\sum_{i=1}^{n}(y_i-\hat{y}_i)^2.$$

SSE 越接近于 0,说明模型选择和拟合效果好,数据预测也成功。下面的指标 MSE 和 RMSE 与指标 SSE 有关联,它们的校验效果是一样的。

(2) MSE(Mean squared error,方差)。

该统计参数是预测数据和原始数据对应点误差平方和的均值,也就是 SSE/($n-m$),这里 n 是观测数据的个数,m 是拟合参数的个数,和 SSE 没有太大的区别,计算公式为

$$\mathrm{MSE}=\mathrm{SSE}/(n-m)=\frac{1}{n-m}\sum_{i=1}^{n}(y_i-\hat{y}_i)^2.$$

(3) RMSE(Root mean squared error,剩余标准差)。

该统计参数,也称回归系统的拟合标准差,是 MSE 的平方根,计算公式为

$$\mathrm{RMSE}=\sqrt{\frac{1}{n-m}\sum_{i=1}^{n}(y_i-\hat{y}_i)^2}.$$

(4) R-square(Coefficient of determination,判断系数,拟合优度)。

在讲判断系数之前,需要介绍另外两个参数 SSR 和 SST,因为判断系数就是由它们两个决定的。

对总平方和 $\mathrm{SST}=\sum_{i=1}^{n}(y_i-\bar{y})^2$ 进行分解,有

$$\mathrm{SST}=\mathrm{SSE}+\mathrm{SSR},\quad \mathrm{SSR}=\sum_{i=1}^{n}(\hat{y}_i-\bar{y})^2,$$

式中:$\bar{y}=\frac{1}{n}\sum_{i=1}^{n}y_i$;SSE 是误差平方和,反映随机误差对 y 的影响;SSR 为回归平方和,反映自变量对 y 的影响。

判断系数定义为

$$R^2=\frac{\mathrm{SSR}}{\mathrm{SST}}=\frac{\mathrm{SST}-\mathrm{SSE}}{\mathrm{SST}}=1-\frac{\mathrm{SSE}}{\mathrm{SST}}.$$

(5) 调整的判断系数。

统计学家主张在回归建模时,应采用尽可能少的自变量,不要盲目地追求判定系数 R^2 的提高。其实,当变量增加时,残差项的自由度就会减少。而自由度越小,数据的统计趋势就越不容易显现。为此,又定义一个调整判定系数

$$\bar{R}^2=1-\frac{\mathrm{SSE}/(n-m)}{\mathrm{SST}/(n-1)}.$$

$\bar{R}^2$ 与 R^2 的关系是

$$\bar{R}^2=1-(1-R^2)\frac{n-1}{n-m}.$$

当 n 很大、m 很少时,$\bar{R}^2$ 与 R^2 之间的差别不是很大;但是,当 n 较少,而 m 又较大时,

$\overline{R}^2$ 就会远小于 R^2。

例 3.44（续例 3.43） 根据表 3.24 的数据，在关于 x_1,x_2 的 linear（线性）、purequadratic（纯二次）、interaction（交叉）、quadratic（完全二次）的 4 个模型中，根据剩余标准差指标选择一个最好的模型。

解 计算得到线性模型的剩余标准差为 7.2133，纯二次项模型的剩余标准差为 4.5362，交叉项模型的剩余标准差为 7.5862，完全二次项模型的标准差为 4.4179，所以选择完全二次项模型，所求的完全二次项模型为

$$y=-106.6095+0.3261x_1+21.299x_2-0.02x_1x_2-0.0001x_1^2-0.7609x_2^2$$

```
#程序文件 Pgex3_44.py
import numpy as np
from sklearn.linear_model import LinearRegression
a=np.loadtxt("Pgdata3_43.txt").T              #加载表中的数据并转置
md=LinearRegression().fit(a[:,:2],a[:,2]) #构建并拟合模型
y1=md.predict(a[:,:2])                       #求预测值
n=len(y1)
rmse1=np.sqrt(((a[:,-1]-y1)**2).sum()/(n-3))
A2=np.hstack([a[:,:2],a[:,:2]**2])          #纯二次数据
md2=LinearRegression().fit(A2,a[:,2])       #拟合纯二次型模型
y2=md2.predict(A2)
rmse2=np.sqrt(((a[:,-1]-y2)**2).sum()/(n-5))
A3=np.hstack([a[:,:2],(a[:,0]*a[:,1]).reshape(-1,1)])    #交叉项数据
md3=LinearRegression().fit(A3,a[:,2])       #拟合交叉项模型
y3=md3.predict(A3)
rmse3=np.sqrt(((a[:,-1]-y3)**2).sum()/(n-4))
A4=np.hstack([A3,a[:,:2]**2])               #完全二次数据
md4=LinearRegression().fit(A4,a[:,2])       #拟合完全二次模型
y4=md4.predict(A4)
rmse4=np.sqrt(((a[:,-1]-y4)**2).sum()/(n-6))
print([rmse1,rmse2,rmse3,rmse4])            #显示所有剩余标准差
b0=md4.intercept_; b=md4.coef_              #输出回归系数
print("b0=%.4f\nb=%.4f%10.4f%10.4f%10.4f%10.4f"%(b0,*b))
```

3.9.3 非线性回归

例 3.45（续例 3.43） 使用表 3.24 的数据，建立非线性回归模型

$$y=\frac{\beta_1 x_2}{\beta_1+\beta_2 x_1+\beta_3 x_2},$$

并求 $x_1=800,x_2=6$ 时 y 的预测值。

利用 Python 软件，求得 $\beta_1=64.7201,\beta_2=-0.0237,\beta_3=-5.4267$。当 $x_1=800,x_2=6$ 时 y 的预测值为 29.3829。

```
#程序文件 Pgex3_45.py
import numpy as np
```

```
from scipy.optimize import curve_fit
a=np.loadtxt("Pgdata3_43.txt")   #加载表中的数据
xy0=a[:2,:]; z0=a[2]
def Pfun(t, b1, b2, b3):
    return b1*t[1]/(b1+b2*t[0]+b3*t[1])
popt=curve_fit(Pfun, xy0, z0)[0]
print("b1,b2,b3 的拟合值为:", popt)
print("预测值为:",Pfun([800,6],*popt))
```

3.10 Bootstrap 方法

Bootstrap 方法最初是由 Efron(1979) 提出的,是一种通过对总体分布未知的观测数据进行模拟再抽样来分析其不确定性的工具。其基本思想是:在原始数据的范围内做有放回的抽样,得到大量 Bootstrap 样本并计算相应的统计量,从而完成对真实总体分布的统计推断。该方法的优点在于不需要大量的观测数据就可以对相关参数的性质进行研究。

Bootstrap 方法有两种:参数 Bootstrap 方法和非参数 Bootstrap 方法。

3.10.1 参数 Bootstrap 方法

总体的分布函数 $F(x)$ 的形式已知,但其中含有未知参数 θ,其估计值由统计量 $\hat{\theta}_n=\theta(X_1,X_2,\cdots,X_n)$ 给出,其中 $(X_1,X_2,\cdots,X_n)$ 为原始样本,则参数 Bootstrap 方法主要解决的问题就是确定估计值 $\hat{\theta}_n$ 对真实值 θ 的估计精度问题。参数 Bootstrap 方法的具体做法是:首先假设原始样本 $(X_1,X_2,\cdots,X_n)$ 服从分布 $F(x)$,计算 $F(x)$ 的分布参数 θ,此时 $F(x)$ 便得到具体形式,记该分布为 $\hat{F}_n(x)$。然后,利用分布函数 $\hat{F}_n(x)$ 代替总体分布函数 $F(x)$,并从中随机抽取 Bootstrap 样本 $(X_1^*,X_2^*,\cdots,X_n^*)$ 来估计 θ 的抽样分布。

例 3.46 从一批灯泡中随机地取 5 只做寿命试验,测得寿命(以小时计)为

1050　1100　1120　1250　1280

设灯泡寿命服从正态分布。

(1) 求灯泡寿命平均值的置信水平为 0.95 的 Bootstrap 置信区间;

(2) 求灯泡寿命平均值的置信水平为 0.95 的 Bootstrap 单侧置信下限。

解 设灯泡寿命服从正态分布 $N(\mu,\sigma^2)$,记 5 个样本观察值为 $x_1,x_2,\cdots,x_5$。求得 μ,σ^2 的矩估计值分别为

$$\hat{\mu}=\bar{x}=\frac{1}{5}\sum_{i=1}^{5}x_i=1160,\quad \hat{\sigma}^2=\frac{1}{5}\sum_{i=1}^{5}(x_i-\bar{x})^2=7960.$$

产生服从正态分布 $N(1160,7960)$ 的 1000 个容量为 5 的 Bootstrap 样本。对于每个样本 $x_1^{*i},x_2^{*i},\cdots,x_5^{*i}(i=1,2,\cdots,1000)$,计算 μ 的 Bootstrap 估计

$$\hat{\mu}_i^*=\frac{1}{5}\sum_{j=1}^{5}x_j^{*i}.$$

将以上 1000 个 μ_i^* 自小到大排列,得到

$$\hat{\mu}^*_{(1)} \leqslant \hat{\mu}^*_{(2)} \leqslant \cdots \leqslant \hat{\mu}^*_{(1000)}. \tag{3.20}$$

取左起第 25($1-\alpha=0.95,\alpha/2=0.025,[1000\alpha/2]=25$)位和 975($[1000(1-\alpha/2)]=975$)位,得到置信水平为 0.95 的 Bootstrap 置信区间为($\hat{\mu}^*_{(25)},\hat{\mu}^*_{(975)}$),由于是随机模拟,每次 Python 软件的运行结果都是不一样的,其中一次求得的置信区间为(1086.2,1218)。

置信水平为 0.95 的 Bootstrap 单侧置信下限为式(3.20)排序中的第 50($1-\alpha=0.95,\alpha=0.05,[1000\alpha]=50$)位的值 $\hat{\mu}^*_{(50)}$,其中一次运行结果为$\hat{\mu}^*_{(50)}=1096.3$。

```
#程序文件 Pgex3_46.py
import numpy as np
a=np.array([1050,1100,1120,1250,1280]);
mu=a.mean(); s=a.std(ddof=1)                  #求均值和标准差
b=np.random.normal(mu,s,size=(5,1000))        #每一列随机数对应一个 Bootstrap 样本
m=b.mean(axis=0)                              #求每一列的均值
sm=sorted(m)                                  #把均值按照从小到大排列
qj=[sm[24],sm[924]]                           #写出置信区间
qjb=sm[49]                                    #写出单侧置信下限
print(qj); print(qjb)
```

例 3.47 一批产品中含有次品,自其中随机地取出 25 件,发现有 5 件次品。

(1) 求这批产品的次品率 p 的最大似然估计$\hat{p}$;

(2) 求 p 的置信水平为 0.90 的 Bootstrap 置信区间。

解 (1) 考察试验:在这批产品中随机地取一只产品,观察其是否为次品。引入随机变量:

$$X=\begin{cases}1, & \text{取到一只是次品},\\ 0, & \text{取到一只不是次品}.\end{cases}$$

$X\sim B(1,p)$,其分布律为

$$P\{X=x\}=p^x(1-p)^{1-x}, x=0,1.$$

设 $x_1,x_2,\cdots,x_n$ 是相应的样本值,于是得到似然函数:

$$L(p)=\prod_{i=1}^{n}p^{x_i}(1-p)^{1-x_i}=p^{\sum_{i=1}^{n}x_i}(1-p)^{n-\sum_{i=1}^{n}x_i},$$

$$\ln L(p)=\left(\sum_{i=1}^{n}x_i\right)\ln p+\left(n-\sum_{i=1}^{n}x_i\right)\ln(1-p).$$

令

$$\frac{\mathrm{d}}{\mathrm{d}p}\ln L(p)=\frac{\sum_{i=1}^{n}x_i}{p}-\frac{n-\sum_{i=1}^{n}x_i}{1-p}=0.$$

求得 p 的最大似然估计值为

$$\hat{p}=\frac{1}{n}\sum_{i=1}^{n}x_i=\bar{x}.$$

本题中,$n=25$, $\sum_{i=1}^{25}x_i=5$,故次品率的最大似然估计值为

$$\hat{p}=\frac{5}{25}=0.2.$$

于是 X 的近似分布律见表 3.25。

(2) 以表 3.25 为分布律产生 1000 个容量为 25 的 Bootstrap 样本，从而得到 p 的 1000 个 Bootstrap 估计 $\hat{p}_1^*,\hat{p}_2^*,\cdots,\hat{p}_{1000}^*$，将这 1000 个数按自小到大的次序排列，得

表 3.25 X 的近似分布律

X	1	0
概率	0.2	0.8

$$\hat{p}_{(1)}^*\leqslant\hat{p}_{(2)}^*\leqslant\cdots\leqslant\hat{p}_{(1000)}^*$$

取 $(\hat{p}_{(50)}^*,\hat{p}_{(950)}^*)=(0.08,0.32)$ 为 p 的置信水平为 0.90 的 Bootstrap 置信区间。

以表 3.25 为分布律产生一个容量为 25 的 Bootstrap 样本时，产生 $[0,1]$ 上均匀分布的 25 个随机数，如对应的随机数 $r\leqslant0.2$，则认为 $X=1$，即取到的为次品。

```
#程序文件 Pgex3_47.py
import numpy as np
a=np.random.uniform(size=(25,1000))  #每列对应一个 Bootstrap 样本
b=np.zeros((25,1000)); b[a<=0.2]=1    #生成 Bootstrap 样本
c=b.mean(axis=0); sc=sorted(c)        #求 Bootstrap 估计值,并按照从小到大排列
qj=[sc[49],sc[949]]; print(qj)        #显示置信区间
```

3.10.2 非参数 Bootstrap 方法

假设已得到来自未知分布 $F(x)$ 的一组简单随机样本 $X=(X_1,X_2,\cdots,X_n)$，用 θ 表示要研究的 $F(x)$ 的分布特性(如期望、方差等)，则可以利用对原始样本 X 进行 n 次重复抽样获得的样本来得到 θ 的估计值 $\hat{\theta}$，通过研究 $\hat{\theta}$ 的性质来研究 θ 的性质。具体做法如下：对原始样本 X 有放回的重复抽样 n 次，每次抽取一个，这样得到的样本称为一个 Bootstrap 样本，计算此 Bootstrap 样本下 θ 的估计值 $\hat{\theta}$，重复抽取 Bootstrap 样本 B 次，即得到 $\hat{\theta}$ 的分布，$\hat{\theta}$ 的分布可以作为 θ 分布的近似。

1. 估计量的标准误差的 Bootstrap 估计

在估计总体未知参数 θ 时，人们不但要给出 θ 的估计 $\hat{\theta}$，还需指出这一估计 $\hat{\theta}$ 的精度。通常我们用估计量 $\hat{\theta}$ 的标准差 $\sqrt{D(\hat{\theta})}$ 来度量估计的精度。估计量 $\hat{\theta}$ 的标准差 $\sigma_{\hat{\theta}}=\sqrt{D(\hat{\theta})}$ 也称为估计量 $\hat{\theta}$ 的标准误差。

求 $\sqrt{D(\hat{\theta})}$ 的 Bootstrap 估计的步骤如下：

(1) 自原始数据样本 $x_1,x_2,\cdots,x_n$ 按放回抽样的方法，抽得容量为 n 的样本 $x_1^*,x_2^*,\cdots,x_n^*$(称为 Bootstrap 样本)；

(2) 相继地、独立地求出 $B(B\geqslant1000)$ 个容量为 n 的 Bootstrap 样本，$x_1^{*i},x_2^{*i},\cdots,x_n^{*i}(i=1,2,\cdots,B)$。对于第 i 个 Bootstrap 样本，计算 $\hat{\theta}_i^*=\hat{\theta}(x_1^{*i},x_2^{*i},\cdots,x_n^{*i})\ (i=1,2,\cdots,B)$，$\hat{\theta}_i^*$ 称为 θ 的第 i 个 Bootstrap 估计。

(3) 计算

$$\hat{\sigma}_{\hat{\theta}}=\sqrt{\frac{1}{B-1}\sum_{i=1}^{B}(\hat{\theta}_i^*-\bar{\theta}^*)^2}\text{，其中}\bar{\theta}^*=\frac{1}{B}\sum_{i=1}^{B}\hat{\theta}_i^*.$$

例 3.48 随机地取 8 只活塞环,测得它们的直径为(以 mm 记)

74.001 74.005 74.003 74.001 74.000 73.998 74.006 74.002

以样本均值作为总体均值 μ 的估计,试求均值 μ 估计的标准误差的 Bootstrap 估计。

解 相继地、独立地在上述 8 个数据中,按放回抽样的方法取样,取 $B=1000$ 得到 1000 个 Bootstrap 样本。对每个 Bootstrap 样本,计算得到样本均值分别为 $\hat{\mu}_1^*,\hat{\mu}_2^*,\cdots,\hat{\mu}_{1000}^*$。所以,标准误差的 Bootstrap 估计为

$$\hat{\sigma}_{\hat{\mu}}=\sqrt{\frac{1}{999}\sum_{i=1}^{1000}(\hat{\mu}_i^*-\bar{\mu}^*)^2},$$

式中:$\bar{\mu}^*=\dfrac{1}{1000}\sum_{i=1}^{1000}\hat{\mu}_i^*$ 。

利用 Python 软件,求得的一次运行结果为 $\hat{\sigma}_{\hat{\mu}}=0.0009$。

```
#程序文件 Pgex3_48.py
import numpy as np
x0=np.array([74.001,74.005,74.003,74.001,74.000,73.998,74.006,74.002])
n=1000; ind=np.random.randint(0,8,size=(n,8))
y=x0[ind] #每一行对应一个 Bootstrap 样本
mu=y.mean(axis=1)  #求每一行的均值
c=mu.std(ddof=1); print(c)
```

2. 估计量的均方误差及偏差的 Bootstrap 估计

$\hat{\theta}$是总体未知参数 θ 的估计量,$\hat{\theta}$的均方误差定义为 $\mathrm{MSE}(\hat{\theta})=E[(\hat{\theta}-\theta)^2]$,它度量了估计$\hat{\theta}$与未知参数 θ 偏离的平方平均值的大小。一个好的估计应该有较小的均方误差。

$\hat{\theta}$关于 θ 的偏差定义为 $b=E(\hat{\theta}-\theta)$,偏差是估计量$\hat{\theta}$无偏性的度量,当$\hat{\theta}$是 θ 的无偏估计时 $b=0$。

求$\hat{\theta}$的均方误差 $\mathrm{MSE}(\hat{\theta})=E[(\hat{\theta}-\theta)^2]$的 Bootstrap 估计的步骤如下:

(1) 利用原始样本 $x_1,x_2,\cdots,x_n$ 计算参数 θ 的估计值$\hat{\theta}=\hat{\theta}(x_1,x_2,\cdots,x_n)$。

(2) 自原始数据样本 $x_1,x_2,\cdots,x_n$ 按放回抽样的方法,抽得容量为 n 的样本 $x_1^*,x_2^*,\cdots,x_n^*$(称为 Bootstrap 样本)。

(3) 相继地、独立地求出 $B(B\geqslant 1000)$个容量为 n 的 Bootstrap 样本,$x_1^{*i},x_2^{*i},\cdots,x_n^{*i}(i=1,2,\cdots,B)$。对于第 i 个 Bootstrap 样本,计算$\hat{\theta}_i^*=\hat{\theta}(x_1^{*i},x_2^{*i},\cdots,x_n^{*i})(i=1,2,\cdots,B)$,$\hat{\theta}_i^*$ 称为 θ 的第 i 个 Bootstrap 估计。

(4)计算

$$\mathrm{MSE}(\hat{\theta})=\frac{1}{B}\sum_{i=1}^{B}(\hat{\theta}_i^*-\hat{\theta})^2$$

即为所求的均方误差的 Bootstrap 估计。

类似地,也可以给出偏差的 Bootstrap 估计。

例 3.49(续例 3.48)　随机地取 8 只活塞环,测得它们的直径为(以 mm 记)

74.001　74.005　74.003　74.001　74.000　73.998　74.006　74.002

以样本均值作为总体均值 μ 的估计,试求均值 μ 估计的均方误差的 Bootstrap 估计。

解　利用原始样本求得总体均值 μ 的估计 $\hat{\mu}=\bar{x}=74.002$。

相继地、独立地在上述 8 个数据中,按放回抽样的方法取样,取 $B=1000$ 得到 1000 个 Bootstrap 样本。对每个 Bootstrap 样本,计算得到样本均值分别为 $\hat{\mu}_1^*,\hat{\mu}_2^*,\cdots,\hat{\mu}_{1000}^*$。所以均方误差的 Bootstrap 估计

$$\mathrm{MSE}(\hat{\mu})=\frac{1}{1000}\sum_{i=1}^{1000}(\hat{\mu}_i^*-\hat{\mu})^2,$$

其中的一次运行结果为 $\mathrm{MSE}(\hat{\mu})=7.4258\times10^{-7}$。

计算的 Python 程序如下:

```
#程序文件 Pgex3_49.py
import numpy as np
x0=np.array([74.001,74.005,74.003,74.001,74.000,73.998,74.006,74.002])
mu=x0.mean(); n=1000; ind=np.random.randint(0,8,size=(n,8))
y=x0[ind]                #每一行对应一个 Bootstrap 样本
b=y.mean(axis=1)         #求每一行的均值
c=np.mean((b-mu)**2)     #计算均方误差的 Bootstrap 估计
print(c)
```

例 3.50(续例 3.48)　随机地取 8 只活塞环,测得它们的直径为(以 mm 记)

74.001　74.005　74.003　74.001　74.000　73.998　74.006　74.002

以样本均值作为总体均值 μ 的估计,试求偏差 $b=E(\hat{\mu}-\mu)$ 的 Bootstrap 估计。

解　利用原始样本求得总体均值 μ 的估计 $\hat{\mu}=\bar{x}=74.002$。

相继地、独立地在上述 8 个数据中,按放回抽样的方法取样,取 $B=10000$ 得到 10000 个 Bootstrap 样本。对每个 Bootstrap 样本,计算得到样本均值分别为 $\hat{\mu}_1^*,\hat{\mu}_2^*,\cdots,\hat{\mu}_{10000}^*$。所以,偏差 b 的 Bootstrap 估计

$$b^*=\frac{1}{10000}\sum_{i=1}^{10000}(\hat{\mu}_i^*-\hat{\mu})=\frac{1}{10000}\sum_{i=1}^{10000}\hat{\mu}_i^*-\hat{\mu},$$

其中的一次运行结果为 $b^*=1.675\times10^{-6}$。

```
#程序文件 Pgex3_50.py
import numpy as np
x0=np.array([74.001,74.005,74.003,74.001,74.000,73.998,74.006,74.002])
mu=x0.mean(); n=10000; ind=np.random.randint(0,8,size=(n,8))
y=x0[ind]                #每一行对应一个 Bootstrap 样本
b=y.mean(axis=1)         #求每一行的均值
c=b.mean()-mu; print(c)
```

3. Bootstrap 置信区间

总体参数 θ 的置信水平为 $1-\alpha$ 的 Bootstrap 置信区间的求解步骤如下:

(1) 独立地抽取 B 个容量为 n 的 Bootstrap 样本 $x^{*i}=(x_1^{*i},x_2^{*i},\cdots,x_n^{*i})(i=1,2,\cdots,$

B)。对于第 i 个 Bootstrap 样本,计算 $\hat{\theta}_i^* = \hat{\theta}(x_1^{*i}, x_2^{*i}, \cdots, x_n^{*i})(i=1,2,\cdots,B)$。

(2) 将 $\hat{\theta}_1^*, \hat{\theta}_2^*, \cdots, \hat{\theta}_B^*$ 自小到大排序,得 $\hat{\theta}_{(1)}^* \leqslant \hat{\theta}_{(2)}^* \leqslant \cdots \leqslant \hat{\theta}_{(B)}^*$。

(3) 取 $k_1 = \left[B \times \frac{\alpha}{2}\right], k_2 = \left[B \times \left(1-\frac{\alpha}{2}\right)\right]$,以 $\hat{\theta}_{(k_1)}^*, \hat{\theta}_{(k_2)}^*$ 分别作为 $\hat{\theta}_{\alpha/2}^*, \hat{\theta}_{1-\alpha/2}^*$ 的估计,从而得到 θ 的置信水平为 $1-\alpha$ 的近似置信区间为 $(\hat{\theta}_{(k_1)}^*, \hat{\theta}_{(k_2)}^*)$。

例 3.51(续例 3.48) 随机地取 8 只活塞环,测得它们的直径为(以 mm 记)

74.001 74.005 74.003 74.001 74.000 73.998 74.006 74.002

以样本均值 $\bar{x}$ 作为总体均值 μ 的估计,以样本标准差 s 作为总体标准差 σ 的估计,求 μ 以及 σ 的置信水平为 0.90 的 Bootstrap 置信区间。

解 相继地、独立地自原始样本数据用放回抽样的方法,得到 10000 个容量均为 8 的 Bootstrap 样本。

对每个 Bootstrap 样本算出样本均值 $\bar{x}_i^*(i=1,2,\cdots,10000)$,将 10000 个 $\bar{x}_i^*$ 按自小到大排序,左起第 500 位为 $\bar{x}_{(500)}^* = 74.0006$,左起第 9500 位为 $\bar{x}_{(9500)}^* = 74.0035$。于是得 μ 的一个置信水平为 0.90 的 Bootstrap 置信区间为

$$(\hat{\mu}_{(500)}^*, \hat{\mu}_{(9500)}^*) = (74.0006, 74.0035).$$

对上述 10000 个 Bootstrap 样本的每一个算出标准差 $s_i^*(i=1,2,\cdots,10000)$,将 10000 个 s_i^* 按自小到大排序。左起第 500 位为 $s_{(500)}^* = 0.0020$,左起第 9500 位为 $s_{(9500)}^* = 0.0036$,于是得 σ 的一个置信水平为 0.90 的 bootstap 置信区间为

$$(\hat{\sigma}_{(500)}^*, \hat{\sigma}_{(9500)}^*) = (0.0014, 0.0030).$$

```
#程序文件 Pgex3_51.py
import numpy as np
x0=np.array([74.001,74.005,74.003,74.001,74.000,73.998,74.006,74.002])
mu=x0.mean(); n=10000; alpha=0.05
ind=np.random.randint(0,8,size=(n,8))
y=x0[ind]                     #每一行对应一个 Bootstrap 样本
b=y.mean(axis=1)              #求每一行的均值
n1=int(n*alpha-1); n2=int(n*(1-alpha)-1)
sb=sorted(b); L1=[sb[n1],sb[n2]]
c=y.std(axis=1)               #求每一行的标准差
sc=sorted(c); L2=[sc[n1],sc[n2]]
print(L1); print(L2)
```

4. 用 Bootstrap -t 法求均值 μ 的 Bootstrap 置信区间

总体 F 具有正态分布,方差 σ^2 未知时,可借助枢轴量 $t=\frac{\bar{X}-\mu}{S/\sqrt{n}}$ 求得 μ 的置信水平为 $1-\alpha$ 的置信区间 $\left(\bar{X}-\frac{S}{\sqrt{n}}t_{\alpha/2}(n-1), \bar{X}-\frac{S}{\sqrt{n}}t_{1-\alpha/2}(n-1)\right)$。若总体分布未知时,以样本均值 $\bar{x}$ 作为总体均值 μ 的估计,构造与 t 类似的枢轴量

$$W^* = \frac{\bar{X}^* - \bar{x}}{S^*/\sqrt{n}}, \tag{3.21}$$

式中：$\overline{X}^*$，S^* 分别为与 $\overline{X}$，S 相应的 Bootstrap 样本均值与样本标准差。

用 W^* 的分布近似 t 的分布，取 $k_1=\left[B\times\frac{\alpha}{2}\right]$，$k_2=\left[B\times\left(1-\frac{\alpha}{2}\right)\right]$，以 $w^*_{(k_1)}$，$w^*_{(k_2)}$ 分别作为 W^* 分位数 $w^*_{\alpha/2}$，$w^*_{1-\alpha/2}$ 的估计，从而得到 μ 的置信水平为 $1-\alpha$ 的近似置信区间为

$$\left(\overline{X}-w^*_{(k_2)}\frac{S}{\sqrt{n}},\overline{X}-w^*_{(k_1)}\frac{S}{\sqrt{n}}\right),\tag{3.22}$$

这一方法称为 Bootstrap-t 法。

例 3.52 30 窝仔猪出生时各窝猪的存活只数为

9 8 10 12 11 12 7 9 11 8 9 7 7 8 9 7 9 9 10 9 9 9 12 10 10 9 13 11 13 9

以样本均值 $\bar{x}$ 作为总体均值 μ 的估计，以样本标准差 s 作为总体标准差 σ 的估计，用 Bootstrap-t 法求 μ 的置信水平为 0.90 的置信区间。

解 在原始样本中 $n=30$，样本均值 $\bar{x}=9.5333$，样本标准差 $s=1.7167$。

相继地、独立地自原始样本数据用放回抽样的方法，得到 10000 个容量均为 30 的 Bootstrap 样本，$x_1^{*i},x_2^{*i},\cdots,x_{30}^{*i}(i=1,2,\cdots,10000)$。对每个 Bootstrap 样本算出样本均值 $\bar{x}_i^*$ 和样本标准差 s_i^*，从而得到 w^* 的第 i 个值

$$w_i^*=\frac{\bar{x}_i^*-\bar{x}}{s_i^*/\sqrt{n}},i=1,2,\cdots,10000.$$

将 w_i^* 自小到大排列，得

$$w^*_{(1)}\leqslant w^*_{(2)}\leqslant\cdots\leqslant w^*_{(10000)}.$$

取置信水平 $1-\alpha=0.9$，此时 $\alpha=0.1$，$\alpha/2=0.05$，$1-\alpha/2=0.95$，取 $k_1=\left[B\times\frac{\alpha}{2}\right]=500$，$k_2=\left[B\times\left(1-\frac{\alpha}{2}\right)\right]=9500$，于是按式(3.22)得到 μ 的置信水平为 0.90 的 Bootstrap-t 置信区间为

$$\left(\bar{x}-w^*_{(500)}\frac{s}{\sqrt{n}},\bar{x}-w^*_{(9500)}\frac{s}{\sqrt{n}}\right).$$

运用 Python 软件进行计算，其中的一次运行结果为(9.0309，10.0916)。

```
#程序文件 Pgex3_52.py
import numpy as np
x0=np.loadtxt("Pgdata3_52.txt")
mu=x0.mean(); s=x0.std(ddof=1)
B=10000; alpha=0.1; n=30
ind=np.random.randint(0,n,size=(B,n))
y=x0[ind]                   #每一行对应一个 Bootstrap 样本
b=y.mean(axis=1)            #求每一行的均值
c=y.std(axis=1)             #求每一行的标准差
n1=int(B*alpha/2-1); n2=int(B*(1-alpha/2)-1)
ws=(b-mu)/(c/np.sqrt(n));
```

```
sws=sorted(ws)
L=[mu-sws[n2]*s/np.sqrt(n), mu-sws[n1]*s/np.sqrt(n)]
print(L)
```

用非参数 Bootstrap 法来求参数的近似置信区间的优点是,不需要对总体分布的类型做任何的假设,而且可以适用于小样本,且能用于各种统计量。

3.11 概率论与数理统计的一些应用

概率论与数理统计的应用十分广泛,本节介绍其在可靠性和质量控制两个方面的一些内容。

3.11.1 可靠性

产品的质量表现为它的技术性能以及可靠性。可靠性是指产品在规定的条件下和规定的时间内完成规定功能的能力。本节介绍可靠性研究的最基本的知识。

1. 几个重要的可靠性指标

产品在规定的条件下和规定的时间内完成规定功能的能力称为产品的可靠性。为了描述一个产品的可靠性水平的高低,我们利用概率将描述数量化,这就是可靠性理论中衡量可靠性水平高低的可靠性指标。下面介绍几个重要的可靠性指标。

(1) 可靠性函数。产品丧失规定的功能称为失效或称故障。产品从时间 $t=0$ 开始工作直至时刻 T 时失效,失效前的这段时间长度 T 称为产品的寿命。由于产品发生失效的时刻是随机的,所以寿命 T 是一个非负的随机变量。

定义 3.9 设 T 是产品的寿命,$F(t)$ 为 T 的分布函数,$f(t)$ 为 T 的概率密度,则时间 t 的函数

$$R(t)=P\{T>t\}=1-F(t)=\int_t^{\infty} f(x)\,\mathrm{d}x \tag{3.23}$$

称为产品的可靠性函数,又称可靠度。$F(t)$ 称为失效分布函数,$f(t)$ 称为失效概率密度。

按定义 $R(t)$ 表示产品在时间区间 $[0,t]$ 不失效的概率,由失效分布函数 $F(t)$ 的性质知道 $R(t)$ 有以下性质:

① $R(0)=1, R(\infty)=0$。

② $R(t)+F(t)=1$。

③ $R(t)$ 是 t 的单调不增函数。

(2) 失效率。产品在时刻 t 以前正常工作的条件下,在时间区间 $(t,t+\Delta t]$ 失效的条件概率为

$$P\{t<T\leqslant t+\Delta t \mid T>t\}=\frac{P\{t<T\leqslant t+\Delta t, T>t\}}{P\{T>t\}}$$

$$=\frac{P\{t<T\leqslant t+\Delta t\}}{P\{T>t\}}=\frac{F(t+\Delta t)-F(t)}{R(t)}.$$

在上式中除以 Δt,得到产品在时刻 t 以前正常工作的条件下,在时间区间 $(t,t+\Delta t]$ 失效的平均失效率为

$$\frac{P\{t<T\leqslant t+\Delta t \mid T>t\}}{\Delta t}=\frac{F(t+\Delta t)-F(t)}{R(t)\Delta t}.$$

令 $\Delta t\to 0$,得到瞬时失效率:

$$h(t)=\lim_{\Delta t\to 0}\frac{P\{t<T\leqslant t+\Delta t \mid T>t\}}{\Delta t}=\lim_{\Delta t\to 0}\frac{F(t+\Delta t)-F(t)}{R(t)\Delta t}$$

$$=\frac{F'(t)}{R(t)}=\frac{f(t)}{R(t)},$$

这里设 $f(t)$ 在 t 连续。

定义 3.10 设产品的寿命为 T,$f(t)$ 为它的概率密度,$R(t)$ 为产品的可靠性函数,则

$$h(t)=\frac{f(t)}{R(t)} \tag{3.24}$$

称为产品的失效率。

失效率又称危险率、风险率或瞬时失效率。

由式(3.24),有

$$h(t)=\frac{-R'(t)}{R(t)}=-\frac{\mathrm{d}}{\mathrm{d}t}\ln R(t).$$

将上式两边自 0 到 t 积分,并注意到 $R(0)=1$,得

$$\int_0^t h(t)\,\mathrm{d}t=-\ln R(t),$$

或

$$R(t)=\mathrm{e}^{-\int_0^t h(t)\,\mathrm{d}t}. \tag{3.25}$$

当已知 $f(t)$ 或 $R(t)$ 时由式(3.24)可得 $h(t)$;反之,若已知 $h(t)$ 则可由式(3.25)求得 $R(t)$。由式(3.25)还可知道,失效率 $h(t)$ 越低则可靠性函数 $R(t)$ 越高。

典型的失效率函数见图 3.13,它呈现出浴盆形状,常称为浴盆曲线。由图可见,在Ⅰ以前,失效率是很高,但随产品工作时间的增加而迅速下降,这是早期失效期。主要是由于设计错误、工艺缺陷、装配上的问题,或由于质量检验不严格等原因引起的。工厂在实际中采用筛选的办法剔除一些不合格品以减少出厂产品的早期失效。在Ⅰ和Ⅱ之间一段,$h(t)$ 基本上保持常数,这是偶然失效期。这段时间失效率较低,是产品最佳工作阶段。在这阶段内产品失效常常是由于多种原因造成的,而每一种原因的影响都不太严重,失效常属偶然。人们要尽力做好产品的维护和保养工作,使这一阶段尽量延长。在Ⅱ之后,$h(t)$ 又急速上升,这是磨损失效期,是由于老化、疲劳和磨损等原因所致,此时应采取维修更换等手段来维持产品正常运行。

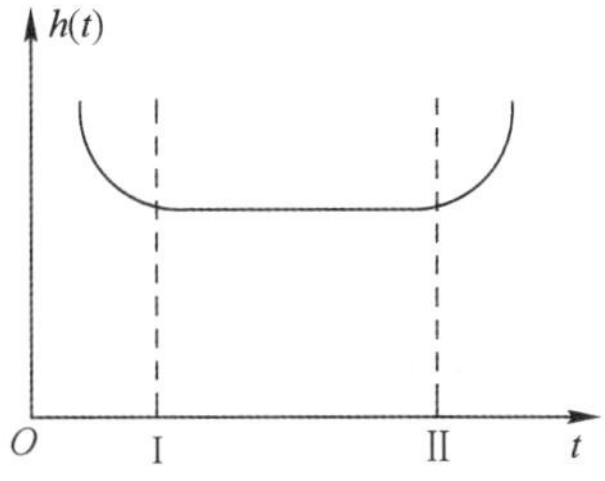

图 3.13 失效率函数图

(3) 平均寿命和方差。设产品寿命 T 的概率密度为 $f(t)$,则 T 的数学期望

$$E(T)=\int_0^\infty tf(t)\,\mathrm{d}t=\int_0^\infty R(t)\,\mathrm{d}t \tag{3.26}$$

称为产品的平均寿命。

平均寿命是一个标志产品平均能工作多长时间的量。人们可以从这个指标直观地了

解一种产品的可靠性水平,也容易比较两种产品在可靠性水平上的高低。例如,一种显像管的平均寿命是8000h,另一种显像管的平均寿命是10000h,那么认为后者较前者的可靠性水平高。注意,这并不意味着后者每一显像管的寿命都比前者高2000h。平均寿命这一可靠性指标不是对单个产品而言的,而是对整批产品而言的一个概念。

寿命 T 的方差

$$D(T)=\int_0^{\infty}(t-E(T))^2 f(t)\,\mathrm{d}t=E(T^2)-[E(T)]^2.$$

$D(T)$ 可以描述整批产品中寿命参差不齐的程度。

(4) 可靠寿命。可靠性函数 $R(t)$,当 $t=0$ 时 $R(0)=1$,以后随 t 的增大,$R(t)$ 逐渐下降。对于给定的数 $r(0<r<1)$,若有

$$R(t_r)=P\{T>t_r\}=r,$$

则称 t_r 为可靠寿命,其中 r 称为可靠水平。

按定义,产品的使用时间只要小于可靠寿命 t_r,那么这一产品的可靠度就不会小于 r。

2. 两种常用的失效分布

确定产品的失效分布是可靠性研究的基本内容之一,要确定某种产品的失效分布,通常有两种方法:一是用随机抽样,通过实验,应用数理统计的方法近似求出理论分布;二是从产品的物理特性出发提出若干基本假设,在这些假设下推导出所需分布。这里只列出两种常用的连续型失效分布。

(1) 指数分布。设产品的失效分布为指数分布,其概率密度为

$$f(t)=\lambda \mathrm{e}^{-\lambda t},\quad t\geqslant 0,$$

则有失效分布函数为

$$F(t)=1-\mathrm{e}^{-\lambda t},\quad t\geqslant 0.$$

可靠性函数为

$$R(t)=1-F(t)=\mathrm{e}^{-\lambda t},\quad t\geqslant 0.$$

失效率函数为

$$h(t)=\frac{f(t)}{R(t)}=\lambda.$$

平均寿命为

$$E(T)=\int_0^{\infty}R(t)\,\mathrm{d}t=\int_0^{\infty}\mathrm{e}^{-\lambda t}\,\mathrm{d}t=\frac{1}{\lambda}.$$

方差为

$$D(T)=E(T^2)-[E(T)]^2=\frac{1}{\lambda^2}.$$

失效分布为指数分布的元件具有重要的性质—无记忆性。即对于任意两个正数 s、t,有

$$P\{T>s+t\mid T>s\}=\frac{P\{T>s+t,T>s\}}{P\{T>s\}}=\frac{P\{T>s+t\}}{P\{T>s\}}$$

$$=\frac{\mathrm{e}^{-\lambda(s+t)}}{\mathrm{e}^{-\lambda t}}=\mathrm{e}^{-\lambda t}=P\{T>t\},$$

即

$$P\{T>s+t \mid T>s\}=P\{T>t\}.$$

这一性质表明,如果已知产品工作了 s 小时,则它能再工作 t 小时的概率与已工作过的时间 s 的长短无关,而好像是一个新产品开始工作那样。

当 T 的失效分布为指数分布时,其失效率为常数 λ,还可知道指数分布是唯一的失效率为常数的失效分布。因而产品在偶然失效期的寿命近似服从指数分布,而元件偶然失效期恰是产品在实际使用中较长的一个时期。

对于大多数电子元器件,在环境应力(环境温度、湿度、振动、电流、电压等对元件的功能有影响的各种外界因素)的偶然冲击下引起的失效,其失效分布近似于指数分布。

另外,指数分布常可作为某些分布的近似分布。例如可以作为形状参数接近于 1 的威布尔分布的近似分布。

基于上述原因指数分布是可靠性研究中的一种重要分布。

(2) 威布尔分布。设产品的失效分布为威布尔分布,其概率密度为

$$f(t)=\lambda\alpha\,(\lambda t)^{\alpha-1}\mathrm{e}^{-(\lambda t)^{\alpha}},t\geqslant 0,\quad \alpha,\lambda>0, \tag{3.27}$$

则其失效分布函数为

$$F(t)=1-\mathrm{e}^{-(\lambda t)^{\alpha}},t\geqslant 0,$$

式中:α 为形状参数,λ 为尺度参数。

可靠性函数为

$$R(t)=\mathrm{e}^{-(\lambda t)^{\alpha}},t\geqslant 0,$$

失效率函数为

$$h(t)=\frac{f(t)}{R(t)}=\frac{\lambda\alpha\,(\lambda\alpha)^{\alpha-1}\mathrm{e}^{-(\lambda t)^{\alpha}}}{\mathrm{e}^{-(\lambda t)^{\alpha}}}=\lambda\alpha\,(\lambda\alpha)^{\alpha-1},\quad t>0.$$

当 $\alpha<1$ 时,$h(t)$ 单调减少;当 $\alpha>1$ 时 $h(t)$ 单调增加。前者可以用来描述早期失效;后者可以用来描述磨损失效。当 $\alpha=1$ 时 $h(t)=\lambda$ 是常数,这就是指数分布的情况。由于威布尔分布的参数 λ 及 α 的变化范围广,因此它可以用来描述较多的寿命分布的规律。例如,电子元器件、滚珠轴承、电容器、光电器件、电动机,以及许多生命体的寿命都可以用威布尔分布来描述。

还可以算得

$$E(T)=\frac{1}{\lambda}\Gamma\left(\frac{1}{\alpha}+1\right),$$

$$D(T)=\frac{1}{\lambda^2}\left\{\Gamma\left(\frac{2}{\alpha}+1\right)-\Gamma^2\left(\frac{1}{\alpha}+1\right)\right\}.$$

3. 指数分布参数的点估计

确定了失效分布的类型,一般来说分布中还会含有未知参数,因此需要进行寿命试验取得试验数据,以寿命试验数据来估计未知参数。下面介绍指数分布参数的点估计。

一种典型的寿命试验是:将随机抽取的 n 个产品在时间 $t=0$ 时同时投入试验,直到每个产品都失效为止,记录每一个产品的失效时间,这样得到的样本(由所有产品的失效时间 $0\leqslant t_1\leqslant t_2\leqslant\cdots\leqslant t_n$ 所组成的样本)称为完全样本。然而产品的寿命往往很长,由于时间和财力的限制,我们往往不可能得到完全样本,于是考虑截尾寿命试验。截尾寿命试

验常用的有两种：

一种是定时截尾寿命试验。假设将随机抽取的 n 个产品在时间 $t=0$ 时同时投入试验，试验进行到事先规定的截尾时间 t_0 停止。如试验截止时共有 m 个产品失效，它们的失效时间分别为

$$0 \leqslant t_1 \leqslant t_2 \leqslant \cdots \leqslant t_m \leqslant t_0,$$

此时 m 是一个随机变量。所得的样本 $t_1, t_2, \cdots, t_m$ 称为定时截尾样本。

另一种是定数截尾寿命试验。假设将随机抽取的 n 个产品在时间 $t=0$ 时同时投入试验，试验进行到有 m 个（m 是事先规定的，$m<n$）产品失效时停止，m 个失效产品的失效时间分别为

$$0 \leqslant t_1 \leqslant t_2 \leqslant \cdots \leqslant t_m,$$

这里 t_m 是第 m 个产品的失效时间，是随机变量。所得样本 $t_1, t_2, \cdots, t_m$ 称为定数截尾样本。

下面利用这两种截尾样本来估计指数分布的未知参数。设产品的失效分布是指数分布，其概率密度为

$$f(t)=\lambda \mathrm{e}^{-\lambda t}, \quad t \geqslant 0,$$

$\lambda>0$ 未知。设有 n 个产品投入定数截尾试验，截尾数为 m，得定数截尾样本 $0 \leqslant t_1 \leqslant t_2 \leqslant \cdots \leqslant t_m$，现在利用这一样本来估计未知参数 λ（产品的平均寿命为 $1/\lambda$）。在时间区间 $[0, t_m]$ 有 m 个产品失效，而有 $n-m$ 个产品的寿命超过 t_m。我们用最大似然估计法来估计 λ。为了确定似然函数，需要知道上述观察结果出现的概率。一个产品在 $(t_i, t_i+\Delta t_i)$ 失效的概率近似地为 $f(t_i)\Delta t_i=\lambda \mathrm{e}^{-\lambda t_i}\Delta t_i, i=1,2,\cdots,m$，其余 $n-m$ 个产品寿命超过 t_m 的概率为

$$\left(\int_{t_m}^{\infty} \lambda \mathrm{e}^{-\lambda t} \mathrm{d} t\right)^{n-m}=\left(\mathrm{e}^{-\lambda t_m}\right)^{n-m},$$

故上述观察结果出现的概率近似为

$$\begin{aligned} & \frac{n!}{(n-m)!}\left(\lambda \mathrm{e}^{-\lambda t_1} \Delta t_1\right)\left(\lambda \mathrm{e}^{-\lambda t_2} \Delta t_2\right) \cdots\left(\lambda \mathrm{e}^{-\lambda t_m} \Delta t_m\right)\left(\mathrm{e}^{-\lambda t_m}\right)^{n-m} \\ = & \frac{n!}{(n-m)!} \lambda^m \mathrm{e}^{-\lambda\left[t_1+t_2+\cdots+t_m+(n-m) t_m\right]} \Delta t_1 \Delta t_2 \cdots \Delta t_m, \end{aligned}$$

式中：$\Delta t_1 \Delta t_2 \cdots \Delta t_m$ 为常数。因忽略一个常数因子不影响 λ 的最大似然估计，故可取似然函数为

$$L(\lambda)=\lambda^m \mathrm{e}^{-\lambda\left[t_1+t_2+\cdots+t_m+(n-m) t_m\right]}.$$

对数似然函数为

$$\ln L(\lambda)=m \ln \lambda-\lambda\left[t_1+t_2+\cdots+t_m+(n-m) t_m\right].$$

令

$$\frac{\mathrm{d}}{\mathrm{d} \lambda} \ln L(\lambda)=\frac{m}{\lambda}-\left[t_1+t_2+\cdots+t_m+(n-m) t_m\right]=0,$$

得到 λ 的最大似然估计为

$$\hat{\lambda}=\frac{m}{S(t_m)}, \tag{3.28}$$

式中：$S(t_m)=t_1+t_2+\cdots+t_m+(n-m)t_m$ 称为总试验时间，它表示直至试验结束时，n 个产品的试验时间的总和。

对于定时截尾样本 $0\leqslant t_1\leqslant t_2\leqslant\cdots\leqslant t_m\leqslant t_0$（其中 t_0 是截尾时间），与上面的讨论类似，可得似然函数为

$$L(\lambda)=\lambda^m e^{-\lambda[t_1+t_2+\cdots+t_m+(n-m)t_0]},$$

λ 的最大似然估计为

$$\hat{\lambda}=\frac{m}{S(t_0)}, \tag{3.29}$$

式中：$S(t_0)=t_1+t_2+\cdots+t_m+(n-m)t_0$ 为总试验时间，它表示直至时刻 t_0 为止，n 个产品的试验时间的总和。

例 3.53 设电池的寿命服从指数分布，其概率密度为

$$f(t)=\lambda e^{-\lambda t},\quad t\geqslant 0,$$

$\lambda>0$ 未知，随机地取 50 只电池在 $t=0$ 时投入寿命试验，规定试验进行到其中有 15 只失效时结束，测得失效时间(h)为

115 119 131 138 142 147 148 155 158 159 163 166 167 170 172

试求 λ 的最大似然估计。

解 $n=50,m=15,s(t_{15})=115+119+\cdots+172+(50-15)\times172=8270$，得 λ 的最大似然估计为

$$\hat{\lambda}=\frac{m}{s(t_{15})}=\frac{15}{8270}=0.0018(\mathrm{h}^{-1}).$$

计算的 Python 程序如下：

```
#程序文件 Pgex3_53.py
import numpy as np
a=np.array([115,119,131,138,142,147,
  148,155,158,159,163,166,167,170,172])
n=50; m=len(a)
s=a.sum()+(n-m)*a.max()
lamda=m/s; print(lamda)
```

例 3.54 设产品的寿命服从指数分布，其概率密度函数为

$$f(t)=\lambda e^{-\lambda t},\quad t\geqslant 0,$$

$\lambda>0$ 未知，随机地取 7 只产品在 $t=0$ 时投入定时截尾寿命试验。规定试验进行到 700h 结束。在试验结束时除 1 只产品未失效外，其余 6 只产品的失效时间分别为

650 450 530 600 450 120

（单位：h）。试求 λ 的最大似然估计。

解 $n=7,m=6,t_0=700\mathrm{h}$，按上述公式

$$s(t_0)=650+450+530+600+450+120+(7-6)\times700=3500.$$

得 λ 的最大似然估计为

$$\hat{\lambda}=\frac{6}{s(t_0)}=\frac{6}{3500}=0.0017(\mathrm{h}^{-1}).$$

计算的 Python 程序如下：

```
#程序文件 Pgex3_54.py
import numpy as np
a=np.array([650,450,530,600,450,120])
n=7; t0=700
m=len(a);  s=a.sum()+(n-m)*t0
lamda=m/s; print(lamda)
```

4. 一个用 Bootstrap 方法求可靠性的近似置信下限的例子

例 3.55 设某种电子器件的寿命(以年计)T 服从指数分布,概率密度为

$$f(t)=\lambda e^{-\lambda t}, \quad t\geqslant 0,$$

其中 $\lambda>0$ 未知。为了估计产品的平均寿命 $1/\lambda$,需要进行寿命试验,以取得寿命数据。

现在将器件进行以下类型的寿命试验。从这批器件中任取 n 只在时刻 $t=0$ 时投入独立寿命试验,并只在预先给定的 k 个时刻 $0<t_1<t_2<\cdots<t_k$ 时,分别取 $n_1,n_2,\cdots,n_k$ 只器件观察它们是否失效。得到的寿命试验数据见表 3.26。这一数据为一次性检测数据,将它记为 Ω。

表 3.26 寿命试验数据

检测时刻(年)	t_1	t_2	$\cdots$	t_k	
投入检测的器件数(n_i)	n_1	n_2	$\cdots$	n_k	$\sum_{i=1}^{k} n_i = n$
失效器件数(d_i)	d_1	d_2	$\cdots$	d_k	
未失效器件数(s_i)	s_1	s_2	$\cdots$	s_k	$d_i+s_i=n_i$

我们要解决的问题如下:

(1) 利用数据 Ω,求 λ 的最大似然估计值;

(2) 利用 Bootstrap 方法求 λ 的置信水平为 $1-\alpha$ 的近似单侧置信上限,从而得到在时刻 t 器件可靠性 $R(t)=e^{-\lambda t}$的近似单侧置信下限。

解

(1) λ 的最大似然估计值。寿命 T 的分布函数为

$$F(t)=1-e^{-\lambda t}, \quad t\geqslant 0.$$

考虑事件 A_i:"试验进行直至 t_i 时,n_i 只器件中有 d_i 只失效,有 s_i 只未失效"的概率。一只器件在 t_i 以前失效的概率为

$$P\{T\leqslant t_i\}=F(t_i)=1-e^{-\lambda t_i}.$$

而在 t_i 时未失效的概率为

$$P\{T>t_i\}=1-F(t_i)=e^{-\lambda t_i}.$$

由于各只器件的寿命是相互独立的,因此事件 A_i 的概率为

$$P(A_i)=C_{n_i}^{d_i}(1-e^{-\lambda t_i})^{d_i}(e^{-\lambda t_i})^{s_i}, i=1,2,\cdots,k.$$

从而对应于数据 Ω 的似然函数为

$$L(\lambda,\Omega)=P(A_1)P(A_2)\cdots P(A_k)=C\prod_{i=1}^{k}(1-e^{-\lambda t_i})^{d_i}(e^{-\lambda t_i})^{s_i},$$

其中 C 为常数。取对数,得对数似然函数为

$$\ln L(\lambda,\Omega)=\ln C+\sum_{i=1}^{k}[d_i\ln(1-e^{-\lambda t_i})-\lambda t_i s_i].$$

令

$$\frac{d\ln L(\lambda,\Omega)}{d\lambda}=\sum_{i=1}^{k}\left(\frac{d_i t_i e^{-\lambda t_i}}{1-e^{-\lambda t_i}}-s_i t_i\right)=0,$$

得对数似然方程

$$\sum_{i=1}^{k}\left(\frac{d_i t_i}{e^{\lambda t_i}-1}-s_i t_i\right)=0. \tag{3.30}$$

设 s_i 不全为 0,d_i 不全为 0,可以验证,式(3.30)有唯一解,且在该点处 $L(\lambda,\Omega)$ 取到最大值。解式(3.30)就得到 λ 的最大似然估计值 $\hat{\lambda}$。式(3.30)是容易用数值解法求解的。

例如,现测得器件的寿命试验数据见表 3.27。由式(3.30)可解得 λ 的最大似然估计值 $\hat{\lambda}=0.1072$。

表 3.27 器件的寿命试验数据

t_i	1	2	3	4	5	6	7	8	9	10	11	12
n_i	20	20	20	20	20	20	20	20	20	20	20	20
d_i	1	2	9	5	12	7	11	11	13	13	13	15

(2) 利用 Bootstrap 法求 λ 的近似置信下限。利用 Bootstrap 法求 λ 的近似置信下限的做法如下:

① 对于 $i=1,2,\cdots,12$,产生服从分布 $F(t)=1-e^{-\hat{\lambda}t}$ 的 n_i 个随机数。设这 n_i 个数中落在区间 $(0,t_i]$ 的个数为 d_i,落在区间 (t_i,∞) 的个数为 $s_i(s_i+d_i=n_i)$。

② 以①中的 (d_i,s_i),$i=1,2,\cdots,12$,由式(3.30)求出 λ 的最大似然估计值,称它为 λ 的伪最大似然估计值。

③ 将①、②重复进行 1000 遍,得到 1000 个 λ 的伪最大似然估计值。将它们自小到大排成

$$\hat{\lambda}_{(1)}\leqslant\hat{\lambda}_{(2)}\leqslant\cdots\leqslant\hat{\lambda}_{(1000)}.$$

以 $\hat{\lambda}_{(950)}$ 作为 λ 的置信水平为 0.95 的近似单侧置信上限。对于确定的时刻 t_0,以 $e^{-\hat{\lambda}_{(950)}t_0}$ 作为器件在 t_0 的可靠性 $R(t_0)=e^{-\lambda t_0}$ 的置信水平为 0.95 的近似单侧置信下限。

例如,对于表 3.27 的数据可得器件的可靠性 $R(t_0)=e^{-\lambda t_0}$ 的近似单侧置信下限,如表 3.28 所列。

表 3.28 可靠性的近似单侧置信下限

t_0	1	2	3	4	5
置信水平 0.95	0.8825	0.7789	0.6874	0.6067	0.5354

```python
#程序文件 Pgex3_55.py
import numpy as np
from scipy.optimize import fsolve
ti=np.arange(1,13)
di=np.array([1,2,9,5,12,7,11,11,13,13,13,15])
si=20-di
#下面定义对数似然函数,用 x 表示 lamda
fx=lambda x:(di*ti/(np.exp(x*ti)-1)-si*ti).sum()
lamda0=fsolve(fx,1); print("极大似然估计值:",lamda0)
lamda0=1/lamda0                          #变换成软件使用的参数
lamda=np.zeros(1000)                     #初始化
for B in range(1000):
    dd=np.zeros(12)                      #初始化
    er=np.random.exponential(lamda0,size=(20,12))
    #上面生成 20×12 的指数分布的随机数,每列是一个样本
    for j in range(1,13):
        dd[j-1]=np.sum(er[:,j-1]<j)      #统计在 1,2,…,12 时失效的个数
    ss=20-dd
    fx2=lambda x:(dd*ti/(np.exp(x*ti)-1)-ss*ti).sum()
    lamda[B]=fsolve(fx2,0.1)
slamda=sorted(lamda)                     #把求得的参数按从小到大的顺序排列
BL=slamda[949]                           #提出 Bootstrap 法的单侧置信上限
print("单侧置信上限:",BL)
t0=np.arange(1,6); xb=np.exp(-BL*t0)     #计算可靠性的单侧置信下限
print("可靠性的近似单侧置信下限:",xb)
```

上例采用的是参数 Bootstrap 法，做法是，设对于概率密度为$f(x,\theta)$的总体（其中θ为未知参数，θ也可以是向量），已知有了一个样本$X_1,X_2,\cdots,X_n$。利用这一样本可以求出θ的最大似然估计$\hat{\theta}$。接着以$f(x,\hat{\theta})$为概率密度产生样本：

$$X_1^*,X_2^*,\cdots,X_n^* \sim f(x,\hat{\theta}).$$

这种样本可以产生很多个，就利用这种样本进行统计推断。Bootstrap 法又称再抽样法（resampling method），它是一种近代统计中数据处理的实用方法。

3.11.2 质量控制

质量控制运用科学技术和统计方法控制生产过程，促进产品符合使用者的要求。质量控制利用统计的科学方法分析产品质量，并采用适当的方式方法加以控制来解决产品质量中存在的问题。质量控制的具体内容还包含质量的干涉，质量干涉的目的在于将不合格品消灭于出现之前。

生产过程不是一个一成不变的过程。为了使产品质量符合使用（或设计）要求，在调整好的机器上加工产品，经过对首件产品的检查，认为满意之后，开始正式生产。但由于生产过程中各种因素的作用，使产品质量特性值或大或小地波动着，这是不可避免的。造成这种波动的有两类：有一类是由随机的因素所造成的，这种由随机因素造成的变化通常

是可以接受的,它不危及所规定的质量标准;另有一类因素是由于非随机的(确定的)因素造成的。它们可以是机器的严重故障,工人的操作不当,原材料质量不好,错误的机器调试,使用了不正确的软件等。这一类因素就可能使产品质量特性值超出了允许波动的范围。当质量特性值的波动仅仅是由随机因素引起时,我们称过程“处于控制中”,若还有后一种因素引起的,则说过程超出了控制。此时需要努力找出问题的原因及时改正。

我们需要将生产过程中质量特性值的变动情况记录下来以便随时掌握产品质量的动态信息,并对生产过程及时采取必要的改善措施。用来观察、记录和控制质量的点图称为控制图。质量控制的一个关键问题是确定一个生产过程是处于控制之中还是超出了控制。控制图能用于判明何时过程超出了控制。

下面介绍两种常用的控制图。

1. $\overline{X}$控制图

先看一个例题。

例 3.56 有一灌装过程。一灌装机向容器灌装溶液,注入容器的溶液的重量(以克计)是一个随机变量 X。设 $X\sim N(\mu,\sigma^2)$,$\mu=500$,$\sigma=2$,在一个工作日中每隔 0.8h 抽样一次,每次样本容量为 5,并算出样本均值如表 3.29 所列。现要取水平 $\alpha=0.0027$ 分别检验这些样本是否来自总体 $X\sim N(500,2^2)$,即需检验假设:

$$H_0:\mu=\mu_0=500,H_1:\mu\neq 500.$$

表 3.29 样本均值数据

样本序号	1	2	3	4	5	6	7	8	9	10
样本均值	498.7	499.49	501.25	498.63	502.97	500.56	499.23	498.76	501.05	500.27

使用 Z 检验法,取检验统计量 $Z=\dfrac{\overline{X}-\mu_0}{\sigma/\sqrt{n}}$,知拒绝域为

$$\left|\frac{\bar{x}-\mu_0}{\sigma/\sqrt{n}}\right|\geqslant z_{\alpha/2}=3,$$

即

$$|\bar{x}-\mu_0|\geqslant 3\sigma/\sqrt{n}.$$

记

$$\mathrm{LCL}=\mu_0-3\sigma/\sqrt{n},\quad \mathrm{UCL}=\mu_0+3\sigma/\sqrt{n}.$$

当观察值$\bar{x}$落在区间$(\mathrm{LCL},\mathrm{UCL})=\left(\mu_0-3\sigma/\sqrt{n},\mu_0+3\sigma/\sqrt{n}\right)$内就接受 H_0,认为样本来自止态总体 $N(\mu_0,\sigma^2)$,即认为此时生产过程是正常的。LCL 称为控制下限,UCL 称为控制上限。

现取一坐标系,在纵轴上标上$\bar{x}$,横轴上标上样本的序号,在图上画出两条水平线表示 LCL 和 UCL,这样就构成一个水平的带域,再画出带域中心线表示μ_0,如图 3.14 所示。将题中所给的样本均值描在图上,用圆点表示,并用折线将圆点连接起来。如上所说若圆点落在控制下限 LCL 与控制上限 UCL 之间就接受 H_0,认为此时生产过程正常。如图 3.14 知第 5 个样本均值超出了控制上限,表明生产过程超出了控制。其他各点均落在带域内表示生产过程均属正常。

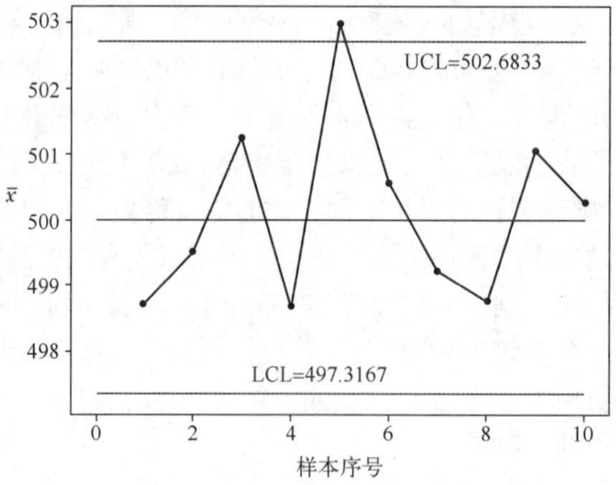

图 3.14 $\bar{X}$控制图

```
#程序文件 Pgex3_56.py
import numpy as np; import pylab as plt
a = np.array ([498.7, 499.49, 501.25, 498.63, 502.97, 500.56, 499.23, 498.76,
501.05,500.27])
mu=500; s=2; n=5
LCL=mu-3*s/np.sqrt(n); UCL=mu+3*s/np.sqrt(n)
plt.rc('font',size=15); plt.rc('font',family="SimHei")
plt.plot([0,10],[UCL,UCL]); plt.plot([0,10],[LCL,LCL])
plt.plot([0,10],[mu,mu]); plt.plot(np.arange(1,11),a,'.-')
plt.xlabel('样本序号'); plt.rc('text',usetex=True)
plt.ylabel("$\\barx$",rotation=0)
str1='LCL='+str(round(LCL,4)); str2='UCL='+str(round(UCL,4))
plt.text(3,LCL+0.2,str1); plt.text(6,UCL-0.4, str2);
plt.show()
```

形如图 3.14 的图称为$\bar{X}$控制图。这里 $3\sigma/\sqrt{n}=3\sqrt{D(\bar{X})}$，是$\bar{X}$的标准差的 3 倍，因 $\mathrm{LCL}=\mu_0-3\sqrt{D(\bar{X})}$，$\mathrm{UCL}=\mu_0+3\sqrt{D(\bar{X})}$，故也称为 3σ 控制图。这里的 LCL 和 UCL 是根据上述假设检验中的水平 $\alpha=0.0027$ 得到的，在实际应用中，取 $\alpha=0.0027$ 是合适的。

下面再举一个例子。

例 3.57 一水质监控机构对一供水公司所供应的水，每周取 5 个水样，并测定有毒物质的浓度的均值。表 3.30 列出了 12 周的均值（单位为 μg/g）。水中有毒物质浓度 X 是一个随机变量，设 $X\sim N(5,0.5^2)$，试作出$\bar{X}$的 3σ 控制图。问对于所述期间水中有毒物质的浓度是否属于正常情况。

表 3.30 有毒物质浓度的 12 周均值

周	1	2	3	4	5	6	7	8	9	10	11	12
样本均值	5.2	4.9	5.5	5.4	4.8	4.6	5.5	4.7	5.1	4.5	5.8	5.6

解 $n=5,\mu_0=5,\sigma=0.5,\mathrm{LCL}=\mu_0-3\sigma/\sqrt{n}=4.3292,\mathrm{UCL}=\mu_0+3\sigma/\sqrt{n}=5.6708$。将所

给的样本均值以圆点描在$\overline{X}$控制图 3.15 上,从图中可知在第 11 周时,水中所含毒物浓度超出了控制上限,其他各周水中含有毒物质的浓度属正常。

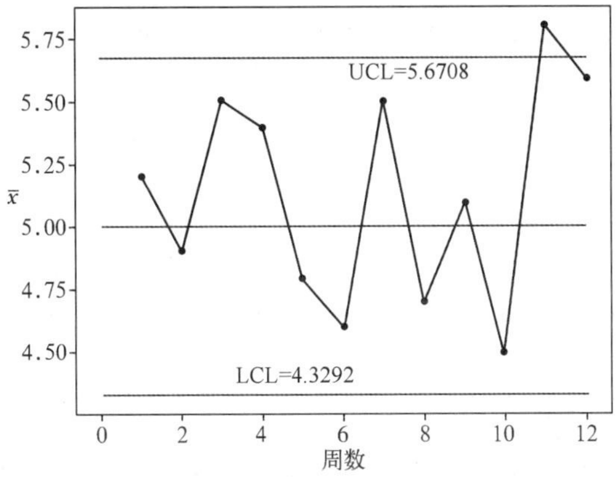

图 3.15 $\overline{X}$控制图

```
#程序文件 Pgex3_57.py
import numpy as np; import pylab as plt
a=np.array([5.2,4.9,5.5,5.4,4.8,4.6,5.5,4.7,5.1,4.5,5.8,5.6])
mu=5; s=0.5; n=5
LCL=mu-3*s/np.sqrt(n); UCL=mu+3*s/np.sqrt(n)
plt.rc('font',size=15); plt.rc('font',family="SimHei")
plt.plot([0,12],[UCL,UCL]); plt.plot([0,12],[LCL,LCL])
plt.plot([0,12],[mu,mu]); plt.plot(np.arange(1,13),a,'.-')
plt.xlabel('周数'); plt.rc('text',usetex=True)
plt.ylabel("$\\barx$",rotation=0)
str1='LCL='+str(round(LCL,4)); str2='UCL='+str(round(UCL,4))
plt.text(3,LCL+0.05,str1); plt.text(6,UCL-0.08, str2);
plt.show()
```

2. 不合格品个数的控制图

设产品的不合格率 p 为已知。取一批产品,分成小组,各小组的产品数均为 n,将产品进行测试。设各产品是否为不合格品相互独立。以 X 记 n 只产品中的不合格品数,X 是一随机变量,且有 $X \sim B(n,p)$。由中心极限定理,当 n 充分大时,有

$$\frac{X-np}{\sqrt{np(1-p)}} \overset{\text{近似}}{\sim} N(0,1),\text{即 } X \overset{\text{近似}}{\sim} N(np,np(1-p)).$$

即得 X 的 3σ 控制图的控制下限和控制上限分别为

$$\mathrm{LCL}=np-3\sqrt{np(1-np)},\quad \mathrm{UCL}=np+3\sqrt{np(1-np)}.$$

在这里,n 需相当大。

例 3.58 从一自动生产螺丝的机器所生产的螺丝中,相继地取 200 只螺丝作为一个样本,经测试,给每只螺丝标明合格或不合格。设根据历史数据知次品率 $p=0.07$,各产品是否为不合格品相互独立。若表 3.31 数据表示 20 个样本(每个样本有 200 只螺丝)中的不合格螺丝数,能否判明收集这些数据时生产过程已超出了控制?

表 3.31　不合格品数据

样本序号	1	2	3	4	5	6	7	8	9	10
样本容量	200	200	200	200	200	200	200	200	200	200
不合格品数	23	22	12	13	15	11	25	16	23	14
样本序号	11	12	13	14	15	16	17	18	19	20
样本容量	200	200	200	200	200	200	200	200	200	200
不合格品数	4	13	17	5	9	5	19	7	22	17

解　现在 $n=200,p=0.07$,因而

$$\mathrm{LCL}=np-3\sqrt{np(1-np)}=3.175,\quad \mathrm{UCL}=np+3\sqrt{np(1-np)}=24.825.$$

做不合格品数 X 的控制图如图 3.16 所示。在图上看到第 7 个样本超出了控制上限 UCL,这表明在该点超出了控制,其他各点处均属正常。

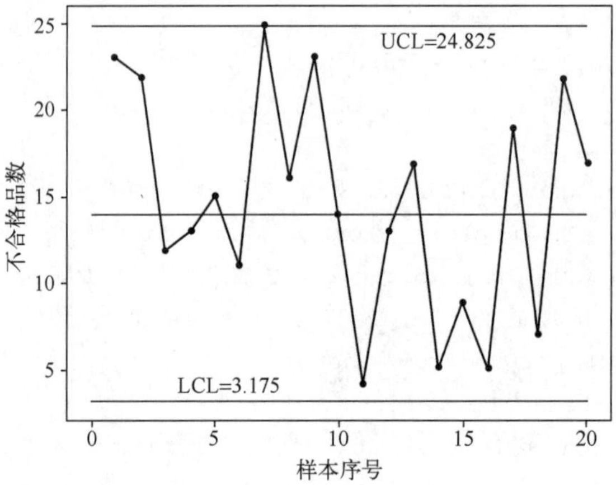

图 3.16　不合格品个数的控制图

```
#程序文件 Pgex3_58.py
import numpy as np; import pylab as plt
a=np.loadtxt("Pgdata3_58.txt")
b=a[[2,5],:].flatten()
n=200; p=0.07; m=len(b)
LCL=n*p-3*np.sqrt(n*p*(1-p)); UCL=n*p+3*np.sqrt(n*p*(1-p))
plt.rc('font',size=15); plt.rc('font',family="SimHei")
plt.plot([0,20],[UCL,UCL]); plt.plot([0,20],[LCL,LCL])
plt.plot([0,20],[n*p,n*p]); plt.plot(np.arange(1,m+1),b,'.-')
plt.xlabel('样本序号'); plt.ylabel("不合格品数")
str1='LCL='+str(round(LCL,4)); str2='UCL='+str(round(UCL,4))
plt.text(3,LCL+0.5,str1); plt.text(11,UCL-1.2, str2);
plt.show()
```

习 题 3

3.1 一工厂生产的某种元件的寿命 X(以小时计)服从均值 $\mu=160$,标准差 $\sigma(\sigma>0)$ 的正态分布,若要求 $P\{120<X\leqslant 200\}\geqslant 0.80$,允许 σ 最大为多少?

3.2 某种商品一周的需求量是一个随机变量,其概率密度为

$$f(t)=\begin{cases} te^{-t}, & t>0, \\ 0, & t\leqslant 0. \end{cases}$$

设各周的需求量是相互独立的。求:

(1) 两周的需求量的概率密度;

(2) 三周的需求量的概率密度;

(3) 画出三周需求量的概率密度曲线。

3.3 设随机变量(X,Y)的概率密度为

$$f(x,y)=\begin{cases} 12y^2, & 0\leqslant y\leqslant x\leqslant 1, \\ 0 & \text{其他}. \end{cases}$$

求 ρ_{XY},$D(X+Y)$。

3.4 一食品店有3种蛋糕出售,由于售出哪一种蛋糕是随机的,因而售出一只蛋糕的价格是一个随机变量,它取1元、1.2元、1.5元各个值的概率分别为0.3、0.2、0.5. 若售出300只蛋糕。

(1) 求收入至少400元的概率。

(2) 求售出价格为1.2元的蛋糕多于60只的概率。

3.5 报童每天清晨从报站批发报纸零售,晚上将没有卖完的报纸退回。设每份报纸的批发价为 b,零售价为 a,退回价为 c,且设 $a>b>c>0$。因此,报童每售出一份报纸赚 $a-b$,退回一份报纸陪 $b-c$。报童每天如果批发的报纸太少,不够卖的话就会少赚钱,如果批发的报纸太多,卖不完的话就会赔钱。报童应如何确定他每天批发的报纸的数量,才能获得最大的收益?

3.6 某商店对某种家用电器的销售采用先使用后付款的方式。记使用寿命为 X(以年计),规定:

$X\leqslant 1$,一台付款1500元;$1<X\leqslant 2$,一台付款2000元;$2<X\leqslant 3$,一台付款2500元;$X>3$,一台付款3000元。

设寿命 X 服从指数分布,概率密度为

$$f(x)=\begin{cases} \frac{1}{8}e^{-x/8}, & x>0, \\ 0, & x\leqslant 0. \end{cases}$$

试求该商店一台这种家用电器收费 Y 的数学期望。

3.7 一工人修理一台机器需两个阶段,第一阶段所需时间(单位:h)服从均值为0.2的指数分布,第二阶段服从均值为0.4的指数分布,且与第一阶段独立。现有20台机器需要修理,求他在8h内完成的概率。

3.8 90名学生成绩如表3.32所列。

表3.32 90名学生的成绩

58	38	88	72	56	52	69	37	45	77	98	67	56	76	78
89	60	56	89	90	67	99	80	73	67	89	50	44	66	78
34	67	83	71	69	99	87	68	59	60	76	89	77	57	72

（续）

50	78	98	67	50	67	99	89	91	84	64	89	78	94	88
45	78	98	74	69	71	78	80	95	67	78	90	80	65	77
68	72	90	98	78	69	95	89	78	74	72	69	87	81	80

（1）编制频数分布表；

（2）输出适当的统计量，如最高分、最低分、平均分、分位数、中位数和众数等；

（3）绘制直方图，说明哪些分数附近的学生最多；

（4）绘制条形图，说明其与直方图的差异；

（5）将这组数据分为5个等级：不及格、及格、中等、良好和优秀，绘制条形图，编制频数分布表；

（6）计算90个学生成绩的方差和标准差；

（7）按成绩总分进行排序，并列出前15名学生。

3.9 某市环保局对空气污染物质24h的最大容许量为94μg/m^3，在该城市中随机选取测量点来检测24h的污染物质量。数据如下：

82,97,94,95,81,91,80,87,96,77.（单位：μg/m^3）

设污染物质量服从正态分布，据此数据，你认为污染物质量是否在容许范围内（$\alpha=0.05$）？

3.10 要估计两家连锁店日平均营业额是否有显著差异，在第一分店抽查20天，得平均值为2380元，样本标准差为361元，第二分店抽查25天，得平均值为2348元，样本标准差为189元。问在$\alpha=0.05$和$\alpha=0.01$水平下第一分店的日营业额是否高于第二分店的日营业额（设营业额服从正态分布且方差相等）。

3.11 人们一般认为广告对商品促销起作用，但是否对某种商品的促销起作用并无把握。为了证实这一结论，随机对15个均销售该种商品的商店进行调查，得到数据见表3.33。请以显著性水平$\alpha=0.05$检验广告对该种商品的促销有作用。

表3.33　15个商店广告前后某商品的销售量

商店	1	2	3	4	5	6	7	8	9	10	11	12	13	14	15
广告前	2	2	2	2	2	3	3	3	2	3	2	3	2	3	3
广告后	2	3	3	4	4	2	3	4	3	3	4	2	3	4	4

3.12 某眼镜实业有限公司为了调查销售额是否受促销方式的影响，通过调查获得的数据见表3.34，试分析不同的销售方式对营业额是否有显著影响（$\alpha=0.05$和$\alpha=0.01$）？

表3.34　调查获得数据

		促销方式		
	调查序号	被动促销	主动促销	无
销售额	1	26	30	23
	2	22	23	19
	3	20	25	17
	4	30	32	26
	5	36	48	28
	6	28	40	23
	7	30	41	24
	8	32	46	30

3.13 为研究高等数学的学习情况对统计学学习的影响,现从某大学管理学院学习这两门课程的学生中随机抽取10名学生,调查他们的高等数学与统计学的考试成绩,调查结果见表3.35,试求统计学考试成绩 y 对于高等数学考试成绩 x 的回归方程。

表3.35　10名学生高等数学与统计学考试成绩

学 生 编 号	1	2	3	4	5	6	7	8	9	10
高等数学成绩 x	86	90	79	76	83	96	68	87	76	60
统计学成绩 y	81	91	82	81	81	96	67	90	78	58

3.14 某地区近几年来职工月均收入与用于智力投资(单位:百元)的统计数据见表3.36。分别求出下面两种非线性回归方程,并通过计算剩余标准差,比较两种模型的优劣。

(1) 幂函数 $y=ax^b$;

(2) 指数函数 $y=ae^{bx}$。

表3.36　职工月均收入与智力投资的统计数据

月均收入 x	35	46	50	64	83	89	90	95
智力投资 y	5	4	7	11	16	18	19	22

3.15 设总体 X 服从参数为 θ 的指数分布,其中 $\theta>0$ 未知,$X_1,\cdots,X_n$ 为取自总体 X 的样本, 若已知 $U=\dfrac{2}{\theta}\sum_{i=1}^{n}X_i\sim\chi^2(2n)$,求:

(1) θ 的置信水平为 $1-\alpha$ 的单侧置信下限;

(2) 某种元件的寿命(单位:h)服从上述指数分布,现从中抽得容量为16的样本,测得样本均值为5010h,试求元件的平均寿命的置信水平为0.90的单侧置信下限。

第 4 章　蒙特卡罗模拟

计算机科学技术的迅猛发展,给许多学科带来了巨大的影响。计算机不但使问题的求解变得更加方便、快捷和精确,而且使得解决实际问题的领域更加广泛。计算机适合于解决那些规模大、难以解析化以及不确定的数学模型。例如,对于一些带随机因素的复杂系统,用分析方法建模常常需要作许多简化假设,与面临的实际问题可能相差甚远,以致解答根本无法应用,这时模拟几乎成为唯一选择。在历届的美国和中国大学生的数学建模竞赛(MCM)中,学生们经常用到计算机模拟方法去求解、检验等。计算机模拟(Computer Simulation)是建模过程中较为重要的一类方法。

计算机随机模拟方法也称为蒙特卡罗方法,是基于对大量事件的统计结果来实现一些确定性问题的计算。

在计算机上模拟某过程时,需要产生具有各种概率分布的随机变量。最简单和最基本的随机变量就是[0,1]区间上均匀分布的随机变量。这些随机变量的抽样值就称为随机数,其他各种分布的随机数都可借助于[0,1]区间上均匀分布的随机数得到。

4.1　随机数和随机抽样

目前,在计算机上产生随机数的比较实用的方法是根据确定的递推公式来求得,占用内存少,速度快,又便于重复计算。但是,这样产生的随机数显然不满足真正随机数的要求,它由初始的数值完全决定,并且存在着周期性的重复。所以把这样产生的随机数称为伪随机数。在实际应用中,只要选取得好,这样的伪随机数还是可以用的。

下面介绍几种产生伪随机数的方法。

4.1.1　产生均匀分布的随机数的方法

严格地说,下面这些方法只能产生具有接近均匀分布的伪随机数。

1. 平方取中法

设 ξ 为 m 位二进制数,$0<\xi<1$,置

$$\xi=a_1 2^{-1}+a_2 2^{-2}+\cdots+a_m 2^{-m},$$

将此数平方后,得

$$\xi^2=b_1 2^{-1}+b_2 2^{-2}+\cdots+b_{2m} 2^{-2m}.$$

不妨设 m 为偶数,取上面 $2m$ 位二进制数中间的 m 位,即取

$$b_{\frac{m}{2}+1} 2^{-(\frac{m}{2}+1)}+b_{\frac{m}{2}+2} 2^{-(\frac{m}{2}+2)}+\cdots+b_{\frac{3m}{2}} 2^{-\frac{3m}{2}},$$

再左移 $m/2$ 位,得

$$\xi_n=b_{\frac{m}{2}+1} 2^{-1}+b_{\frac{m}{2}+2} 2^{-2}+\cdots+b_{\frac{3m}{2}} 2^{-m},$$

于是就得一随机数列。经统计检验,这个数列具有近似于均匀分布的分布。这个方法就称为平方取中法。这个方法还可写成下面的递推公式

$$x_{n+1}=\left[\frac{x_n^2}{2^{m/2}}\right]\bmod(2^m), \tag{4.1}$$

$$\xi_{n+1}=2^{-m}x_{n+1}, \tag{4.2}$$

式中:$\xi_1,\xi_2,\cdots$为构造的[0,1]上的随机数。

对十进制数也可作类似推导,即取

$$x_{n+1}=\left[\frac{x_n^2}{10^{m/2}}\right]\bmod(10^m), \tag{4.3}$$

$$\xi_{n+1}=10^{-m}x_{n+1}, \tag{4.4}$$

式中:方括号$[x]$表示取整,即不超过x的最大整数。

上述过程可进行到直至出现0为止,或直至出现与已有数重复时为止。

例 4.1 考虑4位十进制数。取$x_1=896$作初值,则

$$x_2=896^2(\bmod 10^4)=802816(\bmod 10^4)=2816,$$
$$x_3=2816^2(\bmod 10^4)=7929856(\bmod 10^4)=9856,$$
$$\vdots$$

因而产生的随机数序列$\xi_n=x_n/10000(n=1,2,\cdots)$为

$$0.0896,0.2816,0.9856,\cdots$$

至x_{101}就出现周期,故序列长度为100。若初值取得不同,所得伪随机数的序列长度、出现周期部位都不相同。

```
#程序文件 Pgex4_1.py
import numpy as np
x=np.zeros(200); x[0]=896
for i in range(199):
    x[i+1]=np.mod((x[i])**2,10000)
x=x.reshape(2,-1).T
print(x)
```

一般来讲,位数越多,周期越长。经过大量分析,对38位二进制数,用平方取中法可以产生较长的序列,可以有50万次迭代,甚至75万次迭代,最后才退化为0。

对平方取中法的一个最方便的修正是“乘积取中法”。选取任意两个初始值α_0和α_1,形成乘积$\alpha_0\alpha_1$,去头截尾,取其中间一段形成α_2,即

$$\alpha_{n+2}=[2^{-m/2}\alpha_n\alpha_{n+1}]\bmod(2^m), \tag{4.5}$$

$$\xi_{n+2}=2^{-m}\alpha_{n+2}. \tag{4.6}$$

这样构成的随机数序列优于平方取中法的结果。

2. 乘同余法

乘同余法是目前计算机上常采用的一种方法,它的迭代公式为

$$x_{n+1}=\lambda x_n(\bmod M), \tag{4.7}$$

其中λ、M和初值x_0可以有不同的取法。例如,可以取

$$M=10^8,\lambda=23,x_0=47594118,$$

得到 8 位十进制的伪随机数序列，而 $\xi_n = x_n M^{-1}$ 即可作为[0,1]上的均匀伪随机数。

乘同余法也可用于二进制数，如取

$$M=2^s, s=32, x_0=1, \lambda=5^{13}, \xi_n=x_n M^{-1}.$$

一般上，x_0 最好随机地取为 $4q+1$ 型的数，q 为任意整数，λ 取为 5^{2k+1} 型，而且取为计算机所能容纳的最大奇数。

4.1.2 产生具有给定分布的随机变量——随机抽样

随机抽样的方法很多，在计算机上实现时要考虑运算量的大小，也就是“抽样费用”。因为应用计算机模拟方法求解一个问题时，大量的计算时间将用于随机抽样，所以随机抽样方法的选取往往决定计算的费用。下面介绍几种常用的随机抽样方法。

1. 连续型分布的直接抽样法

利用[0,1]区间上的均匀分布随机数可以产生具有给定分布的随机变量数列。

若随机变量 ξ 的概率密度函数和分布函数为 $f(x)$，$F(x)$，则随机变量 $\eta=F(\xi)$ 的分布就是区间[0,1]上的均匀分布。因此，若 R_i 是[0,1]中均匀分布的随机数，则

$$\int_{-\infty}^{x_i} f(x)\,\mathrm{d}x = R_i \tag{4.8}$$

的解 x_i 就是所求的具有概率密度函数为 $f(x)$ 的随机抽样。这可简单解释如下：

若某个连续型随机变量 ξ 的分布函数为

$$F(x) = \int_{-\infty}^{x} f(x)\,\mathrm{d}x,$$

不失一般性，设 $F(x)$ 是严格单调增函数，存在反函数 $x=F^{-1}(y)$，下面证明随机变量 $\eta=F(\xi)$ 服从[0,1]上的均匀分布，记 η 的分布函数为 $G(y)$，由于 $F(x)$ 是分布函数，它的取值在[0,1]上，从而当 $0<y<1$ 时，有

$$G(y)=P\{\eta\leqslant y\}=P\{F(\xi)\leqslant y\}=P\{\xi\leqslant F^{-1}(y)\}=F(F^{-1}(y))=y,$$

因而 η 的分布函数为

$$G(y)=\begin{cases}0, & y\leqslant 0\\ y, & 0<y<1\\ 1, & y\geqslant 1\end{cases}$$

η 服从[0,1]上的均匀分布。

R 为[0,1]区间均匀分布的随机变量，则根据定义，随机变量 $\xi=F^{-1}(R)$ 的分布函数为 $F(x)$，分布密度为 $f(x)$，这里 $F^{-1}(x)$ 是 $F(x)$ 的反函数。所以，只要分布函数 $F(x)$ 的反函数 $F^{-1}(x)$ 存在，由[0,1]区间均匀分布的随机数 R_t，求 $x_t=F^{-1}(R_t)$，即解方程

$$F(x_t)=R_t,$$

就可得到分布函数为 $F(x)$ 的随机抽样 x_t。

例 4.2 求具有指数分布

$$f(x)=\begin{cases}\lambda \mathrm{e}^{-\lambda x}, & x>0,\\ 0, & x\leqslant 0\end{cases}$$

的随机抽样。

解 设 R_i 是[0,1]区间中均匀分布的随机数，利用式(4.8)，得

$$R_i = \int_{-\infty}^{x_i} f(x)\mathrm{d}x = \int_0^{x_i} \lambda \mathrm{e}^{-\lambda x}\mathrm{d}x = 1 - \mathrm{e}^{-\lambda x_i}.$$

所以

$$x_i = -\frac{1}{\lambda}\ln(1-R_i)$$

就是所求的随机抽样。

由于 $1-R_i$ 也服从均匀分布，所以上式又可简化为

$$x_i = -\frac{1}{\lambda}\ln R_i.$$

2. 离散型分布的直接抽样法

若离散型随机变量 ξ 取值 $x_i(i=1,2,\cdots)$ 的概率为 p_i，则分布函数为

$$F(x) = \sum_{x_i \leqslant x} p_i$$

的直接抽样法如下：

若 r 是均匀分布的随机数，则

$$\xi = x_i, F(x_{i-1}) < r \leqslant F(x_i) \tag{4.9}$$

即具有分布函数 $F(x)$。

3. 变换抽样法

变换抽样法能为随机变量提供一些简单可行的算法。

设随机变量 ξ 具有密度函数 $f(x)$，$\eta=g(\xi)$ 是随机变量 ξ 的函数。$g(x)$ 的反函数存在，记为 $x=h(y)$，具有一阶连续导数，则随机变量 η 的概率密度函数为

$$f^*(y)=f(h(y)) \cdot |h'(y)|. \tag{4.10}$$

上述方法即变换抽样法，它的一般过程是：为了由分布式(4.10)中抽样产生 y，可先由分布 $f(x)$ 中抽样产生 x，然后通过变换 $y=g(x)$ 得到。不难看出，直接抽样法实际上是变换抽样法的特殊情况。

在二维情形下，有类似结果。

设随机变量 ξ、η 的概率密度函数为 $f(x,y)$，对随机变量 ξ、η 进行函数变换

$$\begin{cases} u=g_1(\xi,\eta), \\ v=g_2(\xi,\eta). \end{cases}$$

函数 g_1、g_2 的反函数存在，记为

$$x=h_1(u,v),$$

$$y=h_2(u,v)$$

并存在一阶连续偏导数，则随机变量 u,v 的密度函数服从分布

$$f^*(u,v)=f(h_1(u,v),h_2(u,v)) \cdot |J|, \tag{4.11}$$

式中：J 表示函数变换的雅克比(Jacobi)行列式

$$J=\begin{vmatrix} \dfrac{\partial x}{\partial u} & \dfrac{\partial x}{\partial v} \\ \dfrac{\partial y}{\partial u} & \dfrac{\partial y}{\partial v} \end{vmatrix}.$$

例 4.3 用变换抽样法产生二维正态分布的随机变量。标准二维正态分布的密度函

数为

$$f(x,y)=\frac{1}{2\pi}e^{-\frac{1}{2}(x^2+y^2)},$$

令随机变量 ξ_1 和 ξ_2 为服从[0,1]上的均匀分布,引入变换函数

$$\begin{cases}u=\sqrt{-2\ln\xi_1}\cos 2\pi\xi_2,\\ v=\sqrt{-2\ln\xi_1}\sin 2\pi\xi_2.\end{cases}\tag{4.12}$$

解 求解上面两个方程,得反函数公式

$$\begin{cases}\xi_1=e^{-\frac{1}{2}(u^2+v^2)},\\ \xi_2=\dfrac{1}{2\pi}\left[\arctan\left(\dfrac{v}{u}\right)\right]+\dfrac{1}{2}.\end{cases}\tag{4.13}$$

计算,得

$$J=\begin{vmatrix}\dfrac{\partial\xi_1}{\partial u} & \dfrac{\partial\xi_1}{\partial v}\\ \dfrac{\partial\xi_2}{\partial u} & \dfrac{\partial\xi_2}{\partial v}\end{vmatrix}=-\frac{1}{2\pi}e^{-\frac{1}{2}(u^2+v^2)}.$$

根据式(4.11),此时的 u,v 服从二维正态分布

$$f(u,v)=\frac{1}{2\pi}e^{-\frac{1}{2}(u^2+v^2)},$$

u、v 的随机抽样由变换函数式(4.12)计算。

4. 舍选法

在实际问题中,具有给定分布的随机数的方程式(4.8),往往是很难求解的,有时甚至不能给出概率密度函数的解析形式,因此要考虑其他方法。事实上,在几种特殊情况下,例如概率密度仅在一有限区间中不为零,是容易用舍选法获得随机数序列的。

若随机变量 ξ 在有限区间 (a,b) 内变化,但概率密度 $f(x)$ 具有任意形式(甚至没有解析表达式)。无法用前面的方法产生时,可用舍选法。一种比较简单的舍选法步骤如下:

(1) 产生 $y_i\sim U(a,b)$ 和 $u_i\sim U(0,1)$,这里 $U(a,b)$ 表示区间 (a,b) 上的均匀分布。

(2) 记 $M=\max\limits_{a\leqslant x\leqslant b}f(x)$,若 $u_i\leqslant\dfrac{f(y_i)}{M}$,则取 $x_i=y_i$;否则,舍去。返回。

得到的 x_i 就是区间 (a,b) 具有概率密度 $f(x)$ 的随机抽样。

舍选法直观地解释见图 4.1,将产生二维随机变量 (Y,U) 看作在 (a,b) 为底、M 为高的矩形内随机投点,投点坐标为 (y_i,Mu_i),其中纵坐标 $Mu_i\leqslant f(y_i)$ 的点落在曲线 f 的下方,这些点的横坐标 y_i 可作为概率密度为 f 的随机变量的值,故取之。其他的点不合要求,舍去。

5. 截尾分布

最后介绍产生截尾分布的方法。截尾分布是处理实际问题时常碰到的,如设服务时间 t 为指数分布,那么理论上 t 可为无穷大,但我们又规定一个最长服务时间 b,于是要截掉指数分布的"尾巴"($t>b$)。而为了使截尾后仍是概率分布,需要作归一化处理。一般地,将原来分布 $F(x)$(密度函数为 $f(x)$)的两端"尾巴" $x<a,x>b$ 截掉后,截尾分布的密度

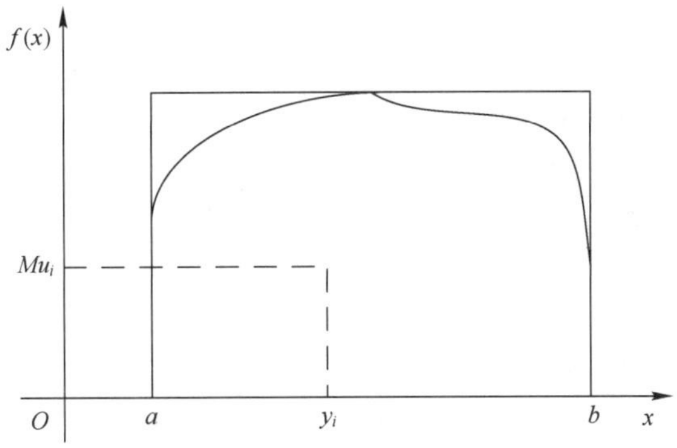

图 4.1 舍选法的随机投点

函数应为

$$f^*(x)=\frac{f(x)}{F(b)-F(a)},a\leqslant x\leqslant b. \tag{4.14}$$

用反变换法产生截尾分布的步骤如下：

(1) 产生 $U\sim U(0,1)$。

(2) 令 $V=F(a)+[F(b)-F(a)]U$。

(3) $X=F^{-1}(V)$即为所求。

例 4.4 炮弹射击的目标为一椭圆$\frac{x^2}{120^2}+\frac{y^2}{80^2}=1$所围成的区域的中心，当瞄准目标的中心发射时，受到各种因素的影响，炮弹着地点与目标中心有随机偏差。设炮弹着地点(X,Y)围绕目标中心呈二维正态分布$N(0,0,100^2,100^2,0.5)$，用蒙特卡罗法计算炮弹落在椭圆区域内的概率，并与数值积分计算的概率进行比较。

解 炮弹的落点为二维随机变量(X,Y)，(X,Y)的联合概率密度函数为

$$f(x,y)=\frac{1}{20000\pi\sqrt{1-0.5^2}}e^{-\frac{1}{2(1-0.5^2)}\frac{x^2-xy+y^2}{10000}}.$$

炮弹落在椭圆区域内的概率为

$$p=\iint\limits_{\frac{x^2}{120^2}+\frac{y^2}{80^2}\leqslant 1}\frac{1}{20000\pi\sqrt{1-0.5^2}}e^{-\frac{1}{2(1-0.5^2)}\frac{x^2-xy+y^2}{10000}}\mathrm{d}x\mathrm{d}y.$$

利用 Python 数值积分的函数，求得$p=0.4046$。

也可以使用蒙特卡罗法求概率。模拟发射了N发炮弹，统计炮弹落在椭圆$\frac{x^2}{120^2}+\frac{y^2}{80^2}=1$内部的次数$n$，用炮弹落在椭圆内的频率近似所求的概率，模拟结果得所求的概率在 0.4046 附近变动。

```
#程序文件 Pgex4_4.py
import numpy as np
from scipy.integrate import dblquad
mu=[0,0]; cov=10000*np.array([[1,0.5],[0.5,1]]);
N=1000000
```

```
fxy=lambda y,x: 1/(20000*np.pi*np.sqrt(0.75))*\
    np.exp(-1/1.5*(x**2-x*y+y**2)/10000)  #接上一行
bdy=lambda x: 80*np.sqrt(1-x**2/120**2)
p1=dblquad(fxy,-120,120,lambda x:-bdy(x),bdy)[0]
print("概率的数值解为:",p1)
a=np.random.multivariate_normal(mu,cov,size=N)
n=((a[:,0]**2/120**2+a[:,1]**2/80**2)<=1).sum()
p2=n/N; print('概率的近似值为:',p2)
```

4.2 蒙特卡罗法的数学基础及步骤

4.2.1 蒙特卡罗方法基础——大数定律和中心极限定理

作为蒙特卡罗方法的基础是概率论中的大数定理和中心极限定理,第3章已经给出了大数定理和中心极限定理。为了本章的独立性,再次给出中心极限定理。

定理4.1(中心极限定理) 设 $\xi_1,\xi_2,\cdots,\xi_n$ 为一随机变量序列,独立同分布,数学期望为 $E\xi_i=a$,方差 $D\xi_i=\sigma^2$,则当 $n\to\infty$ 时,有

$$P\left\{\frac{\dfrac{1}{n}\sum_{i=1}^{n}\xi_i-a}{\dfrac{\sigma}{\sqrt{n}}}<x_\alpha\right\}\to\frac{1}{\sqrt{2\pi}}\int_{-\infty}^{x_\alpha}\mathrm{e}^{-\frac{x^2}{2}}\mathrm{d}x. \tag{4.15}$$

利用中心极限定理,当 $n\to\infty$ 时,还可得到

$$P\left\{\left|\frac{1}{n}\sum_{i=1}^{n}\xi_i-a\right|<\frac{x_{\alpha/2}\sigma}{\sqrt{n}}\right\}\to\frac{2}{\sqrt{2\pi}}\int_{0}^{x_{\alpha/2}}\mathrm{e}^{-\frac{x^2}{2}}\mathrm{d}x. \tag{4.16}$$

若记

$$\frac{2}{\sqrt{2\pi}}\int_{0}^{x_{\alpha/2}}\mathrm{e}^{-\frac{x^2}{2}}\mathrm{d}x=1-\alpha, \tag{4.17}$$

那就是说,当 n 很大时,不等式

$$\left|\frac{1}{n}\sum_{i=1}^{n}\xi_i-a\right|<\frac{x_{\alpha/2}\sigma}{\sqrt{n}} \tag{4.18}$$

成立的概率为 $1-\alpha$。通常将 α 称为显著性水平,$1-\alpha$ 就是置信水平。$x_{\alpha/2}$ 为标准正态分布的上 $\alpha/2$ 分位数,α 和 x_α 的关系可以在正态分布表中查到。

从式(4.18)可以看到,随机变量的算术平均值 $\frac{1}{n}\sum_{i=1}^{n}\xi_i$ 依概率收敛到 a 的阶为 $O(1/\sqrt{n})$。当 $\alpha=0.05$ 时,误差 $\varepsilon=1.96\sigma/\sqrt{n}$ 称为概率误差。从这里可以看出,蒙特卡罗方法收敛的阶很低,收敛速度很慢,误差 ε 由 σ 和 $\sqrt{n}$ 决定。在固定 σ 的情况下,要提高1位精度,就要增加100倍试验次数。相反,若 σ 减少10倍,就可以减少100倍工作量。因此,控制方差是应用蒙特卡罗方法中很重要的一点。

4.2.2 蒙特卡罗方法基本步骤和基本思想

用蒙特卡罗方法处理的问题可以分为两类：

一类是随机性问题。对于这一类实际问题，通常采用直接模拟方法。首先，必须根据实际问题的规律，建立一个概率模型（随机向量或随机过程），然后用计算机进行抽样试验，从而得出对应于这一实际问题的随机变量 $Y=g(X_1,X_2,\cdots,X_m)$ 的分布。假设随机变量 Y 是研究对象，它是 m 个相互独立的随机变量 $X_1,X_2,\cdots,X_m$ 的函数，如果 $X_1,X_2,\cdots,X_m$ 的概率密度函数分别为 $f_1(x_1),f_2(x_2),\cdots,f_m(x_m)$，则用蒙特卡罗方法计算的基本步骤是：在计算机上用随机抽样的方法从 $f_1(x_1)$ 中抽样，产生随机变量 X_1 的一个值 x_1'，从 $f_2(x_2)$ 中抽样得 x_2'，…，从 $f_m(x_m)$ 中抽样得 x_m'，由 $x_1',x_2',\cdots,x_m'$ 计算得到 Y 的一个值 $y_1=g(x_1',x_2',\cdots,x_m')$，显然 y_1 是从 Y 分布中抽样得到的一个数值，重复上述步骤 N 次，可得随机变量 Y 的 N 个样本值 $(y_1,y_2,\cdots,y_N)$，用这样的样本分布来近似 Y 的分布，由此可计算出这些量的统计值。

另一类是确定性问题。在解决确定性问题时，首先要建立一个有关的概率统计模型，使所求的解就是这个模型的概率分布或数学期望，然后对这个模型做随机抽样，最后用其算术平均值作为所求解的近似值。根据前面对误差的讨论可以看出，必须尽量改进模型，以便减少方差和降低费用，以提高计算效率。

4.3 定积分的计算

4.3.1 单重积分计算

1. 样本平均值法

设区间 (a,b) 上的随机变量 ξ 的概率密度函数由 $f_\xi(x)$ 给出，$g(x)$ 是区间 (a,b) 上的连续函数，数学期望

$$E[g(\xi)]=\int_a^b g(x)f_\xi(x)\,\mathrm{d}x \tag{4.19}$$

存在，则积分式(4.19)可用如下方法计算近似值。

设随机变量 ξ 的一系列可取值为 $x_1,x_2,\cdots,x_n$，由 $y_i=g(x_i)$ 形成的随机变量 $\boldsymbol{\eta}=g(\xi)$ 的可能取值的数列为 $y_1,y_2,\cdots,y_n$。则根据大数定理，当 n 充分大时，积分式(4.19)有近似值

$$\overline{M}=\frac{1}{n}\sum_{i=1}^{n}g(x_i), \tag{4.20}$$

以式(4.20)作为积分式(4.19)的近似值。

下面讨论用上述方法计算积分

$$J=\int_a^b h(x)\,\mathrm{d}x \tag{4.21}$$

的值。

为此，选择某种概率密度函数 $f(x)$ 满足

$$\int_a^b f(x)\mathrm{d}x = 1,$$

且能很方便地生成具有概率密度函数为$f(x)$的随机抽样。同时,将积分J写成如下形式

$$J = \int_a^b \frac{h(x)}{f(x)} \cdot f(x)\mathrm{d}x = \int_a^b g(x)f(x)\mathrm{d}x.$$

于是归结为积分式(4.19)的形式,即可用上述方法计算。

在很多情况下,往往取$f(x)$为区间(a,b)上均匀分布的概率密度函数

$$f(x)=\frac{1}{b-a},$$

这样

$$J = (b-a)\int_a^b h(x)\frac{1}{b-a}\mathrm{d}x.$$

现在从区间(a,b)上均匀分布的随机数总体中选取x_i,对每个x_i计算$h(x_i)$的值,然后计算平均值

$$\overline{M} = \frac{1}{n}\sum_{i=1}^{n} h(x_i),$$

于是积分式(4.21)的值可近似地取为

$$J \approx (b-a)\overline{M} = \frac{b-a}{n}\sum_{i=1}^{n} h(x_i).$$

例 4.5 计算积分

$$\int_{-1}^{1}\frac{x\mathrm{d}x}{\sqrt{5-4x}}$$

解 随机模拟时随机数取为区间$(-1,1)$上均匀分布的抽样,其概率密度函数

$$f(x)=\begin{cases}\frac{1}{2}, & x\in(-1,1)\\ 0, & \text{其他}\end{cases}$$

所求积分的近似值为被积函数$h(x)=\frac{x}{\sqrt{5-4x}}$取值的均值,乘以区间长度 2。积分的数值解为 0.1667,蒙特卡罗模拟求得的数值解在 0.1667 附近波动。

```
#程序文件 Pgex4_5.py
import numpy as np
from scipy.integrate import quad
y=lambda x: x/np.sqrt(5-4*x)              #定义被积函数的匿名函数
I=quad(y,-1,1)[0]                         #计算积分的数值解,与随机模拟得到的解进行对比
n=10000000                                #生成随机数的个数
x=np.random.uniform(-1,1,size=n)  #生成区间(-1,1)上均匀分布的 n 个随机数
h=y(x)                                    #计算被积函数的一系列取值
junzhi=h.mean()                           #计算取值的平均值
jifen=2*junzhi                            #计算积分的近似值
print("数值解为:",I); print("模拟的数值解为:",jifen)
```

例 4.6 计算积分

$$I=\int_{-\infty}^{+\infty}\cos(x)\mathrm{e}^{-\frac{x^2}{2}}\mathrm{d}x$$

解 $I=\int_{-\infty}^{+\infty}\cos(x)\mathrm{e}^{-\frac{x^2}{2}}\mathrm{d}x=\sqrt{2\pi}\int_{-\infty}^{+\infty}\cos(x)\frac{1}{\sqrt{2\pi}}\mathrm{e}^{-\frac{x^2}{2}}\mathrm{d}x=\sqrt{2\pi}E[\cos(X)]$,

其中 $X\sim N(0,1)$,所以 $I\approx\sqrt{2\pi}\frac{1}{n}\sum_{j=1}^{n}\cos(x_j)$,这里 x_j 为服从标准正态分布 $N(0,1)$ 的随机数。

积分的数值解为 1.5203,蒙特卡罗模拟求得的数值解在 1.5203 附近波动。

```
#程序文件 Pgex4_6.py
import numpy as np
from scipy.integrate import quad
yx=lambda x: np.cos(x)*np.exp(-x**2/2)
I1=quad(yx,-np.inf,np.inf)[0]                #其数值积分
r=np.random.normal(size=10**7)               #生成标准正态分布随机数
I2=np.sqrt(2*np.pi)*np.cos(r).mean()
print("数值解为:",I1); print("模拟的数值解为:",I2)
```

2. 随机投点法

对于定积分 $I=\int_a^b f(x)\mathrm{d}x$,为使计算机模拟简单起见,设 a,b 有限,$0\leqslant f(x)\leqslant M$,令 $\Omega=\{(x,y)\mid a\leqslant x\leqslant b,0\leqslant y\leqslant M\}$,则 $I=\int_a^b f(x)\mathrm{d}x$ 是 Ω 中曲线 $y=f(x)$ 下方的面积。

假设向 Ω 中进行随机投点,则由几何概率知,点落在 $y=f(x)$ 下方的概率为 $P=\frac{I}{(b-a)M}$。若进行了 n 次投点,其中 n_0 次落在曲线 $y=f(x)$ 的下方,则可以得到 I 的一个估计:

$$\hat{I}=M(b-a)\frac{n_0}{n}. \tag{4.22}$$

该方法的具体计算步骤为:分别独立地产生 n 个 (a,b) 区间上均匀分布的随机数 $x_i(i=1,2,\cdots,n)$ 和 $(0,M)$ 区间上均匀分布的随机数 $y_i(i=1,2,\cdots,n)$;统计 $y_i\leqslant f(x_i)$ 的个数 n_0,用式(4.22)估计 I。

例 4.7(续例 4.5) 计算积分

$$\int_{-1}^{1}\frac{x\mathrm{d}x}{\sqrt{5-4x}}.$$

解 记 $f(x)=\frac{x}{\sqrt{5-4x}}$,容易验证 $f(x)\in[-1,1]$,$x\in[-1,1]$,所以 $f(x)+1\geqslant 0$,$x\in[-1,1]$,因而有

$$\int_{-1}^{1}\frac{x\mathrm{d}x}{\sqrt{5-4x}}=\int_{-1}^{1}\left[\frac{x}{\sqrt{5-4x}}+1\right]\mathrm{d}x-2.$$

```
#程序文件 Pgex4_7.py
```

```
from numpy import sqrt
from numpy.random import uniform
yx=lambda x: x/sqrt(5-4*x)              #定义被积函数的匿名函数
n=10**6                                 #生成随机数的个数
x0=uniform(-1,1,size=n)                 #生成 n 个区间[-1,1)上的随机数
y0=uniform(-1,1,size=n)                 #这里直接产生[-1,1)上的随机数,不做变换
n0=sum(y0<yx(x0)); I=n0/n*4-2
print("模拟的数值解为:",I)
```

4.3.2 多重积分计算

假设要求多重积分

$$J = \int \cdots \int_{\Omega} f(x_1, \cdots, x_n) \mathrm{d}x_1 \cdots \mathrm{d}x_n \tag{4.23}$$

的值。积分区域 Ω 是有界区域,被积函数 f 在区域 Ω 中是有界的。

1. 样本平均值法

设 $g(x_1, \cdots, x_n)$ 为区域 Ω 上的概率密度函数,且当 $f(x_1, \cdots, x_n) \neq 0$ 时 $g(x_1, \cdots, x_n)$ 也不为零。令

$$h(x_1, \cdots, x_n) = \begin{cases} \dfrac{f(x_1, \cdots, x_n)}{g(x_1, \cdots, x_n)}, & g(x_1, \cdots, x_n) \neq 0, \\ 0, & g(x_1, \cdots, x_n) = 0. \end{cases}$$

则积分式(4.23)可改写为

$$J = \int \cdots \int_{\Omega} h(x_1, \cdots, x_n) g(x_1, \cdots, x_n) \mathrm{d}x_1 \cdots \mathrm{d}x_n.$$

若$(X_1, \cdots, X_n)$是 n 维空间区域 Ω 中的随机变量,概率密度函数为 $g(x_1, \cdots, x_n)$,则随机变量 $h(X_1, \cdots, X_n)$的数学期望为

$$E[h(X_1, \cdots, X_n)] = \int \cdots \int_{\Omega} h(x_1, \cdots, x_n) g(x_1, \cdots, x_n) \mathrm{d}x_1 \cdots \mathrm{d}x_n = J.$$

即积分 J 是随机变量 $h(X_1, \cdots, X_n)$的数学期望。如果选取 N 个点 $P_i(x_1^i, \cdots, x_n^i) \in \Omega (i = 1, \cdots, N)$服从分布 $g(x_1, \cdots, x_n)$,则根据大数定理,其算术平均值

$$\bar{J} = \frac{1}{N} \sum_{i=1}^{N} h(x_1^i, \cdots, x_n^i)$$

即为积分 J 的近似。通常可选取 $g(x_1, \cdots, x_n)$为 Ω 上的均匀分布

$$g(x_1, \cdots, x_n) = \begin{cases} \dfrac{1}{V}, & (x_1, \cdots, x_n) \in \Omega, \\ 0, & \text{其他}, \end{cases}$$

其中 V 表示区域 Ω 的体积,则

$$h(x_1, \cdots, x_n) = V \cdot f(x_1, \cdots, x_n),$$

积分(4.23)的近似值可取为

$$\bar{J} = \frac{V}{N} \sum_{i=1}^{N} f(x_1^i, \cdots, x_n^i). \tag{4.24}$$

例 4.8 分别用蒙特卡罗法和数值积分计算 $I=\iiint\limits_{\Omega}(x+y+z)^2\mathrm{d}x\mathrm{d}y\mathrm{d}z$，其中 Ω 为 $z\geqslant x^2+y^2$ 与 $x^2+y^2+z^2\leqslant 2$ 所围成的区域。

解 随机模拟时首先要计算 Ω 的体积，设 Ω 的体积为 V，区域 Ω 上均匀分布的密度函数为

$$f(x,y,z)=\begin{cases}\dfrac{1}{V}, & (x,y,z)\in\Omega,\\ 0, & 其他.\end{cases}$$

旋转抛物面 $z=x^2+y^2$ 与球面 $x^2+y^2+z^2=2$ 的交线在 xoy 面的投影为 $x^2+y^2=1$。求 Ω 的体积 V 时，在立体区域 $[-1,1]\times[-1,1]\times[0,\sqrt{2}]$ 上产生服从均匀分布的10^6 个随机点，统计随机点落在 Ω 的频数，则 Ω 的体积 V 近似为上述立体的体积乘以频率。

利用 Python 求得的数值解为

$$I=\iiint\limits_{\Omega}(x+y+z)^2\mathrm{d}x\mathrm{d}y\mathrm{d}z=2.4486.$$

随机模拟所求得的解在 2.4486 附近变动。

```
#程序文件 Pgex4_8.py
from numpy import sqrt
from scipy.integrate import tplquad
from numpy.random import uniform
f=lambda z,y,x: (x+y+z)**2                         #定义被积函数的匿名函数
zb1=lambda y,x: x**2+y**2
zb2=lambda y,x: sqrt(2-x**2-y**2)
yb2=lambda x: sqrt(1-x**2)
yb1=lambda x: -yb2(x)
I1=tplquad(f,-1,1,yb1,yb2,zb1,zb2)[0]
n=10**6                                            #生成随机数的个数
x=uniform(-1,1,size=n)                             #生成 n 个区间[-1,1)上的随机数
y=uniform(-1,1,size=n)
z=uniform(0,sqrt(2),size=n)
m=sum((z>=x**2+y**2) & (x**2+y**2+z**2<=2))  #计算落在区域的频数
V=m/n*4*sqrt(2)                                    #计算体积
ff=f(x,y,z)                                        #计算被积函数一系列的取值
mf=sum(ff*((z>=x**2+y**2) & (x**2+y**2+z**2<=2)))/m   #求在区域上的取
值均值
I2=V*mf                                            #计算蒙特卡罗法的积分值
print("积分的数值解为:",I1); print("模拟的数值解为:",I2)
```

2. 随机投点法

设积分区域包含在 n 维多面体 Ω 中，其中 $\Omega=\{(x_1,x_2,\cdots,x_n)\mid a_i\leqslant x_i\leqslant b_i,i=1,2,\cdots,n\}$。函数 $f(x_1,x_2,\cdots,x_n)$ 在 Ω 内连续且满足条件：$0\leqslant f(x_1,x_2,\cdots,x_n)\leqslant M$，$N$ 是在 $n+1$ 维多面体 $\Omega\times[0,M]$ 中均匀分布的随机点的个数，n 是在 N 个随机点中落入 $n+1$ 维空间中以 Ω 为底以 $w=f(x_1,x_2,\cdots,x_n)$ 为顶之曲顶柱体内的随机点的个数。则 n 重积分的蒙

特卡罗近似计算公式为

$$J=\int_{\Omega}\cdots\int f(x_1,\cdots,x_n)\,\mathrm{d}x_1\cdots\mathrm{d}x_n=\frac{nM}{N}\prod_{i=1}^{n}(b_i-a_i). \tag{4.25}$$

例 4.9(续例 4.8)　用蒙特卡罗法计算 $I=\iiint\limits_{\Omega}(x+y+z)^2\mathrm{d}x\mathrm{d}y\mathrm{d}z$，其中 Ω 为 $z\geqslant x^2+y^2$ 与 $x^2+y^2+z^2\leqslant 2$ 所围成的区域。

解　易知积分区域 Ω 包含在立体区域 $[-1,1]\times[-1,1]\times[0,\sqrt{2}]$ 中，可以验证当 $(x,y,z)\in\Omega$ 时，$0\leqslant f(x,y,z)\leqslant 6$。在区域 $[-1,1]\times[-1,1]\times[0,\sqrt{2}]\times[0,6]$ 中产生服从均匀分布的 $N=1000000$ 个随机点，统计落在区域 $\widetilde{\Omega}=\{(x,y,z,w)\mid z\geqslant x^2+y^2,x^2+y^2+z^2\leqslant 2,w\leqslant(x+y+z)^2\}$ 中的个数 n，则积分的近似值为

$$I=\frac{n}{N}\cdot 24\sqrt{2}=\frac{24\sqrt{2}\,n}{N}.$$

```
#程序文件 Pgex4_8.py
from numpy import sqrt
from numpy.random import uniform
n=10 ** 6                       #生成随机数的个数
x=uniform(-1,1,size=n)          #生成 n 个区间[-1,1)上的随机数
y=uniform(-1,1,size=n)
z=uniform(0,sqrt(2),size=n)
w=uniform(0,6,size=n)
m=sum((z>=x ** 2+y ** 2) & (x ** 2+y ** 2+z ** 2<=2) &
      (w<=(x+y+z) ** 2))        #计算落在区域的频数
I=m/n * 24 * sqrt(2)
print("模拟的数值解为:",I)
```

4.4　几何概率的随机模拟

例 4.10　$y=x^2$，$y=12-x$ 与 x 轴在第一象限围成一个曲边三角形。设计一个随机实验，求该图形面积的近似值。

解　首先求出 $y=x^2$ 与 $y=12-x$ 在第一象限的交点为(3,9)。

设计随机试验的思想如下，在矩形区域 $[0,12]\times[0,9]$ 上产生服从均匀分布的 10^6 个随机点，统计随机点落在曲边三角形的频数。由于点落在曲边三角形的概率近似于落在该区域的频率，所以曲边三角形的面积近似为上述矩形的面积乘以频率。

```
#程序文件 Pgex4_10.py
from numpy.random import uniform
n=10 ** 6                    #生成随机数的个数
x=uniform(0,12,size=n)       #生成 n 个区间[0,12)上的随机数
y=uniform(0,9,size=n)
pinshu=sum((y<x ** 2) & (x<=3))+sum((y<=12-x) & (x>=3))
area=12 * 9 * pinshu/n; print("面积的近似值为:",area)
```

运行结果在 49.5 附近,由于是随机模拟,每次的结果都是不一样的。

例 4.11 在线段[0,1]上任意取 3 个点,问由 0 至这 3 点的 3 线段,能构成三角形与不能构成三角形这两个事件中哪一个事件的概率大。

解 设 0 到这 3 点的 3 线段长分别为 x,y,z,即相应的右端点坐标为 x,y,z,显然有

$$0\leqslant x,y,z\leqslant 1.$$

这 3 条线段构成三角形的充要条件是

$$x+y>z,x+z>y,y+z>x.$$

在线段[0,1]上任意取 3 点 x,y,z,与立方体 $0\leqslant x\leqslant 1$, $0\leqslant y\leqslant 1$, $0\leqslant z\leqslant 1$ 中的点 (x,y,z) 一一对应,可见所求"构成三角形"的概率,等价于在边长为 1 的立方体 Ω 中均匀地取点,而点落在 $x+y>z,x+z>y,y+z>x$ 区域中的概率,这也就是落在图 4.2 中由 $\triangle ADC$, $\triangle ADB$, $\triangle BDC$, $\triangle AOC$, $\triangle AOB$, $\triangle BOC$ 所围成的区域 G 中的概率。由于 Ω 的体积 $V(\Omega)=1$, $V(G)=1^3-3\times\frac{1}{3}\times\frac{1}{2}\times 1^3=\frac{1}{2}$,所以

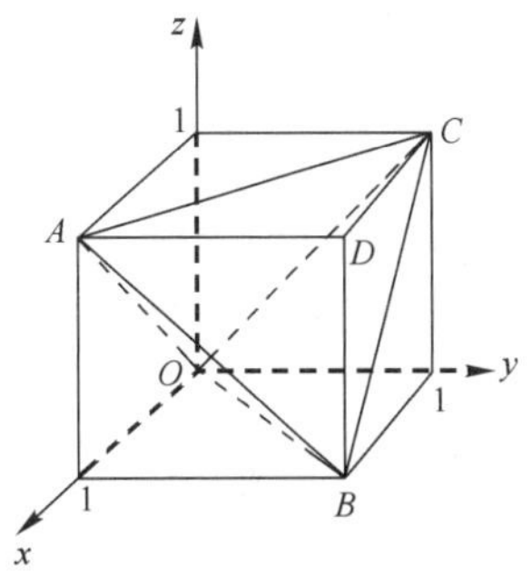

图 4.2 单位立方体示意图

$$p=V(G)/V(\Omega)=\frac{1}{2},$$

因而得到,能与不能构成三角形两事件的概率一样大。

使用计算机生成随机数来模拟求生成三角形的概率,Python 程序如下:

```
#程序文件 Pgex4_11.py
from numpy.random import uniform
n=10**5                    #生成随机数的个数
x=uniform(size=n)          #生成 n 个区间[0,1)上的随机数
y=uniform(size=n); z=uniform(size=n)
f=sum((x+y>z) & (x+z>y) & (y+z>x))
p=f/n; print("所求概率的近似值为:",p)
```

4.5 排 队 模 型

排队等待服务是生产和日常生活的一个组成部分,我们希望既能得到优质的服务,又能减少排队等待。

下面介绍单服务台服务模型。

4.5.1 排队模型的基础知识

1. 排队系统主要指标

将要求得到服务的对象(可以是人或物)称为顾客,将提供服务者(可以是人或物)称为服务台或服务机构。在排队的情况下,主要的成员是顾客和服务台。顾客由一个"源"产生。顾客数可以是有限的,也可以是无限的,来到商场购物的顾客可认为是无限的,车间里停机待修的机器台数是有限的。顾客到达服务机构,他们可以立即开始接受服务,或者,当服务机构正忙时,他们要在一个队伍中等待,当服务机构完成了规定的服务时,它自

动地从队伍中挑选一名等待的顾客（如果有的话）。如果没有等待的队伍，服务机构就空闲着，直到新的顾客到达。

到达时间用相继到来的顾客之间的到达时间间隔表示，而服务则以每个顾客的服务时间描述。一般地，到达间隔时间和服务时间都是随机的。

衡量一个排队系统工作状况的主要数量指标如下：

W_s：顾客自进入系统中到服务完毕离去在系统中逗留时间的数学期望。

W_q：顾客在系统中排队等待时间的数学期望。

L_s：系统中顾客数的数学期望。

L_q：排队等待服务的顾客数的数学期望。

了解系统的这些数量指标，也就是了解系统的基本特征。

2. 顾客的到达过程和服务过程

下面讨论的一类排队模型，顾客到达服务机构的时间是随机的，服务时间也是随机的。先介绍一些将要用到的数学知识。

源源不断地到达的许多随机质点构成一个随机质点流，简称为流。例如，到某商店的顾客形成顾客流，到达某机场的飞机形成飞机流。

定义 4.1 设 $N(t)$ 为质点流在时间区间 $(0,t]$ $(t>0)$ 到达的质点数。若质点流满足以下条件：

(1) 无后效性：在不相重叠的区间上，质点到达的个数是相互独立的。

(2) 平稳性：对于充分小的时间间隔 Δt，在区间 $(t,t+\Delta t]$ 内恰有一个质点到达的概率与时间 t 无关，而仅与区间长度 Δt 成正比，即

$$P\{\text{在}(t,t+\Delta t]\text{恰有一个质点到达}\}=\lambda\Delta t+o(\Delta t),$$

这里 $\lambda>0$ 是常数，$o(\Delta t)$ 是 Δt 的高阶无穷小，即有 $\lim\limits_{\Delta t\to 0}\dfrac{o(\Delta t)}{\Delta t}=0$。

(3) 普通性：对于充分小的时间间隔 Δt，在区间 $(t,t+\Delta t]$ 内到达 2 个或 2 个以上质点的概率是 Δt 的高阶无穷小 $o(\Delta t)$。

(4) $N(0)=0$。

则称这一质点流为简单流或泊松流，λ 称为泊松流的强度。

有以下的定理。

定理 4.2 对于泊松流，在时间区间 $(0,t]$ 有 n 个质点到达的概率为

$$P_n(t)=P\{N(t)=n\}=\frac{(\lambda t)^n}{n!}e^{-\lambda t},n=0,1,2,\cdots,t>0,$$

即 $N(t)$ 服从泊松分布，$N(t)\sim\pi(\lambda t)$。

定义 4.2 设一泊松流，质点依次到达的时刻为 $\tau_1,\tau_2,\cdots,\tau_n$，记 $T_1=\tau_1,T_2=\tau_2-\tau_1,\cdots,T_n=\tau_n-\tau_{n-1},\cdots,T_n(n=1,2,\cdots)$ 为两相继到达的质点的间隔时间，称为质点流的点间间距。

定理 4.3 强度为 λ 的泊松流的点间间距 $T_1,T_2,\cdots,T_n$ 是相互独立的随机变量，且服从同一指数分布，其概率密度为

$$f(t)=\lambda e^{-\lambda t},t>0.$$

定理 4.3 的逆命题亦成立，即有

定理 4.4 如果任意相继到达的两个质点的点间间距 $T_1,T_2,\cdots,T_n$ 相互独立,且服从同一指数分布,其概率密度为

$$f(t)=\lambda e^{-\lambda t},t>0.$$

则质点流是一个强度为 λ 的泊松流。

我们将顾客看成以上所说的质点。

设顾客的到达率为 λ(单位时间内平均到达的顾客数),则两个相继到达顾客之间平均时间间隔为 $1/\lambda$。设服务率为 μ(单位时间内平均完成服务的顾客数),则平均一个顾客的服务时间为 $1/\mu$。注意到顾客一经服务完毕立即离开,前后相继两顾客离开的时间间隔就是后一顾客的服务时间。服务率就是离开率(单位时间内平均离开的顾客数)。以下假设我们所考虑的排队模型符合条件:

(1) 顾客到达是强度为 λ 的泊松流。

(2) 各顾客的服务时间是相互独立的,服从同一以 $1/\mu$ 为数学期望的指数分布。

此外,还假设到达的间隔时间与服务时间是相互独立的。

按照假设(2),由定理 4.4 知顾客离开是强度为 μ 的泊松流,因此所考虑的排队模型顾客到达系统和离开系统都是泊松流。再由泊松流的性质知道,对充分小的时间间隔 Δt,有

$$\begin{cases}P\{\text{在 }\Delta t\text{ 内恰有一个顾客到达}\}=\lambda\Delta t+o(\Delta t),\\P\{\text{在 }\Delta t\text{ 内恰有一个顾客离开}\}=\mu\Delta t+o(\Delta t),\\P\{\text{在 }\Delta t\text{ 内有多于一个顾客到达}\}=o(\Delta t),\\P\{\text{在 }\Delta t\text{ 内有多于一个顾客离开}\}=o(\Delta t),\\P\{\text{在 }\Delta t\text{ 内没有顾客到达}\}=1-\lambda\Delta t-o(\Delta t),\\P\{\text{在 }\Delta t\text{ 内没有顾客离开}\}=1-\mu\Delta t-o(\Delta t).\end{cases}\tag{4.26}$$

3. Little 公式

Little 证明了对于排队系统,无论什么样的顾客到达流以及服务时间服从何种概率分布均有以下的公式:

$$W_s=\frac{L_s}{\lambda_e},W_q=\frac{L_q}{\lambda_q},\tag{4.27}$$

式中:λ_e 为顾客有效到达率,它是单位时间内平均进入系统的顾客数。当所有到达的顾客都能进入系统时,λ_e 等于顾客的到达率 λ,当有些到达的顾客不能进入系统(因系统已经满员)时 $\lambda_e<\lambda$,式(4.27)称为 Little 公式。

4.5.2 $M/M/1/\infty/\infty$ 排队模型

$M/M/1/\infty/\infty$ 排队模型是指顾客到达为泊松流,服务时间为指数分布,只有一个服务台,系统容量没有限制,顾客源为无限的服务系统。

1. 系统稳态概率 P_n 的计算

设在某一时刻 t,系统内有 n 个顾客的概率为 $P_n(t)$。我们来求 $P_n(t)$ 应满足的关系式。取一个充分小的时间间隔 Δt,考虑事件"在时刻 $t+\Delta t$ 系统内有 n 个顾客"的概率 $P_n(t+\Delta t)$。引入下列互不相容的事件 A_1,A_2,A_3,A_4。

$A_1=\{$在时刻 t 有 n 个顾客,在随后的 Δt 时段内无顾客到达,也无顾客离开$\}$;

$A_2=\{$在时刻 t 有 n 个顾客,在随后的 Δt 时段内有一顾客到达,有一顾客离开$\}$;

$A_3=\{$在时刻 t 有 $n-1$ 个顾客,在随后的 Δt 时段内有一顾客到达,无顾客离开$\}$;

$A_4=\{$在时刻 t 有 $n+1$ 个顾客,在随后的 Δt 时段内无顾客到达,有一顾客离开$\}$.

在式(4.26)中忽略 Δt 的高阶无穷小,即得

$$P(A_1)=P_n(t)[(1-\lambda\Delta t)(1-\mu\Delta t)],$$
$$P(A_2)=P_n(t)(\lambda\Delta t\mu\Delta t),$$
$$P(A_3)=P_{n-1}(t)[\lambda\Delta t(1-\mu\Delta t)],$$
$$P(A_4)=P_{n+1}(t)[(1-\lambda\Delta t)\mu\Delta t].$$

由于事件"在 Δt 时段内多于 1 个顾客到达或离开"的概率为 Δt 的高阶无穷小,忽略高阶无穷小,得

$$\begin{aligned}P_n(t+\Delta t)&=P(A_1\cup A_2\cup A_3\cup A_4)=P(A_1)+P(A_2)+P(A_3)+P(A_4)\\&=P_n(t)[(1-\lambda\Delta t)(1-\mu\Delta t)]+P_n(t)(\lambda\Delta t\mu\Delta t)+\\&\quad P_{n-1}(t)[\lambda\Delta t(1-\mu\Delta t)]+P_{n+1}(t)[(1-\lambda\Delta t)\mu\Delta t].\end{aligned}$$

于是

$$\begin{aligned}\frac{\mathrm{d}P_n(t)}{\mathrm{d}t}&=\lim_{\Delta t\to0}\frac{P_n(t+\Delta t)-P_n(t)}{\Delta t}\\&=\lim_{\Delta t\to0}\left\{\frac{P_n(t)[(1-\lambda\Delta t)(1-\mu\Delta t)+\lambda\mu\ (\Delta t)^2-1]}{\Delta t}+\frac{P_{n-1}(t)\lambda\Delta t(1-\mu\Delta t)}{\Delta t}+\frac{P_{n+1}(t)(1-\lambda\Delta t)\mu\Delta t}{\Delta t}\right\},\end{aligned}$$

即

$$\frac{\mathrm{d}P_n(t)}{\mathrm{d}t}=\lambda P_{n-1}(t)+\mu P_{n+1}(t)-(\lambda+\mu)P_n(t),n=1,2,\cdots.$$

当 $n=0$ 时,事件"在时刻 $t+\Delta t$ 时系统内有 0 个顾客"的概率为(若略去 Δt 的高阶无穷小):

$$\begin{aligned}P_0(t+\Delta t)&=P(\{\text{在时刻 }t\text{ 时无顾客,在随后 }\Delta t\text{ 时段内无顾客到达}\})\\&\quad+P(\{\text{在时刻 }t\text{ 时有一个顾客,在随后 }\Delta t\text{ 时段内有一个顾客离去,无顾客进入}\})\\&=P_0(t)(1-\lambda\Delta t)+P_1(t)[(1-\lambda\Delta t)\mu\Delta t].\end{aligned}$$

于是

$$\frac{\mathrm{d}P_0(t)}{\mathrm{d}t}=\lim_{\Delta t\to0}\frac{P_0(t+\Delta t)-P_0(t)}{\Delta t}=-\lambda P_0(t)+\mu P_1(t).$$

综上所述,得

$$\begin{cases}\dfrac{\mathrm{d}P_0(t)}{\mathrm{d}t}=-\lambda P_0(t)+\mu P_1(t),\\[2mm]\dfrac{\mathrm{d}P_n(t)}{\mathrm{d}t}=\lambda P_{n-1}(t)+\mu P_{n+1}(t)-(\lambda+\mu)P_n(t),n=1,2,\cdots.\end{cases}\tag{4.28}$$

这是一组微分差分方程,它的解称为系统的瞬时解。求出这一组瞬时解比较麻烦,而且瞬时解也不便于应用。为此,我们只考虑"稳态解"。当 $t\to\infty$ 时,系统处于稳定状态。设 $\lim\limits_{t\to\infty}P_n(t)$ 存在,记为 P_n,即

$$P_n=\lim_{t\to\infty}P_n(t).$$

P_n 称为系统的稳态解,也称为系统恰有 n 个顾客的稳态概率。这就是说,只要 t 足够大,系统恰有 n 个顾客的概率,基本上与 t 无关。下面来求 P_n。

在式(4.28)中令 $t\to\infty$,此时由于 $P_n(t)$ 与 t 无关,故对于一切 n 都有

$$\frac{\mathrm{d}P_n(t)}{\mathrm{d}t}=0,n=0,1,2,\cdots.$$

这时式(4.28)成为

$$\begin{cases}-\lambda P_0+\mu P_1=0,\\ \lambda P_{n-1}+\mu P_{n+1}-(\lambda+\mu)P_n=0,n=1,2,\cdots.\end{cases}\tag{4.29}$$

这就是稳态时的平衡方程组。将式(4.29)改写为

$$\begin{cases}P_1=\dfrac{\lambda}{\mu}P_0,\\ P_{n+1}=\dfrac{\lambda}{\mu}P_n+\left(P_n-\dfrac{\lambda}{\mu}P_{n-1}\right),\end{cases}\tag{4.30}$$

以 $n=1,2,\cdots$ 依次代入,得

$$\begin{aligned}&P_0=P_0,\\&P_1=\frac{\lambda}{\mu}P_0,\\&P_2=\frac{\lambda}{\mu}P_1+\left(P_1-\frac{\lambda}{\mu}P_0\right)=\frac{\lambda}{\mu}P_1=\left(\frac{\lambda}{\mu}\right)^2P_0,\\&P_3=\frac{\lambda}{\mu}P_2+\left(P_2-\frac{\lambda}{\mu}P_1\right)=\frac{\lambda}{\mu}P_2=\left(\frac{\lambda}{\mu}\right)^3P_0,\\&\qquad\vdots\\&P_n=\frac{\lambda}{\mu}P_{n-1}+\left(P_{n-1}-\frac{\lambda}{\mu}P_{n-2}\right)=\frac{\lambda}{\mu}P_{n-1}=\left(\frac{\lambda}{\mu}\right)^nP_0,\end{aligned}$$

由于 $P_0+P_1+\cdots+P_n+\cdots=1$,当 $\lambda/\mu<1$ 时,得

$$1=\sum_{n=0}^{\infty}P_n=\sum_{n=0}^{\infty}\left(\frac{\lambda}{\mu}\right)^nP_0=\frac{P_0}{1-\lambda/\mu}.$$

于是

$$P_0=1-\frac{\lambda}{\mu}.$$

即得稳态概率

$$\begin{cases}P_0=1-\dfrac{\lambda}{\mu},\\ P_n=\left(\dfrac{\lambda}{\mu}\right)^n\left(1-\dfrac{\lambda}{\mu}\right),n=1,2,\cdots.\end{cases}\tag{4.31}$$

在上述公式推导中,限制 $\lambda/\mu<1$。知道当 $\lambda/\mu<1$ 时稳态概率 P_n 一定存在。当 $\lambda/\mu\geqslant1$ 时级数 $\sum\limits_{n=0}^{\infty}\left(\dfrac{\lambda}{\mu}\right)^n$ 发散,稳态概率不存在。从直观上看,当 $\lambda/\mu\geqslant1$,即当 $\lambda\geqslant\mu$ 时队列的长度会无限地增长。

例 4.12 在一定的时段中,车辆驶向一收费桥梁形成一泊松到达流,到达流为 3 辆/min。桥上有一名收费员,服务时间为指数分布,均值为 1/4min/辆。设通过桥梁的车辆数没有限制,且驶向桥梁的车辆也没有限制。试应用 $M/M/1/\infty/\infty$ 模型求稳态概率。

解 $\lambda=3$ 辆/min,$\mu=4$ 辆/min,由式(4.31)得稳态概率为

$$P_n=\left(\frac{3}{4}\right)^n\left(1-\frac{3}{4}\right)=\frac{3^n}{4^{n+1}},n=0,1,2,\cdots.$$

例如,系统中无车辆的稳态概率为

$$P_0=\frac{1}{4}.$$

无车辆排队的稳态概率为

$$P_0+P_1=\frac{1}{4}+\frac{3}{4^2}=\frac{7}{16}.$$

至少有 2 辆车排队的稳态概率为

$$1-(P_0+P_1+P_2)=1-\left(\frac{1}{4}+\frac{3}{4^2}+\frac{3^2}{4^3}\right)=\frac{27}{64}.$$

2. 系统主要指标的计算

(1) 服务台闲或忙的稳态概率。由式(4.31)得服务台空闲的稳态概率为

$$P_0=1-\frac{\lambda}{\mu}. \tag{4.32}$$

服务台忙的稳态概率为

$$1-P_0=\frac{\lambda}{\mu}. \tag{4.33}$$

(2) 系统中顾客数的数学期望 L_s。系统中顾客数 N 的可能取值为 $0,1,2,\cdots$,而 $P\{N=n\}=P_n=\left(\frac{\lambda}{\mu}\right)^n\left(1-\frac{\lambda}{\mu}\right)$,于是顾客数 N 的数学期望为

$$\begin{aligned}L_s&=\sum_{n=0}^{\infty}nP_n=\sum_{n=0}^{\infty}n\left(\frac{\lambda}{\mu}\right)^n\left(1-\frac{\lambda}{\mu}\right)=\left(1-\frac{\lambda}{\mu}\right)\sum_{n=0}^{\infty}n\left(\frac{\lambda}{\mu}\right)^n\\&=\left(1-\frac{\lambda}{\mu}\right)\frac{\lambda/\mu}{(1-\lambda/\mu)^2}=\frac{\lambda}{\mu-\lambda},\text{当 }\lambda/\mu<1.\end{aligned}$$

(3) 排队等待服务的顾客数的数学期望 L_q。当系统内无顾客时或只有一个顾客无人排队。当系统中有 $n(n>1)$ 个顾客时有 $n-1$ 个顾客排队等待,所以排队等待服务的顾客数的数学期望为

$$\begin{aligned}L_q&=\sum_{n=1}^{\infty}(n-1)P_n=\sum_{n=1}^{\infty}nP_n-\sum_{n=1}^{\infty}P_n=\sum_{n=0}^{\infty}nP_n-\left(\sum_{n=0}^{\infty}P_n-P_0\right)\\&=L_s-(1-P_0)=\frac{\lambda}{\mu-\lambda}-\frac{\lambda}{\mu}=\frac{\lambda^2}{\mu(\mu-\lambda)}.\end{aligned}$$

(4) 顾客在系统中排队等待时间的数学期望 W_q。由 Little 公式

$$W_q=\frac{L_q}{\lambda_e}.$$

在系统 $M/M/1/\infty/\infty$ 中,每一个到达的顾客都能进入系统,因此有效到达率就是 λ,即 $\lambda_e=\lambda$,故有

$$W_q=\frac{L_q}{\lambda}=\frac{\lambda}{\mu(\mu-\lambda)}.$$

(5) 顾客在系统中逗留时间的数学期望 W_s。W_s 是顾客在系统中的平均排队等待时间加上平均服务时间,即

$$W_s=W_q+\frac{1}{\mu}=\frac{1}{\mu(\mu-\lambda)}+\frac{1}{\mu}=\frac{1}{\mu-\lambda}.$$

将以上结果汇总如下:

$$P_0=1-\frac{\lambda}{\mu},\quad 1-P_0=\frac{\lambda}{\mu},$$

$$L_s=\frac{\lambda}{\mu-\lambda},\quad L_q=\frac{\lambda^2}{\mu(\mu-\lambda)},\tag{4.34}$$

$$W_s=\frac{1}{\mu-\lambda},\quad W_q=\frac{\lambda}{\mu(\mu-\lambda)}.\tag{4.35}$$

例 4.13(续例 4.12) 在例 4.12 中求 L_s,L_q,W_s,W_q。

解 已知 $\lambda=3$ 辆/min,$\mu=4$ 辆/min,得

$$L_s=\frac{3}{4-3}=3(\text{辆})$$

$$L_q=\frac{9}{4\times(4-3)}=2.25(\text{辆})$$

$$W_s=\frac{1}{4-3}=1(\text{min})$$

$$W_q=\frac{3}{4\times(4-3)}=0.75\text{min}$$

下面用蒙特卡罗法求 W_s,W_q。

由定理 4.3 可知,车辆的到达时间间隔服从参数 $\lambda=3$ 辆/min 的指数分布,车辆的服务时间服从参数 $\mu=4$ 辆/min 的指数分布。用 Python 模拟时,每次模拟 1000 辆车,总共模拟 100 次,然后取平均值作为 W_s,W_q 的取值。直接模拟计算 L_s,L_q 有点复杂,我们利用 W_s,W_q 的模拟值和 Little 公式计算 L_s,L_q 的值。

记第 k 辆车的到达时间间隔为 t_k,到达时刻为 c_k,服务时间为 s_k,离开时刻为 g_k,排队等待时间为 $w_q^{(k)}$,逗留时间为 $w_s^{(k)}$,很容易得到如下的关系:

$$c_k=\sum_{i=1}^{k}t_i,\ g_k=\max(c_k,g_{k-1})+s_k,\ w_q^{(k)}=\max(0,g_{k-1}-c_k),\ w_s^{(k)}=w_q^{(k)}+s_k,k=2,3,\cdots.$$

下面模拟时,我们用 t 表示到达间隔时间,s 表示服务时间,c 表示到达时间,g 表示离开时间。模拟结果和上面利用公式的计算结果很接近。

```
#程序文件 Pgex4_13.py
import numpy as np
from numpy.random import exponential
n=1000                                      #每次模拟的车辆数
```

```
m=100                                                #模拟次数
mu1=1/3; mu2=1/4
WWq=np.zeros(m); WWs=np.zeros(m)                     #初始化
for j in range(m):
    g=np.zeros(n); Wq=np.zeros(n)
    Ws=np.zeros(n)
    t=exponential(mu1,size=n)                        #生成到达时间间隔随机数
    s=exponential(mu2,size=n)                        #生成服务时间随机数
    c=np.cumsum(t)                                   #计算各辆车的到达的到达时刻
    g[0]=c[0]+s[0]                                   #第一辆车离开时间
    Wq[0]=0; Ws[0]=s[0]                              #第一辆车的等待时间和逗留时间
    for i in range(n-1):
        g[i+1]=max(c[i+1],g[i])+s[i+1]               #第 i+1 辆车的离开时间
        Wq[i+1]=max(0,g[i]-c[i+1])                   #第 i+1 辆车的等待时间
        Ws[i+1]=Wq[i+1]+s[i+1]                       #第 i+1 辆车的逗留时间
    WWq[j]=Wq.mean()                                 #第 j 次模拟的平均等待时间
    WWs[j]=Ws.mean()                                 #第 j 次模拟的平均逗留时间
mWq=WWq.mean()                                       #m 次模拟的平均等待时间
mWs=WWs.mean()                                       #m 次模拟的平均等待时间
Lq=mWq/mu1; Ls=mWs/mu1                               #利用 Little 公式计算
print("平均等待时间:",mWq); print("平均逗留时间:",mWs)
print("平均等待的顾客数:",Lq); print("系统内的顾客数:",Ls)
```

4.5.3 $M/M/1/K/\infty$ 排队模型

$M/M/1/K/\infty$ 排队模型是指输入为泊松流,服务时间为指数分布,只有一个服务台,系统的容量是有限制的,系统最多能容纳 K 个顾客,顾客源为无限的服务系统。

1. 系统稳态概率的计算

在上节讨论的模型,系统的容量是无限的,在实际中常会遇到系统容量有限制的情况,例如汽车停车场,它所能容纳的汽车的辆数是有限的,一旦停车场的所有车位都停满了汽车就拒绝外来汽车再进入。

设系统最多可容纳 K 个顾客。与前面一样,以 $P_n(0\leqslant n\leqslant K)$ 表示系统中有 n 个顾客的稳态概率。与模型 $M/M/1/\infty/\infty$ 比较,易知当 $0\leqslant n\leqslant K-2$ 时,P_n 也满足差分方程

$$\begin{cases}-\lambda P_0+\mu P_1=0,\\ \lambda P_{n-1}+\mu P_{n+1}-(\lambda+\mu)P_n=0, n=1,2,\cdots,K-2.\end{cases}\tag{4.36}$$

当 $n=K$ 时,对于充分小的时间间隔 Δt,事件"在时刻 $t+\Delta t$ 时系统内有 K 个顾客"的概率为(略去 Δt 的高阶无穷小):

$$\begin{aligned}P_K(t+\Delta t)&=P(\{\text{在时刻 } t \text{ 时有 } K-1 \text{ 个顾客,在随后的 } \Delta t \text{ 时段内有一个顾客到达,无顾客离开}\})\\&\quad+P(\{\text{在时刻 } t \text{ 时有 } K \text{ 个顾客,在随后的 } \Delta t \text{ 时段内无顾客离开}\})\\&=P_{K-1}[(\lambda\Delta t)(1-\mu\Delta t)]+P_K(t)(1-\mu\Delta t),\end{aligned}$$

于是

$$\frac{\mathrm{d}P_K(t)}{\mathrm{d}t}=\lim_{\Delta t\to 0}\frac{P_K(t+\Delta t)-P_K(t)}{\Delta t}=\lambda P_{K-1}(t)-\mu P_K(t).$$

在上式中令 $t\to\infty$，得

$$0=\lambda P_{K-1}-\mu P_K$$

将这一方程与式(4.36)合并，得到系统在稳态时的平衡方程组：

$$\begin{cases}-\lambda P_0+\mu P_1=0,\\ \lambda P_{n-1}+\mu P_{n+1}-(\lambda+\mu)P_n=0, n=1,2,\cdots,K-2,\\ \lambda P_{K-1}-\mu P_K=0.\end{cases}\tag{4.37}$$

将上述方程组改写为

$$\begin{cases}P_1=\dfrac{\lambda}{\mu}P_0,\\ P_{n+1}=\dfrac{\lambda}{\mu}P_n+\left(P_n-\dfrac{\lambda}{\mu}P_{n-1}\right), 1\leqslant n\leqslant K-2,\\ P_K=\dfrac{\lambda}{\mu}P_{K-1}.\end{cases}$$

以 $n=1,2,\cdots,K-2$ 依次代入上式，得

$$\begin{aligned}&P_1=\frac{\lambda}{\mu}P_0,\\ &P_2=\frac{\lambda}{\mu}P_1+\left(P_1-\frac{\lambda}{\mu}P_0\right)=\frac{\lambda}{\mu}P_1=\left(\frac{\lambda}{\mu}\right)^2P_0,\\ &P_3=\frac{\lambda}{\mu}P_2+\left(P_2-\frac{\lambda}{\mu}P_1\right)=\frac{\lambda}{\mu}P_2=\left(\frac{\lambda}{\mu}\right)^3P_0,\\ &\qquad\vdots\\ &P_{K-1}=\frac{\lambda}{\mu}P_{K-2}+\left(P_{K-2}-\frac{\lambda}{\mu}P_{K-3}\right)=\left(\frac{\lambda}{\mu}\right)^{K-1}P_0,\\ &P_K=\frac{\lambda}{\mu}P_{K-1}=\left(\frac{\lambda}{\mu}\right)^KP_0.\end{aligned}\tag{4.38}$$

注意到 $\sum_{n=0}^{K}P_n=1$，从而有

$$P_0\left[1+\frac{\lambda}{\mu}+\left(\frac{\lambda}{\mu}\right)^2+\cdots+\left(\frac{\lambda}{\mu}\right)^K\right]=1,$$

即有

$$P_0=\begin{cases}\dfrac{1-\lambda/\mu}{1-(\lambda/\mu)^{K+1}}, & \lambda/\mu\neq 1,\\ \dfrac{1}{K+1}, & \lambda/\mu=1.\end{cases}$$

因此

$$P_n=\begin{cases}\dfrac{(\lambda/\mu)^n(1-\lambda/\mu)}{1-(\lambda/\mu)^{K+1}}, & \lambda/\mu\neq 1,\\ \dfrac{1}{K+1}, & \lambda/\mu=1,\end{cases}\quad n=0,1,2,\cdots,K. \tag{4.39}$$

从这里可看到在这一模型中 λ,μ 的值没有限制。

2. 系统主要指标的计算

(1) 服务台空或忙的稳态概率。由式(4.39)可得服务台空或忙的稳态概率分别为 P_0 和 $1-P_0$。

(2) 系统中顾客数的数学期望 L_s。记 $\lambda/\mu=\rho$,由式(4.39),得

$$L_s=\sum_{n=0}^{K}nP_n=\frac{1-\rho}{1-\rho^{K+1}}\sum_{n=0}^{K}n\rho^n=\frac{1-\rho}{1-\rho^{K+1}}\rho\frac{\mathrm{d}}{\mathrm{d}\rho}\sum_{n=0}^{K}\rho^n$$
$$=\frac{(1-\rho)\rho}{1-\rho^{K+1}}\frac{\mathrm{d}}{\mathrm{d}\rho}\left(\frac{1-\rho^{K+1}}{1-\rho}\right)=\frac{\rho[1-(K+1)\rho^K+K\rho^{K+1}]}{(1-\rho)(1-\rho^{K+1})},\ \rho\neq 1.$$

即

$$L_s=\frac{\lambda[1-(K+1)(\lambda/\mu)^K+K(\lambda/\mu)^{K+1}]}{(\mu-\lambda)[1-(\lambda/\mu)^{K+1}]},\lambda/\mu\neq 1.$$

当 $\lambda/\mu=1$ 时,有

$$L_s=\sum_{n=0}^{K}\frac{n}{K+1}=\frac{K}{2}.$$

(3) 排队等待服务顾客数的数学期望 L_q。类似地可得在系统容量为 K 时也有关系式

$$L_q=L_s-(1-P_0)=L_s-\frac{\lambda/\mu[1-(\lambda/\mu)^K]}{1-(\lambda/\mu)^{K+1}},\frac{\lambda}{\mu}\neq 1.$$

当 $\lambda/\mu=1$ 时,有

$$L_q=L_s-(1-P_0)=\frac{K}{2}-\left(1-\frac{1}{K+1}\right)=\frac{K(K-1)}{2(K+1)}.$$

(4) 顾客在系统中排队等待时间的数学期望 W_q。为利用 Little 公式先来求 λ_e,在系统中有 $n(n=0,1,2,\cdots,K-1)$ 个顾客时,单位时间内平均进入系统的顾客数均为 λ,而当 $n=K$ 时,因系统满员,顾客不能进入系统,故单位时间内平均进入系统的顾客数(数学期望)为

$$\lambda_e=\lambda P_0+\lambda P_1+\cdots+\lambda P_{K-1}+0\cdot P_K=\lambda(P_0+P_1+\cdots+P_{K-1})=\lambda(1-P_K)$$

故得

$$W_q=\frac{L_q}{\lambda(1-P_K)}$$

(5) 顾客在系统中逗留时间的数学期望 W_s。

$$W_s=W_q+\frac{1}{\mu}$$

(6) 系统的稳态损失率。系统的稳态损失率就是系统满员的稳态概率 P_K。

例 4.14 一洗车店只设有一个洗车位,另有 4 个停车位供等待清洗的汽车停放。汽

车到达为泊松流，强度为 4 辆/h；车辆所需清洗时间服从均值为 1/6(h/辆) 的指数分布。汽车到达时，如果洗车位没有空，则就在停车位排队等待，又若停车位也没有空，那么就需赴其他洗车店。试求解如下问题：

(1) 一辆车到达时，立即可进洗车位的稳态概率；

(2) 洗车店中汽车数的数学期望；

(3) 空置停车位数的数学期望；

(4) 全部停车位均有车的稳态概率；

(5) 洗车排队的等待时间的数学期望。

解 按题意本题属于 $M/M/1/K/\infty$ 模型。$K=5$，到达率 $\lambda=4$ 辆/h，服务率 $\mu=6$ 辆/h，$\lambda/\mu=2/3$。

(1) 一辆车到达时立即可进洗车位的稳态概率为

$$P_0=\frac{1-2/3}{1-(2/3)^6}=0.3654.$$

(2) 洗车店中汽车数的数学期望为

$$L_s=\frac{4[1-6(2/3)^5+5(2/3)^6]}{2[1-(2/3)^6]}=1.4226(\text{辆}).$$

(3) 空置停车位数的数学期望为

$$4-L_q=4-[L_s-(1-P_0)]=3.2120(\text{辆}).$$

(4) 全部停车位均有车的稳态概率为

$$P_5=\frac{(2/3)^5(1-2/3)}{1-(2/3)^6}=0.0481.$$

(5) 洗车排队等待时间的数学期望为

$$W_q=\frac{L_q}{\lambda(1-P_5)}=\frac{L_s-(1-P_0)}{\lambda(1-P_5)}=0.2070(\text{h}).$$

```
#程序文件 Pgex4_14_1.py
import numpy as np
K=5; lamda=4; mu=6; rho=lamda/mu;
P0=(1-rho)/(1-rho**(K+1))
Ls=lamda*(1-(K+1)*rho**K+K*rho**(K+1))/((mu-lamda)*(1-rho**(K+1)))
Lk=4-(Ls-(1-P0))      #计算停车位数的数学期望
P5=rho**K*(1-rho)/(1-rho**(K+1))
Wq=(Ls-(1-P0))/(lamda*(1-P5))
print("P0=",P0); print("Ls=",Ls); print("空置停车位数:",Lk)
print("P5=",P5); print("Wq=",Wq)
```

我们可以用蒙特卡罗法求平均排队等待时间 W_q 和平均逗留时间 W_s。仿真的 Python 程序如下：

```
#程序文件 Pgex4_14_2.py
import numpy as np
from numpy.random import exponential
K=5; mu1=1/4; mu2=1/6; n=100000
```

```python
    t=exponential(mu1)          #第一辆车的到达时间间隔
    s=exponential(mu2)          #第一辆车的服务时间
    c=np.zeros(n); g=np.zeros(n)
    Wq=np.zeros(n); Ws=np.zeros(n)
    c[0]=t                      #第一辆车的到达时刻
    g[0]=c[0]+s                 #第一辆车的离开时刻
    Ws[0]=s                     #第一辆车的逗留时间
    for i in range(1,5):
        t=exponential(mu1); s=exponential(mu2)     #生成到达时间间隔和服务时间
        c[i]=c[i-1]+t;
        g[i]=max(c[i],g[i-1])+s                    #离开时间
        Wq[i]=max(0,g[i-1]-c[i])                   #等待时间
        Ws[i]=Wq[i]+s                              #逗留时间
    for i in range(5,n-1):
        t=exponential(mu1); s=exponential(mu2)     #生成到达时间间隔和服务时间
        c[i]=c[i-1]+t;
        while c[i]<g[i-5]:                         #当前已经有5辆车,无空位
            t=exponential(mu1); s=exponential(mu2) #重新生成到达时间间隔和服务时间
            c[i]=c[i-1]+t
        g[i]=max(c[i],g[i-1])+s                    #离开时间
        Wq[i]=max(0,g[i-1]-c[i])                   #等待时间
        Ws[i]=Wq[i]+s                              #逗留时间
    zWq=Wq.mean(); zWs=Ws.mean()
    print("平均等待时间:",zWq); print("平均逗留时间:",zWs)
```

4.5.4 其他排队模型

当排队系统的到达间隔时间和服务时间的概率分布很复杂,或不能用公式给出时,就不能用解析法求解。这就更需用随机模拟法求解,现举例说明。

例 4.15 设某仓库前有一卸货场,货车一般是夜间到达,白天卸货,每天只能卸货 2 车,若一天内到达数超过 2 车,那么就推迟到次日卸货。根据表 4.1 所列的数据,货车到达数平均为 1.5 车/天,求每天推迟卸货的平均车数。

表 4.1 到达车数的概率

到达车数	0	1	2	3	4	5	≥6
概　　率	0.23	0.30	0.30	0.1	0.05	0.02	0.00

这是单服务台的排队系统,可验证到达车数不服从泊松分布,服务时间也不服从指数分布(这是定长服务时间)。

随机模拟法首先要求事件能按历史的概率分布规律出现,模拟时产生的随机数与事件的对应关系见表 4.2。

表 4.2 到达车数的概率及其对应的随机数

到达车数	概 率	累积概率	对应的随机数
0	0.23	0.23	$0\leq x<0.23$
1	0.30	0.53	$0.23\leq x<0.53$
2	0.30	0.83	$0.53\leq x<0.83$
3	0.1	0.93	$0.83\leq x<0.93$
4	0.05	0.98	$0.93\leq x<0.98$
5	0.02	1.00	$0.98\leq x\leq 1.00$

用 a_1 表示产生的随机数,a_2 表示到达的的车数,a_3 表示需要卸货的车数,a_4 表示实际卸货的车数,a_5 表示推迟卸货的车数。模拟的 Python 程序如下:

```
#程序文件 Pgex4_15.py
import numpy as np
from numpy.random import uniform
n=50000                                           #模拟的天数
m=2                                               #每天卸货的车数
a1=uniform(size=n)                                #生成区间[0,1)上的随机数
a2=np.zeros(n)                                    #初始化
p=np.array([0.23,0.30,0.30,0.10,0.05,0.02])
cp=np.cumsum(p)                                   #求累加和
for i in range(len(p)-1):
    a2[(a1>=cp[i]) & (a1<cp[i+1])]=i+1
a3=np.zeros(n);a4=np.zeros(n);a5=np.zeros(n) #a3,a4,a5 初始化
a3[0]=a2[0];
if a3[0]<=m:
    a4[0]=a3[0]; a5[0]=0
else:
    a4[0]=m; a5[0]=a2[0]-m
for i in range(1,n):
  a3[i]=a2[i]+a5[i-1]
  if a3[i]<=m:
      a4[i]=a3[i];a5[i]=0
  else:
      a4[i]=m;a5[i]=a3[i]-m
a=np.vstack([a1,a2,a3,a4,a5])
s=a.mean(axis=1)                                  #n 天内的平均值
print(s)
```

由模拟结果知,每天推迟卸货的平均车数为 1。

例 4.16 银行计划安置自动取款机,已知 A 型机的价格是 B 型机的 2 倍,而 A 型机的性能—平均服务率也是 B 型机的 2 倍,问应该购置 1 台 A 型机还是 2 台 B 型机。

解 为了通过模拟回答这类问题,作如下具体假设,顾客平均每分钟到达 1 位,A 型

机的平均服务时间为 0.9min，B 型机为 1.8min，顾客到达间隔和服务时间都服从指数分布，2 台 B 型机采取 $M/M/2$ 模型（排一队），用前 100 名顾客（第 1 位顾客到达时取款机前为空）的平均等待时间为指标，对 A 型机和 B 型机分别作 1000 次模拟，取平均值进行比较。

理论上已经得到，A 型机和 B 型机前 100 名顾客的平均等待时间分别为 $\mu_1(100)=4.13$，$\mu_2(100)=3.70$，即 B 型机优。

对于 $M/M/1$ 模型，记第 k 位顾客的到达时刻为 c_k，离开时刻为 g_k，等待时间为 w_k，它们很容易根据已有的到达间隔 t_k 和服务时间 s_k 按照以下的递推关系得到：

$$c_k=c_{k-1}+t_k,\quad g_k=\max(c_k,g_{k-1})+s_k,\quad w_k=\max(0,g_{k-1}-c_k),\quad k=2,3,\cdots$$

下面模拟时，用 t 表示到达间隔时间，s 表示服务时间，c 表示到达时间，g 表示离开时间，w 表示等待时间。模拟结果也是 B 型机优。

模拟 A 型机时，Python 程序如下：

```python
#程序文件 Pgex4_16_1.py
import numpy as np
from numpy.random import exponential
n=100                                #顾客数量
m=1000                               #模拟次数
mu1=1;mu2=0.9
c=np.zeros(n); g=np.zeros(n)
w=np.zeros(n); tt1=np.zeros(m)
for j in range(m):
    t=exponential(mu1,size=n)        #生成到达时间间隔随机数
    s=exponential(mu2,size=n)        #生成服务时间随机数
    c[0]=t[0]                        #第一个顾客到达时间
    g[0]=c[0]+s[0]                   #第一个顾客离开时间
    for i in range(1,n):
        c[i]=c[i-1]+t[i]             #到达时间
        g[i]=max(c[i],g[i-1])+s[i]   #离开时间
        w[i]=max(0,g[i-1]-c[i])      #等待时间
    tt1[j]=w.mean()                  #第 j 次模拟的平均等待时间
tt2=tt1.mean()                       #m 次模拟的平均等待时间
print(tt2)
```

类似地，模拟 B 型机的程序如下：

```python
#程序文件 Pgex4_16_2.py
import numpy as np
from numpy.random import exponential
n=100                                #顾客数量
m=1000                               #模拟次数
mu1=1;mu2=1.8
c=np.zeros(n); g=np.zeros(n)
w=np.zeros(n); tt1=np.zeros(m)
```

```python
for j in range(m):
   t=exponential(mu1,size=n)          #生成到达时间间隔随机数
   s=exponential(mu2,size=n)          #生成服务时间随机数
   c[0]=t[0]; c[1]=c[0]+t[1]
   g[0:2]=c[0:2]+s[:2]
   flag=g[:2]
   for i in range(2,n):
       c[i]=c[i-1]+t[i]               #到达时间
       g[i]=max(c[i],min(flag))+s[i]  #离开时间
       w[i]=max(0,min(flag)-c[i])     #等待时间
       flag=[max(flag),g[i]]
   tt1[j]=w.mean()
tt2=tt1.mean(); print(tt2)
```

4.6 存储问题

例 4.17 某小贩每天以 $a=10$ 元/束的价格购进一种鲜花,卖价为 $b=15$ 元/束,当天卖不出去的花全部损失。顾客一天内对花的需求量 X 是随机变量,X 服从泊松分布

$$P\{X=k\}=\mathrm{e}^{-\lambda}\frac{\lambda^k}{k!},\quad k=0,1,2,\cdots,$$

其中参数 $\lambda=15$. 问小贩每天应购进多少束鲜花才能得到好收益。

解 这是一个随机决策问题,要确定每天应购进的鲜花数量以使收入最高。

设小贩每天购进 u 束鲜花. 如果这天需求量 $X\leqslant u$,则其收入为 $bX-au$,如果需求量 $X>u$,则其收入为 $bu-au$,因此小贩一天的期望收入为

$$J(u)=-au+\sum_{k=0}^{u}bk\cdot\mathrm{e}^{-\lambda}\cdot\frac{\lambda^k}{k!}+\sum_{k=u+1}^{\infty}bu\cdot\mathrm{e}^{-\lambda}\cdot\frac{\lambda^k}{k!},$$

问题归结为在 a,b,λ 已知时,求 u 使得 $J(u)$ 最大。因而最佳购进量 u^* 满足

$$J(u^*)\geqslant J(u^*+1),\quad J(u^*)\geqslant J(u^*-1),$$

由于

$$J(u+1)-J(u)=-a+b\mathrm{e}^{-\lambda}\sum_{k=u+1}^{\infty}\frac{\lambda^k}{k!}=-a+b\left(1-\sum_{k=0}^{u}\mathrm{e}^{-\lambda}\frac{\lambda^k}{k!}\right),$$

最佳购进量 u^* 满足

$$1-\sum_{k=0}^{u^*}\mathrm{e}^{-\lambda}\frac{\lambda^k}{k!}\leqslant\frac{a}{b},$$

$$1-\sum_{k=0}^{u^*-1}\mathrm{e}^{-\lambda}\frac{\lambda^k}{k!}\geqslant\frac{a}{b},$$

记泊松分布的分布函数为 $F(i)=P\{X\leqslant i\}=\sum_{k=0}^{i}\mathrm{e}^{-\lambda}\frac{\lambda^k}{k!}$,则最佳购进量 u^* 满足

$$F(u^*-1)\leqslant 1-\frac{a}{b}\leqslant F(u^*).$$

查泊松分布表,或利用 Python 软件,求得最佳购进量 $u^*=13$。

```
#程序文件 Pgex4_17_1.py
from scipy.stats import poisson
lamda=15; a=10; b=15
p=1-a/b
u=poisson.ppf(p,lamda)      #最佳购进量
p1=poisson.cdf(u-1,lamda)  #p1 和 p2 是为验证最佳购进量
p2=poisson.cdf(u,lamda)
print(u); print(p1); print(p); print(p2)
```

下面用计算机模拟进行检验。

对不同的 a,b,λ,用计算机模拟求最优决策 u 的算法如下:

步骤 1　给定 a,b,λ,记进货量为 u 时,收益为 M_u,当 $u=0$ 时,$M_0=0$;令 $u=1$,继续下一步。

步骤 2　对需求量随机变量 X 做模拟,求出收入,共做 n 次模拟,求出收入的平均值 M_u。

步骤 3　若 $M_u \geqslant M_{u-1}$,令 $u=u+1$,转步骤 2;若 $M_u<M_{u-1}$,输出 $u^*=u-1$,停止。

用 Python 软件进行了模拟,求得最佳进货量为 13 或 14,发现其与理论推导符合得很好。模拟的 Python 程序如下:

```
#程序文件 Pgex4_17_2.py
import numpy as np
a=10; b=15; lamda=15; M1=0
u=1; n=10000
for i in range(2 * lamda):
    d=np.random.poisson(lamda,size=n)       #产生 n 个 Poisson 分布的随机数
    M2=np.mean((b-a) * u * (u<=d)+((b-a) * d-a * (u-d)) * (u>d))   #求平均利润
    if M2>M1:
        M1=M2; u=u+1
    else:
        print('最佳购进量为% d'% (u-1)); break
```

例 4.18　某企业生产易变质的产品。当天生产的产品必须当天售出,否则就会变质。该产品单位成本为 $a=2$ 元,单位产品售价为 $b=3$ 元。假设市场对该产品的每天需求量是一个随机变量。从以往的统计分析得知它服从正态分布 $N(135,20^2)$。

(1) 求最佳库存方案及对应的最大收益;

(2) 用蒙特卡罗法确定如下的两个方案哪个优。

方案甲:按前一天的销售量作为当天的存货量。

方案乙:按前二天的平均销售量作为当天的存货量。

解　(1) 设当天的存货量为 s,当天产品的需求量为随机变量 X,$X\sim N(135,20^2)$,则当天的收益

$$Y=\begin{cases}(b-a)s, & s\leqslant X,\\ bX-as, & s>X.\end{cases}$$

记正态分布 $N(135,22.4^2)$ 的概率密度函数为 $f(x)$，当天收益的数学期望

$$Q(s)=EY=\int_0^s(bx-as)f(x)\mathrm{d}x+\int_s^{+\infty}(b-a)sf(x)\mathrm{d}x$$

$$=b\int_0^s xf(x)\mathrm{d}x-as+asF(0)+bs-bsF(s).$$

要求 $Q(s)$ 的最大值，令

$$\frac{\mathrm{d}Q(s)}{\mathrm{d}s}=0,$$

得

$$F(s)=1+\frac{aF(0)-a}{b},$$

其中 $F(s)$ 为 X 的分布函数，由于 $Q(s)$ 只有唯一的驻点，则当 $s=F^{-1}\left(1+\frac{aF(0)-a}{b}\right)$ 时，达到最优收益。

本题利用 Python 软件，求得最佳存货量 $s^*=126.3855$，对应的收益 $Q(s^*)=113.1840$。

计算的 Python 程序如下：

```
#程序文件 Pgex4_18_1.py
from scipy.stats import norm
from scipy.integrate import quad
a=2; b=3; mu=135; sigma=20
s=norm.ppf(1+(a*norm.cdf(0,mu,sigma)-a)/b,mu,sigma)  #求最佳库存
xf=lambda x:x*norm.pdf(x,mu,sigma)
Q=b*quad(xf,0,s)[0]-a*s+a*s*norm.cdf(0,mu,sigma)+\
  b*s-b*s*norm.cdf(s,mu,sigma)                        #求最佳库存对应的收益
print("s=",s); print("Q=",Q)
```

(2) 两个方案的随机模拟。

模拟时，方案甲第一天存货量的初始值取为服从正态分布 $N(135,20^2)$ 的随机数，方案乙前两天存货量的初始值也是服从正态分布 $N(135,20^2)$ 的随机数。

模拟时取天数 $n=10000$，计算 10000 天收益的平均值，模拟结果显示方案乙较优。

模拟的 Python 程序如下：

```
#程序文件 Pgex4_18_2.py
import numpy as np
mu=135; sigma=20; a=2; b=3; n=10000
s1=np.zeros(n); s2=np.zeros(n)
d=np.random.normal(mu,sigma,n)                #产生 n 天需求的 n 个随机数
s1[0]=np.random.normal(mu,sigma)              #方案甲的第一天存货量
for i in range(1,n):
    s1[i]=min(s1[i-1],d[i-1])                 #方案甲的第 i 天存货量
Y1=((b-a)*s1*(s1<=d)+(b*d-a*s1)*(s1>d)).mean()   #计算方案甲的平均收益
s2[:2]=np.random.normal(mu,sigma,2)           #方案乙的前两天存货量
```

```
for i in range(2,n):
    s2[i]=(min(d[i-2],s2[i-2])+min(d[i-1],s2[i-1]))/2
Y2=((b-a)*s2*(s2<=d)+(b*d-a*s2)*(s2>d)).mean()    #计算方案乙的平均收益
print("方案甲平均收益:",Y1); print("方案乙平均收益:",Y2)
```

4.7 整数规划

整数规划由于限制变量为整数而增加了难度;然而又由于整数解是有限个,于是为枚举法提供了方便。当然,当自变量维数很大和取值范围很宽情况下,企图用显枚举法(穷举法)计算出最优值是不现实的,但是应用概率理论可以证明,在一定计算量的情况下,用蒙特卡罗法完全可以得出一个满意解。

例 4.19 已知非线性整数规划为

$$\max z=x_1^2+x_2^2+3x_3^2+4x_4^2+2x_5^2-8x_1-2x_2-3x_3-x_4-2x_5,$$

$$\text{s. t.}\begin{cases}0\leqslant x_i\leqslant 99, \quad (i=1,\cdots,5),\\ x_1+x_2+x_3+x_4+x_5\leqslant 400,\\ x_1+2x_2+2x_3+x_4+6x_5\leqslant 800,\\ 2x_1+x_2+6x_3\leqslant 200,\\ x_3+x_4+5x_5\leqslant 200.\end{cases},$$

如果用显枚举法试探,共需计算$(100)^5=10^{10}$个点,其计算量非常大。应用蒙特卡罗随机计算10^6个点,便可找到满意解,那么这种方法的可信度究竟怎样呢?

下面就分析随机取样采集10^6个点计算时,应用概率理论估计可信度。

不失一般性,假设一个整数规划的最优点不是孤立的奇点。

假设目标函数落在高值区的概率分别为 0.01,0.00001,则当计算10^6个点后,有任一个点能落在高值区的概率分别为

$$1-0.99^{1000000}\approx 0.99\cdots 99(100\text{ 多位}),$$

$$1-0.99999^{1000000}\approx 0.999954602.$$

```
#程序文件 Pgex4_19.py
import numpy as np
c1=np.array([1,1,3,4,2]); c2=np.array([-8,-2,-3,-1,-2])
def mengte(x):
    f=c1@x**2+c2@x
    g=np.array([sum(x)-400,
          np.array([1,2,2,1,6])@x-800,
          np.array([2,1,6,0,0])@x-200,
          np.array([0,0,1,1,5])@x-200])
    return (f,g)
p0=0
for i in range(10**6):
    x=np.random.randint(0,100,5)
    f,g=mengte(x)
```

```
    if all(g<=0):
        x0=x; p0=f
print("近似最优解:",x0); print("近似最优解:",p0)
```

由于是随机模拟,每次的运行结果都是不一样的,且计算效果比 Lingo 软件求得的全局最优解差很多。

4.8 求偏微分方程的数值解

下面以拉普拉斯方程为例,从有限差分方法入手,结合蒙特卡罗法的基本思想,建立一种求解偏微分方程边值问题的随机概率模型。设求解二维区域 Ω 中的问题为

$$\begin{cases}\nabla^2 u \equiv \dfrac{\partial^2 u}{\partial x_1^2}+\dfrac{\partial^2 u}{\partial x_2^2}=0, \\ u|_{\Gamma}=\phi(\Gamma).\end{cases} \tag{4.40}$$

式中:u 为待求解的实函数;x_1, x_2 均为实自变量;Γ 为求解域的边界;$\phi(\Gamma)$ 为已知的边界值。

以步长 $\Delta x=\Delta y=h$ 的正方形网格覆盖区域 Ω 和边界 Γ,内部网格节点的全体记为 Ω_h,边界网格点的全体记为 Γ_h。网格点 (ih, jh) 就简记为 (i,j)。现在要求这一点的解 $u_{i,j}$。

先叙述直观的做法。取一个四面体的骰子,它有 4 面,分别记以 1,2,3,4,相当于指示向东、向南、向西和向北移动一步,也就是相当于 $i\to i+1, j\to j+1, i\to i-1, j\to j-1$ 的移动。

现在由 $P(i,j)$ 点出发,每掷一次骰子,根据得到的一个数字按上述规则移动一步,直到边界 Γ_h 为止。设到达边界 Γ_h 上的点 Q_1,则取 $u_1=\phi(Q_1)$。再从点 $P(i,j)$ 出发,又掷骰子,按上面的办法移动,直到 Γ_h 为止,设到达点 $Q_2\in\Gamma_h$,又得到一个数值 $u_2=\phi(Q_2)$,…,如此不断地进行下去,则根据关系式

$$u_{i,j}=\lim_{n\to\infty}\frac{1}{N}\sum_{k=1}^{N}u_k, \tag{4.41}$$

只要 N 取得足够大,即可得到较准确的结果。

例 4.20 求解如下的具有第一类边界条件的二维拉普拉斯方程

$$\begin{cases}\dfrac{\partial^2 u}{\partial x_1^2}+\dfrac{\partial^2 u}{\partial x_2^2}=0, \quad (x,y)\in\Omega=\{(x,y)\mid 0\leqslant x,y\leqslant 1\}, \\ u\big|_{x=0,x=1}^{0\leqslant y\leqslant 1}=u\big|_{y=0}^{0<x<1}=0, \quad u\big|_{y=1}^{0<x<1}-10.\end{cases}$$

在下面计算中,取网格的步长 $h=0.01$,即把单位正方形剖分成 101×101 的小网格。边界网格的编号是从正方形的左上角顶点开始,沿顺时针方向编号。

计算的 Python 程序如下:

```
#程序文件 Pgex4_20.py
import numpy as np
import pylab as plt
x=np.linspace(0,1,101); y=np.linspace(0,1,101)
phi=np.zeros(400)                          #边界条件初始化
```

```
phi[:101]=10; N=1000
u=np.zeros((101,101)); u[:,0]=10          #初始化
#内部节点的编号 i=1,2,…,99;j=1,2,…,99
s=np.zeros((101,101))
for i in range(1,99):
    for j in range(1,99):
        for k in range(N):
            s[i,j]=0; ii=i; jj=j
            while (ii>0) & (ii<100) & (jj>0) & (jj<100):
                r=np.random.randint(1,5)    #生成1,2,3,4中的一个随机整数
                ii=ii+(r==1)-(r==3)
                jj=jj+(r==2)-(r==4)
            if jj==100: kk=ii
            elif ii==100: kk=100+(100-jj)
            elif jj==0: kk=200+(100-ii)
            else: kk=300+jj
            s[i,j]=s[i,j]+phi[kk]
        u[i,j]=s[i,j]/N
plt.contour(x,y,u); plt.show()
```

注 4.1 上面的程序还需要改进,运行时间太长了。

4.9 竞赛择优问题[18]

复旦大学参赛队在1996年美国大学生数学建模竞赛中,用计算机模拟的方法完美地解决了B题竞赛择优问题,为中国大学生争得了荣誉。

论文摘要:我们构造评选方案的5个模型,借助于计算机模拟,对每个模型给出了最佳方案。

在问题分析部分中,引入一个费用函数来评估方案,分别用偶然误差 d 及系统偏差 e 来定量描述评委的水平。

我们给出了若干假设,进行了计算机模拟算法,讨论了参数 d 与 e 的取值范围,得出结论:为了完成工作,评委的能力必须达到一定水准。

我们讨论了5个模型:理想模型建立在理想条件之下,圆桌模型与经典模型费用较高,为了节省经费,我们给出了截断模型与改进圆桌模型。

截断模型在打分的基础上每轮依据一定的截断水平来筛选论文。根据评委的水平不同,我们可以改变筛选的比例,此方案有一定的弹性,是一种较节省的方案。改进的圆桌模型结合了排序和打分,使得方案既节省又易操作。

我们对所有方案进行了比较,发现后两个方案明显地降低了费用。然后我们对模型加以推广,发现除圆桌模型外,其他模型均适合不同的 P,J 与 W。截断模型最适合于对优胜者加以分类。

我们发现费用依赖于评委的水平,在每个模型中,评委水平的稍许下降会导致费用较大的提高。因此,我们的主要建议是:挑选最佳的评委。

4.9.1 问题提出

在确定数学建模竞赛这一类比赛的优胜者时，常需评阅大量的答卷。比如有 P 份答卷，一个由 J 位评委组成的小组来完成评阅任务，竞赛组委会对评委人数与评阅时间都有限制。例如，$P=100$ 时，可取 $J=8$。

在理想情况下，每个评委评阅所有的答卷并给出排序，但这样做工作量太大。另一种方法是进行多轮次筛选，每一轮次中每个评委只评阅一定数量的答卷，并给出分数。某些评阅方案可用来降低所看答案的份数，比如：如果给答案排序，那么每个评委所评阅的排在最后的30%的文章被筛除；如果给答卷打分，那么某个分数以下的答卷被筛除。

通过筛选的答卷重新返回到评委小组，重复上述过程。人们关注的是每个评委所看的答卷数要显著地小于 P。当只剩下 W 份答卷时，评阅过程结束，这 W 份就是优胜者。当 $P=100$ 时，常取 $W=3$。

你的任务是利用排序、打分与其他方法的组合，确定一种筛选方案，按照这种方案，最后选中的 W 份答卷只能来自“最好的”$2W$ 份答卷（所谓“最好的”是指我们假定存在一种评委一致赞同的答卷的绝对顺序）。例如，用你的方案得到的最后 3 份答卷将全部包括在“最好的”6 份答卷中。在所有满足上述要求的方法中，希望你能给出使每个评委所看答卷份数最少的一种方法。

注意在打分时存在系统偏差的可能。例如，对于一批答卷，一位评委平均给 70 分，而另一位可能给 80 分。

在你给出的方案中如何调节尺度来适应竞赛参数(P,J,W)的变换？

4.9.2 模型假设

（1）存在所有评委认可的绝对等级划分及得分。

（2）绝对得分为 1 到 100 的整数，符合 $N(70,100)$分布（$\mu=70,\sigma^2=100$）。

（3）一个方案可被接受的充要条件是它能保证最终的 W 个优胜者能以 95%的概率来自最好的 $2W$ 篇论文中。

（4）评委独立工作，互不干扰。

（5）评委评分的偶然误差满足正态分布，其方差大小可以由评委过去的记录得到。

（6）对于一定类型的文章，某些评委存在系统偏差，从而他们相应的给分会高一些或低一些。

（7）在等级评定方法中，每个评委筛除 30%的最差文章。

4.9.3 问题分析

我们的主要任务是提供一个选择 W 个优胜者的可靠方案，并且尽量减少每个评委所评阅文章的数目。

可以用等级评定或依得分来决定优秀文章。当一批文章给定得分后，它们的等级随之而定。因此，我们着重考虑得分情况，等级可由得分来定。

减少每个评委评阅数目是为了节约竞赛费用。根据边际效用原理，审阅数越大，审阅每篇文章所花费用也越大。因此不同的评委所看的论文数应尽可能相等。费用函数由实际情况而定,我们使用下面的函数:1~20 篇单价为 m 美元,21~50 篇单价 $2m$ 美元,51~100 篇单价 $4m$ 美元,费用函数为

$$C=m\sum_{i=1}^{J}[a_i+(a_i-20)\cdot u(a_i-20)+2(a_i-50)\cdot u(a_i-50)],$$

$$u(x-b)=\begin{cases}0, & x<b,\\ 1, & x\geqslant b,\end{cases}\tag{4.42}$$

式中:a_i 为每个评委评阅的篇数。

费用函数中的微小变化对方案没有大的影响,在费用函数中取 $m=10$。

通过初步模拟,我们发现,评委的能力是决定方案的最重要因素,我们用两个参数来描述评委的水平:

第一个变量是评分时的偶然误差变量,这个变量越小,表明评委经验丰富,评分越精确;反之,评分越不精确。这个变量的大小可由评委过去的工作来给出。

第二个变量是系统偏差变量,这个变量的值很难确定,因此我们将评委与文章都分成 3 种类型:保守、中间、激进。一个激进的评委对激进的文章评分会高一些,对保守的文章评分会低一些,对中间文章没有系统偏差。一个保守的评委态度正好相反。一个中间评委没有系统偏差。

4.9.4 模型的构造

由于在评判过程中,有很多随机因素,很难从理论上解决问题。因此我们在理论分析的基础上用计算机模拟来解决问题。

1. 计算机模拟算法

(1) 构造符合 $N(70,100)$ 分布的 1 到 100 间的 100 个整数作为文章的分数,存在于数组 score(i)。

(2) 取一个常数 d 作为评委偶然误差的上界,构造符合离散均匀分布(从 0 到 d)的 8 个随机整数 $\{d_j, j=1,2,\cdots,8\}$ 作为评委的偶然误差变量,存放于数组 judge(j)。

(3) 取常数 $e>0$ 作为系统偏差变量,分别用 1,0,-1 代表激进、中间、保守 3 种类型。对每篇论文及每个评委分别给予{-1,0,1}中的一个数。分别令为 paper_type(i)与 judge_type(j)。用表达式

$$s=e\cdot \text{score\_type}(i)\cdot \text{judge\_type}(j)$$

计算系统偏差。例如:一个保守评委给激进文章评分的系统偏差 $s=-e$。

(4) 评委 j 对文章 i 的评分方法:令

$$u=\text{score}(i)+e\cdot \text{score\_type}(i)\cdot \text{judge\_type}(j),$$

构造在[1,100]间符合 $N(u,d_j^2)$ 分布的随机数作为评分,令其为数组 judge_score(i,j)。

2. 参数的确定

我们需要确定 d 与 e 的值。首先,讨论如何定出 d 的范围。

由概率论有:

引理 4.1 若 $\xi_1,\xi_2,\cdots,\xi_n$ 是独立随机变量,方差为 $\sigma_j^2(j=1,2,\cdots,n)$,$\xi=\dfrac{1}{n}(\xi_1+\xi_2+\cdots+\xi_n)$。则 ξ 的方差为

$$\sigma^2 = \frac{1}{n^2}\sum_{i=1}^{n}\sigma_i^2.$$

推论 4.1 $\frac{1}{\sqrt{n}}\min_{1\leqslant i\leqslant n}\{\sigma_i\} \leqslant \sigma \leqslant \frac{1}{\sqrt{n}}\max_{1\leqslant i\leqslant n}\{\sigma_i\}.$

由上述推论,可看出由几个评委评判同一篇文章然后取平均的方法的正确性。

由柯西不等式,有

$$\sigma^2 \geqslant \frac{1}{n^3}\left(\sum_{i=1}^{n}\sigma_i\right)^2,$$

即可得下面的推论。

推论 4.2 $\sigma \geqslant \frac{1}{\sqrt{n}}\cdot\frac{\sum_{i=1}^{n}\sigma_i}{n}.$

由于 σ 满足 $[0,d]$ 上均匀分布,因此

$$\frac{\sum_{i=1}^{n}\sigma_i}{n} \approx \frac{d}{2}.$$

根据 $n\leqslant 8$,上式变为

$$\sigma \geqslant \frac{1}{2\sqrt{2}}\cdot\frac{\sum_{i=1}^{n}\sigma_i}{n} \approx \frac{\sqrt{2}}{8}d.$$

结论 4.1 一般而言,几个评委评判同一篇文章可减少偶然误差,评委越多结果越精确。

结论 4.2 通常,评判一篇文章时,平均的偶然误差不低于 $\frac{\sqrt{2}}{8}d$。

法则 4.1 $d<10$(d 是偶然误差上界)。

法则 4.1 的说明:

我们仅需解释 $d=10$ 时没有方案满足假设(3)。我们考虑理想情形,即每个评委评阅所有文章。如果此时方案不能保证最后 3 篇来自于最好的 6 篇文章里,我们的法则就是正确的。由结论 4.2,8 个评委的平均偶然误差 $\sigma\geqslant(\sqrt{2}/8)d$,我们可以假设 $\sigma=(\sqrt{2}/8)d$,$d=10$,系统偏差 e 设为 0。

我们对圆桌模型做了 10000 次试验,有 9460 次评委能正确地选出 3 篇文章(来自于最好的 6 篇),正确概率为 94.6%,略小于标准误差。

另外,我们用 Mathematica 软件作了一些理论上的演绎推理,结果显示错误概率为 5.59%,说明试验数据是可信的。

法则 4.2 $d\leqslant 3$ 时,每篇文章只需一个评委审阅就能满足假设(3)。

法则 4.1,法则 4.2 的说明:

法则 4.1 指出,为了成功地挑选优胜者,评委必须达到某个水平。若某评委的 d 变量超过 10 的时候,即使没有系统偏差,对于应得 70 分的文章,他给分大于 80 分或小于 60

分的概率超过30%，大于90分或小于50分的概率不低于5%。这样的人很明显在严格的竞赛中不能胜任评委工作。

法则4.2指出，若所有评委都是可信赖的，换句话说，他们都富有经验，很少有系统误差，一个评委的评分就足以评判优胜者。当 $d=3$ 时，对圆桌模型做5000次试验，平均错误率为1.2%。

现在我们得到结论，$e=0$ 时，我们仅需考虑 $3<d<10$；$e\neq0$ 时，$0<d<10$。

e 的范围的确定相当困难，有理由假设 e 与 d 同样大小。对不同的 d 与 e，我们做了试验，根据所得数据，可以看出，d 的影响是本质的，e 对结果影响不大。

下面我们将展示几个实际模型，通过计算机模拟对不同的 d 与 e 给出了最优方案。

设 $e\in\{0,5,10\}$，$d\in\{1,3,5,7,9\}$，这些值对揭示方案与评委水平之间的关系已经足够。

3. 建立模型

1）模型一 理想模型

当 $d=e=0$ 时，每个评委的排序与打分都与绝对排序一致，此称为理想情形。

对于100篇文章，8个评委，有4个评委审阅13篇文章，其余4个看12篇文章，并打分。优胜者是得分最高的文章，总费用 $C=\$1000$，3个优胜者必然是最好的3篇文章。

评委进行排序时，一个好的方案如图4.3所示，它能保证优胜者是最好的三篇文章，总费用为 $C=\$1210$。

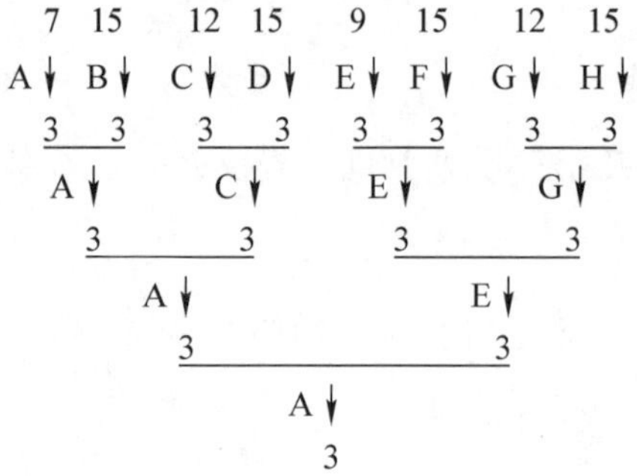

图4.3 排序方案图

最节约的方法如图4.4所示。A，B，C分别看了14篇，其他评委每人看了13篇文章。可假设A为主评委，负责在最后的8篇文章里挑出优胜者，费用 $C=\$1070$。此时不能保证优胜者是前3名，它保证最后3篇在前6名中的概率为99.3%。

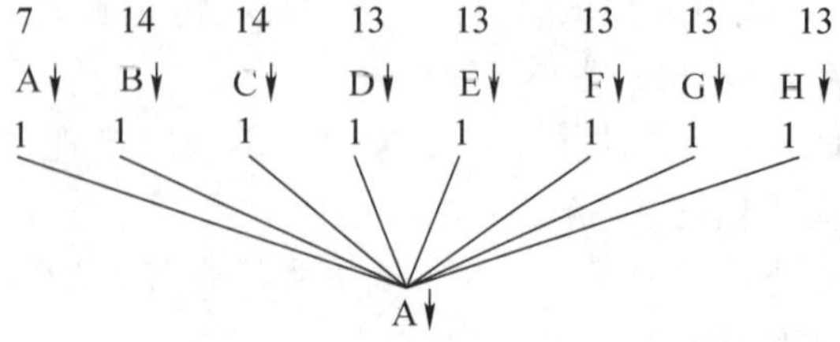

图4.4 最节约的排序方案图

2) 模型二　圆桌模型

(1) 根据 d 与 e 决定轮次 n。

(2) 让所有评委坐在圆桌旁，将文章均分给评委。在每一轮时，评委评过分后，将文章交给右边的人。

(3) n 轮过后，评委在每篇文章上标了 n 个分数。取平均分为最后得分，再决定文章的排序。

这种方法的关键因素是决定轮次 n。通过数据试验，我们发现系统偏差对 n 的影响很小，因此下面我们所有讨论均假设 n 完全由 d 决定。

当每个评委偶然误差分布为 $N(0,d^2)$ 时，不难发现，n 轮过后，误差 $d_n=\frac{d}{\sqrt{n}}$。当 $d<10$，有 8 个评委时，有 $d_n<\frac{\sqrt{2}}{8}\times 10\approx 1.77$。更多的模拟显示出 $d_n\leqslant 1.6$，有

法则 4.3　当所有评委的偶然误差服从 $N(0,d^2)$ 时，若 $d_n=\frac{d}{\sqrt{n}}\leqslant 1.6$，即 $n\geqslant\frac{d^2}{1.6^2}$ 时，n 轮方案是可信的，当 $d_n\geqslant 1.77$，即 $n\leqslant\frac{d^2}{1.77^2}$ 时，n 轮方案不可信。

当法则 4.3 所有条件满足时，很容易发现 n 的最优值。但误差分布的条件太苛刻。当误差变量服从 $[0,d]$ 均匀分布时，存在一个经验公式 $n=\min\limits_{K\in N}\left\{K\geqslant\left(\frac{d}{2\times 1.6}\right)^2\right\}$。

公式所得 n 值与计算机模拟所得最优值 n 是相符的，如表 4.3 所列。

表 4.3　圆桌模型的计算机模拟结果

e	d	轮次	失败比率/%	费用/$
0	3	1	1.2	1000
5	3	1	3.6	1000
0	5	2	4.4	2400
5	5	2	4.7	2400
0	7	5	3.2	10400
5	7	5	4.8	10400
0	9	8	2.8	22400
5	9	8	4.4	22400

由表 4.3 看出，随着 d 的增加，费用迅速提高。因此，如果评委水平一般时，最好不用此方案，否则会带来经济损失。

圆桌模型的计算机模拟的 Python 程序如下：

```
#程序文件 Pganli4_1.py
import numpy as np
from numpy.random import normal, randint
P=100; J=8; W=3; m=10; d=5; e=5          #d 为偶然误差上界,e 为系统偏差
score=normal(70,10,size=P)               #生成均值 70 标准差 10 的随机数
```

```
score=score.astype(int)                  #取整作为文章的客观分数
judge=randint(0,d+1,size=J)  #生成 J 个 0 到 d 的随机整数,作为 J 个评委的偶然误差
paper_type=randint(-1,2,size=P)          #生成文章类型随机数
judge_type=randint(-1,2,size=P)          #生成评委类型随机数
num=np.tile([13,12],(1,4)).flatten()  #文章的数量分配
snum=np.cumsum(num)                      #求累加和
start=np.hstack([0,snum[:-1]])
n=2                                      #评阅的轮次数
JJ=np.zeros(J); a=np.zeros((n,P))        #初始化
for k in range(1,n+1):
    JJ=np.arange(J)+k-1; JJ[JJ>J-1]=np.mod(JJ[JJ>J-1],J)  #评委轮换的编号
    for i in JJ:
            a[k-1,start[i]:snum[i]]=score[start[i]:snum[i]]+\
            e*paper_type[start[i]:snum[i]]*judge_type[i]+\
            normal(0,judge[i],size=num[i]).astype(int)  #计算第 k 轮的评分
if n>1:
    b=a.mean(axis=0)                            #取 n 个评委的平均分作为文章的评分
else:
    b=a
ind1=list(reversed(np.argsort(score)))          #对客观分数按照从大到小排序
ind2=list(reversed(np.argsort(b)))              #对评委评分按照从大到小排序
print(np.c_[ind1,ind2])                         #客观分数排序和评委评分排序对比
tnum=np.zeros(J)                                #初始化
for i in range(J):
    II=np.arange(i,i+n); II[II>J-1]=np.mod(II[II>J-1],J)     #第 i 个评委评阅
第 II 组文章的序号
    tnum[i]=sum(num[II])                        #计算第 i 个评委评阅文章的总数
C=sum(m*(tnum+(tnum-20)*(tnum>=20)+2*(tnum-50)*(tnum>=50)))
print(C)
```

计算圆桌模型的计算机模拟失败率的 Python 程序如下:

```
#程序文件 Pganli4_2.py
import numpy as np
from numpy.random import normal, randint
P=100; J=8; W=3; m=10; d=5; e=5          #d 为偶然误差上界,e 为系统偏差
N0=0; N=10000                            #N 为模拟的总次数
for t in range(N):
    score=normal(70,10,size=P)           #生成均值 70 标准差 10 的随机数
    score=score.astype(int)              #取整作为文章的客观分数
    judge=randint(0,d+1,size=J)          #生成 J 个 0 到 d 的随机整数,作为 J 个评委的
偶然误差
    paper_type=randint(-1,2,size=P)  #生成文章类型随机数
    judge_type=randint(-1,2,size=P)  #生成评委类型随机数
```

```
    num=np.tile([13,12],(1,4)).flatten()  #文章的数量分配
    snum=np.cumsum(num)                 #求累加和
    start=np.hstack([0,snum[:-1]])
    n=2                                 #评阅的轮次数
    JJ=np.zeros(J); a=np.zeros((n,P)) #初始化
    for k in range(1,n+1):
        JJ=np.arange(J)+k-1; JJ[JJ>J-1]=np.mod(JJ[JJ>J-1],J)  #评委轮换的
编号
        for i in JJ:
                a[k-1,start[i]:snum[i]]=score[start[i]:snum[i]]+\
                e*paper_type[start[i]:snum[i]]*judge_type[i]+\
                normal(0,judge[i],size=num[i]).astype(int)  #计算第 k 轮的评分
    if n>1:
        b=a.mean(axis=0)        #取 n 个评委的平均分作为文章的评分
    else:
        b=a
    ind1=np.argsort(score)      #对客观分数按照从小到大排序
    ind2=np.argsort(b)          #对评委评分按照从小到大排序
    ind11=ind1[-6:]             #取客观分数的前 6 名
    ind22=ind2[-3:]             #取评委评分的前 3 名
    check=[x for x in ind22 if not x in ind11]
    if len(check)>=1: N0=N0+1
rate=N0/N; print("模拟失败比率:",rate)
```

注 4.2 上面模拟程序的计算结果与表 4.3 中失败比率差异很大,表 4.3 中的失败比率偏小。

3) 模型三 经典模型

我们将排序及评分方法相结合给出经典模型如下:

(1) 将文章尽可能地均分给评委,如果评委遇到他所打过分的文章,就和其他评委交换文章。每个评委对他所得文章评分。

(2) 每个评委对他所评过分的文章进行排序,判断最后的 30%。每个评委删除最差的 30%的文章。

(3) 若最后剩 3 篇文章,就是最优者。如果已有 8 轮,所有文章均给了 8 个分数,取平均,挑出前 3 名。否则转(1)。

这个模型严格限制了每轮筛选的文章,从而高水平文章最大限度地保留了下来。模型稳定性及精确度提高,但弹性降低。由于用渐次筛选方法,在 d 相对大时比圆桌模型花费小。但一般而言,这个方案比较昂贵的。参见表 4.4。

表 4.4 经典模型的计算机模拟结果

e	d	失败率/%	费用/$
0	0	0.0	4851
0	5	2.0	5022

（续）

e	d	失败率/%	费用/$
0	9	4.1	5563
5	0	1.1	5462
5	5	1.9	5779
5	9	4.8	6250
10	0	5.5	6528
10	5	6.3	6653
10	9	10.7	7395

模型二、三可以作为挑选方案，但花费不能令人满意。我们可以在它们的基础上建立两个费用节省的模型。

4）模型四　截断模型

此模型建立在经典模型基础上，它在每一轮有不同的截断水平。因此它不再受筛选比例30%的限制。它可以根据不同的情况决定淘汰比率，因此它富有弹性。

（1）决定淘汰比率，它由筛选轮次而定。一共有 n 轮时，淘汰比率为 $x=\sqrt[n]{0.03}$。在每一轮，给所有文章评分。完成评判工作不超过8轮，n 取8。

（2）将文章均分给评委，评委不得评阅已看过的文章。

（3）评委给文章评分，给出本轮评分，决定淘汰水平线，水平线以下淘汰。

（4）只剩3篇文章时，这3篇文章就是优胜者。否则转（2）。

对固定的 d 与 e，我们对不同的 n 做试验，找出最优方案，即找出最小的 n，使得错误率小于5%。

这个模型的费用比前两个模型低得多，总评阅次数降低是因为低质文章在早期就被淘汰。但每次分发文章相对复杂，实际应用时可能会产生麻烦。

5）模型五　改进圆桌模型

这个模型将排序与评分结合起来。

（1）将文章均分给评委。每轮淘汰率为30%。n 轮过后，每个评委只剩一篇文章（当所剩30%小于1时，看作是1）。在第一轮，我们控制筛选方法，使得保证每个评委所剩文章数一样。在其他轮次，我们略去尾数。给定评委能力之后，我们可以确定每轮交换次序 K_i。在我们的问题中，$n=6$，每个评委剩下文章数为9，6，4，3，2，1，淘汰文章数为4，3，2，1，1，1。

（2）设想评委坐在圆桌旁。令 $K_i=i$（稍后我们讨论 K_i 的取值方法）。在第一轮，$K_0=0$，评委不交换文章，仅仅做排序，淘汰30%。

（3）在第二轮，$K_i=1$，每个评委将他看后的最差的30%交给右边的人。每个评委给新拿到的文章评分，再给他手里的所有文章（包括留在他手里的文章）排序，筛除最差的30%。

（4）当 $K_i\geq 2$ 时，交换、打分、重排序、淘汰最差的30%这一过程 i 次。

（5）当每一评委只剩下一篇文章时，文章已交换了 K_n 次。一旦文章已评了 K_n 次分数，其他的评委不再打分，按照 K_n 次打分的平均分，我们挑选最好的3篇文章作为优胜者。

这种方案的交换方法类似于圆桌模型，因此我们把它称为改进的圆桌模型。

为什么交换最差的是30%？

我们假设只有每个评委认可的最差的30%可被淘汰，于是每轮过后剩下的文章数不固定。这使得方法更复杂，费用增加。但我们循环评阅这30%后，这种情况可以避免。例如一篇文章是 J_1 交给 J_2 的30%里的一篇，如果在 J_2 重新排序后仍是最差的30%里，它肯定被淘汰。如果他的30%里包含不是 J_1 淘汰的文章，这篇文章就可以在不违反“30%淘汰规则”的情况下被淘汰（它仅被 J_2 排序过）。而且，如果 J_2 认为它比 J_1 淘汰过来的30%还差，对他来说有理由筛除这篇文章。

文章应交换多少次？

在每一轮，我们必须确定文章轮换多少次，因此这个模型搜索最优方案的过程比圆桌模型与截断模型的搜索过程要困难。模型的弹性随着复杂性的增加而增加。这使我们能找到一个既有效又经济的方法。

首先，$\{K_i\}$ 满足两个性质：

（1）$\{K_i\}$ 有界，即 $0 \leqslant K_i \leqslant J$。

（2）$\{K_i\}$ 单调增加，即 $i<j \Rightarrow K_i \leqslant K_j$。

只有 J 个评委，所有文章被分成 J 组。如果 $K_i>J$，必然有一个评委重复评阅同一篇文章。因此 $K_i \leqslant J$。

在最后几轮，优质文章（前6名）被淘汰的可能性增加，在后面的轮次中文章的交换次数应比前面的轮次高。因此 $\{K_i\}$ 是单调增加的。

另外，$\{K_i\}$ 与费用函数 C 之间存在着关系。C 是关于文章评阅总数 $K = 8\sum_{i=0}^{n} P_i K_i + 100$ 的单调增加函数，其中 P_i 是第 i 轮淘汰的文章数。在这个模型中，每个评委评阅的文章数几乎相等（最多相差一篇），因此 C 是 K 的单调增加函数。

很明显，花费与方案的精确性是一对矛盾：花费越少，出错的概率越大。我们可以从 $\{K_i\}$ 与 C 都取最小的时候开始试验。为逐步试验 $\{K_i\}$，我们一步一步增加费用，提高方案的精确度。一旦精确度得到满足，相应的 $\{K_i\}$ 就是最优方案。我们可以用计算机模拟程序来试验方案的精确度。

我们不得不说这里的最优方案搜索是颇费机时的。对于某一组确定的 d 与 e，要找到相应的最优方案，要花去数小时。但是，与节省下来的开支相比，几个小时的机时是微不足道的。另一种有效的方法是用二分法来寻找最佳的 $\{K_i\}$。

表4.5列出了几组 $\{K_i\}$（两个有星号的是最优方案）。从表4.5中可以看出，在同样条件下，这个模型的费用比其他所有模型都低，而且它的操作过程清晰明确，易于理解，便于实施。其缺点也是很明显的，即找出最优的 $\{K_i\}$ 太耗时间。

表4.5　改进圆桌模型试验结果

e	d	K_n	迭代次数	失败率/%	费用/$
0	5	1,1,1,1,1,2,4 *	20000	1.8	1120
0	7	1,1,1,1,1,4,5 *	10000	3.9	1560

（续）

e	d	K_n	迭代次数	失败率/%	费用/$
0	9	1,1,1,2,2,4,5	5000	4.8	1960
5	5	1,1,1,2,2,2,4	1000	0.7	1480
5	7	2,2,2,2,2,4,8	1000	2.7	3760
5	9	2,2,2,2,2,4,8	1000	6.7	3760

4.9.5 模型的比较与评判

我们已讨论了 5 个模型，除了理想模型必须在理想条件下使用外，其他模型都适合于实际使用。表 4.6 给出了在一定条件下，不同模型的精确度及花费。

表 4.6 不同模型的精度与花费

模　型	e	d	迭代次数	失败率/%	费用/$
圆桌模型	0	5	1000	4.7	2400
经典模型	0	5	1000	2.0	5022
截断模型	0	5	1000	1.8	1414
改进圆桌模型	0	5	20000	1.8	1120
圆桌模型	0	7	1000	4.8	10400
经典模型	0	7	1000	2.3	5389
截断模型	0	7	1000	4.4	1661
改进圆桌模型	0	7	10000	3.9	1560

从表 4.6 可以看出，在评委水平比较高（$d=5$）时，经典模型、截断模型、改进圆桌模型的精确度很高，圆桌模型的精确度相对低一些。而费用则是经典模型最高，接下来是圆桌模型、截断模型及改进圆桌模型，后两个的费用相当低。

当评委水平相对较低（$d=7$）时，每个模型的精确度类似。圆桌模型的费用惊人，而截断模型及改进圆桌模型的费用依然比较低。

竞赛组委会可以根据实际情况决定使用哪个模型，我们建议组委会聘用水平最高的评委，虽然他们的个人费用会高一些，但总体上会更节省。

4.9.6 模型推广

对不同的参数，经典模型可以直接使用，对于其他模型，我们要做的是对新的 P，J 和 W 的值，来决定最优方案的参数。对圆桌模型，要决定的是交换文章的次数；对截断模型，参数是淘汰轮次 n，对改进圆桌模型，参数是每轮交换文章数的序列 $\{K_i\}$。

前面给出的所有经验公式与法则在 P，J 与 W 取特殊值 100，8，3 时推断出来的，不能立即适用于新问题。不过，使用在我们文章中给出的方法，并结合计算机模拟，可以方便快捷地找到新的经验公式，给出最优方案的新参数。

例如，我们讨论 1995 年 MCM 的 B 题，其中 $P=174$，$J=12$，$W=4$。我们令 $d=e=5$。

使用圆桌模型中的算法，可以发现 $n=4$ 是最优选择，此时错误率为 3.0%，费用为 \$13440。对于经典模型，相应的数据为 2.8%与\$21320；对于截断模型，最优值为 $n=4$，错误率为 4.2%，费用为\$3502；对于改进圆桌模型，最优参数为 $K_1=K_2=\cdots=K_6=0$，$K_7=K_8=1$，错误率为 3.0%，费用为\$1700。

有时挑选杰出论文并不是竞赛的唯一要求。比如在 MCM 竞赛中,为了鼓励参赛,除了特等奖外,我们还要挑选一等奖、二等奖及成功参赛奖,除了理想模型外,我们讨论的所有模型都适合这种新问题。比较而言,截断模型是最好的,因为它给所有文章排了序。

4.9.7 模型的优缺点

1. 模型的优点

截断模型与改进圆桌模型成功地给出了评选方案,大幅度削减了给评委的费用。对这两个模型我们给出了决定最优方案的实用方法。这两个模型及其方法不仅易于理解,而且便于实施,也可推广到其他许多情况。

模拟程序对计算机的需求低,运算速度快,因此非常实用。

2. 模型的缺点

由于是用计算机模拟方法来检验我们的模型、验证我们的法则的,我们不能 100%保证我们的结果。不过我们在作出结论之前做了上千次的模拟试验,模拟结果非常稳定。

由于我们缺乏足够的信息,我们的费用函数可能与实际不完全相符。

习 题 4

4.1 利用蒙特卡罗法,模拟掷骰子各面出现的概率。

4.2 利用蒙特卡罗法,计算定积分 $\int_0^{\pi} e^x \sin x dx$ 的近似值,并分别就不同个数的随机点数比较积分值的精度。

4.3 利用蒙特卡罗法,求积分 $\int_1^2 \frac{\sin x}{x} dx$,并与数值解的结果进行比较。

4.4 利用蒙特卡罗法,计算二重积分 $\int_1^2 \int_2^6 e^{-x} \sin(x + 2y) dxdy$,并分别就不同个数的随机点数比较积分值的精度。

4.5 使用蒙特卡罗法,求椭球面 $\frac{x^2}{3}+\frac{y^2}{6}+\frac{z^2}{8}=1$ 所围立体的体积。

4.6 假设有一小偷,每天偷一户人家,他每天所获赃物的价值是随机的,构成一列独立同分布且期望有限的随机变量,再假设他每天被抓获而被迫退出全部赃物的概率是 p,并且认为小偷在第 n 次行窃被抓获这一事件与过去已发生的事件是独立的。现在要问小偷如何“明智”地选择一个洗手不干的时间。

4.7 机场通常都是用“先来后到”的原则来分配飞机跑道,即当飞机准备好离开登机口时,驾驶员电告地面控制中心,加入等候跑道的队伍。

假设控制塔可以从快速联机数据库中得到每架飞机的如下信息:

(1) 预定离开登机口的时间;

(2) 实际离开登机口的时间;

(3) 机上乘客人数;

(4) 预定在下一站转机的人数和转机的时间;

(5) 到达下一站的时间。

又设共有 7 种飞机,载客量从 100 人起以 50 人递增,载客量最多的一种是 400 人。试开发和分析一种能使乘客和航空公司双方满意的数学模型。

第5章　复变函数

“复变函数”是数学的一个重要分支，是很多专业必修的基础课。但由于课程本身的特点，在实际教学中，很多学生认为该门课程抽象、枯燥、难以理解。利用 Python 可以实现复变函数的数据计算并可以方便地将函数及表达式以图形化的形式显示出来。

5.1　复数与复变函数

5.1.1　复数及复变函数的基本计算

例 5.1　设 $z_1=5-5\mathrm{i}, z_2=-3+4\mathrm{i}$，求 $\overline{\left(\frac{z_1}{z_2}\right)}$，并求它的模和幅角主值。

解　$\frac{z_1}{z_2}=\frac{5-5\mathrm{i}}{-3+4\mathrm{i}}=-\frac{7}{5}-\frac{1}{5}\mathrm{i}$。

所以 $\overline{\left(\frac{z_1}{z_2}\right)}=-1.4+0.2\mathrm{i}$，它的模 $r=1.4142$，幅角主值 $\theta=2.9997(\mathrm{rad})$。

```
#程序文件 Pgex5_1.py
import numpy as np
z1=5-5j; z2=-3+4j
z=np.conjugate(z1/z2); print(z)
r=abs(z); print("r=",round(r,4))
alpha=np.angle(z)
print("alpha=",round(alpha,4))
```

例 5.2　设 $z_1=x_1+\mathrm{i}y_1, z_2=x_2+\mathrm{i}y_2$ 为两个任意复数，证明 $z_1\bar{z}_2+\bar{z}_1z_2=2\mathrm{Re}(z_1\bar{z}_2)$。

证明　
$$\begin{aligned} z_1\bar{z}_2+\bar{z}_1z_2 &= (x_1+\mathrm{i}y_1)(x_2-\mathrm{i}y_2)+(x_1-\mathrm{i}y_1)(x_2+\mathrm{i}y_2) \\ &= (x_1x_2+y_1y_2)+\mathrm{i}(x_2y_1-x_1y_2)+(x_1x_2+y_1y_2)+\mathrm{i}(x_1y_2-x_2y_1) \\ &= 2(x_1x_2+y_1y_2)=2\mathrm{Re}(z_1\bar{z}_2). \end{aligned}$$

```
#程序文件 Pgex5_2.py
from sympy.core.numbers import I
import sympy as sp
sp.var('x1,y1,x2,y2',real=True)
z1=x1+y1*I; z2=x2+y2*I
#下面计算左边的取值
L=z1*sp.conjugate(z2)+sp.conjugate(z1)*z2
L=sp.simplify(L); print("左边=",L)
#下面计算右边的取值
```

```
R=2*sp.re(z1*sp.conjugate(z2)); print("右边=",R)
```

例 5.3 求复数 $z=-1-\mathrm{i}$ 的模和幅角主值。

解 z 的模 $r=\sqrt{2}$，幅角主值 $\arg z=-\dfrac{3\pi}{4}$。

```
#程序文件 Pgex5_3.py
from sympy.core.numbers import I
import sympy as sp
z=-1-I; r=abs(z); alpha=sp.arg(z)
print("r=",r); print("alpha=",alpha)
```

例 5.4 已知正三角形的两个顶点为 $z_1=1$ 与 $z_2=2+\mathrm{i}$，求它的另一个顶点。

解 如图 5.1 所示，将表示 z_2-z_1 的向量绕 z_1 旋转 $\dfrac{\pi}{3}$（或 $-\dfrac{\pi}{3}$）就得到另一个向量，它的终点即为所求的顶点 z_3（或 z_3'）。由于复数 $\mathrm{e}^{\frac{\pi}{3}\mathrm{i}}$ 的模为 1，转角为 $\dfrac{\pi}{3}$，根据复数的乘法，有

$$
\begin{aligned}
z_3-z_1 &= \mathrm{e}^{\frac{\pi}{3}\mathrm{i}}(z_2-z_1)=\left(\frac{1}{2}+\frac{\sqrt{3}}{2}\mathrm{i}\right)(1+\mathrm{i}) \\
&= \left(\frac{1}{2}-\frac{\sqrt{3}}{2}\right)+\left(\frac{1}{2}+\frac{\sqrt{3}}{2}\right)\mathrm{i}
\end{aligned}
$$

所以

$$z_3=\frac{3-\sqrt{3}}{2}+\frac{1+\sqrt{3}}{2}\mathrm{i}$$

类似可得

$$z_3'=\frac{3+\sqrt{3}}{2}+\frac{1-\sqrt{3}}{2}\mathrm{i}$$

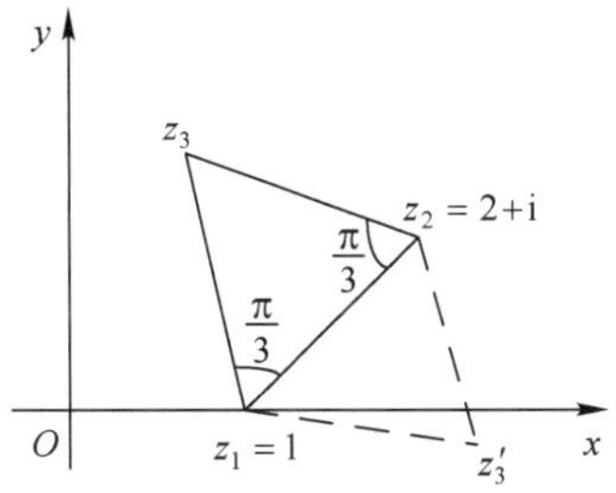

图 5.1 正三角形示意图

```
#程序文件 Pgex5_4.py
from sympy.core.numbers import I,pi
import sympy as sp
z1=1; z2=2+I
z31=(z2-z1)*sp.exp(pi/3*I)+z1
z31=sp.simplify(z31)
R1=sp.re(z31); I1=sp.im(z31)
print([R1,I1])        #输出实部和虚部
```

```
z32=(z2-z1)*sp.exp(-pi/3*I)+z1
z32=sp.simplify(z32)
R2=sp.re(z32); I2=sp.im(z32)
print([R2,I2])        #输出实部和虚部
```

例 5.5 求 Ln(−1)的主值。

解 Ln(−1)的主值 ln(−1)=πi。

```
#程序文件 Pgex5_5.py
import sympy as sp
z=sp.log(-1); print(z)
```

例 5.6 求 i^i 的主值。

解 $i^i=e^{i\ln i}=e^{i(\ln 1+i\pi/2)}=e^{-\pi/2}$,所以 i^i 的主值为 $e^{-\pi/2}$。

```
#程序文件 Pgex5_6.py
from sympy.core.numbers import I
import sympy as sp
z=sp.exp(I*sp.log(I)); print(z)
```

例 5.7 求方程 $z^3+8=0$ 的所有根。

解 $z=(-8)^{\frac{1}{3}}=2e^{i\frac{\pi}{3}(1+2k)}$,$k=0,1,2$。即原方程有如下 3 个解:

$$1+i\sqrt{3}, -2, 1-i\sqrt{3}$$

```
#程序文件 Pgex5_7.py
import sympy as sp
sp.var('z')
z0=sp.solve(z**3+8); print(z0)
```

5.1.2 复变函数的导数

解析函数是复变函数研究的主要内容。计算复变函数的导数也是复变函数的重点内容之一。利用 Python 可以方便地计算复变函数的导数。

例 5.8 计算 $f(z)=e^{\frac{z}{\sin z}}$在 $z=2i$ 的导数。

解 利用 Python 求得导数值为 $e^{\frac{2}{\sinh 2}}\left[\frac{2\cosh 2}{\sinh^2 2}-\frac{1}{\sinh 2}\right]i$。

```
#程序文件 Pgex5_8.py
from sympy.core.numbers import I
import sympy as sp
sp.var('z')
f=sp.exp(z/sp.sin(z)); df=sp.diff(f,z)
df0=df.subs(z,2*I); print(df0)
```

5.2 复变函数的可视化

1. 指数函数

定义 5.1 设 $z=x+iy$ 是任意复数,指数函数 e^z 定义为

$$e^z = e^x(\cos y + i\sin y). \tag{5.1}$$

指数函数是以 $2\pi i$ 为周期的周期函数。

例 5.9 画出指数函数 e^z 的图形。

解 画出的图形见图 5.2。

```
#程序文件 Pgex5_9.py
import numpy as np
import pylab as plt
from matplotlib import cm
def cplxgrid(m):
    r = np.arange(0,m).reshape(m,1) /m
    theta = np.pi * np.arange(-m,m+1) /m
    z = r * np.exp(1j * theta)
    return z
plt.rc('font',size=15); plt.rc('text',usetex=True)
z=2 * cplxgrid(30); w=np.exp(z)
x=z.real; y=z.imag; u=w.real; v=w.imag
ax=plt.axes(projection='3d')  #创建三维坐标轴对象
surf=ax.plot_surface(x, y, u, cmap='viridis')
m = cm.ScalarMappable(cmap=cm.jet, norm=surf.norm)
m.set_array(v); plt.colorbar(m)
ax.set_xlabel('$x$'); ax.set_ylabel('$y$')
ax.set_zlabel('$z$'); plt.show()
```

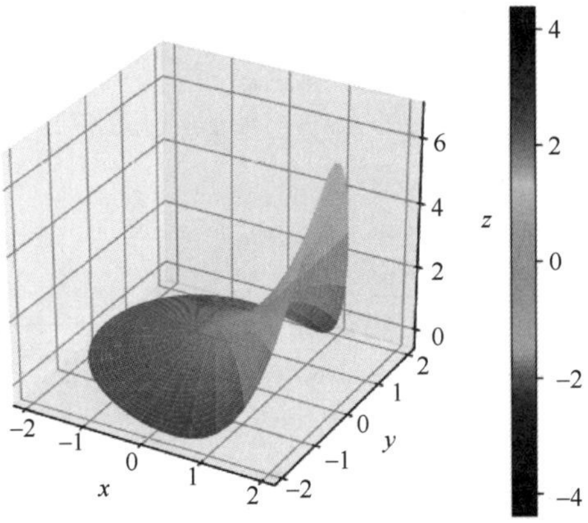

图 5.2 指数函数的图形

2. 对数函数

定义 5.2 指数函数的反函数称为对数函数，即满足方程 $e^w = z(z \neq 0)$ 的函数称为 z 的对数函数，记作 $w = \mathrm{Ln}z$，且 $w = \mathrm{Ln}z = \ln|z| + i\arg z + 2k\pi i, (k = 0, \pm1, \pm2, \cdots)$。

例 5.10 画出 Lnz 的图形。

解 利用 Python，我们直接画出主值分支 ln$z$，所画出的图形见图 5.3。

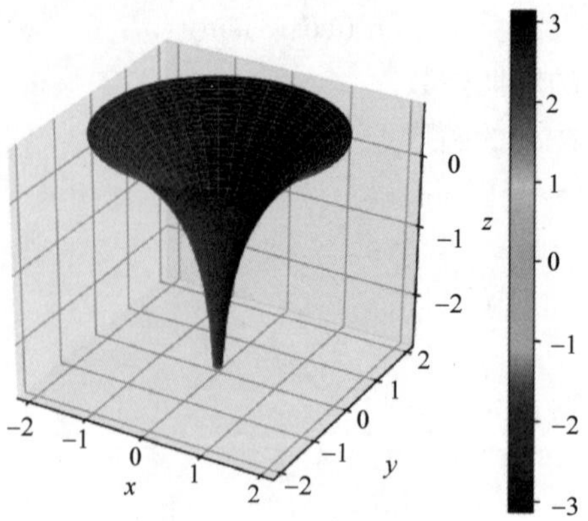

图 5.3　对数函数的图形

```
#程序文件 Pgex5_10.py
import numpy as np
import pylab as plt
from matplotlib import cm
def cplxgrid(m):
    r = np.arange(0,m).reshape(m,1) /m
    theta = np.pi * np.arange(-m,m+1) /m
    z = r * np.exp(1j * theta)
    return z
plt.rc('font',size=15); plt.rc('text',usetex=True)
z=2 * cplxgrid(30); w=np.log(z)
x=z.real; y=z.imag; u=w.real; v=w.imag
ax=plt.axes(projection='3d')   #创建三维坐标轴对象
surf=ax.plot_surface(x, y, u)
m = cm.ScalarMappable(cmap=cm.jet, norm=surf.norm)
m.set_array(v); plt.colorbar(m)
ax.set_xlabel('$x$'); ax.set_ylabel('$y$')
ax.set_zlabel('$z$'); plt.show()
```

3. 幂函数

定义 5.3　幂函数 $w=z^\alpha$ 定义为 $w=z^\alpha=e^{\alpha \mathrm{Ln} z}$。

(1) α 为整数时，z^α 为单值；

(2) 当 $\alpha=\dfrac{p}{q}$(p 和 q 为互质的整数，$q>0$)时，z^α 具有 q 个值；

(3) 当 α 为非有理数时，z^α 具有无穷多的值。

例 5.11　绘制函数 $f(z)=z^{\frac{3}{2}}$。

解　画出的图形见图 5.4。

```
#程序文件 Pgex5_11.py
import numpy as np
import pylab as plt
```

```
from matplotlib import cm
def cplxgrid(m):
    r = np.arange(0,m).reshape(m,1) /m
    theta = np.pi * np.arange(-m,m+1) /m
    z = r * np.exp(1j * theta)
    return z
plt.rc('font',size=15); plt.rc('text',usetex=True)
z=2*cplxgrid(30); w=z**(3/2)
x=z.real; y=z.imag; u=w.real; v=w.imag
ax=plt.axes(projection='3d') #创建三维坐标轴对象
surf=ax.plot_surface(x, y, u)
m = cm.ScalarMappable(cmap=cm.jet, norm=surf.norm)
m.set_array(v); plt.colorbar(m)
ax.set_xlabel('$x$'); ax.set_ylabel('$y$')
ax.set_zlabel('$z$'); plt.show()
```

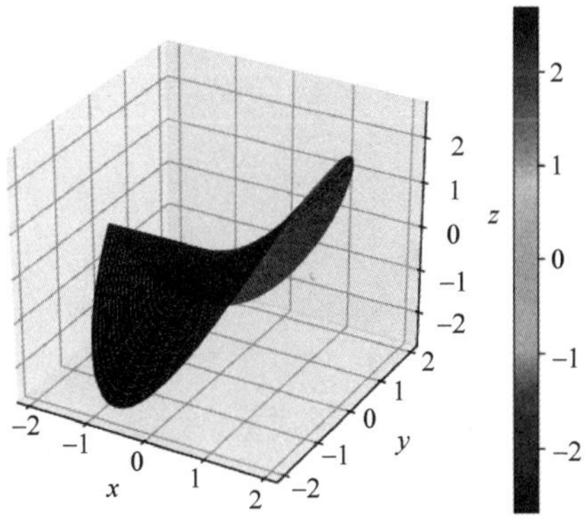

图 5.4 $f(z)=z^{3/2}$的主值分支图形

例 5.12 绘制函数$f(z)=z^8$ 的图形。

解 画出的图形见图 5.5。

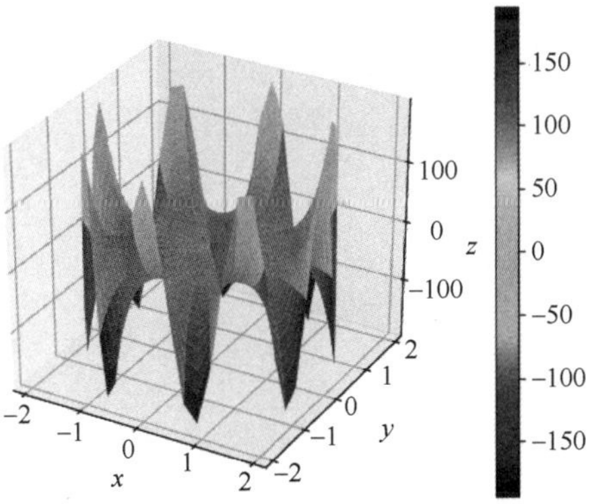

图 5.5 $f(z)=z^8$ 的图形

```python
#程序文件 Pgex5_12.py
import numpy as np
import pylab as plt
from matplotlib import cm
def cplxgrid(m):
    r = np.arange(0,m).reshape(m,1) /m
    theta = np.pi * np.arange(-m,m+1) /m
    z = r * np.exp(1j * theta)
    return z
plt.rc('font',size=15); plt.rc('text',usetex=True)
z=2 * cplxgrid(30); w=z * * 8
x=z.real; y=z.imag; u=w.real; v=w.imag
ax=plt.axes(projection='3d') #创建三维坐标轴对象
surf=ax.plot_surface(x, y, u, cmap='viridis')
m = cm.ScalarMappable(cmap=cm.jet, norm=surf.norm)
m.set_array(v); plt.colorbar(m)
ax.set_xlabel('$x$'); ax.set_ylabel('$y$')
ax.set_zlabel('$z$'); plt.show()
```

4. 三角函数

定义 5.4 一个复变量 z 的正弦函数和余弦函数定义为

$$\cos z=\frac{e^{iz}+e^{-iz}}{2},\quad \sin z=\frac{e^{iz}-e^{-iz}}{2i}$$

$|\sin z|\leqslant 1$ 和 $|\cos z|\leqslant 1$ 在复数范围内不再成立。

例 5.13 画出 $\sin z$ 的图形。

解 画出的图形见图 5.6。

```python
#程序文件 Pgex5_13.py
import numpy as np
import pylab as plt
from matplotlib import cm
def cplxgrid(m):
    r = np.arange(0,m).reshape(m,1) /m
    theta = np.pi * np.arange(-m,m+1) /m
    z = r * np.exp(1j * theta)
    return z
plt.rc('font',size=15); plt.rc('text',usetex=True)
z=10 * cplxgrid(30); w=np.sin(z)
x=z.real; y=z.imag; u=w.real; v=w.imag
ax=plt.axes(projection='3d')  #创建三维坐标轴对象
surf=ax.plot_surface(x, y, u, cmap='viridis')
m = cm.ScalarMappable(cmap=cm.jet, norm=surf.norm)
m.set_array(v); plt.colorbar(m)
ax.set_xlabel('$x$'); ax.set_ylabel('$y$')
```

```
ax.set_zlabel('$z$'); plt.show()
```

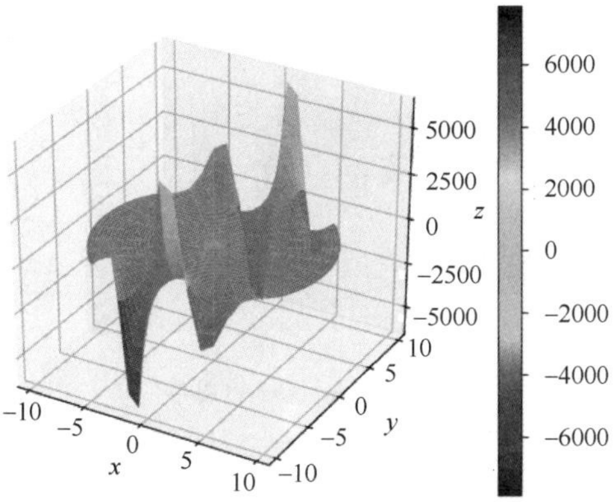

图 5.6 sinz 的图形

5. 反三角函数

定义 5.5 反三角函数定义为三角函数的反函数。设 $z=\sin w$,那么称 w 为 z 的反正弦函数,记作 $w=\arcsin z=-\mathrm{i}\mathrm{Ln}(\mathrm{i}z+\sqrt{1-z^2})$。

类似地,定义 $\arccos z=-\mathrm{i}\mathrm{Ln}(z+\sqrt{z^2-1})$。

例 5.14 画出反正弦函数的主值分支 $\arccos z=-\mathrm{i}\ln(z+\sqrt{z^2-1})$。

解 画出的图形见图 5.7。

```
#程序文件 Pgex5_14.py
import numpy as np
import pylab as plt
from matplotlib import cm
def cplxgrid(m):
    r = np.arange(0,m).reshape(m,1) /m
    theta = np.pi * np.arange(-m,m+1) /m
    z = r * np.exp(1j * theta)
    return z
plt.rc('font',size=15); plt.rc('text',usetex=True)
z=10*cplxgrid(30); w=np.arccos(z)
x=z.real; y=z.imag; u=w.real; v=w.imag
ax=plt.axes(projection='3d') #创建三维坐标轴对象
surf=ax.plot_surface(x, y, u, cmap='viridis')
m = cm.ScalarMappable(cmap=cm.jet, norm=surf.norm)
m.set_array(v); plt.colorbar(m)
ax.set_xlabel('$x$'); ax.set_ylabel('$y$')
ax.set_zlabel('$z$'); plt.show()
```

6. 其他图形

例 5.15 绘制椭圆 $x^2+4y^2=1$ 在映射 $w=1/z\quad(z=x+\mathrm{i}y)$ 下的像。

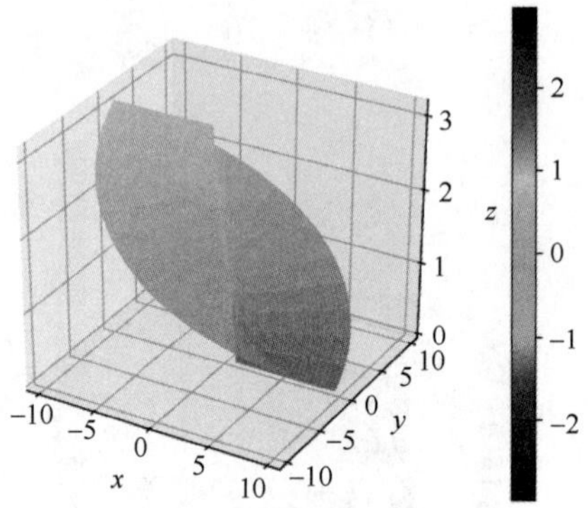

图 5.7 arccosz 的图形

解 椭圆的参数方程为

$$\begin{cases} x=\cos t, \\ y=\dfrac{1}{2}\sin t, \end{cases} 0\leqslant t\leqslant 2\pi$$

用复函数可以表示为 $z=\cos t+\dfrac{\mathrm{i}}{2}\sin t$。画出的图形见图 5.8。

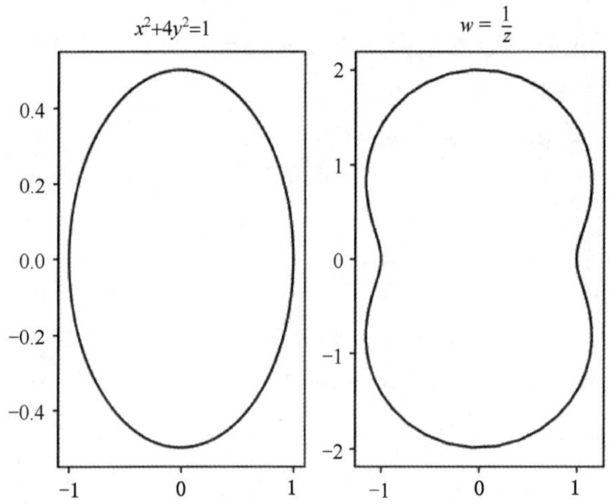

图 5.8 映射的原象与象的图形

```
#程序文件 Pgex5_15.py
import numpy as np
import pylab as plt
t=np.linspace(0,2*np.pi,100)
z=np.cos(t)+1j*np.sin(t)/2;
plt.rc("font",size=15); plt.rc("text",usetex=True)
plt.subplot(121); plt.plot(z.real,z.imag)
plt.title("$s^2+4y^2=1$")
```

```
w=1/z; plt.subplot(122); plt.plot(w.real,w.imag)
plt.title("$w=\\frac{1}{z}$"); plt.show()
```

5.3 复变函数的零点

5.3.1 复变函数零点的画法

一元函数的零点很容易求得,多元函数的零点求法就复杂一些。复变函数的零点相当于求解两个未知数两个方程的方程组的解,画出零点的分布,对于零点的解释等方面是有帮助的。

例 5.16 分别画出函数 $f(z)=z^2+1-z\sin z$ 实部和虚部的零值等值线,从而得到函数的零点分布。

解 函数实部和虚部的零值等值线见图 5.9。从图中可以看出函数有 9 个零点,其中的 4 对零点互为共轭复数。

```
#程序文件 Pgex5_16.py
import numpy as np
import pylab as plt
x=np.linspace(-10,10,200)
x,y=np.meshgrid(x,x)
z=x+1j*y; f=z**2+1-z*np.sin(z)
plt.rc("font",size=13); plt.rc("text",usetex=True)
plt.contour(x,y,f.real,0,colors='k')
plt.contour(x,y,f.imag,0,colors='r',linestyles='dashed')
plt.xlabel("Re$z$"); plt.ylabel("Im$z$")
plt.show()
```

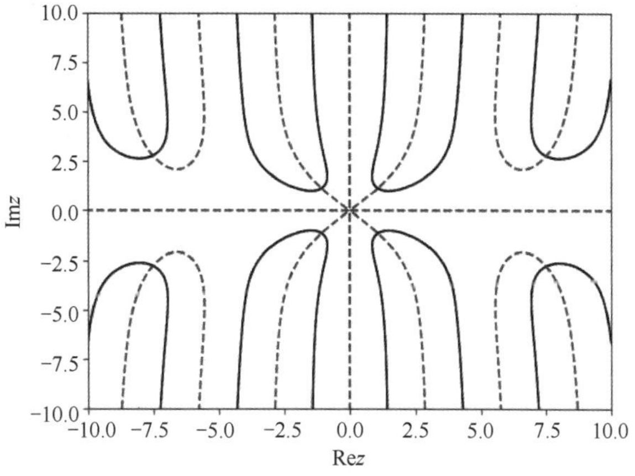

图 5.9 $f(z)=z^2+1-z\sin z$ 实部和虚部的零值等值线

5.3.2 迭代算法求函数的零点

1. 不动点迭代

求函数$f(z)$的零点,即解方程

$$f(z)=0 \tag{5.2}$$

常常将它化为解等价方程

$$z=g(z) \tag{5.3}$$

式(5.3)的根又称为函数$g(z)$的不动点。

为了求$g(z)$的不动点,我们选取一个初始近似值z_0,令

$$z_k=g(z_{k-1}),k=1,2,\cdots \tag{5.4}$$

以产生序列$\{z_k\}$。这一类迭代法称为不动点迭代法,或 Picard 迭代。$g(z)$又称为迭代函数,显然,若$g(z)$连续,且$\lim\limits_{k\to\infty}z_k=z^*$,则$z^*$是$g(z)$的一个不动点。因此$z^*$必为式(5.2)的一个解。

例 5.17 取初值$z_0=10+10\mathrm{i}$,用迭代算法求函数$f(z)=z^2+1-z\sin z$的一个零点。

解 我们可以化成不同的等价方程:

(1) $z=g_1(z)=z-z^2-1+z\sin z$;

(2) $z=g_2(z)=\dfrac{1}{\sin z-z}$;

(3) $z=z-\dfrac{z^2+1-z\sin z}{2z-\sin z-z\cos z}$;

等等。

下面以$g_3(z)$为例进行迭代,即有

$$z_1=z_0-\frac{z_0^2+1-z_0\sin z_0}{2z_0-\sin z_0-z_0\cos z_0},$$

$$z_k=g_3(z_{k-1})=z_{k-1}-\frac{z_{k-1}^2+1-z_{k-1}\sin z_{k-1}}{2z_{k-1}-\sin z_{k-1}-z_{k-1}\cos z_{k-1}},\quad k=1,2,\cdots,N,$$

当$|z_N-z_{N-1}|<\varepsilon$时,算法终止,这里$\varepsilon$为所要求的计算精度。

利用 Python 软件,求得$f(z)$的一个零点为$z^*=9.9544+9.0487\mathrm{i}$。

```
#程序文件 Pgex5_17_1.py
import numpy as np
z1=10+10j; epsilon=10**(-5)        #给定初始值和计算精度
f=lambda z: z-(z**2+1-z*np.sin(z))/(2*z-np.sin(z)-z*np.cos(z))
z2=f(z1)                            #第一次迭代
while abs(z1-z2)>epsilon:
    z1=z2; zw=f(z1)                 #继续迭代
print(np.round(z2,4))               #显示所求的不动点
```

如果初始猜测值取得很差,结果可能是很糟糕的。更糟的是,它可能是不可预测的。可以得到 Julia 集分形图案如图 5.10 所示。

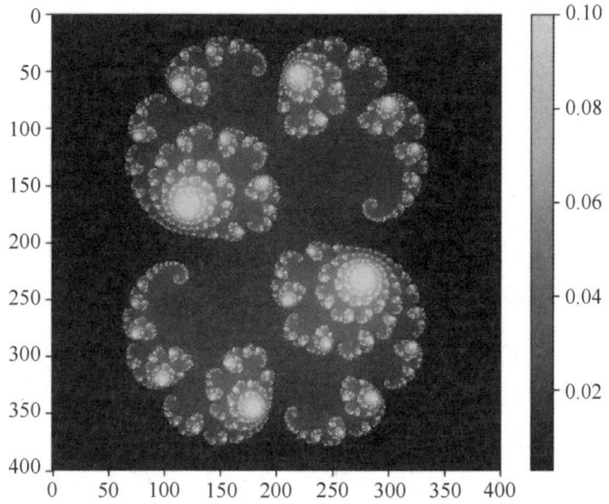

图 5.10 $c=0.285+0.01i$ 的 Julia 集分形图案

```
#程序文件 Pgex5_17_2.py
import numpy as np
import matplotlib.pyplot as plt
n=400; x=np.linspace(-1.2,1.2,n);
x,y=np.meshgrid(x,x); z=x+1j*y; c=complex(0.285,0.01)
f=np.zeros((n,n))
for j in range(n):
    for k in range(n):
        zn=z[j,k]; N=0;
        while (abs(zn)<10) & (N<100):
            zn=zn**2+c; N=N+1;
        f[j,k]=N/1000
plt.imshow(f); plt.colorbar()
plt.show()
```

2. Newton-Raphson 方法

Newton-Raphson 方法(或简称 Newton 法)是解非线性方程

$$f(z)=0$$

的最著名的和最有效的数值方法之一。若初始值充分接近于根,则 Newton 法的收敛速度很快。

在不动点迭代中,用不同的方法构造迭代函数使得到不同的迭代方法。假设 $f'(z)\neq 0$,令

$$g(z)=z-\frac{f(z)}{f'(z)}, \tag{5.5}$$

则方程 $f(z)=0$ 和 $z=g(z)$ 是等价的。我们选取式(5.5)为迭代函数。据式(5.4),Picard 迭代为

$$z_{k+1}=z_k-\frac{f(z_k)}{f'(z_k)}, k=0,1,2,\cdots. \tag{5.6}$$

我们称式(5.6)为 Newton 迭代公式,称$\{z_k\}$为 Newton 序列。

上面的例 5.17 就是使用 Newton 法进行迭代的。

5.4 分形图案

分形(Fractal)这个术语是美籍法国数学家 Mandelbrot 于 1975 年创造的。Fractal 出自拉丁语 fractus(碎片,支离破碎)、英文 fractured(断裂)和 fractional(碎片,分数),说明分形是用来描述和处理粗糙、不规则对象的。Mandelbrot 是想用此词来描述自然界中传统欧几里得几何学所不能描述的一大类复杂无规则的几何对象,如蜿蜒曲折的海岸线、起伏不定的山脉、令人眼花缭乱的漫天繁星等。它们的共同特点是极不规则或极不光滑,但是却有一个重要的性质——自相似性,举例来说,海岸线的任意小部分都包含有与整体相似的细节。要定量地分析这样的图形,要借助分形维数这一概念。经典维数都是整数,而分形维数可以取分数。简单来讲,具有分数维数的几何图形称为分形。

1975 年,Mandelbrot 出版了他的专著《分形对象:形、机遇与维数》,标志着分形理论的正式诞生。1982 年,随着 *The Fractal Geometry of Nature* 出版,分形这个概念被广泛传播,成为当时全球科学家们议论最为热烈、最感兴趣的热门话题之一。

分形具有以下几个特点:

(1) 具有无限精细的结构。

(2) 有某种自相似的形式,可能是近似的或统计的。

(3) 一般它的分形维数大于它的拓扑维数。

(4) 可以由非常简单的方法定义,并由递归、迭代等产生。

5.4.1 Koch 雪花

1904 年瑞典数学家 Von Koch 发现了一种曲线,该曲线处处连续但处处不光滑、不可微,因而当时认为是一种"病态"的曲线,如果一个三角形按生成 Koch 曲线的生成规则来迭代,则曲线的形状像一朵雪花,故得名 Koch 雪花,该曲线的构成规则如下:以一个正三角形为源多边形,即初始元(如图 5.11(a)),将每一边三等分,中间一段用以其为边向外作正三角形的另外两条边来代替,得到一个六角形(图 5.11(b)),然后,再将该六角形的

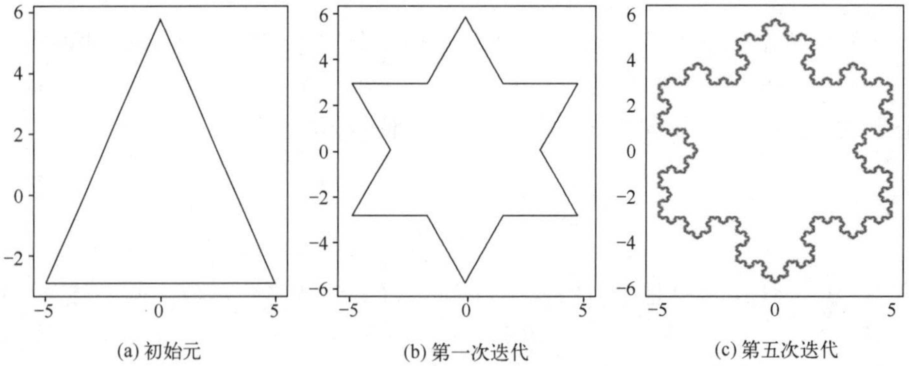

图 5.11 Koch 雪花图案

每一边再分三段作相同的替代,如此下去,直至无穷,便可得到 Koch 雪花,该曲线上任何一点均连续且不可微。

例 5.18 编写画图 5.11 中 Koch 雪花图案的 Python 程序。

解

```
#程序文件 Pgex5_18.py
import numpy as np
import pylab as plt
def koch_snowflake(order, scale=10):                    #生成点的 x,y 坐标列表
    def _koch_snowflake_complex(order):
        if order == 0:
            angles = np.array([0, 120, 240, 360]) + 90  #初始化
            return scale / np.sqrt(3) * np.exp(np.deg2rad(angles) * 1j)
        else:
            ZR = 0.5 - 0.5j * np.sqrt(3) / 3
            p1 = _koch_snowflake_complex(order - 1)     #开始点
            p2 = np.roll(p1, shift=-1)                  #终止点
            dp = p2 - p1                                #连接向量
            new_points = np.empty(len(p1) * 4, dtype=np.complex128)
            new_points[::4] = p1
            new_points[1::4] = p1 + dp / 3
            new_points[2::4] = p1 + dp * ZR
            new_points[3::4] = p1 + dp / 3 * 2
            return new_points
    points = _koch_snowflake_complex(order)
    x, y = points.real, points.imag
    return x, y
plt.axes(aspect='equal'); plt.rc('font',size=15)
x,y=koch_snowflake(0); plt.subplot(131); plt.plot(x,y)
x,y=koch_snowflake(1); plt.subplot(132); plt.plot(x,y)
x,y=koch_snowflake(5); plt.subplot(133); plt.plot(x,y)
plt.show()
```

5.4.2 Sierpinski 三角形

Sierpinski 三角形是波兰数学家 Waclaw Sierpinski 1914 年构造的,其构造方法是取一个等边三角形,将其四等分,得四个较小的正三角形,然后去掉中间的那个三角形,保留周围的三个三角形(图 5.12(a)),然后,再将这三个较小的正三角形按上述方法分割与舍取,无限重复这种操作得到的几何图形便称为 Sierpinski 三角形,巴黎著名的埃菲尔铁塔正是以它为平面图,当然铁塔并没有将分形进行到无穷,但这已经体现了数学的美与精彩。

实现 Sierpinski 三角形的程序很多,但一般都是通过迭代函数系或仿射变换得到的,下面给出两种迭代算法,图 5.12(b)是经过 6 次迭代后的图形。

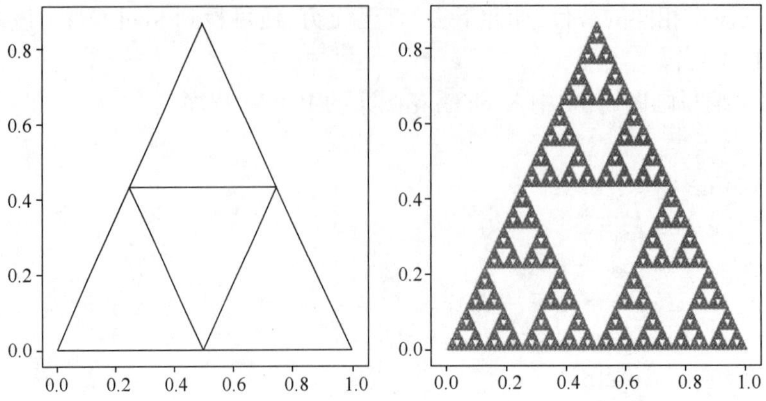

(a) 一次迭代　　(b) 六次迭代

图 5.12　Sierpinski 三角形

例 5.19　用迭代算法生成图 5.12 中的 Sierpinski 三角形。

解

```
#程序文件 Pgex5_19.py
import numpy as np
import pylab as plt
def mysierpinski1(N):
    z1=[1,0,(1+np.sqrt(3)*1j)/2,1]
    for k in range(N):
        z2=z1; n=len(z2)-1
        z1=np.empty(6*n+1,dtype=np.complex128)
        for m in range(n):
            dz=(z2[m+1]-z2[m])/2
            z1[6*m]=z2[m]; z1[6*m+1]=z2[m]+dz
            z1[6*m+2]=z1[6*m+1]+dz*(-1-np.sqrt(3)*1j)/2
            z1[6*m+3]=z1[6*m+2]+dz
            z1[6*m+4]=z2[m]+dz
            z1[6*m+5]=z2[m]+2*dz
        z1[6*n]=z2[-1]
    plt.plot(z1.real,z1.imag)
plt.rc('font',size=15)
plt.subplot(121); mysierpinski1(1)
plt.subplot(122); mysierpinski1(6); plt.show()
```

例 5.20　用随机点生成 Sierpinski 三角形。

解

```
#程序文件 Pgex5_20.py
import numpy as np
import pylab as plt
import random
def plot(points):
```

```
    xx = [x for (x, y) in points]
    yy = [y for (x, y) in points]
    plt.plot(xx, yy, 'g.'); plt.show()
def sierpinski(n):
    vertices = [(0.0, 0.0), (50.0, 100.0), (100.0, 0.0)]
    points = []
    # initial vertex
    x, y = random.choice(vertices)                #初始节点
    for i in range(n):
        vx, vy = random.choice(vertices)          #选择新的节点
        x = (vx + x) /2.0                         #中间节点
        y = (vy + y) /2.0
        points.append((x, y))
    plot(points)
sierpinski(n=6000)
```

画出的 Sierpinski 三角形见图 5.13。

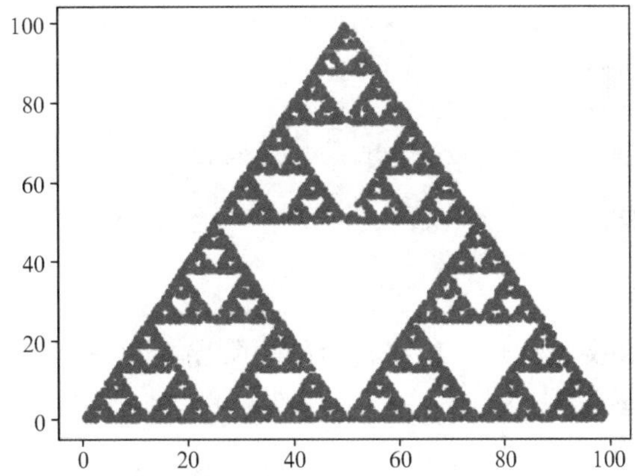

图 5.13　Sierpinski 三角形

例 5.21　用递归算法生成 Sierpinski 三角形。

解　递归算法中点的相对位置见图 5.14(a),使用 Python 画出的图形效果见图 5.14(b)。

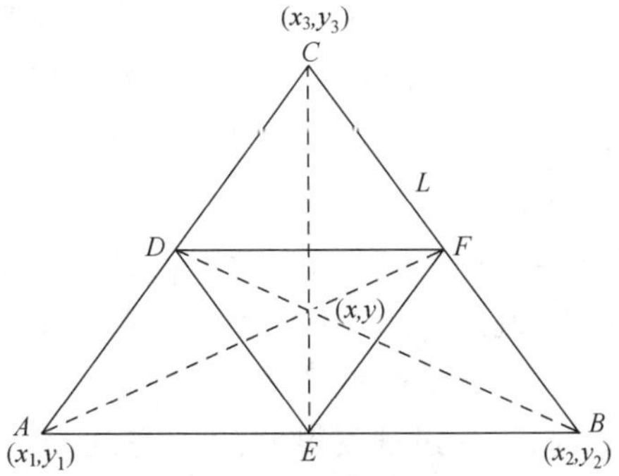

(a) 递归算法中点的相对位置

(b) Sierpinski三角形

图 5.14　递归算法绘制 Sierpinski 三角形

```
#程序文件 Pgex5_21.py
from numpy import tan, pi, array
import pylab as plt
def mysierpinski3(x=0,y=0,L=100,n=6):
    #x,y 为三角形中心点坐标,L 为三角形边长,n 为递归深度
    if n==1:
        z1=complex(x,y)-complex(L/2,L*tan(pi/6)/2)   #计算三角形顶点的复数坐标
        z2=complex(x,y)+complex(L/2,-L*tan(pi/6)/2)
        z3=complex(x,y)+complex(0,L*tan(pi/6)/2)
        z=array([z1,z2,z3,z1])
        plt.plot(z.real, z.imag);                #画三角形的边
    else:
        x01=x-L/4; y01=y-L*tan(pi/6)/4          #计算小三角形中心的坐标
        x02=x+L/4; y02=y-L*tan(pi/6)/4
        x03=x;  y03=y+L*tan(pi/6)/4
        mysierpinski3(x01,y01,L/2,n-1)          #递归调用
        mysierpinski3(x02,y02,L/2,n-1)
        mysierpinski3(x03,y03,L/2,n-1)
mysierpinski3(n=7); plt.axis('off'); plt.show()
```

5.4.3 Newton 分形

1. Newton 迭代法

取一个较简单的函数 $f(z)=z^n-1$,则 $f(z)$ 的一阶导数 $f'(z)=nz^{n-1}$,代入 Newton 迭代公式即式(5.6),得

$$z_{k+1}=z_k-\frac{f(z_k)}{f'(z_k)}=z_k-\frac{z_k^n-1}{nz_k^{n-1}},k=0,1,2,\cdots, \tag{5.7}$$

式(5.7)就是下面使用的迭代计算公式。

2. Newton 分形的生成算法

在复平面上取定一个窗口,将此窗口均匀离散化为有限个点,将这些点记为初始点 z_0,按式(5.7)进行迭代。其中,大多数的点都会很快收敛到方程 $f(z)=z^n-1$ 的某一个零点,但也有一些点经过很多次迭代也不收敛。为此,可以设定一个正整数 M 和一个很小的数 δ,如果当迭代次数小于 M 时,就有两次迭代的两个点的距离小于 δ,即

$$|z_{k+1}-z_k|<\delta, \tag{5.8}$$

则认为 z_0 是收敛的,即点 z_0 被吸引到方程 $f(z)=z^n-1=0$ 的某一个根上;反之,若迭代次数达到了 M,而 $|z_{k+1}-z_k|>\delta$,则认为点 z_0 是发散(逃逸)的。这就是时间逃逸算法的基本思想。

当点 z_0 比较靠近方程 $f(z)=z^n-1=0$ 的根时,迭代过程就很少;离得越远,迭代次数越多,甚至不收敛。

由此设计出函数 $f(z)=z^n-1$ 的 Newton 分形生成算法步骤如下:

(1) 设定复平面窗口范围,实部范围为$[a_1,a_2]$,虚部范围为$[b_1,b_2]$,并设定最大迭代步数 M 和判断距离 δ。

(2) 将复平面窗口均匀离散化为有限个点,取定第一个点,将其记为 z_0,然后按式(5.7)进行 M 次迭代。

每进行一次迭代,按式(5.8)判断迭代前后的距离是否小于 δ,如果小于 δ,则根据当前迭代的次数选择一种颜色在复平面上绘出点;如果达到了最大迭代次数而迭代前后的距离仍然大于 δ,则认为是发散的,也选择一种颜色在复平面上绘出点。

(3) 在复平面窗口上取定第二个点,将其记为 z_1,按第步骤(2)的方法进行迭代和绘制,直到复平面上所有点迭代完毕。

例 5.22 按上面的算法绘制 Newton 分形图案。

解

```
#程序文件 Pgex5_22.py
import numpy as np
import pylab as plt
plt.rc('text', usetex=True)
def mynew(N):
    fz=lambda z: z-(z**N-1)/(N*z**(N-1))    #定义 Newton 迭代函数
    x=np.linspace(-1.5, 1.5, 200)
    x,y=np.meshgrid(x,x); z=x+1j*y
    f=np.zeros(x.shape,dtype=int)
    for j in range(x.shape[0]):
        for k in range(y.shape[1]):
            n=0; zn1=z[j,k]; zn2=fz(zn1)    #第一次 Newton 迭代
            while (abs(zn1-zn2)>0.01) & (n<30):
                zn1=zn2; zn2=fz(zn1); n += 1    #继续进行 Newton 迭代
            f[j,k]=np.mod(n,7)    #使用 5 种颜色
            #f[j,k]=n    #使用 n 种颜色
    plt.imshow(f); plt.colorbar()
    plt.xlabel("Re $z$"); plt.ylabel("Im $z$")
    plt.title("$f(z)=z^{"+str(N)+"}-1$")
plt.subplots_adjust(wspace=0.5, hspace=0.5)    #设置子图之间的间距
plt.subplot(221); mynew(3)
plt.subplot(222); mynew(4)
plt.subplot(223); mynew(5)
plt.subplot(224); mynew(10)
plt.show()
```

所绘的图形如图 5.15 所示。

分形图案与颜色的种数选择有很大的关系,使用 31 种颜色的 Newton 分形图案见图 5.16。

注 5.1 使用其他的函数,可以生成多种多样的 Newton 分形图案。

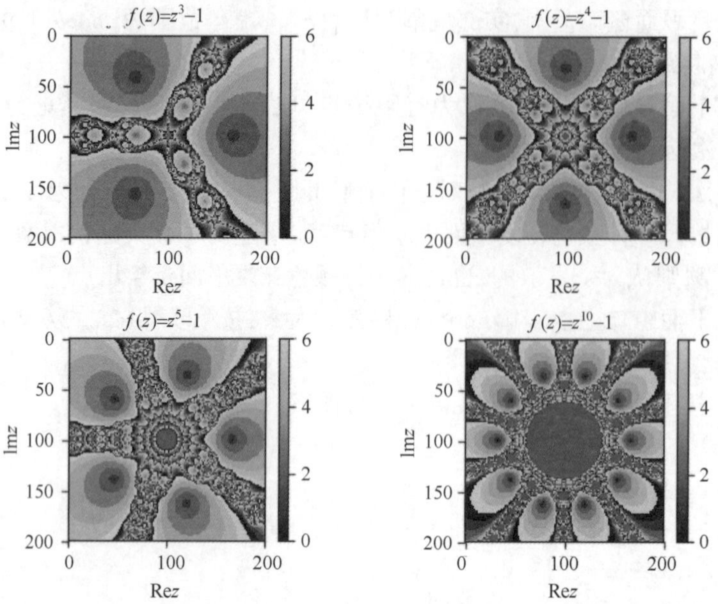

图 5.15　7 种颜色的 Newton 分形图案

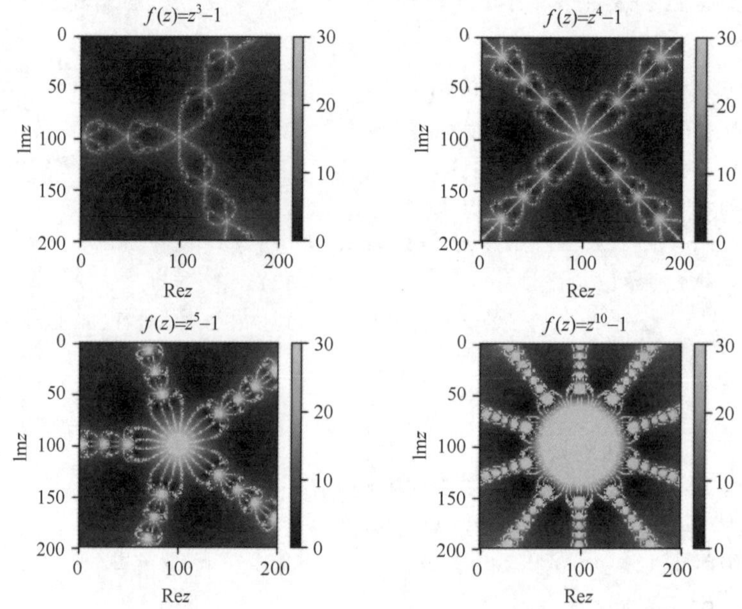

图 5.16　31 种颜色的 Newton 分形图案

5.4.4　Julia 集合与 Mandelbrot 集合

Julia 集合与 Mandelbrot 集合研究复平面上的迭代,考虑的是复平面上的一个二次映射

$$f(z)=z^2+c,z,c\in\mathbb{C},c=a+bi\in\mathbb{R} \tag{5.9}$$

的迭代行为,对于这个复平面上的迭代,等价于二维实平面上的迭代

$$\begin{cases}x_{n+1}=x_n^2-y_n^2+a,\\ y_{n+1}=2x_ny_n+b.\end{cases} \tag{5.10}$$

当 $c=0.74543+\mathrm{i}0.11301$ 时,利用式(5.9)进行迭代,给定几个初始值,计算发现迭代轨迹是收敛的。式(5.9)的迭代是否收敛与初始值有很大的关系。

1. Julia 集

定义 5.6 一个平面区域上式(5.9)迭代的收敛点的集合称为填充 Julia 集,填充 Julia 集的边界称为 Julia 集合。

下面是生成一个填充 Julia 集的算法:

(1) 设定参数 $c=a+\mathrm{i}b$ 以及一个最大的迭代步数 N。

(2) 设定一个界限值 R,例如实数 $R\geqslant\max(2,\sqrt{a^2+b^2})$。

(3) 对于某矩形区域 $[-a,a]\times[-b,b]$ $(a>0,b>0)$ 内的每一点进行迭代,如果对于所有的 $n\leqslant N$,都有 $|z_{n+1}|\leqslant R$,那么,在屏幕上绘制出相应的起始点,否则不绘制。

例 5.23 绘制 Julia 集图形。

解

```
#程序文件 Pgex5_23.py
import numpy as np
import pylab as plt
plt.rc('text', usetex=True); plt.rc('font',size=15)
def myjulia2(c=-0.11+0.65*1j,R=5,N=100):
    #R为界限值,N为迭代的次数
    x=np.linspace(-1.2,1.2,400)    #x方向取400个点
    x,y=np.meshgrid(x,x); z=x+1j*y;
    f=np.zeros(x.shape,dtype=int) #颜色矩阵的初始化
    for  k in range(N):
        f=f+(abs(z)<R); z=z**2+c
    plt.imshow(f); plt.colorbar()
    plt.xlabel('Re $z$'); plt.ylabel('Im $z$')
    plt.title("$c="+str(c)+"$")
plt.subplots_adjust(wspace=0.5)    #设置子图之间的间距
plt.subplot(121); myjulia2(-0.11+0.65*1j,4,200)
plt.subplot(122); myjulia2(-0.19+0.6557*1j,4,200)
plt.show()
```

$c=-0.11+0.65\mathrm{j}$ 和 $c=-0.19+0.6557\mathrm{j}$ 所绘制的分形图案见图 5.17。

2. Mandelbrot 集

Mandelbrot 集合是收敛的迭代中参数 c 的集合。

(1) 设定一个最大的迭代步数 N,和一个界限值 R。

(2) 对于参数平面上每一点 c,使用式(5.9)作为迭代函数,对以 R 为半径的圆盘内的每一点进行迭代,如果对于所有的 $n\leqslant N$,都有 $|z_{n+1}|\leqslant R$,那么,在屏幕上绘制出相应的参数点 c,否则不绘制。

例 5.24 绘制 Mandelbrot 集图形。

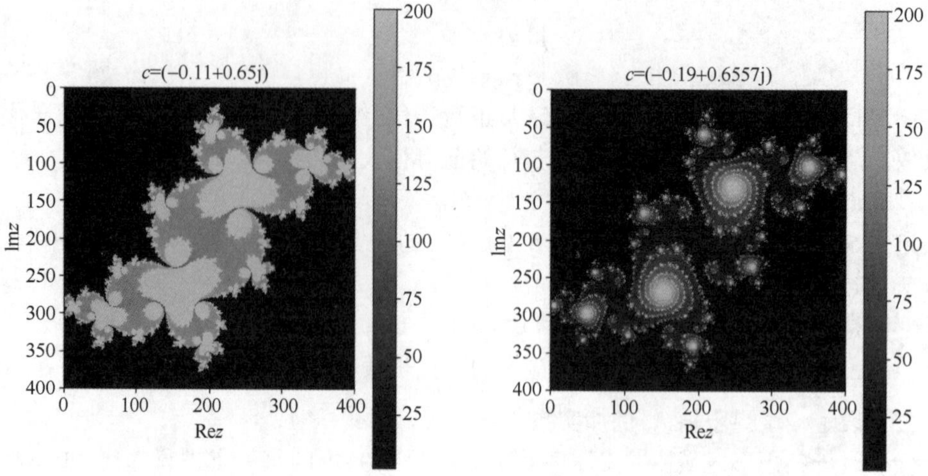

图 5.17　$c=-0.11+0.65j$ 和 $c=-0.19+0.6557j$ 时的 Julia 集图形

解　画出的图形见图 5.18。

```
#程序文件 Pgex5_24.py
import numpy as np
import pylab as plt
plt.rc('font',size=15)
n=400; depth=30                           #depth 为迭代次数
x=np.linspace(-2,1,400); y=np.linspace(-1,1,400)
X,Y=np.meshgrid(x,y)
Z0=X+1j*Y; Z=np.zeros(X.shape,dtype=int)
C1=np.zeros(X.shape,dtype=int)
C2=np.zeros(X.shape,dtype=int)
for k in range(1,depth+1):
    Z=Z**2+Z0; C1[abs(Z)<2]=k
    C2=np.exp(-abs(Z))                    #不同的颜色
plt.subplots_adjust(wspace=0.5)           #设置子图之间的间距
plt.subplot(121); plt.imshow(C1)
plt.subplot(122); plt.imshow(C2); plt.show()
```

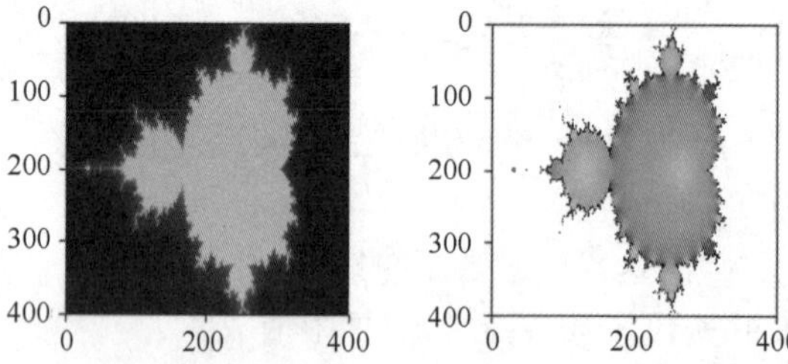

(a) 颜色1　　(b) 颜色2

图 5.18　不同颜色设置的 Mandelbrot 集图形

例 5.25 画出$f(z)=z^{13/3}+z_0$ 对应的广义 Mandelbrot 集图形。

解 画出的广义 Mandelbrot 集图形见图 5.19。

```
#程序文件 Pgex5_25.py
from pylab import imshow,show,rc,cm
from numpy import zeros,linspace
rc("font",size=12)
n=300; M = zeros((n,n),int)
xvalues = linspace(-1.2,1.2,n)
yvalues = linspace(-1,1,n)
for u,x in enumerate(xvalues):
    for v,y in enumerate(yvalues):
        z = 0 + 0j
        c = complex(x,y)
        for i in range(100):
            z = z**(13/3) + c
            if abs(z) > 2.0:
                M[v,u] = 1
                break
imshow(M,cmap=cm.prism); show()
```

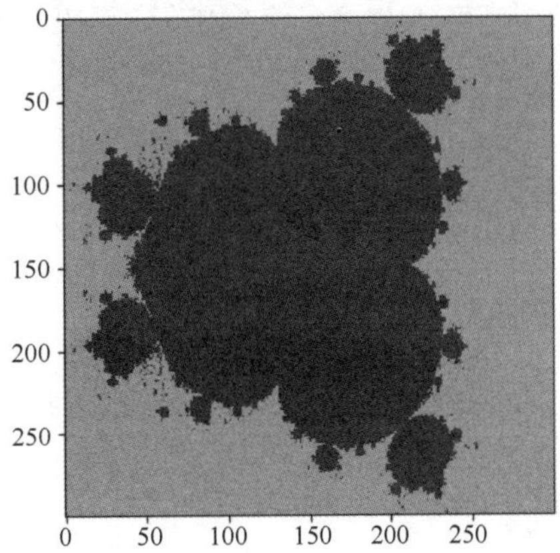

图 5.19 $f(z)=z^{13/3}+z_0$ 对应的广义 Mandelbrot 集图形

3. 广义 Julia 集

如果把式(5.9)的迭代函数换成其他的函数,生成的 Julia 集称为广义 Julia 集。

例 5.26 生成$f(z)=c\cos(\pi z)$,$c=0.62+0.15j$ 时的广义 Julia 集图案。

解 画出的 Julia 集图案见图 5.20。

```
#程序文件 Pgex5_26.py
import pylab as plt
import numpy as np
plt.rc("font",size=12)
def mygyjulia1(c=0.62+0.15j, R=5, N=100):
```

```
    x=np.linspace(-1.2, 1.2, 400)
    x, y=np.meshgrid(x,x)
    z=x+1j*y
    f=np.zeros(x.shape)
    for k in range(N):
        f=f+(abs(z)<R)
        z=c*np.cos(np.pi*z)
    f=np.mod(f,7)    #使用7种颜色
    plt.imshow(f)
    plt.colorbar(); plt.show()
mygyjulia1()
```

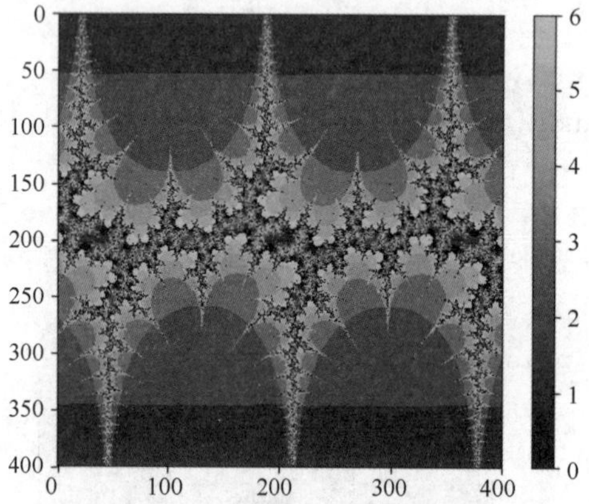

图 5.20 $f(z)=c\cos(\pi z)$，$c=0.62+0.15j$ 时的广义 Julia 集图案

例 5.27 画出$f(z)=\frac{1}{2}\sin(2z^2)+c$，$c=0.62+0.15j$ 时的广义 Julia 集图案。

解 画出的广义 Julia 集图案见图 5.21。

```
#程序文件 Pgex5_27.py
import pylab as plt
import numpy as np
plt.rc("font",size=12)
def mygyjulia2(c=0.62+0.15j, R=5, N=100):
    x=np.linspace(-1.2, 1.2, 400)
    x, y=np.meshgrid(x,x)
    z=x+1j*y
    f=np.zeros(x.shape)
    for k in range(N):
        f=f+(abs(z)<R)
        z=np.sin(2*z**2)/2+c
    f=np.mod(f,8)
    plt.imshow(f)
    plt.colorbar(); plt.show()
mygyjulia2()
```

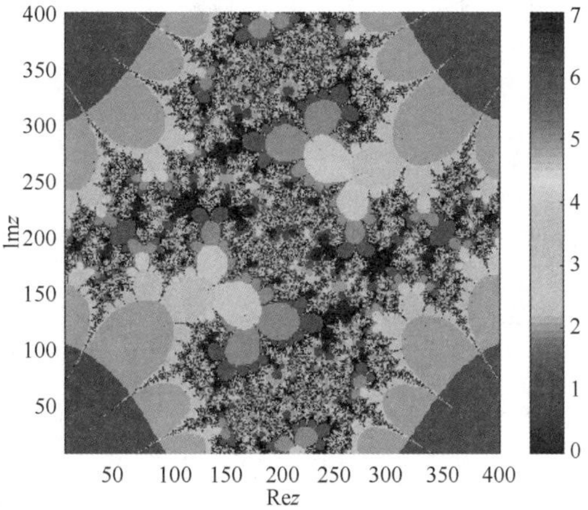

图 5.21 $f(z)=\frac{1}{2}\sin(2z^2)+c, c=0.62+0.15j$ 时的广义 Julia 集图案

5.4.5 分形树

1. 分形树的生成算法

自然界中的树具有十分典型的分型特征。一根树的树干上生长出一些侧枝,每个侧枝上又生长出两个侧枝,以此类推,便成长出疏密有致的分形树结构。这样的树木生长结构也可以用分形递归算法来模拟。

图 5.22 是分叉树生成元的示意图,利用分形算法生成分形树的过程就是将这一生成元在每一层次上不断的重复实现的过程,具体算法步骤如下:

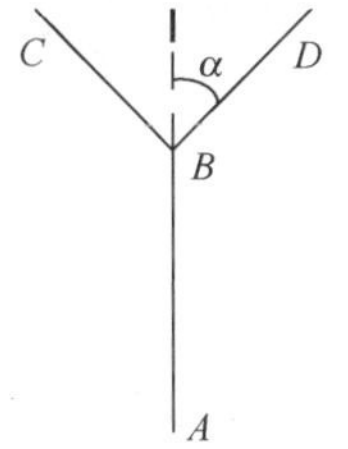

图 5.22 分叉树生成元

(1) 设 A 点坐标为 (x,y),B 点的坐标为 (x_0,y_0),计算树干的长度 L,绘制树的主干 AB。

(2) 计算 C 的坐标 (x_1,y_1),其中 $x_1=x_0+\gamma L\cos(-\alpha)$,$y_1=y_0+\gamma L\sin(-\alpha)$,这里 γ 为枝干的收缩比例,绘制分支 BC。

(3) 计算 D 的坐标 (x_2,y_2),其中 $x_2=x_0+\gamma L\cos\alpha$,$y_2=y_0+\gamma L\sin\alpha$,绘制分支 BD。

(4) 重复步骤(1)~(3),直至完成递归次数。

2. 算法的 Python 实现

例 5.28 画出分形树的图形。

解 下面 Python 函数中,设 z 为树的起点复数坐标;L 为树干的起始长度;a 为树干的起始倾斜角;b 为枝干的倾斜程度;c 为主干的倾斜程度;K 为细腻程度;s_1 为主干的收缩速度,s_2 为枝干的收缩速度。

```
#程序文件 Pgex5_28.py
import pylab as plt
import numpy as np
plt.rc("font",size=12)
def drawleaf(z=300+500j,L=100,a=80):
    b=30; K=2; c=9; n=8; s1=1.2; s2=3
    if L>K:
        z0=z+L*np.exp(1j*a*np.pi/180)           #计算主干另外端点的复数坐标
        z1=z0+L/s2*np.exp(1j*(a+b)*np.pi/180) #计算 C 端点的复数坐标
        z2=z0+L/s2*np.exp(1j*(a-b)*np.pi/180) #计算 D 端点的复数坐标
        plt.plot([z.real,z0.real],[z.imag,z0.imag],'k')
        plt.plot([z0.real,z1.real],[z0.imag,z1.imag],'k')
        plt.plot([z0.real,z2.real],[z0.imag,z2.imag],'k')
        drawleaf(z0,L/s1,a+c); drawleaf(z1,L/s2,a+b);
        drawleaf(z2,L/s2,a-b);
drawleaf(); plt.show()
```

得到的图形如图 5.23 所示。

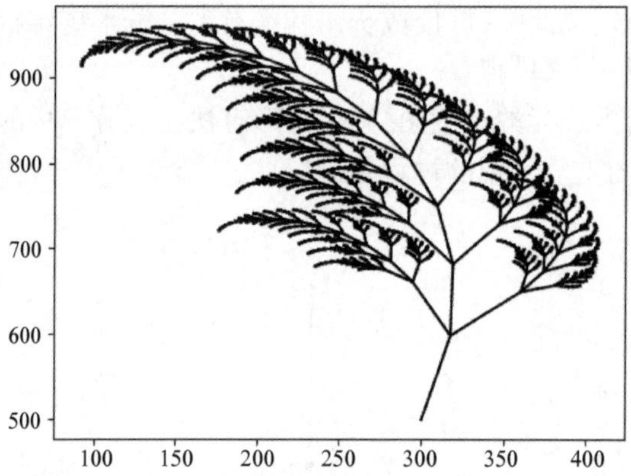

图 5.23　分形树

5.5　复变函数的积分

复变函数的积分是研究解析函数的一个重要工具,所以计算复变函数的积分是复变函数的又一重要内容。积分的值不但依赖于被积函数,而且依赖于积分曲线,这就导致了计算积分的复杂性。解析函数的积分和实变函数的积分也是一样的。

5.5.1　复变函数积分的概念

定义 5.7　复变函数积分的定义

设函数 $w=f(z)$ 定义在区域 D 内，C 为区域 D 内起点为 A 终点为 B 的一条光滑的有向曲线。把曲线 C 任意分成 n 个弧段，设分点为

$$A=z_0,z_1,z_2,\cdots,z_{k-1},z_k,\cdots,z_n=B,$$

在每个弧段 $z_{k-1}\to z_k(k=1,2,\cdots,n)$ 上任意取一点 ζ_k，并作和式

$$S_n=\sum_{k=1}^{n}f(\zeta_k)(z_k-z_{k-1})=\sum_{k=1}^{n}f(\zeta_k)\Delta z_k,$$

这里 $\Delta z_k=z_k-z_{k-1}$。记 $\Delta s_k=z_{k-1}\to z_k$ 的弧段长度，$\delta=\max\limits_{1\leqslant k\leqslant n}\{\Delta s_k\}$。当 n 无限增加，且 δ 趋于零时，如果不论对 C 的分法及 ζ_k 的取法如何，S_n 有唯一极限，那么称这极限值为函数 $f(z)$ 沿曲线 C 的积分。记作

$$\int_C f(z)\mathrm{d}z=\lim_{n\to\infty}\sum_{k=1}^{n}f(\zeta_k)\Delta z_k.$$

如果 C 为闭曲线，那么沿此闭曲线的积分记作 $\oint_C f(z)\mathrm{d}z$。

例 5.29 计算 $\int_C z\mathrm{d}z$，其中 C 为从原点到点 3+4j 的直线段。

解 直线的方程可写作

$$z=(3+4\mathrm{j})t,0\leqslant t\leqslant 1.$$

在 C 上，$z=(3+4\mathrm{j})t,\mathrm{d}z=(3+4\mathrm{j})\mathrm{d}t$。于是，有

$$\int_C z\mathrm{d}z=\int_0^1(3+4\mathrm{j})^2t\mathrm{d}t=\frac{1}{2}(3+4\mathrm{j})^2=-\frac{7}{2}+12\mathrm{j}.$$

```
#程序文件 Pgex5_29.py
import sympy as sp
sp.var('t')
z=(3+4j)*t
S=sp.integrate(z*z.diff(),(t,0,1))
print(S)
```

5.5.2 解析函数的积分

定理 5.1 如果 $f(z)$ 在单连通域 B 内处处解析，$G(z)$ 为 $f(z)$ 的一个原函数，那么

$$\int_{z_0}^{z_1}f(z)\mathrm{d}z=G(z_1)-G(z_0),$$

式中：z_0,z_1 为域 B 内的两点。

例 5.30 求积分 $\int_0^i z\cos z\mathrm{d}z$ 的值。

解 $z\sin z+\cos z$ 是 $z\cos z$ 的一个原函数，所以

$$\int_0^i z\cos z\mathrm{d}z=(z\sin z+\cos z)\Big|_0^i=\mathrm{i}\sin i+\cos i-1$$

$$=\mathrm{i}\frac{\mathrm{e}^{-1}-\mathrm{e}}{2i}+\frac{\mathrm{e}^{-1}+\mathrm{e}}{2}-1=\mathrm{e}^{-1}-1.$$

```
#程序文件 Pgex5_30.py
import sympy as sp
```

```
sp.var('z')
f=z*sp.cos(z)
S=sp.integrate(f,(z,0,sp.I))
S=sp.simplify(S); print(S)
```

例 5.31 试沿区域 $\mathrm{Im}(z)\geqslant 0,\mathrm{Re}(z)\geqslant 0$ 内的圆弧 $|z|=1$,计算积分 $\int_1^i \frac{\ln(z+1)}{z+1}\mathrm{d}z$ 的值。

解 函数$\frac{\ln(z+1)}{(z+1)}$在所设区域内解析,它的一个原函数为$\frac{1}{2}\ln^2(z+1)$,所以

$$\int_1^i \frac{\ln(z+1)}{z+1}\mathrm{d}z = \frac{1}{2}\ln^2(z+1)\Big|_1^i = \frac{1}{2}[\ln^2(1+\mathrm{i}) - \ln^2 2]$$

$$= \frac{1}{2}\left[\left(\frac{1}{2}\ln 2 + \frac{\pi}{4}\mathrm{i}\right)^2 - \ln^2 2\right] = -\frac{\pi^2}{32} - \frac{3}{8}\ln^2 2 + \frac{\pi\ln 2}{8}\mathrm{i}$$

```
#程序文件 Pgex5_31.py
import sympy as sp
sp.var('z')
f=sp.log(z+1)/(z+1)
S=sp.integrate(f,(z,1,sp.I))
print(sp.simplify(sp.re(S)))   #显示实部
print(sp.im(S))                #显示虚部
```

5.5.3 柯西积分公式与解析函数的高阶导数

定理 5.2(柯西积分公式) 如果$f(z)$在区域 D 内处处解析,C 为 D 内的任何一条正向简单闭曲线,它的内部完全含于 D,z_0 为 C 内的任一点,那么

$$f(z_0) = \frac{1}{2\pi\mathrm{i}}\oint_C \frac{f(z)}{z-z_0}\mathrm{d}z. \tag{5.11}$$

定理 5.3 解析函数$f(z)$的导数仍为解析函数,它的 n 阶导数为

$$f^{(n)}(z_0) = \frac{n!}{2\pi\mathrm{i}}\oint_C \frac{f(z)}{(z-z_0)^{n+1}}\mathrm{d}z(n=1,2,\cdots), \tag{5.12}$$

式中:C 为在函数$f(z)$的解析区域 D 内围绕 z_0 的任何一条正向简单闭曲线,而且它的内部全含于 D。

例 5.32 求积分 $\oint_C \frac{\cos\pi z}{(z-1)^5}\mathrm{d}z$ 的值,其中 C 为正向圆周:$|z|=r>1$。

解 函数$\frac{\cos\pi z}{(z-1)^5}$在 C 内的 $z=1$ 处不解析,但 $\cos\pi z$ 在 C 内却是处处解析的。则

$$\oint_C \frac{\cos\pi z}{(z-1)^5}\mathrm{d}z = \frac{2\pi\mathrm{i}}{(5-1)!}(\cos\pi z)^{(4)}\Big|_{z=1} = -\frac{\pi^5\mathrm{i}}{12}.$$

```
#程序文件 Pgex5_32.py
import sympy as sp
sp.var('z')
```

```
f=sp.cos(sp.pi*z); d4f=f.diff(z,4)
s=2*sp.pi*sp.I*d4f.subs(z,1)/sp.factorial(4)
print(s)
```

5.5.4 解析函数与调和函数的关系

定义 5.8 如果二元实变函数 $\phi(x,y)$ 在区域 D 内具有二阶连续偏导数并且满足拉普拉斯(Laplace)方程

$$\frac{\partial^2\phi}{\partial x^2}+\frac{\partial^2\phi}{\partial y^2}=0,$$

那么称 $\phi(x,y)$ 为区域 D 内的调和函数。

定理 5.4 任何在区域 D 内解析的函数,它的实部和虚部都是 D 内的调和函数。

定义 5.9 设 $f=u+\mathrm{i}v$ 是解析函数,则称 v 为 u 的共轭调和函数。

已知解析函数 f 的实部 u 或虚部 v,求解析函数 f,有 3 种方法,即偏积分法、不定积分法和直接代入法。

1. 偏积分法

例 5.33 证明 $u(x,y)=y^3-3x^2y$ 为调和函数,并求其共轭调和函数 $v(x,y)$ 和由它们构成的解析函数。

解 (1) 因为 $\frac{\partial u}{\partial x}=-6xy$, $\frac{\partial^2 u}{\partial x^2}=-6y$, $\frac{\partial u}{\partial y}=3y^2-3x^2$, $\frac{\partial^2 u}{\partial y^2}=6y$。所以 $\frac{\partial^2 u}{\partial x^2}+\frac{\partial^2 u}{\partial y^2}=0$,即 $u(x,y)$ 为调和函数。

(2) 由柯西-黎曼方程,得

$$\mathrm{d}v=-\frac{\partial u}{\partial y}\mathrm{d}x+\frac{\partial u}{\partial x}\mathrm{d}y=(3x^2-3y^2)\mathrm{d}x-6xy\mathrm{d}y,$$

由偏积分法和凑微分法得,$v=x^3-3xy^2+c$,所以解析函数

$$w=y^3-3x^2y+\mathrm{i}(x^3-3xy^2+c). \tag{5.13}$$

由 $z=x+\mathrm{i}y$,得到 $x=\frac{z+\bar{z}}{2}$, $y=\frac{z-\bar{z}}{2\mathrm{i}}$,代入式(5.13)可以得到 $w=f(z)=\mathrm{i}(z^3+c)$。

```
#程序文件 Pgex5_33.py
import sympy as sp
sp.var('x,y,z,zb')
u=y**3-3*x**2*y
dux2=sp.diff(u,x,2)                   #求u关于x的二阶偏导数
duy2=sp.diff(u,y,2)
del2=dux2+duy2
v1=sp.integrate(sp.diff(u,x),y)       #求偏积分
v2=sp.integrate(-sp.diff(u,y),x)
f1=u+sp.I*v2
f2=f1.subs({x:(z+zb)/2,y:(z-zb)/(2*sp.I)})
f2=sp.simplify(f2); print(f2)
```

例 5.34 已知一调和函数 $v=e^x(y\cos y+x\sin y)+x+y$，求一解析函数 $f(z)=u+iv$，使 $f(0)=0$。

解 因为

$$\frac{\partial v}{\partial x}=e^x(y\cos y+x\sin y+\sin y)+1,$$

$$\frac{\partial v}{\partial y}=e^x(\cos y-y\sin y+x\cos y)+1,$$

故

$$\begin{aligned} du &=\frac{\partial v}{\partial y}dx-\frac{\partial v}{\partial x}dy. \\ &=[e^x(\cos y-y\sin y+x\cos y)+1]dx-[e^x(\sin y+y\cos y+x\sin y)+1]dy. \end{aligned}$$

所以

$$u=e^x(-y\sin y+x\cos y)+x-y+c.$$

因此

$$\begin{aligned} f(z)&=e^x(-y\sin y+x\cos y)+x-y+c+i[e^x(y\cos y+x\sin y)+x+y] \\ &=xe^xe^{iy}+iye^xe^{iy}+x(1+i)+iy(1+i)+c. \end{aligned}$$

则有 $f(z)=ze^z+(1+i)z+c$，由 $f(0)=0$，得 $c=0$，所以所求的解析函数为

$$f(z)=ze^z+(1+i)z.$$

```
#程序文件 Pgex5_34.py
import sympy as sp
sp.var('x,y,z,zb,c')
v=sp.exp(x)*(y*sp.cos(y)+x*sp.sin(y))+x+y
u1=sp.integrate(sp.diff(v,y),x)      #求偏积分
u2=sp.integrate(-sp.diff(v,x),y)
u=u1-y+c; f1=u+sp.I*v
f2=f1.subs({x:(z+zb)/2,y:(z-zb)/(2*sp.I)})
f2=f2.rewrite(sp.exp)                #把双曲函数化为指数函数
f2=sp.simplify(f2)                   #化简符号函数
c0=sp.solve(f2.subs(z,0))            #求 c 的取值
f3=f2.subs(c,c0[0])                  #求得最终的解析函数
print(f3)
```

2. 不定积分法

由柯西-黎曼方程，先求出

$$f'(z)=u_x-iu_y，或 f'(z)=v_y+iv_x,$$

再积分求得 $f(z)$。

例 5.35 重求例 5.33 的解析函数。

解 由 $u=y^3-3x^2y$，计算，得

$$\begin{aligned} f'(z)&=u_x-iu_y=-6xy-i(3y^2-3x^2) \\ &=3i(x^2+2xyi-y^2)=3iz^2. \end{aligned}$$

积分,得

$$f(z)=\mathrm{i}z^3+c_1=\mathrm{i}(z^3+c),$$

式中:c 为任意实常数。

```
#程序文件 Pgex5_35.py
import sympy as sp
sp.var('x,y,z,zb')
u=y**3-3*x**2*y
df=sp.diff(u,x)-sp.I*sp.diff(u,y)
f1=df.subs({x:(z+zb)/2,y:(z-zb)/(2*sp.I)})
f2=sp.simplify(f1); f=sp.integrate(f2,z)
print(f)
```

例 5.36 重求例 5.34 的解析函数。

解 由 $v=\mathrm{e}^x(y\cos y+x\sin y)+x+y$,计算,得

$$f'(z)=v_y+iv_x=e^z+ze^z+1+i,$$

积分,得

$$f(z)=\int(\mathrm{e}^z+z\mathrm{e}^z+1+\mathrm{i})\mathrm{d}z=z\mathrm{e}^z+(1+\mathrm{i})z+c,$$

由 $f(0)=0$,得 $c=0$,所以

$$f(z)=z\mathrm{e}^z+(1+\mathrm{i})z.$$

```
#程序文件 Pgex5_36.py
import sympy as sp
sp.var('x,y,z,zb,c')
v=sp.exp(x)*(y*sp.cos(y)+x*sp.sin(y))+x+y
df=sp.diff(v,y)+sp.I*sp.diff(v,x)
f1=df.subs({x:(z+zb)/2,y:(z-zb)/(2*sp.I)})
f2=f1.rewrite(sp.exp)   #把双曲函数化为指数函数
f2=sp.simplify(f2)      #化简符号函数
f=sp.integrate(f2,z)+c  #做不定积分,人工加上积分常数
c0=sp.solve(f.subs(z,0))#求 c 的取值
f=f.subs(c,c0[0]); print(f)
```

3. 直接带入法

记 $f=u+\mathrm{i}v$,则 $\bar{f}=u-\mathrm{i}v$,$u=\dfrac{f+\bar{f}}{2}$,$v=\dfrac{f-\bar{f}}{2\mathrm{i}}$。若已知 u,并把 u 化成 $\dfrac{f(z)+\overline{f(z)}}{2}$ 的形式,提出其中关于 z 的项,则可以求出 f。类似地,已知 v 也可以求出 f。

例 5.37 再求例 5.33 中的解析函数。

解 在 $u(x,y)$ 中直接代入

$$x=\frac{z+\bar{z}}{2},y=\frac{z-\bar{z}}{2i},$$

然后将 $u(x,y)$ 化成 $\dfrac{f(z)+\overline{f(z)}}{2}$ 的形式：

$$u(x,y)=\left(\frac{z-\bar{z}}{2\mathrm{i}}\right)^3-3\left(\frac{z+\bar{z}}{2}\right)^2\cdot\frac{z-\bar{z}}{2\mathrm{i}}=\frac{\bar{z}^3-z^3}{2\mathrm{i}}=\frac{1}{2}(\mathrm{i}z^3-\mathrm{i}\bar{z}^3).$$

所以 $f(z)=2\left[\dfrac{1}{2}(\mathrm{i}z^3-\mathrm{i}\bar{z}^3)\right]\Bigg|_{\bar{z}=0}+c=\mathrm{i}z^3+c$，其中 c 为纯虚数。

```
#程序文件 Pgex5_37.py
import sympy as sp
sp.var('x,y,z,zb')
u=y**3-3*x**2*y
u=u.subs({x:(z+zb)/2,y:(z-zb)/(2*sp.I)})
u=sp.simplify(u)
f=2*u.subs(zb,0)  #把 u 中的 zb 替换成 0,并乘以 2 即得 f
print(f)
```

例 5.38 再求例 5.34 中的解析函数。

解 在 $v(x,y)$ 中直接代入

$$x=\frac{z+\bar{z}}{2},y=\frac{z-\bar{z}}{2\mathrm{i}},$$

然后将 $v(x,y)$ 化成 $\dfrac{f(z)-\overline{f(z)}}{2\mathrm{i}}$ 的形式：

$$v(x,y)=\frac{z}{2}(1-\mathrm{i}-\mathrm{i}\mathrm{e}^z)+\frac{\bar{z}}{2}(1+\mathrm{i}+\mathrm{i}\mathrm{e}^{\bar{z}}).$$

则有

$$f(z)=2\mathrm{i}\left[\frac{z}{2}(1-\mathrm{i}-\mathrm{i}\mathrm{e}^z)+\frac{\bar{z}}{2}(1+\mathrm{i}+\mathrm{i}\mathrm{e}^{\bar{z}})\right]\Bigg|_{\bar{z}=0}+c=z(1+\mathrm{i}+\mathrm{e}^z)+c,\text{其中 } c \text{ 为实数}.$$

由 $f(0)=0$，得 $c=0$，所以

$$f(z)=z\mathrm{e}^z+(1+\mathrm{i})z.$$

```
#程序文件 Pgex5_38.py
import sympy as sp
sp.var('x,y,z,zb')
v=sp.exp(x)*(y*sp.cos(y)+x*sp.sin(y))+x+y
v=v.subs({x:(z+zb)/2,y:(z-zb)/(2*sp.I)})
v=v.rewrite(sp.exp); v=sp.simplify(v)
f=2*sp.I*v.subs(zb,0)  #把 v 中的 zb 替换成 0,并乘以 2i 即得 f
f=sp.simplify(f); print(f)
```

5.6 留数与闭曲线积分的计算

5.6.1 留数的计算

留数是复变函数论中重要的概念之一，它与解析函数在孤立奇点处的洛朗展开式、柯

西复合闭路定理等都有密切的联系。

定义 5.10 设 z_0 是函数 $f(z)$ 的孤立奇点，把 $f(z)$ 在 z_0 处的洛朗展开式中负一次幂项的系数 c_{-1} 称为 $f(z)$ 在 z_0 处的留数，记作 $\mathrm{Res}[f(z),z_0]$，即 $\mathrm{Res}[f(z),z_0]=c_{-1}$。显然，留数 c_{-1} 就是积分 $\frac{1}{2\pi \mathrm{i}}\oint_C f(z)\,\mathrm{d}z$ 的值，其中 C 为 z_0 的去心邻域内绕 z_0 的闭曲线。

定理 5.5（留数定理） 设函数 $f(z)$ 在区域 D 内除有限个孤立奇点 $z_1,z_2,\cdots,z_n$ 外处处解析，C 是 D 内包围诸奇点的一条正向简单闭曲线，那么

$$\oint_C f(z)\,\mathrm{d}z = 2\pi \mathrm{i}\sum_{k=1}^{n}\mathrm{Res}[f(z),z_k].$$

如果 z_0 为 $f(z)$ 的一级极点，则

$$\mathrm{Res}[f(z),z_0]=\lim_{z\to z_0}(z-z_0)f(z). \tag{5.14}$$

如果 z_0 为 $f(z)$ 的 m 阶极点，则

$$\mathrm{Res}[f(z),z_0]=\frac{1}{(m-1)!}\lim_{z\to z_0}\frac{\mathrm{d}^{m-1}}{\mathrm{d}z^{m-1}}[(z-z_0)^m f(z)]. \tag{5.15}$$

由于在工程中遇到的 $f(z)$ 多数情况下为有理分式，所以可表示为如下形式：

$$\frac{b_1 z^m+b_2 z^{m-1}+\cdots+b_{m+1}}{a_1 z^n+a_2 z^{n-1}+\cdots+a_{n+1}}. \tag{5.16}$$

scipy. signal 模块中的函数 residue 可以求得该有理式的留数，residue 的调用格式为

r,p,k=residue(b,a)

其中，返回值 r 为留数数组，p 为极点数组，k 为有理式(5.16)利用长除法得到的商多项式对应的系数向量，如果式(5.16)是一个真分式，则 k 的返回值为只有一个零元素的数组；b 为式(5.16)中分子多项式对应的系数数组，a 为式(5.16)中分母多项式对应的系数数组.

反之，利用 scipy. signal 模块中的函数 invres，调用格式如下：

b,a=invres(r,p,k)

可以求得式(5.16)有理分式对应的分子多项式 b 和分母多项式 a。

利用 residue 函数，也可以把有理函数展开成部分分式的和。

定义 5.11 设函数 $f(z)$ 在圆环域 $R<|z|<+\infty$ 内解析，C 为这圆环域内绕原点的任何一条正向简单闭曲线，那么积分

$$\frac{1}{2\pi \mathrm{i}}\oint_{C^-} f(z)\,\mathrm{d}z$$

的值与 C 无关，我们称此定值为 $f(z)$ 在 ∞ 点的留数，记作

$$\mathrm{Res}[f(z),\infty]=\frac{1}{2\pi \mathrm{i}}\oint_{C^-} f(z)\,\mathrm{d}z.$$

若 $f(z)$ 在圆环域 $R<|z|<+\infty$ 内的洛朗展开式为

$$f(z)=\sum_{n=-\infty}^{\infty}c_n z^n \quad (R<|z-z_0|<+\infty),$$

其中

$$c_n = \frac{1}{2\pi i}\oint_C \frac{f(\zeta)}{\zeta^{n+1}} d\zeta \quad (n = 0, \pm 1, \pm 2, \cdots), \tag{5.17}$$

式中:C 为在圆环域内绕 z_0 的任何一条正向简单闭曲线。

在式(5.17)中令 $n=-1$,有

$$c_{-1} = \frac{1}{2\pi i}\oint_C f(z)\,dz.$$

因此,得

$$\mathrm{Res}[f(z), \infty] = -c_{-1}.$$

即 $f(z)$ 在 ∞ 点的留数等于它在 ∞ 点的去心邻域 $R<|z|<+\infty$ 内洛朗展开式中 z^{-1} 的系数变号。

定理 5.6 如果函数 $f(z)$ 在扩充复平面内只有有限个孤立奇点,那么 $f(z)$ 在所有各奇点(包括 ∞ 点)的留数的总和必等于零。

定理 5.7 $\mathrm{Res}[f(z), \infty] = -\mathrm{Res}\left[f\left(\frac{1}{z}\right) \cdot \frac{1}{z^2}, 0\right]$。

例 5.39 求 $f(z)=\dfrac{1-e^{2z}}{z^4}$ 在有限奇点处的留数。

解 $z=0$ 是分母的四级零点,是分子的一级零点,所以是 $f(z)$ 的三级极点。

$$\mathrm{Res}[f(z), 0] = \lim_{z\to 0}\frac{1}{2!}\frac{d^2}{dz^2}\left[z^3 \frac{1-e^{2z}}{z^4}\right] = -\frac{4}{3}.$$

也可以按如下方法求留数:

$$\mathrm{Res}[f(z), 0] = \lim_{z\to 0}\frac{1}{3!}\frac{d^2}{dz^3}\left[z^4 \frac{1-e^{2z}}{z^4}\right] = -\frac{4}{3}.$$

```
#程序文件 Pgex5_39.py
from sympy import symbols, exp, limit, diff, factorial
z=symbols('z'); f=(1-exp(2*z))/z**4
Res1=limit(diff(z**3*f,z,2)/factorial(2),z,0)
Res2=limit(diff(z**4*f,z,3)/factorial(3),z,0)
print(Res1); print(Res2)
```

例 5.40 计算函数 $f(z)=\dfrac{e^z}{z^2-1}$ 在 $z=\infty$ 处的留数。

解 因为 $f(z)=\dfrac{e^z}{z^2-1}$ 在扩充复平面有 3 个极点,分别为 $1, -1, \infty$,计算,得

$$\mathrm{Res}[f(z), 1] = \lim_{z\to 1}[f(z)(z-1)] = \frac{e}{2},$$

$$\mathrm{Res}[f(z), -1] = \lim_{z\to -1}[f(z)(z+1)] = -\frac{e^{-1}}{2},$$

$$\mathrm{Res}[f(z), \infty] = -(\mathrm{Res}[f(z), 1] + \mathrm{Res}[f(z), -1]) = \frac{e^{-1}}{2} - \frac{e}{2}.$$

```
#程序文件 Pgex5_40.py
from sympy import symbols, exp, limit
```

```
z=symbols('z'); f=exp(z)/(z**2-1)
Res1=limit(f*(z-1),z,1)   #求 Res[f(z),1]
Res2=limit(f*(z+1),z,-1)  #求 Res[f(z),-1]
Res3=-(Res1+Res2); print(Res3)
```

例 5.41 求函数$f(z)=\dfrac{z+1}{z^2-2z}$在有限奇点处的留数。

解

```
#程序文件 Pgex5_41.py
from scipy.signal import residue
b=[1,1]                #输入分子多项式系数向量
a=[1,-2,0]             #输入分母多项式系数向量
r,p,k=residue(b,a)  #求留数 r,极点 p 和长除法的商的多项式 k
print("留数 r=",r); print("极点 p=",p)
print("商多项式的系数向量 k=",k)
```

求得 $r=[-0.5,1.5]$,$p=[0,2]$,$k=[0]$,因此,可得

$$\text{Res}[f(z),0]=-0.5,\quad \text{Res}[f(z),2]=1.5$$

并且可以得到$f(z)$的部分分式展开式为

$$f(z)=\frac{z+1}{z^2-2z}=\frac{-0.5}{z}+\frac{1.5}{z-2}.$$

例 5.42 求函数$f(z)=\dfrac{z^3+2z^2+3z+4}{(z+1)^2(z+2)(z+3)^2}$在有限奇点处的留数。

解

```
#程序文件 Pgex5_42.py
from scipy.signal import residue, convolve
from sympy import symbols, limit, diff
b=[1,2,3,4]                              #输入分子多项式系数向量
a1=[1,2,1]; a2=[1,2]; a3=[1,6,9]
a=convolve(a1,a2); a=convolve(a,a3)
r,p,k=residue(b,a)                       #求留数 r,极点 p 和长除法的商的多项式 k
print("留数 r=",r.real); print("极点 p=",p.real)
print("商多项式的系数向量 k=",k)
z=symbols('z')
fz=(z**3+2*z**2+3*z+4)/((z+1)**2*(z+2)*(z+3)**2)
r1=limit(diff((z+1)**2*fz),z,-1)      #求-1 点的留数
r2=limit((z+2)*fz,z,-2)               #求-2 点的留数
r3=limit(diff((z+3)**2*fz),z,-3)      #求-3 点的留数
print('r1=',r1,',r2=',r2,',r3=',r3)
```

输出结果:

留数 $r=[-0.5\quad 0.5\ -2.\quad 2.5\quad 3.5]$

极点 $p=[-1.\ -1.\ \ -2.\ \ -3.\ \ -3.]$

商多项式的系数向量 $k=[0.]$

$$r1=-1/2, r2=-2, r3=5/2$$

从结果可知：

$$f(z)=\frac{2.5}{z+3}+\frac{3.5}{(z+3)^2}-\frac{2}{z+2}-\frac{0.5}{z+1}+\frac{0.5}{(z+1)^2}.$$

且有 $\mathrm{Res}[f(z),-3]=2.5, \mathrm{Res}[f(z),-2]=-2, \mathrm{Res}[f(z),-1]=-0.5$。

例 5.43 试求有理函数 $f(z)=\frac{z}{z^3-3z-2}$ 的部分分式展开式。

解

```
#程序文件 Pgex5_43.py
from scipy.signal import residue
b=[1,0]              #输入分子多项式系数向量
a=[1,0,-3,-2]        #输入分母多项式向量
r,p,k=residue(b,a)
print("r=",r); print("p=",p); print("k=",k)
```

输出结果：

```
r= [-0.22222222   0.33333333   0.22222222]
p= [-1.  -1.   2. ]
k= [0. ]
```

从结果可知

$$f(z)=\frac{2}{9(z-2)}-\frac{2}{9(z+1)}+\frac{1}{3(z+1)^2}.$$

5.6.2 闭曲线积分的计算

例 5.44(续例 5.42) 计算积分 $I=\oint_C \frac{z^3+2z^2+3z+4}{(z+1)^2(z+2)(z+3)^2}\mathrm{d}z$，其中 C 为正向圆周：$|z|=2.5$。

解 利用 Python 软件求得

$$\mathrm{Res}[f(z),-3]=2.5, \mathrm{Res}[f(z),-2]=-2, \mathrm{Res}[f(z),-1]=-0.5.$$

在 C 的内部有两个孤立奇点，$z=-2, z=-1$，所以

$$I=\oint_C \frac{z^3+2z^2+3z+4}{(z+1)^2(z+2)(z+3)^2}\mathrm{d}z=2\pi\mathrm{i}(\mathrm{Res}[f(z),-2]+\mathrm{Res}[f(z),-1])=-5\pi\mathrm{i}.$$

```
#程序文件 Pgex5_44.py
from scipy.signal import residue, convolve
import numpy as np
b=[1,2,3,4]                  #输入分子多项式系数向量
a1=[1,2,1]; a2=[1,2]; a3=[1,6,9]
a=convolve(a1,a2); a=convolve(a,a3)
r,p,k=residue(b,a)           #求留数 r,极点 p 和长除法的商的多项式 k
r=r.real; p=p.real
print("留数 r=",r); print("极点 p=",p)
```

```
print("商多项式的系数向量 k=",k)
pp=np.unique(p)            #求不同的奇点
pp=pp[abs(pp)<2.5]         #求 C 内部的奇点
s=0
for n in range(len(pp)):
    ind=np.where(p==pp[n])[0][0]
    s=s+r[ind]
print("留数和为:",s)
```

例 5.45 求积分 $I=\oint_C f(z)\,\mathrm{d}z$，其中 C 为正向圆周：$|z|=\dfrac{5}{2}$。

$$f(z)=\frac{\mathrm{e}^z(z^3+2z^2+3z+4)}{z^6+11z^5+48z^4+106z^3+125z^2+75z+18}.$$

解 (1)先将 $f(z)$ 中的有理分式

$$g(z)=\frac{z^3+2z^2+3z+4}{z^6+11z^5+48z^4+106z^3+125z^2+75z+18}$$

进行部分分式展开。

```
#程序文件 Pgex5_45_1.py
from scipy.signal import residue
b=range(1,5); a=[1,11,48,106,125,75,18]  #输入分子和分母多项式
r,p,k=residue(b,a)
print("r=",r.real); print("p=",p.real); print("k=",k)
```

输出结果：

```
r= [ 0.125 -0.5     0.5     2.      -2.125 -1.75 ]
p= [-1. -1.  -1.  -2.  -3.  -3. ]
k= [0. ]
```

从结果可知

$$f(z)=-\frac{17\mathrm{e}^z}{8(z+3)}-\frac{7\mathrm{e}^z}{4(z+3)^2}+\frac{2\mathrm{e}^z}{z+2}+\frac{\mathrm{e}^z}{8(z+1)}-\frac{\mathrm{e}^z}{2(z+1)^2}+\frac{\mathrm{e}^z}{2(z+1)^3}.$$

(2) 由柯西积分公式和高阶导数公式继续编程。

```
#程序文件 Pgex5_45_2.py
from sympy import symbols, limit, diff, exp, I, pi, factorial
z=symbols('z')
I1=2*pi*I*2*limit(exp(z),z,-2)                  #求 2exp(z)/(z+2)的积分
I2=2*pi*I*(1/8)*limit(exp(z),z,-1)              #求 exp(z)/(8*(z+1))的积分
I3=2*pi*I*(-1/2)*limit(diff(exp(z)),z,-1)  #求-exp(z)/(2*(z+1)^2)的积分
I4=2*pi*I*(1/2)*limit(diff(exp(z),z,2)/factorial(2),z,-1)
S=I1+I2+I3+I4; print(S)
```

求得 $I=\left(4\mathrm{e}^{-2}-\dfrac{1}{4}\mathrm{e}^{-1}\right)\pi\mathrm{i}.$

5.7 共形映射

共形映射是复变函数中重要的概念之一,共形映射的方法,解决了动力学、弹性理论、静电场与磁场等方面的许多实际问题。

5.7.1 分式线性映射

分式线性映射是共形映射中比较简单的又很重要的一类映射,它是由

$$w=\frac{az+b}{cz+d}\ (ad-bc\neq 0) \tag{5.18}$$

定义的,其中 a,b,c,d 均为常数。

为了保证映射的保角性,$ad-bc\neq 0$ 的限制是必要的。否则由于

$$\frac{\mathrm{d}w}{\mathrm{d}z}=\frac{ad-bc}{(cz+d)^2},$$

将有$\frac{\mathrm{d}w}{\mathrm{d}z}=0$,这时 $w\equiv$常数,它将整个 z 平面映射成 w 平面上的一点。

分式线性映射又称双线性映射,它是德国数学家莫比乌斯首先研究的,所以也称莫比乌斯映射。

式(5.18)中含有 4 个常数 a,b,c,d。但是,如果用这 4 个数中的 1 个去除分子和分母,就可将分式中的四个常数化为三个常数。所以,式(5.18)中实际上只有 3 个独立的常数。因此,只需给定 3 个条件,就能确定一个分式线性映射。

定理 5.8 在 z 平面上任意给定 3 个相异的点 z_1,z_2,z_3,在 w 平面上也任意给定三个相异的点 w_1,w_2,w_3,那么就存在唯一的分式线性映射,将 $z_k(k=1,2,3)$ 依次映射成 $w_k(k=1,2,3)$。此唯一分式线性映射为

$$\frac{w-w_1}{w-w_2}:\frac{w_3-w_1}{w_3-w_2}=\frac{z-z_1}{z-z_2}:\frac{z_3-z_1}{z_3-z_2}. \tag{5.19}$$

下面分两种情况运用 Python 求解分式线性映射。

1. z_1,z_2,z_3 或 w_1,w_2,w_3 中有一个为无穷远点

不妨设 $w_3=\infty$,其他各点均为有限点,则显然有

$$\frac{w-w_1}{w-w_2}:1=\frac{z-z_1}{z-z_2}:\frac{z_3-z_1}{z_3-z_2},$$

即

$$\frac{w-w_1}{w-w_2}\cdot\frac{z_3-z_1}{z_3-z_2}=\frac{z-z_1}{z-z_2}.$$

例 5.46 求把 $z_1=2,z_2=2\mathrm{i},z_3=1$ 分别映为 $w_1=3,w_2=1,w_3=\infty$ 的分式线性映射。

解 利用 Python 求得

$$w=\frac{(3+\mathrm{i})z-2\mathrm{i}}{2z-2}.$$

```
#程序文件 Pgex5_46.py
```

```
from sympy import symbols, solve, I, simplify, factor
w,z=symbols('w,z')
z1=2; z2=2*I; z3=1; w1=3; w2=1
eq=(w-w1)/(w-w2)*(z3-z1)/(z3-z2)-(z-z1)/(z-z2)
w=solve(eq,w)[0]; w=factor(w)
w=simplify(w); print(w)
```

2. z_1,z_2,z_3 或 w_1,w_2,w_3 中不存在无穷远点

由式(5.19)得到分式线性映射满足的方程为

$$\frac{w-w_1}{w-w_2}\cdot\frac{z_3-z_1}{z_3-z_2}=\frac{z-z_1}{z-z_2}\cdot\frac{w_3-w_1}{w_3-w_2}.$$

例 5.47 求将点 $z_1=2,z_2=\mathrm{i},z_3=-2$ 分别映射为 $w_1=-1,w_2=\mathrm{i},w_3=1$ 的分式线性映射。

解 利用 Python 求得

$$w=-\frac{\mathrm{i}z+6}{3z+2\mathrm{i}}.$$

```
#程序文件 Pgex5_47.py
from sympy import symbols, solve, I, simplify, collect
w,z=symbols('w,z')
z1=2; z2=I; z3=-2; w1=-1; w2=I; w3=1
eq=(w-w1)/(w-w2)*(z3-z1)/(z3-z2)-(z-z1)/(z-z2)*(w3-w1)/(w3-w2)  #定义方程
w=solve(eq,w)[0]; w=collect(w,z)
w=simplify(w); print(w)
```

5.7.2 共形映射图形

例 5.48 绘制圆周 $|z|=2$ 在映射 $w=z+\frac{1}{z}$ 下的像。

解

```
#程序文件 Pgex5_48.py
import numpy as np
import pylab as plt
t=np.linspace(0,2*np.pi,200)
z=2*np.exp(1j*t); w=z+1/z
plt.axes(aspect='equal')
plt.rc('font',size=15); plt.rc('text', usetex=True)
plt.subplot(121); plt.plot(z.real,z.imag)
plt.title('$ |z|=2 $')
plt.subplot(122); plt.plot(w.real,w.imag)
plt.title('$w=z+\\frac{1}{z}$'); plt.show()
```

所画出的图形见图 5.24。

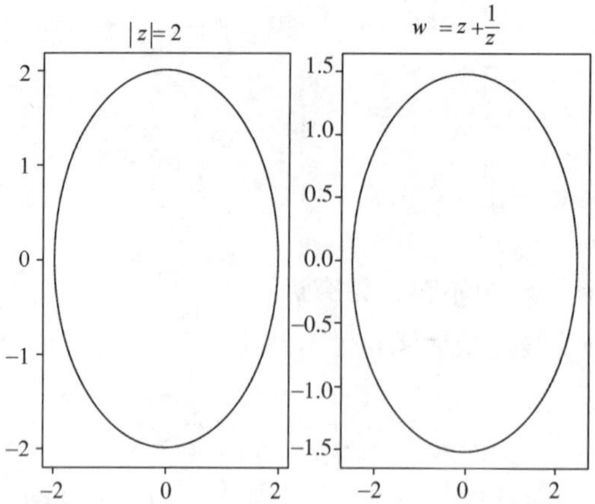

图 5.24　圆周 $|z|=2$ 在映射 $w=z+1/z$ 下的像

例 5.49　绘制曲线 $|z-3i|=2$ 在分式线性映射 $w=\dfrac{z+i}{z-i}$ 下的像曲线。

解

```
#程序文件 Pgex5_49.py
import numpy as np
import pylab as plt
t=np.linspace(0,2*np.pi,200)
z=3j+2*np.exp(1j*t); w=(z+1j)/(z-1j)
plt.axes(aspect='equal')
plt.rc('font',size=15); plt.rc('text', usetex=True)
plt.subplot(121); plt.plot(z.real,z.imag)
plt.title('$ |z-3i |=2 $')
plt.subplot(122); plt.plot(w.real,w.imag)
plt.title('$w= \\frac{z+i}{z-i} $'); plt.show()
```

所画出的图形见图 5.25。

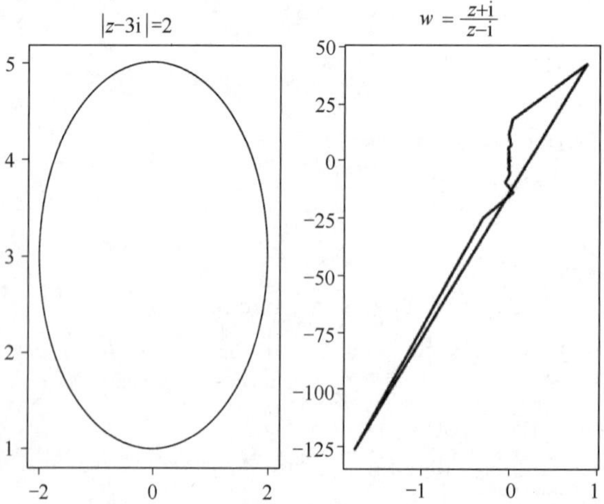

图 5.25　曲线 $|z-3i|=2$ 在分式线性映射 $w=\dfrac{z+i}{z-i}$ 下的像曲线

例 5.50 作出圆周 $|z|=r$ 在映射 $w=z+\frac{1}{z}$ 下 w 的实部的等值线。

解 圆周 $|z|=r$ 的参数方程为 $z=re^{it}, t\in[0,2\pi]$，则有

$$w=z+\frac{1}{z}=re^{it}+\frac{1}{r}e^{-it}=\left(r\cos t+\frac{1}{r}\cos t\right)+i\left(r\sin t-\frac{1}{r}\sin t\right).$$

所以 w 的实部为 $u(r,t)=r\cos t+\frac{1}{r}\cos t$。$u(r,t)$ 的等值线见图 5.26。

```
#程序文件 Pgex5_50.py
import numpy as np
import pylab as plt
r=np.linspace(0.1,6,100); t=np.linspace(0,2*np.pi,200)
r,t=np.meshgrid(r,t); u=(r+1/r)*np.cos(t)
plt.rc('font',size=12)
c=plt.contour(r,t,u,12); plt.clabel(c)
plt.show()
```

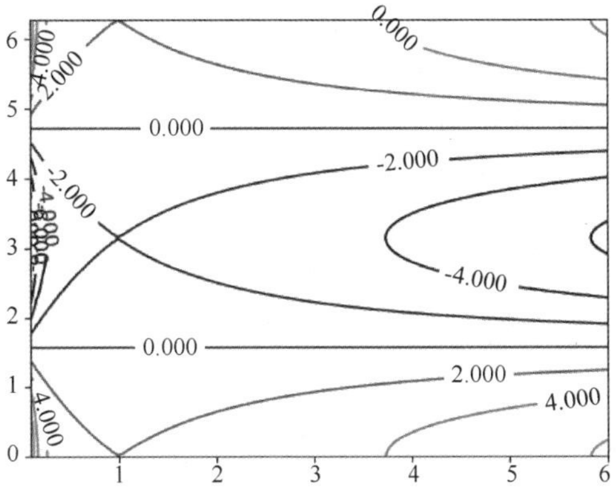

图 5.26 $u(r,t)=r\cos t+(1/r)\cos t$ 的等值线

习 题 5

5.1 计算下列各式的值：

(1) $(\sqrt{3}-i)^5$； (2) $(1+i)^6$； (3) $\sqrt[6]{-1}$。

5.2 绘制曲线 $z=t^2+i\sin 7(-\pi\leqslant t\leqslant\pi)$ 的图形。

5.3 绘制函数 $(z+2)^{1/3}$ 的图形。

5.4 绘制圆 $(x-1)^2+y^2=1$ 在映射 $w=\frac{1}{z}$ 下的像。

5.5 绘制曲线 $|z-2i|=2$ 在分式线性映射 $w=\frac{z+i}{z-i}$ 下的像曲线。

5.6 计算下列各积分：

(1) $\int_{-\pi i}^{2\pi i}e^{2z}dz$； (2) $\int_{\frac{\pi}{4}i}^{0}\operatorname{ch}2z dz$； (3) $\int_{0}^{i}(z-i)e^{-z}dz$。

5.7 沿指定曲线的正向计算下列各积分：

(1) $\oint_C \frac{\sin z\mathrm{d}z}{\left(z-\frac{\pi}{2}\right)^2}$，$C: |z| = 2$；　(2) $\oint_C \frac{\mathrm{e}^z\mathrm{d}z}{z^5}$，$C: |z| = 2$。

5.8 由下列各已知调和函数求解析函数 $f(z)=u+\mathrm{i}v$。

(1) $u=(x-y)(x^2+4xy+y^2)$；　(2) $u=2(x-1)y, f(2)=-\mathrm{i}$。

5.9 求函数 $f(z)=\frac{\cos z}{z^4-6z^3+11z^2-6z}$ 在有限奇点的留数。

5.10 求函数

$$f(z)=\frac{z^5-12z^4+61z^3-159z^2+206z-101}{z^6-11z^5+48z^4-106z^3+125z^2-75z+18}$$

的留数，并求其部分分式展开式。

5.11 求 $\mathrm{Res}[f(z),\infty]$ 的值，如果

(1) $f(z)=\frac{\mathrm{e}^z}{z^2-1}$；　(2) $f(z)=\frac{1}{z(z+1)^4(z-4)}$。

5.12 计算积分 $\oint_C \frac{z\mathrm{e}^z}{z^2+1}\mathrm{d}z$，$C$ 为正向圆周：$|z|=2$。

5.13 计算积分 $\oint_C \frac{\mathrm{d}z}{(z+\mathrm{i})^{10}(z-1)^2(z-3)}$，$C$ 为正向圆周：$|z|=2$。

5.14 作出圆周 $|z|=r$ 在映射 $w=z+\frac{1}{z}$ 下 w 的虚部的等值线。

5.15 把点 $z=1,\mathrm{i},-\mathrm{i}$ 分别映射成点 $w=1,0,-1$ 的分式线性映射把单位圆 $|z|<1$ 映射成什么？并求出这个映射。

5.16 取适当的初值，用迭代算法求函数 $f(z)=z^2+1-z\cos z$ 的一个零点。

5.17 使用迭代函数 $f(z)=z^d+z_0$，其中 d 取适当的值，设计广义的 Mandelbrot 集图案。

5.18 使用适当的迭代函数，设计广义的 Julia 集图案。

第6章　积 分 变 换

6.1　傅里叶积分

6.1.1　Fourier 级数

定义 6.1　称实函数 $f(t)$ 在闭区间 $[a,b]$ 上满足狄利克雷条件(Dirichlet)条件,如果它满足条件:

(1) 在 $[a,b]$ 上连续或只有有限个第一类间断点;

(2) $f(t)$ 在 $[a,b]$ 上只有有限个极值点。

以 T 为周期的函数 $f_T(t)$,如果在 $\left[-\frac{T}{2},\frac{T}{2}\right]$ 上满足狄利克雷条件,那末在 $\left[-\frac{T}{2},\frac{T}{2}\right]$ 上就可以展成傅里叶级数。在 $f_T(t)$ 的连续点处,级数的三角形式为

$$f_T(t)=\frac{a_0}{2}+\sum_{n=1}^{\infty}(a_n\cos n\omega t+b_n\sin n\omega t),\tag{6.1}$$

式中

$$a_n=\frac{2}{T}\int_{-\frac{T}{2}}^{\frac{T}{2}}f_T(t)\cos n\omega t\mathrm{d}t(n=0,1,2,\cdots);b_n=\frac{2}{T}\int_{-\frac{T}{2}}^{\frac{T}{2}}f_T(t)\sin n\omega t\mathrm{d}t(n=1,2,3,\cdots),\tag{6.2}$$

其中:$\omega=\frac{2\pi}{T}$ 称为频率,频率 ω 对应的周期 T 与 $f_T(t)$ 的周期相同,因而称为基波频率,$n\omega$ 称为 $f_T(t)$ 的 n 次谐波频率。

在 $f_T(t)$ 的间断点 t_0 处,式(6.1)级数收敛到 $\frac{1}{2}[f(t_0+0)+f(t_0-0)]$。

利用三角函数的复指数公式,可以把傅里叶级数写成复指数形式

$$f_T(t)=\sum_{n=-\infty}^{\infty}c_n\mathrm{e}^{\mathrm{j}n\omega t},\tag{6.3}$$

其中:$c_n=\frac{1}{T}\int_{-\frac{T}{2}}^{\frac{T}{2}}f_T(t)\mathrm{e}^{-\mathrm{j}n\omega t}\mathrm{d}t\ (n=0,\pm1,\pm2,\cdots)$。如果 $f_T(t)$ 为实函数,则 $c_{-n}=\bar{c}_n$。式(6.3)也可以改写为

$$f_T(t)=\frac{1}{T}\sum_{n=-\infty}^{\infty}\left[\int_{-\frac{T}{2}}^{\frac{T}{2}}f_T(\tau)\mathrm{e}^{-\mathrm{j}n\omega\tau}\mathrm{d}\tau\right]\mathrm{e}^{\mathrm{j}n\omega t}.\tag{6.4}$$

例 6.1　把 $f(t)=\begin{cases}1, & 0\leqslant t<\pi\\-1, & -\pi\leqslant t<0\end{cases}$,展开成傅里叶级数。

解 计算得

$$a_n=\int_{-1}^{0}(-1)\cos n\pi t\mathrm{d}t+\int_{0}^{1}(+1)\cos n\pi t\mathrm{d}t=0,\quad n=0,1,2,\cdots,$$

$$b_n=\int_{-1}^{0}(-1)\sin n\pi t\mathrm{d}t+\int_{0}^{1}(+1)\sin n\pi t\mathrm{d}t=\frac{2-2\cos(n\pi)}{n\pi}=\frac{2-2(-1)^n}{n\pi}$$

$$=\begin{cases}0, & n=2,4,6\cdots,\\ \dfrac{4}{n\pi}, & n=1,3,5,\cdots.\end{cases}$$

所以$f(t)$的傅里叶级数展开式为

$$f(t)=\frac{4}{\pi}\sum_{k=1}^{\infty}\frac{1}{2k-1}\sin[(2k-1)\pi t](-1<t<1\text{ 且 }t\neq 0).$$

前3阶傅里叶级数 $F_3(t)=\frac{4}{\pi}\left[\sin(\pi t)+\frac{1}{3}\sin(3\pi t)\right]$和它的误差函数$|F_3(t)-f(t)|$的图形见图6.1。前51阶傅里叶级数

$$F_{51}(t)=\frac{4}{\pi}\left[\sin(\pi t)+\frac{1}{3}\sin(3\pi t)+\cdots+\frac{1}{51}\sin(51\pi t)\right]$$

和它的误差函数$|F_{51}(t)-f(t)|$的图形见图6.2。

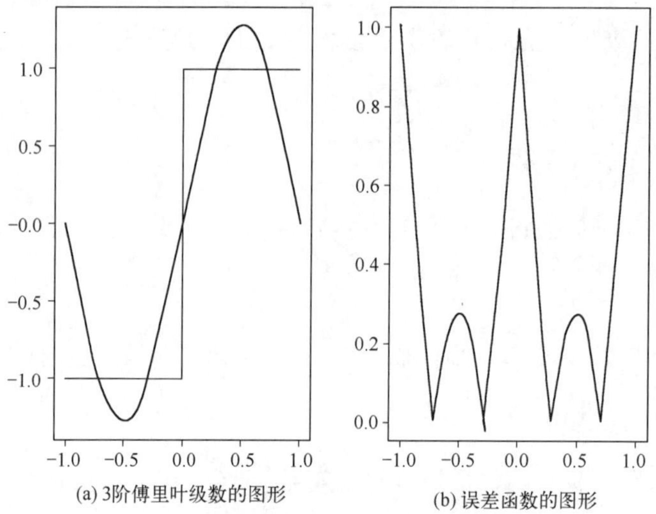

图6.1 3阶傅里叶级数及它的误差函数图形

计算傅里叶系数及画图的Python函数及调用如下：

```
#程序文件 Pgex6_1.py
import numpy as np
import sympy as sp
import pylab as plt
def myfourier(K=51):                          #K为系数的个数
    t=sp.symbols('t'); n=sp.symbols('n',integer=True)
    an=sp.integrate(-sp.cos(n*sp.pi*t),(t,-1,0))+\
    sp.integrate(sp.cos(n*sp.pi*t),(t,0,1))
```

```
    an=sp.simplify(an); print(an)
    bn=sp.integrate(-sp.sin(n*sp.pi*t),(t,-1,0))+\
    sp.integrate(sp.sin(n*sp.pi*t),(t,0,1))
    bn=sp.simplify(bn); print(bn)
    fbn=sp.lambdify(n,bn)                  #符号函数转匿名函数
    N=500; t=np.linspace(-1,1,N)           #N为所画点的个数
    f=np.sign(t)                           #计算符号函数的取值
    s=np.zeros(len(t))                     #初始化
    for k in range(1,K,2):
        s=s+fbn(k)*np.sin(k*np.pi*t)
    err=abs(s-f)                           #计算误差
    plt.subplot(121); plt.plot(t,s); plt.plot(t,f)
    plt.subplot(122); plt.plot(t,err); plt.show()
myfourier(3)
```

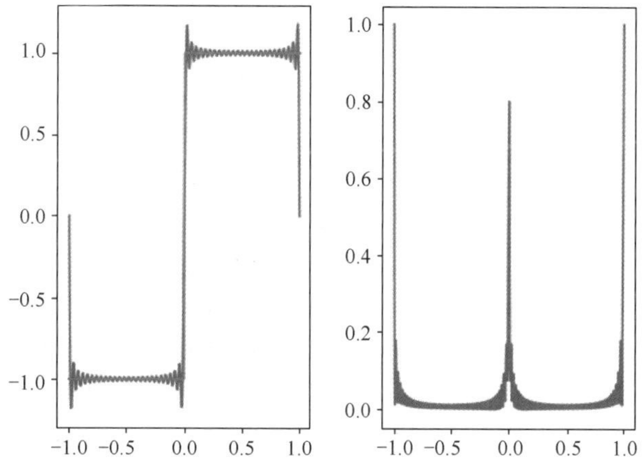

(a) 51阶傅里叶级数的图形　　(b) 误差函数的图形

图 6.2　51 阶傅里叶级数及它的误差函数图形

例 6.2　把 $f(t)=t, t\in[-1,1]$ 展开成复指数的傅里叶级数。然后用有限阶的傅里叶级数来逼近 $f(t)$。

解　计算得

$$c_0=\frac{1}{2}\int_{-1}^{1} t\mathrm{e}^{-0}\mathrm{d}t=0,$$

$$c_n=\frac{1}{2}\int_{-1}^{1} t\mathrm{e}^{-\mathrm{j}n\pi t}\mathrm{d}t=\frac{(-1)^n}{n\pi}\mathrm{j}, n=\pm 1,\pm 2,\cdots,$$

所以

$$f(t)=\sum_{n=-\infty}^{+\infty} c_n \mathrm{e}^{\mathrm{j}n\pi t}(-1<t<1). \tag{6.5}$$

当 N 充分大时，$\sum_{n=-N}^{+N} c_n \mathrm{e}^{\mathrm{j}n\pi t}\approx f(t)$，$-1<t<1$。

当 $N=10$ 时，傅里叶级数的图形见图 6.3。

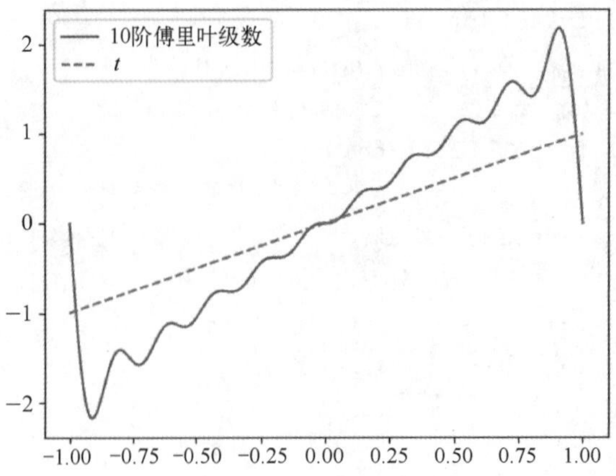

图 6.3 $N=10$ 时的傅里叶级数图形

```
#程序文件 Pgex6_2.py
import numpy as np
import sympy as sp
import pylab as plt
sp.var('t'); sp.var('n',integer=True)
cn=sp.integrate(t*sp.exp(-sp.I*n*sp.pi*t),(t,-1,1))
cn=sp.simplify(cn); print("cn=",cn)
fcn=sp.lambdify(n,cn)            #符号函数转匿名函数
N=500; t=np.linspace(-1,1,N)  #N 为所画的点
F=np.zeros(len(t)); K=11         #K-1 为傅里叶级数的阶数
for m in range(1,K):
    F=F+fcn(m)*np.exp(1j*m*np.pi*t)
    F=F+fcn(-m)*np.exp(-1j*m*np.pi*t)
plt.rc('font',size=12)
plt.plot(t,F.real,label='10 阶傅里叶级数')
plt.rc('font',family='SimHei')
plt.plot(t,t,'--',label='$t$')
plt.legend(); plt.show()
```

例 6.3 设函数 $f(t)$ 的周期为 T,且

$$f(t)=\begin{cases}E, & 0\leqslant t<\dfrac{T}{2},\\ -E, & -\dfrac{T}{2}<t\leqslant 0.\end{cases}$$

求函数 $f(t)$ 的傅里叶系数并绘制当 $E=1$ 时的振幅频谱图。

解 利用 Python 软件求得傅里叶系数

$$a_n=0,n=0,1,2,\cdots,$$

$$b_n=\frac{4E\sin^2\dfrac{n\pi}{2}}{n\pi}=\frac{2E}{n\pi}[1-\cos(n\pi)],n=1,2,\cdots.$$

所以第 n 次谐波的振幅频谱

$$A_0=0,\quad A_n=\sqrt{a_n^2+b_n^2}=b_n(n=1,2,\cdots),$$

$E=1$ 时的振幅频谱图如图 6.4 所示。

```
#程序文件 Pgex6_3.py
import numpy as np
import sympy as sp
import pylab as plt
sp.var('T E t')
sp.var('n',integer=True)
an=2/T*sp.integrate(-E*sp.cos(n*2*sp.pi*t/T),(t,-T/2,0))+\
   2/T*sp.integrate(E*sp.cos(n*2*sp.pi*t/T),(t,0,T/2))
an=sp.simplify(an); print("an=",an)
bn=2/T*sp.integrate(-E*sp.sin(n*2*sp.pi*t/T),(t,-T/2,0))+\
   2/T*sp.integrate(E*sp.sin(n*2*sp.pi*t/T),(t,0,T/2))
bn=sp.simplify(bn); print("bn=",bn)
bn=bn.subs(E,1)  #把 E 替换成 1
fbn=sp.lambdify(n,bn)
m=range(21); bm=np.zeros(21);
for k in range(1,21,2):
   bm[k]=fbn(k)
plt.rc('font',size=15)
plt.stem(m,bm); plt.show()
```

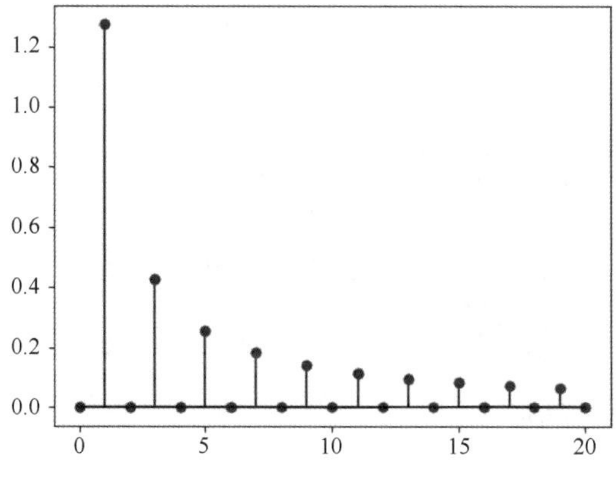

图 6.4　振幅频谱图

6.1.2　傅里叶积分公式

任何一个非周期函数 $f(t)$ 都可以看成由某个周期函数 $f_T(t)$ 当 $T\to+\infty$ 时转化而来的。

定理 6.1　傅里叶积分定理

若 $f(t)$ 在 $(-\infty,+\infty)$ 上满足下列条件:

(1) $f(t)$在任一有限区间上满足狄氏条件；

(2) $f(t)$在无穷区间$(-\infty,+\infty)$上绝对可积(积分$\int_{-\infty}^{+\infty}|f(t)|\mathrm{d}t$收敛)，则有

$$f(t)=\frac{1}{2\pi}\int_{-\infty}^{+\infty}\left[\int_{-\infty}^{+\infty}f(\tau)\mathrm{e}^{-\mathrm{j}\omega\tau}\mathrm{d}\tau\right]\mathrm{e}^{\mathrm{j}\omega t}\mathrm{d}\omega \tag{6.6}$$

成立，而在$f(t)$的间断点t处，式(6.6)的积分收敛到$\frac{f(t+0)+f(t-0)}{2}$。

式(6.6)是$f(t)$的傅里叶积分公式的复数形式，利用欧拉公式，可将它转化为三角形式。因为

$$f(t)=\frac{1}{2\pi}\int_{-\infty}^{+\infty}\left[\int_{-\infty}^{+\infty}f(\tau)\mathrm{e}^{-\mathrm{j}\omega\tau}\mathrm{d}\tau\right]\mathrm{e}^{\mathrm{j}\omega t}\mathrm{d}\omega=\frac{1}{2\pi}\int_{-\infty}^{+\infty}\left[\int_{-\infty}^{+\infty}f(\tau)\mathrm{e}^{\mathrm{j}\omega(t-\tau)}\mathrm{d}\tau\right]\mathrm{d}\omega$$

$$=\frac{1}{2\pi}\int_{-\infty}^{+\infty}\left[\int_{-\infty}^{+\infty}f(\tau)\cos\omega(t-\tau)\mathrm{d}\tau+\mathrm{j}\int_{-\infty}^{+\infty}f(\tau)\sin\omega(t-\tau)\mathrm{d}\tau\right]\mathrm{d}\omega.$$

考虑到积分$\int_{-\infty}^{+\infty}f(\tau)\sin\omega(t-\tau)\mathrm{d}\tau$是$\omega$的奇函数，有

$$f(t)=\frac{1}{2\pi}\int_{-\infty}^{+\infty}\left[\int_{-\infty}^{+\infty}f(\tau)\cos\omega(t-\tau)\mathrm{d}\tau\right]\mathrm{d}\omega.$$

考虑到积分$\int_{-\infty}^{+\infty}f(\tau)\cos\omega(t-\tau)\mathrm{d}\tau$. 是$\omega$的偶函数，有

$$f(t)=\frac{1}{\pi}\int_{0}^{+\infty}\left[\int_{-\infty}^{+\infty}f(\tau)\cos\omega(t-\tau)\mathrm{d}\tau\right]\mathrm{d}\omega. \tag{6.7}$$

当$f(t)$是奇函数时，有

$$f(t)=\frac{2}{\pi}\int_{0}^{+\infty}\left[\int_{0}^{+\infty}f(\tau)\sin\omega\tau\mathrm{d}\tau\right]\sin\omega t\mathrm{d}\omega. \tag{6.8}$$

当$f(t)$是偶函数时，有

$$f(t)=\frac{2}{\pi}\int_{0}^{+\infty}\left[\int_{0}^{+\infty}f(\tau)\cos\omega\tau\mathrm{d}\tau\right]\cos\omega t\mathrm{d}\omega. \tag{6.9}$$

例 6.4 求函数$f(t)=\begin{cases}1, & |t|\leqslant 1\\ 0, & \text{其他}\end{cases}$的傅里叶积分表达式。

解 $f(t)$是偶函数，由式(6.9)，得

$$f(t)=\frac{2}{\pi}\int_{0}^{+\infty}\left[\int_{0}^{1}\cos\omega\tau\mathrm{d}\tau\right]\cos\omega t\mathrm{d}\omega=\frac{2}{\pi}\int_{0}^{+\infty}\frac{\sin\omega\cos\omega t}{\omega}\mathrm{d}\omega\ (t\neq\pm 1).$$

当$t=\pm1$时，积分收敛到$\frac{f(\pm1+0)+f(\pm1-0)}{2}=\frac{1}{2}$。

根据上述的结果，可以写为

$$\frac{2}{\pi}\int_{0}^{+\infty}\frac{\sin\omega\cos\omega t}{\omega}\mathrm{d}\omega=\begin{cases}f(t), & t\neq\pm1,\\ \frac{1}{2}, & t=\pm1.\end{cases}$$

即

$$\int_0^{+\infty} \frac{\sin\omega\cos\omega t}{\omega}\mathrm{d}\omega = \begin{cases} \dfrac{\pi}{2}, & |t| < 1, \\ \dfrac{\pi}{4}, & |t| = 1, \\ 0, & |t| > 1. \end{cases}$$

当 $t=0$ 时,有

$$\int_0^{+\infty} \frac{\sin\omega}{\omega}\mathrm{d}\omega = \frac{\pi}{2}. \tag{6.10}$$

这就是 Dirichlet 积分。

```
#程序文件 Pgex6_4.py
import sympy as sp
sp.var('w,tau,t')
I1=sp.integrate(sp.cos(w*tau),(tau,0,1))      #计算积分表达式的内层积分
I2=sp.integrate(sp.sin(w)/w,(w,0,sp.oo))      #计算 Dirichlet 积分
print("I1=",I1); print("I2=",I2)
```

6.2 傅里叶变换

6.2.1 傅里叶变换的概念

设 $f(t)$ 满足傅里叶积分定理中的条件,则积分变换

$$F(\omega) = \int_{-\infty}^{+\infty} f(t)\mathrm{e}^{-\mathrm{j}\omega t}\mathrm{d}t \tag{6.11}$$

称为 $f(t)$ 的傅里叶变换式,可记为

$$F(\omega)=\mathcal{F}[f(t)], \tag{6.12}$$

$F(\omega)$ 称为 $f(t)$ 的象函数。

$$f(t) = \frac{1}{2\pi}\int_{-\infty}^{+\infty} F(\omega)\mathrm{e}^{\mathrm{j}\omega t}\mathrm{d}\omega \tag{6.13}$$

称为 $F(\omega)$ 的傅里叶逆变换式,可记为

$$f(t)=\mathcal{F}^{-1}[F(\omega)], \tag{6.14}$$

$f(t)$ 称为 $F(\omega)$ 的象原函数。

象函数 $F(\omega)$ 和象原函数 $f(t)$ 构成了一个傅里叶变换对,它们有相同的奇偶性。

当 $f(t)$ 为奇函数时,由

$$f(t) = \frac{2}{\pi}\int_0^{+\infty}\left[\int_0^{+\infty} f(\tau)\sin\omega\tau\mathrm{d}\tau\right]\sin\omega t\mathrm{d}\omega,$$

定义

$$F_s(\omega) = \int_0^{+\infty} f(t)\sin\omega t\mathrm{d}t \tag{6.15}$$

称为 $f(t)$ 的傅里叶正弦变换式(简称为正弦变换)。

$$f(t) = \frac{2}{\pi}\int_0^{+\infty} F_s(\omega)\sin\omega t\mathrm{d}\omega \tag{6.16}$$

称为 $F_s(\omega)$ 的傅里叶正弦逆变换式(简称为正弦逆变换)。

当 $f(t)$ 为偶函数时,定义

$$F_c(\omega) = \int_0^{+\infty} f(t)\cos\omega t \mathrm{d}t \tag{6.17}$$

称为 $f(t)$ 的傅里叶余弦变换式(简称为余弦变换)。

$$f(t) = \frac{2}{\pi}\int_0^{+\infty} F_c(\omega)\cos\omega t \mathrm{d}\omega \tag{6.18}$$

称为 $F_c(\omega)$ 的傅里叶余弦逆变换式(简称为余弦逆变换)。

6.2.2 SymPy 库中的傅里叶变换命令

在 SymPy 库中,傅里叶变换定义为

$$F(\omega) = \int_{-\infty}^{+\infty} f(t)\mathrm{e}^{-2\pi i x\omega}\mathrm{d}x.$$

傅里叶逆变换定义为

$$f(t) = \int_{-\infty}^{+\infty} F(\omega)\mathrm{e}^{2\pi i t\omega}\mathrm{d}\omega.$$

SymPy 库中傅里叶变换和逆变换函数的调用格式如下:

```
fourier_transform(f,t,w)  #计算符号函数 f 关于变量 t 的傅里叶变换,返回值为 w 的函数.
inverse_fourier_transform(Fw,w,t)  #计算符号函数 Fw 关于变量 w 的傅里叶逆变换,返回值为 t 的函数.
```

在 Python 库中,傅里叶正弦变换定义为

$$F_s(\omega) = \frac{2}{\sqrt{\pi}}\int_0^{+\infty} f(t)\sin 2\pi\omega t \mathrm{d}t.$$

傅里叶正弦逆变换定义为

$$f(t) = \frac{2}{\sqrt{\pi}}\int_0^{+\infty} F_s(\omega)\sin 2\pi\omega t \mathrm{d}\omega.$$

在 Python 库中,傅里叶余弦变换定义为

$$F_s(\omega) = \frac{2}{\sqrt{\pi}}\int_0^{+\infty} f(t)\cos 2\pi\omega t \mathrm{d}t.$$

傅里叶余弦逆变换定义为

$$f(t) = \frac{2}{\sqrt{\pi}}\int_0^{+\infty} F_s(\omega)\cos 2\pi\omega t \mathrm{d}\omega.$$

SymPy 库中傅里叶正弦变换和正弦逆变换函数的调用格式如下:

```
sine_transform(f,t,w)  #计算符号函数 f 关于变量 t 的傅里叶正弦变换,返回值为 w 的函数.
inverse_sine_transform(Fw,w,t)  #计算符号函数 Fw 关于变量 w 的傅里叶正弦逆变换,返回值为 t 的函数.
```

SymPy 库中傅里叶余弦变换和余弦逆变换函数的调用格式如下:

```
cosine_transform(f,t,w)  #计算符号函数 f 关于变量 t 的傅里叶余弦变换,返回值为 w 的
```

函数.

inverse_cosine_transform(Fw,w,t) #计算符号函数 F(w)关于变量 w 的傅里叶余弦逆变换,返回值为 t 的函数.

例 6.5 求函数 $f(t)=\begin{cases}0, & t<0\\ e^{-\beta t}, & t\geqslant 0\end{cases}$ 的 Fourier 变换及其积分表达式,其中 $\beta>0$。这个 $f(t)$ 称为指数衰减函数,是工程技术中常碰到的一个函数。

解 利用 Python 软件,计算得

$$F(\omega)=\mathcal{F}[f(t)]=\int_{-\infty}^{+\infty}f(t)\mathrm{e}^{-\mathrm{j}\omega t}\mathrm{d}t=\frac{1}{\beta+\mathrm{j}\omega}=\frac{\beta-\mathrm{j}\omega}{\beta^2+\omega^2}.$$

根据式(6.13),并利用奇偶函数的积分性质,得

$$\begin{aligned}f(t)&=\frac{1}{2\pi}\int_{-\infty}^{+\infty}F(\omega)\mathrm{e}^{\mathrm{j}\omega t}\mathrm{d}\omega=\frac{1}{2\pi}\int_{-\infty}^{+\infty}\frac{\beta-\mathrm{j}\omega}{\beta^2+\omega^2}\mathrm{e}^{\mathrm{j}\omega t}\mathrm{d}\omega\\&=\frac{1}{2\pi}\int_{-\infty}^{+\infty}\frac{\beta\cos\omega t+\omega\sin\omega t}{\beta^2+\omega^2}\mathrm{d}\omega=\frac{1}{\pi}\int_{0}^{+\infty}\frac{\beta\cos\omega t+\omega\sin\omega t}{\beta^2+\omega^2}\mathrm{d}\omega.\end{aligned}$$

由此得到一个含参量广义积分的结果:

$$\int_0^{+\infty}\frac{\beta\cos\omega t+\omega\sin\omega t}{\beta^2+\omega^2}\mathrm{d}\omega=\begin{cases}0, & t<0,\\ \dfrac{\pi}{2}, & t=0,\\ \pi\mathrm{e}^{-\beta t}, & t>0.\end{cases}$$

```
#程序文件 Pgex6_5.py
import sympy as sp
sp.var('t,w'); sp.var('b',positive=True)                 #定义符号变量
Fw=sp.fourier_transform(sp.exp(-b * t) * sp.Heaviside(t),t,w)
ft=sp.inverse_fourier_transform(Fw,w,t)                  #求傅里叶逆变换
Fwm=Fw.subs(w,w/(2 * sp.pi))                             #转换为数学上的傅里叶变换
print("Python 的傅里叶变换为:",Fw)
print("数学的傅里叶变换为:",Fwm)
print("傅里叶逆变换:",ft)
```

注 6.1 Heaviside(w)为单位阶跃函数,其数学表达式为

$$\text{Heaviside}(w)=\begin{cases}0, & w<0,\\ \dfrac{1}{2}, & w=0,\\ 1, & w>0.\end{cases}$$

例 6.6 求函数 $f(t)=A\mathrm{e}^{-\beta t^2}$ 的傅里叶变换及其积分表达式,其中 $A,\beta>0$。这个函数称为钟形脉冲函数,也是工程技术中常碰到的一个函数。

解 利用 Python 软件,计算得

$$F(\omega)=\int_{-\infty}^{+\infty}f(t)\mathrm{e}^{-\mathrm{j}\omega t}\mathrm{d}t=\sqrt{\frac{\pi}{\beta}}A\mathrm{e}^{-\frac{\omega^2}{4\beta}}.$$

根据式(6.13),并利用奇偶函数的积分性质,得

$$f(t)=\frac{1}{2\pi}\int_{-\infty}^{+\infty}F(\omega)\mathrm{e}^{\mathrm{j}\omega t}\mathrm{d}\omega=\frac{1}{2\pi}\sqrt{\frac{\pi}{\beta}}A\int_{-\infty}^{+\infty}\mathrm{e}^{-\frac{\omega^2}{4\beta}}(\cos\omega t+\mathrm{j}\sin\omega t)\mathrm{d}\omega$$

$$=\frac{A}{\sqrt{\pi\beta}}\int_{0}^{+\infty}\mathrm{e}^{-\frac{\omega^2}{4\beta}}\cos\omega t\mathrm{d}\omega.$$

由此可得到一个含参量广义积分的结果：

$$\int_{0}^{+\infty}\mathrm{e}^{-\frac{\omega^2}{4\beta}}\cos\omega t\mathrm{d}\omega=\frac{\sqrt{\pi\beta}}{A}f(t)=\sqrt{\pi\beta}\,\mathrm{e}^{-\beta t^2}.$$

```
#程序文件 Pgex6_6.py
import sympy as sp
sp.var('t,w'); sp.var('b,A',positive=True)  #定义符号变量
Fw=sp.fourier_transform(A*sp.exp(-b*t**2),t,w)
Fw=sp.simplify(Fw)
ft=sp.inverse_fourier_transform(Fw,w,t)  #求傅里叶逆变换
Fwm=Fw.subs(w,w/(2*sp.pi))               #转换为数学上的傅里叶变换
print("Python 的傅里叶变换为:",Fw)
print("数学的傅里叶变换为:",Fwm)
print("傅里叶逆变换:",ft)
```

例 6.7 求函数$f(t)=\begin{cases}1, & 0<t<1\\ 0, & 其他\end{cases}$的正弦变换和余弦变换。

解 $f(t)$的正弦变换为

$$F_{\mathrm{s}}(\omega)=\int_{0}^{+\infty}f(t)\sin\omega t\mathrm{d}t=\frac{1-\cos\omega}{\omega}.$$

$f(t)$余弦变换为

$$F_{\mathrm{c}}(\omega)=\int_{0}^{+\infty}f(t)\cos\omega t\mathrm{d}t=\frac{\sin\omega}{\omega}.$$

```
#程序文件 Pgex6_7.py
import sympy as sp
sp.var('t,w')  #定义符号变量
Fs=sp.integrate(sp.sin(w*t),(t,0,1))
Fc=sp.integrate(sp.cos(w*t),(t,0,1))
print("Fs=",Fs); print("Fc=",Fc)
```

求$f(t)$的正弦变换，实际上是把$f(t)$奇延拓到整个数轴上，得到函数

$$f_1(t)=\begin{cases}1, & 0<t<1,\\ -1, & -1<t<0,\\ 0, & 其他.\end{cases}$$

对$f_1(t)$做傅里叶变换，再除以$-2\mathrm{j}$即为$f(t)$的正弦变换。

求$f(t)$的余弦变换，实际上是把$f(t)$偶延拓到整个数轴上，得到函数

$$f_2(t)=\begin{cases}1, & 0<|t|<1,\\ 0, & 其他.\end{cases}$$

对$f_2(t)$做傅里叶变换，再除以 2 即为$f(t)$的余弦变换。

例 6.8 求函数$f(x)=\dfrac{\sin x}{x}$的傅里叶变换 $F(w)$。

解 利用 Python 软件,求得$f(x)$的傅里叶变换为

$$F(w)=\begin{cases}\pi, & |w|<1,\\ 0, & 其他.\end{cases}$$

```
#程序文件 Pgex6_8.py
import sympy as sp
sp.var('t,w')                        #定义符号变量
Fw=sp.fourier_transform(sp.sin(t)/t,t,w)
Fwm=Fw.subs(w,w/(2*sp.pi))   #求数学上的傅里叶变换
print("Python 的傅里叶变换为:",Fw)
print("数学的傅里叶变换为:",Fwm)
```

例 6.9 求函数 $F(w)=\begin{cases}w\mathrm{e}^{-3w}, & w>0\\ 0, & w\leqslant 0\end{cases}$的傅里叶逆变换$f(x)$。

解 利用 Python,求得傅里叶逆变换$f(t)=\dfrac{1}{2\pi\,(-3+t\mathrm{i})^2}$。

```
#程序文件 Pgex6_9.py
import sympy as sp
sp.var('t,w')                                  #定义符号变量
Fw=(w*sp.exp(-3*w)).subs(w,2*sp.pi*w)          #转换成 Pyhon 的像函数
Fw=Fw*sp.Heaviside(w)
ft=sp.inverse_fourier_transform(Fw,w,t)
print("ft=",ft)
```

例 6.10 求函数

$$f(t)=\begin{cases}\sin t, & 0\leqslant t\leqslant\dfrac{\pi}{2}\\ 0, & 其他\end{cases}$$

的傅里叶变换。

解 利用 Python 软件,求得$f(t)$的傅里叶变换为 $F(w)=\dfrac{\mathrm{i}w\cos\dfrac{\pi w}{2}+w\sin\dfrac{\pi w}{2}-1}{w^2-1}$。

```
#程序文件 Pgex6_10.py
import sympy as sp
sp.var('t,w')                        #定义符号变量
ft=sp.sin(t)*(sp.Heaviside(t)-sp.Heaviside(t-sp.pi/2))
Fw=sp.fourier_transform(ft,t,w)
Fwm=Fw.subs(w,w/(2*sp.pi))     #转换数学上的傅里叶变换
Fwm=Fwm.rewrite(sp.cos); Fwm=sp.simplify(Fwm)
print("Fwm=",Fwm)
```

6.2.3 单位脉冲函数及其傅里叶变换

1. 单位脉冲函数的定义

定义 6.2 满足下列两个条件:

$$\delta(t)=\begin{cases}0, & t\neq 0,\\ \infty, & t=0,\end{cases}$$

$\int_{-\infty}^{+\infty}\delta(t)\mathrm{d}t = 1$ 的函数称为 δ 函数。

定义 6.3(普通函数极限定义) 满足条件

$$\delta(t)=\lim_{\varepsilon\to 0}\delta_{\varepsilon}(t),$$

其中

$$\delta_{\varepsilon}(t)=\begin{cases}0, & t<0,\\ \dfrac{1}{\varepsilon}, & 0\leqslant t\leqslant\varepsilon,\\ 0, & t>\varepsilon.\end{cases}$$

则 $\delta(t)$ 称为单位脉冲函数。

2. 单位脉冲函数的性质

性质 6.1 若 $f(t)$ 为无穷次可微函数,则

$$\int_{-\infty}^{+\infty} f(t)\delta(t-t_0)\mathrm{d}t = f(t_0).$$

性质 6.2 若 $f(t)$ 为无穷次可微的函数,则有

$$\int_{-\infty}^{+\infty}\delta'(t)f(t)\mathrm{d}t = -f'(0),$$

一般地,有

$$\int_{-\infty}^{+\infty}\delta^{(n)}(t)f(t)\mathrm{d}t = (-1)^n f^{(n)}(0).$$

性质 6.3 δ 函数是偶函数,即 $\delta(t)=\delta(-t)$。

性质 6.4 $\int_{-\infty}^{t}\delta(\tau)\mathrm{d}\tau = u(t)$,$\dfrac{\mathrm{d}}{\mathrm{d}t}u(t)=\delta(t)$。

3. δ 函数在积分变换中的作用

(1) 有了 δ 函数,对于点源和脉冲量的研究就能够像处理连续分布的量那样,以统一的方式来对待。

(2) 尽管 δ 函数本身没有普通意义下的函数值,但它与任何一个无穷次可微的函数的乘积在 $(-\infty,+\infty)$ 上的积分都有确定的值。

(3) δ 函数的傅里叶变换是广义傅里叶变换,许多重要的函数,如常函数、符号函数、单位阶跃函数、正弦函数、余弦函数等,不满足傅里叶积分定理中的绝对可积条件($\int_{-\infty}^{+\infty}|f(t)|\mathrm{d}t$ 不存在),这些函数的广义傅里叶变换都可以利用 δ 函数而得到。

6.2.4 Fourier 变换的物理意义—频谱

1. 非正弦的周期函数的频谱

对于以 T 为周期的非正弦函数 $f_T(t)$，它的第 n 次谐波 $\left(\omega_n=n\omega=\dfrac{2n\pi}{T}\right)$

$$a_n\cos\omega_n t+b_n\sin\omega_n t=A_n\sin(\omega_n t+\phi_n)$$

的振幅为

$$A_n=\sqrt{a_n^2+b_n^2}.$$

而在复指数形式中，第 n 次谐波为 $c_n\mathrm{e}^{\mathrm{j}\omega_n t}+c_{-n}\mathrm{e}^{-\mathrm{j}\omega_n t}$，其中

$$c_n=\frac{a_n-\mathrm{j}b_n}{2},\quad c_{-n}=\frac{a_n+\mathrm{j}b_n}{2},$$

并且

$$|c_n|=|c_{-n}|=\frac{1}{2}\sqrt{a_n^2+b_n^2}.$$

所以，以 T 为周期的非正弦函数 $f_T(t)$ 的第 n 次谐波的振幅为

$$A_n=2|c_n|\ (n=0,1,2,\cdots).$$

频谱图，通常是指频率和振幅的关系图，所以 A_n 称为 $f_T(t)$ 的振幅频谱（简称频谱）。由于 $n=0,1,2,\cdots$，所以频谱 A_n 的图形是不连续的，称为离散频谱。

2. 非周期函数的频谱

对于非周期函数 $f(t)$，当它满足 Fourier 积分定理中的条件时，则在 $f(t)$ 的连续点处可表示为

$$f(t)=\frac{1}{2\pi}\int_{-\infty}^{+\infty}F(\omega)\mathrm{e}^{\mathrm{j}\omega t}\mathrm{d}\omega,$$

其中

$$F(\omega)=\int_{-\infty}^{+\infty}f(t)\mathrm{e}^{-\mathrm{j}\omega t}\mathrm{d}t$$

为它的 Fourier 变换。

定义 6.4 在频谱分析中，Fourier 变换 $F(\omega)$ 又称为 $f(t)$ 的频谱函数，而频谱函数的模 $|F(\omega)|$ 称为 $f(t)$ 的振幅频谱（也简称为频谱）。由于 ω 是连续变化的，称为连续频谱。

振幅频谱 $|F(\omega)|$ 是频率 ω 的偶函数，即 $|F(\omega)|=|F(-\omega)|$，事实上，有

$$F(\omega)=\int_{-\infty}^{+\infty}f(t)\mathrm{e}^{-\mathrm{j}\omega t}\mathrm{d}t=\int_{-\infty}^{+\infty}f(t)\cos\omega t\mathrm{d}t-\mathrm{j}\int_{-\infty}^{+\infty}f(t)\sin\omega t\mathrm{d}t.$$

所以

$$|F(\omega)|=\sqrt{\left(\int_{-\infty}^{+\infty}f(t)\cos\omega t\mathrm{d}t\right)^2+\left(\int_{-\infty}^{+\infty}f(t)\sin\omega t\mathrm{d}t\right)^2},$$

显然有 $|F(\omega)|=|F(-\omega)|$。

定义 6.5 称 $\phi(\omega)=\arctan\dfrac{\int_{-\infty}^{+\infty}f(t)\sin\omega t\mathrm{d}t}{\int_{-\infty}^{+\infty}f(t)\cos\omega t\mathrm{d}t}$ 为 $f(t)$ 的相角频谱。

显然，相角频谱 $\phi(\omega)$ 是 ω 的奇函数，即 $\phi(\omega)=-\phi(-\omega)$。

例 6.11 作指数衰减函数 $f(t)=\begin{cases}0, & t<0\\ e^{-\beta t}, & t\geqslant 0\end{cases}$ $(\beta>0)$ 的频谱图。

解 根据例 6.5 的结果，得

$$F(\omega)=\frac{1}{\beta+j\omega},$$

所以

$$|F(\omega)|=\frac{1}{\sqrt{\beta^2+\omega^2}}.$$

频谱图形如图 6.5 所示。

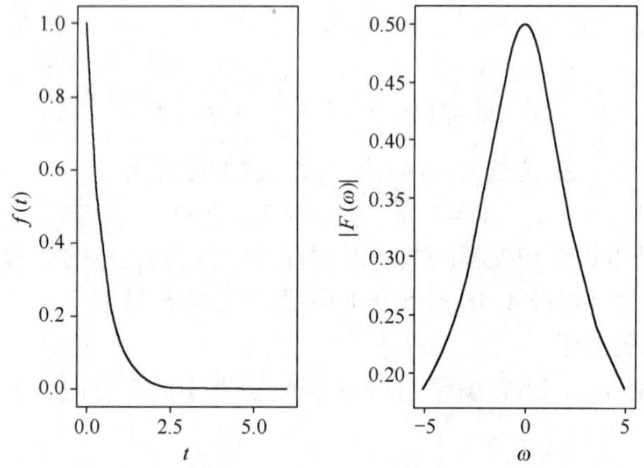

图 6.5 $\beta=2$ 时的函数图及频谱图

```
#程序文件 Pgex6_11.py
import sympy as sp
import pylab as plt
import numpy as np
sp.var('t,w',real=True); sp.var('b',positive=True)  #定义符号变量
ft=sp.exp(-b*t)*sp.Heaviside(t)
Fw=sp.fourier_transform(ft,t,w)
Fw=Fw.subs(w,w/(2*sp.pi))                            #变换为数学上的傅里叶变换
aFw=abs(Fw)                                          #求频谱
aFw2=aFw.subs(b,2)                                   #下面画图取 b=2
LaFw2=sp.lambdify(w,aFw2)                            #符号函数转换为匿名函数
tt=np.linspace(0,6,100); ftt=np.exp(-2*tt)
ww=np.linspace(-5,5,100); Fww=LaFw2(ww)
plt.rc("font",size=15); plt.rc("text",usetex=True)
plt.subplot(121); plt.plot(tt,ftt)
plt.xlabel("$t$"); plt.ylabel("$f(t)$")
plt.subplots_adjust(wspace=0.4)                      #调整两个子图的水平间距
plt.subplot(122); plt.plot(ww,Fww)
```

```
plt.xlabel("$\\omega$"); plt.ylabel("$|F(\\omega)|$")
plt.show()
```

例 6.12 作单位脉冲函数 $\delta(t)$ 的频谱图。

解 傅里叶变换：

$$F(\omega) = \int_{-\infty}^{+\infty} \delta(t) e^{-j\omega t} dt = 1$$

频谱的图形表示如图 6.6 所示。

```
#程序文件 Pgex6_12.py
import sympy as sp
import pylab as plt
import numpy as np
sp.var('t,w',real=True)  #定义符号变量
Fw=sp.fourier_transform(sp.DiracDelta(t),t,w)
print("Fw=",Fw)
ww=np.linspace(-6,6,100); Fww=np.ones(len(ww))
plt.rc("font",size=15); plt.rc("text",usetex=True)
plt.plot(ww,Fww); plt.xlabel("$\\omega$");
plt.ylabel("$|F(\\omega)|$"); plt.show()
```

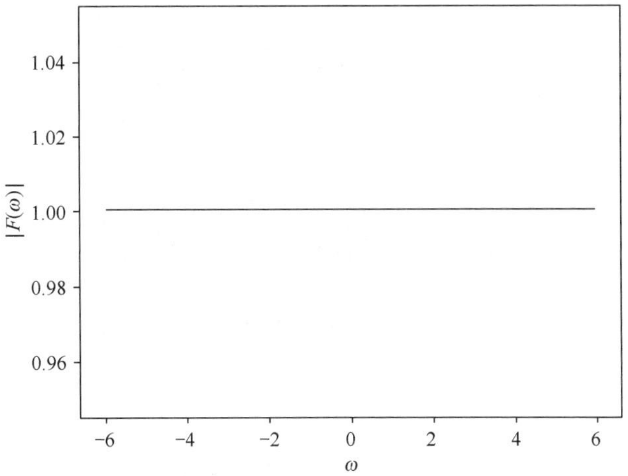

图 6.6 单位脉冲函数 $\delta(t)$ 的频谱图

6.3 傅里叶变换的性质

1. 线性性质

设 $F_1(\omega)=\mathcal{F}[f_1(t)]$，$F_2(\omega)=\mathcal{F}[f_2(t)]$，$\alpha,\beta$ 为常数，则

$$\mathcal{F}[\alpha f_1(t)+\beta f_2(t)]=\alpha F_1(\omega)+\beta F_2(\omega).$$

同样，傅里叶逆变换也具有类似的线性性质，即

$$\mathcal{F}^{-1}[\alpha F_1(\omega)+\beta F_2(\omega)]=\alpha f_1(t)+\beta f_2(t).$$

2. 相似性质

若 $\mathcal{F}[f(t)]=F(\omega)$，$a$ 为非零实常数，则

$$\mathcal{F}[f(at)]=\frac{1}{|a|}F\left(\frac{\omega}{a}\right). \tag{6.19}$$

3. 位移性质

$$\mathcal{F}[f(t\pm t_0)]=\mathrm{e}^{\pm \mathrm{j}\omega t_0}\mathcal{F}[f(t)].$$

同样，傅里叶逆变换也具有类似的位移性质，即

$$\mathcal{F}^{-1}[F(\omega\mp\omega_0)]=f(t)\mathrm{e}^{\pm \mathrm{j}\omega_0 t}.$$

4. 微分性质

定理 6.2 如果 $f(t)$ 在 $(-\infty,+\infty)$ 上连续或只有有限个可去间断点，且当 $|t|\to+\infty$ 时，$f(t)\to 0$，则

$$\mathcal{F}[f'(t)]=\mathrm{j}\omega\mathcal{F}[f(t)].$$

推论 6.1 若 $f^{(k)}(t)$ 在 $(-\infty,+\infty)$ 上连续或只有有限个可去间断点，且

$$\lim_{|t|\to+\infty}f^{(k)}(t)=0,k=0,1,\cdots,n-1,$$

则有

$$\mathcal{F}[f^{(n)}(t)]=(\mathrm{j}\omega)^n\mathcal{F}[f(t)]. \tag{6.20}$$

同样，可以得到象函数的导数公式，设 $F(\omega)=\mathcal{F}[f(t)]$，则

$$\frac{\mathrm{d}}{\mathrm{d}\omega}F(\omega)=\mathcal{F}[-\mathrm{j}tf(t)].$$

一般地，有

$$\frac{\mathrm{d}^n}{\mathrm{d}\omega^n}F(\omega)=(-\mathrm{j})^n\mathcal{F}[t^nf(t)]. \tag{6.21}$$

在实际中，常用象函数的导数公式来计算 $\mathcal{F}[t^nf(t)]$。

例 6.13 已知函数 $f(t)=\begin{cases}0, & t<0\\ \mathrm{e}^{-\beta t}, & t\leqslant 0\end{cases}(\beta>0)$，试求 $\mathcal{F}[tf(t)]$ 及 $\mathcal{F}[t^2f(t)]$。

解 根据例 6.5 知

$$F(\omega)=\mathcal{F}[f(t)]=\frac{1}{\beta+\mathrm{j}\omega}.$$

利用象函数的导数公式，有

$$\mathcal{F}[tf(t)]=\mathrm{j}\frac{\mathrm{d}}{\mathrm{d}\omega}F(\omega)=\frac{1}{(\beta+\mathrm{j}\omega)^2},$$

$$\mathcal{F}[t^2f(t)]=\mathrm{j}^2\frac{\mathrm{d}^2}{\mathrm{d}\omega^2}F(\omega)=\frac{2}{(\beta+\mathrm{j}\omega)^3}.$$

```
#程序文件 Pgex6_13.py
import sympy as sp
sp.var('t,w'); sp.var('b',positive=True)          #定义符号变量
Fw=sp.fourier_transform(sp.exp(-b*t)*sp.Heaviside(t),t,w)
Fwm=Fw.subs(w,w/(2*sp.pi))                        #转换为数学上的傅里叶变换
print("数学的傅里叶变换为:",Fwm)
```

```
Fwm2=sp.I*sp.diff(Fwm,w); print("Fwm2=",Fwm2)
Fwm3=(sp.I)**2*sp.diff(Fwm,w,2); print("Fwm3=",Fwm3)
```

5. 积分性质

如果当 $t\to+\infty$ 时，$g(t)=\int_{-\infty}^{t} f(t)\,\mathrm{d}t\to 0$，则

$$\mathcal{F}\left[\int_{-\infty}^{t} f(t)\,\mathrm{d}t\right]=\frac{1}{\mathrm{j}\omega}\mathcal{F}[f(t)].$$

6. 乘积定理

定理 6.3 若 $F_1(\omega)=\mathcal{F}[f_1(t)]$，$F_2(\omega)=\mathcal{F}[f_2(t)]$，则

$$\int_{-\infty}^{+\infty} \overline{f_1(x)}f_2(t)\,\mathrm{d}t=\frac{1}{2\pi}\int_{-\infty}^{+\infty} \overline{F_1(\omega)}F_2(\omega)\,\mathrm{d}\omega, \tag{6.22}$$

$$\int_{-\infty}^{+\infty} f_1(t)\,\overline{f_2(x)}\,\mathrm{d}t=\frac{1}{2\pi}\int_{-\infty}^{+\infty} F_1(\omega)\,\overline{F_2(\omega)}\,\mathrm{d}\omega, \tag{6.23}$$

式中：$\overline{f_1(t)}$，$\overline{f_2(t)}$，$\overline{F_1(\omega)}$，$\overline{F_2(\omega)}$分别为$f_1(t)$、$f_2(t)$、$F_1(\omega)$、$F_2(\omega)$的共轭函数。

若$f_1(t)$，$f_2(t)$为实函数，则乘积定理的结论可写为

$$\int_{-\infty}^{+\infty} f_1(t)f_2(t)\,\mathrm{d}t=\frac{1}{2\pi}\int_{-\infty}^{+\infty} \overline{F_1(\omega)}F_2(\omega)\,\mathrm{d}\omega=\frac{1}{2\pi}\int_{-\infty}^{+\infty} F_1(\omega)\,\overline{F_2(\omega)}\,\mathrm{d}\omega. \tag{6.24}$$

7. 能量积分

若 $F(\omega)=\mathcal{F}[f(t)]$，则

$$\int_{-\infty}^{+\infty} [f(t)]^2\mathrm{d}t=\frac{1}{2\pi}\int_{-\infty}^{+\infty} |F(\omega)|^2\mathrm{d}\omega, \tag{6.25}$$

这一等式又称为 Parseval 等式。

定义 6.6 $S(\omega)=|F(\omega)|^2$ 称为能量密度函数，又称能量谱密度。

能量谱密度可以决定函数$f(t)$的能量分布规律。将它对所有频率积分再除以 2π，就得到$f(t)$的总能量 $\int_{-\infty}^{+\infty} [f(t)]^2\mathrm{d}t$。故 Parseval 等式又称为能量积分。显然，能量密度函数 $S(\omega)$是 ω 的偶函数，即 $S(\omega)=S(-\omega)$。

利用能量积分还可以计算某些积分的数值。

例 6.14 求 $\int_{-\infty}^{+\infty} \frac{\sin^2 x}{x^2}\mathrm{d}x$。

解 设$f(x)=\frac{\sin x}{x}$，则由例 6.8 知，它的 Fourier 变换

$$F(\omega)=\begin{cases}\pi, & |\omega|<1,\\ 0, & \text{其他}.\end{cases}$$

根据 Parseval 等式 $\int_{-\infty}^{+\infty} [f(x)]^2\mathrm{d}t=\frac{1}{2\pi}\int_{-\infty}^{+\infty} |F(\omega)|^2\mathrm{d}\omega$，得

$$\int_{-\infty}^{+\infty} \frac{\sin^2 x}{x^2}\mathrm{d}x=\frac{1}{2\pi}\int_{-1}^{1} \pi^2\mathrm{d}\omega=\pi.$$

```
#程序文件 Pgex6_14.py
import sympy as sp
```

```
sp.var('x,w',real=True)
fx=sp.sin(x)/x
S=sp.integrate(fx**2,(x,-sp.oo,sp.oo))
print("积分值为:",S)
```

6.4 傅里叶变换的卷积与相关函数

6.4.1 卷积定理

1. 卷积的概念

若已知函数 $f_1(t)$, $f_2(t)$, 则积分

$$\int_{-\infty}^{+\infty} f_1(\tau) f_2(t-\tau)\,\mathrm{d}\tau$$

称为函数 $f_1(t)$ 与 $f_2(t)$ 的卷积, 记为 $f_1(t) * f_2(t)$。

卷积满足交换律: $f_1(t) * f_2(t) = f_2(t) * f_1(t)$。

例 6.15 若 $f_1(t)=\begin{cases}0, & t<0\\ 1, & t\geqslant 0\end{cases}$, $f_2(t)=\begin{cases}0, & t<0\\ \mathrm{e}^{-t}, & t\geqslant 0\end{cases}$, 求 $f_1(t)$ 与 $f_2(t)$ 的卷积。

解 按照卷积的定义, 有

$$f_1(t) * f_2(t) = \int_{-\infty}^{+\infty} f_1(\tau) f_2(t-\tau)\,\mathrm{d}\tau = \int_0^t 1\cdot \mathrm{e}^{-(t-\tau)}\,\mathrm{d}\tau = \begin{cases}1-\mathrm{e}^{-t}, & t\geqslant 0,\\ 0, & \text{其他}.\end{cases}$$

2. 卷积定理

定理 6.4 假设 $f_1(t)$, $f_2(t)$ 都满足傅里叶积分定理中的条件, 且 $\mathcal{F}[f_1(t)] = F_1(\omega)$, $\mathcal{F}[f_2(t)] = F_2(\omega)$, 则

$$\mathcal{F}[f_1(t) * f_2(t)] = F_1(\omega)\cdot F_2(\omega), \tag{6.26}$$

或

$$\mathcal{F}^{-1}[F_1(\omega)\cdot F_2(\omega)] = f_1(t) * f_2(t). \tag{6.27}$$

上述定理表明, 两个函数卷积的傅里叶变换等于这两个函数 Fourier 变换的乘积。

同理可得:

$$\mathcal{F}[f_1(t)\cdot f_2(t)] = \frac{1}{2\pi} F_1(\omega) * F_2(\omega). \tag{6.28}$$

即两个函数乘积的 Fourier 变换等于这两个函数傅里叶变换的卷积除以 2π。

6.4.2 相关函数

相关函数的概念和卷积的概念一样, 也是频谱分析中的一个重要概念。

1. 相关函数的概念

定义 6.7 对于两个不同的函数 $f_1(t)$ 和 $f_2(t)$, 则积分

$$\int_{-\infty}^{+\infty} f_1(t) f_2(t+\tau)\,\mathrm{d}t$$

称为两个函数 $f_1(t)$ 和 $f_2(t)$ 的互相关函数, 用记号 $R_{12}(\tau)$ 表示, 即

$$R_{12}(\tau)=\int_{-\infty}^{+\infty} f_1(t)f_2(t+\tau)\mathrm{d}t, \tag{6.29}$$

而积分

$$\int_{-\infty}^{+\infty} f_1(t+\tau)f_2(t)\mathrm{d}t$$

记为 $R_{21}(\tau)$,即

$$R_{21}(\tau)=\int_{-\infty}^{+\infty} f_1(t+\tau)f_2(t)\mathrm{d}t. \tag{6.30}$$

定义 6.8 积分

$$\int_{-\infty}^{+\infty} f(t)f(t+\tau)\mathrm{d}t$$

称为函数 $f(t)$ 的自相关函数(简称相关函数)。用记号 $R(\tau)$ 表示,即

$$R(\tau)=\int_{-\infty}^{+\infty} f(t)f(t+\tau)\mathrm{d}t. \tag{6.31}$$

根据 $R(\tau)$ 的定义,可以看出:自相关函数是一个偶函数,即 $R(-\tau)=R(\tau)$。关于互相关函数,有如下的性质:$R_{21}(\tau)=R_{12}(-\tau)$。

2. 相关函数和能量谱密度的关系

在式(6.24)中,令 $f_1(t)=f(t)$,$f_2(t)=f(t+\tau)$ 且 $F(\omega)=\mathcal{F}[f(t)]$,再根据位移性质,可得

$$\int_{-\infty}^{+\infty} f(t)f(t+\tau)\mathrm{d}t=\frac{1}{2\pi}\int_{-\infty}^{+\infty}\overline{F(\omega)}F(\omega)\mathrm{e}^{\mathrm{j}\omega\tau}\mathrm{d}\omega$$
$$=\frac{1}{2\pi}\int_{-\infty}^{+\infty}|F(\omega)|^2\mathrm{e}^{\mathrm{j}\omega\tau}\mathrm{d}\omega=\frac{1}{2\pi}\int_{-\infty}^{+\infty}S(\omega)\mathrm{e}^{\mathrm{j}\omega\tau}\mathrm{d}\omega,$$

即

$$R(\tau)=\frac{1}{2\pi}\int_{-\infty}^{+\infty}S(\omega)\mathrm{e}^{\mathrm{j}\omega\tau}\mathrm{d}\omega.$$

由此可见,自相关函数 $R(\tau)$ 和能量谱密度 $S(\omega)$ 构成了一个傅里叶变换对:

$$\begin{cases}R(\tau)=\dfrac{1}{2\pi}\displaystyle\int_{-\infty}^{+\infty}S(\omega)\mathrm{e}^{\mathrm{j}\omega\tau}\mathrm{d}\omega,\\ S(\omega)=\displaystyle\int_{-\infty}^{+\infty}R(\tau)\mathrm{e}^{-\mathrm{j}\omega\tau}\mathrm{d}\tau.\end{cases} \tag{6.32}$$

利用相关函数 $R(\tau)$ 及 $S(\omega)$ 的偶函数性质,可将式(6.32)写成三角函数的形式:

$$\begin{cases}R(\tau)=\dfrac{1}{2\pi}\displaystyle\int_{-\infty}^{+\infty}S(\omega)\cos\omega\tau\,\mathrm{d}\omega,\\ S(\omega)=\displaystyle\int_{-\infty}^{+\infty}R(\tau)\cos\omega\tau\,\mathrm{d}\tau.\end{cases} \tag{6.33}$$

当 $\tau=0$ 时,有

$$R(0)=\int_{-\infty}^{+\infty}[f(t)]^2\mathrm{d}t=\frac{1}{2\pi}\int_{-\infty}^{+\infty}S(\omega)\mathrm{d}\omega,$$

即 Parseval 等式。

若 $F_1(\omega)=\mathcal{F}[f_1(t)]$,$F_2(\omega)=\mathcal{F}[f_2(t)]$,根据乘法定理,得

$$R_{12}(\tau)=\int_{-\infty}^{+\infty}f_1(t)f_2(t+\tau)\,\mathrm{d}t=\frac{1}{2\pi}\int_{-\infty}^{+\infty}\overline{F_1(\omega)}F_2(\omega)\mathrm{e}^{\mathrm{j}\omega\tau}\mathrm{d}\omega.$$

称 $S_{12}(\omega)=\overline{F_1(\omega)}F_2(\omega)$ 为互能量谱密度。同样可见,它和互相关函数也构成一个傅里叶变换对:

$$\begin{cases}R_{12}(\tau)=\dfrac{1}{2\pi}\displaystyle\int_{-\infty}^{+\infty}S_{12}(\omega)\mathrm{e}^{\mathrm{j}\omega\tau}\mathrm{d}\omega,\\ S_{12}(\omega)=\displaystyle\int_{-\infty}^{+\infty}R_{12}(\tau)\mathrm{e}^{-\mathrm{j}\omega\tau}\mathrm{d}\tau.\end{cases}\tag{6.34}$$

还可以发现,互能量谱密度有如下的性质:

$$S_{12}(\omega)=S_{21}(\omega),$$

式中:$S_{21}(\omega)=F_1(\omega)\overline{F_2(\omega)}$。

例 6.16 求指数衰减函数 $f(t)=\begin{cases}0, & t<0,\\ \mathrm{e}^{-\beta t}, & t\geqslant 0.\end{cases}$ $(\beta>0)$的自相关函数和能量谱密度。

解 记 $f(t)$ 的傅里叶变换为 $F(\omega)$,则能量谱密度

$$S(\omega)=|F(\omega)|^2=\frac{1}{\beta^2+\omega^2}.$$

自相关函数

$$R(\tau)=\frac{1}{2\pi}\int_{-\infty}^{+\infty}S(\omega)\mathrm{e}^{\mathrm{j}\omega\tau}\mathrm{d}\omega=\begin{cases}\dfrac{\mathrm{e}^{-\beta t}}{2\beta}, & t\geqslant 0,\\ \dfrac{\mathrm{e}^{\beta t}}{2\beta}, & t<0.\end{cases}$$

可见,当 $-\infty<\tau<+\infty$ 时,自相关函数可合写为

$$R(\tau)=\frac{1}{2\beta}\mathrm{e}^{-\beta|\tau|}$$

```
#程序文件 Pgex6_16.py
import sympy as sp
sp.var('t,w',real=True); sp.var('b',positive=True)  #定义符号变量
Fw=sp.fourier_transform(sp.exp(-b*t)*sp.Heaviside(t),t,w)
Fwm=Fw.subs(w,w/(2*sp.pi))                          #转换为数学上的傅里叶变换
Sw=Fwm*sp.conjugate(Fwm)
Sm=sp.simplify(Sw); print("能量谱密度:",Sm)
Smm=Sm.subs(w,2*sp.pi*w)
Rt=sp.inverse_fourier_transform(Smm,w,t)
print("自相关函数:",Rt)
```

6.5 傅里叶变换的应用

本节应用傅里叶变换求解线性方程。

根据傅里叶变换的线性性质、微分性质和积分性质,对欲求解的方程两端取傅里叶变换,将其转化为象函数的代数方程,由这个代数方程求出象函数,然后再取傅里叶逆变换

就得出原来方程的解。这是求解此类方程的主要方法。

例 6.17 求积分方程 $\int_0^{+\infty} g(\omega)\sin\omega t\mathrm{d}\omega = f(t)$ 的解 $f(\omega)$，其中

$$f(t)=\begin{cases}\frac{\pi}{2}\sin t, & 0<t\leqslant\pi,\\ 0, & t>\pi.\end{cases}$$

解 由已知条件知，$f(t)$ 是 $g(\omega)$ 的 Fourier 正弦变换，所以 $g(\omega)$ 是 $f(t)$ 的 Fourier 正弦逆变换，从而有

$$g(\omega)=\frac{2}{\pi}\int_0^{+\infty} f(t)\sin\omega t\mathrm{d}t=\int_0^{\pi}\sin t\sin\omega t\mathrm{d}t=\begin{cases}\frac{\sin\omega\pi}{1-\omega^2}, & \omega\neq\pm1,\\ \frac{\pi}{2}, & \omega=1,\\ -\frac{\pi}{2}, & \omega=-1.\end{cases}$$

```
#程序文件 Pgex6_17.py
import sympy as sp
sp.var('t,w',real=True)  #定义符号变量
ft=sp.pi*sp.sin(t)*(sp.Heaviside(t)-sp.Heaviside(t-sp.pi))/2
gw=sp.integrate(ft*sp.sin(w*t),(t,0,sp.oo))*2/sp.pi
print(gw)
```

例 6.18 求常系数非齐次线性微分方程

$$\frac{\mathrm{d}^2}{\mathrm{d}t^2}y(t)-y(t)=-f(t)$$

的解，其中 $f(t)$ 为已知函数。

解 设 $F[y(t)]=Y(\omega)$，$F[f(t)]=F(\omega)$。对上述微分方程两端取傅里叶变换，可得

$$(\mathrm{j}\omega)^2Y(\omega)-Y(\omega)=-F(\omega).$$

所以

$$Y(\omega)=\frac{1}{1+\omega^2}F(\omega).$$

从而

$$y(t)=\frac{1}{2\pi}\int_{-\infty}^{+\infty}Y(\omega)\mathrm{e}^{\mathrm{j}\omega t}\mathrm{d}\omega=\frac{1}{2\pi}\int_{-\infty}^{+\infty}\frac{F(\omega)}{1+\omega^2}\mathrm{e}^{\mathrm{j}\omega t}\mathrm{d}\omega.$$

例 6.19 求微分积分方程

$$ax'(t)+bx(t)+c\int_{-\infty}^{t}x(t)\mathrm{d}t=h(t)$$

的解，其中 $-\infty<t<+\infty$，a,b,c 均为常数。

解 设 $F[x(t)]=X(\omega)$，$F[h(t)]=H(\omega)$，对上述方程两端取傅里叶变换，可得

$$a\mathrm{j}\omega X(\omega)+bX(\omega)+\frac{c}{\mathrm{j}\omega}X(\omega)=H(\omega),$$

$$X(\omega)=\frac{H(\omega)}{b+\mathrm{j}\left(a\omega-\frac{c}{\omega}\right)}.$$

取傅里叶逆变换,得

$$x(t)=\frac{1}{2\pi}\int_{-\infty}^{+\infty}\frac{H(\omega)}{b+\mathrm{j}\left(a\omega-\frac{c}{\omega}\right)}\mathrm{e}^{\mathrm{j}\omega t}\mathrm{d}\omega.$$

6.6 拉普拉斯变换的概念

6.6.1 拉普拉斯变换的定义及 Python 相关函数

定义 6.9 设函数 $f(t)$ 当 $t\geqslant 0$ 时有定义,而且积分

$$\int_0^{+\infty}f(t)\mathrm{e}^{-st}\mathrm{d}t(s\text{ 是一个复参量})$$

在 s 的某一域内收敛,则由此积分所确定的函数可写为

$$F(s)=\int_0^{+\infty}f(t)\mathrm{e}^{-st}\mathrm{d}t. \tag{6.35}$$

称式(6.35)为函数 $f(t)$ 的拉普拉斯变换式。记为

$$F(s)=\mathcal{L}[f(t)].$$

$F(s)$ 称为 $f(t)$ 的拉普拉斯变换(或称为象函数)。

若 $F(s)$ 是 $f(t)$ 的拉普拉斯变换,则称 $f(t)$ 为 $F(s)$ 的拉普拉斯逆变换(或称为象原函数),记为

$$f(t)=\mathcal{L}^{-1}[F(s)].$$

SymPy 库中拉普拉斯变换和逆变换函数的调用格式如下:

```
laplace_transform(f,t,s)  #计算符号函数 f 关于变量 t 的拉普拉斯变换,返回值为 s 的函数.
inverse_fourier_transform(Fw,s,t)  #计算符号函数 Fw 关于变量 s 的拉普拉斯逆变换,返回值为 t 的函数.
```

例 6.20 求如下函数的拉普拉斯变换:

$$\delta(t),\quad 1,\quad \mathrm{e}^{kt},\quad \sin kt,\quad \cos kt,\quad t^n$$

解

```
#程序文件 Pgex6_20.py
import sympy as sp
sp.var('t,s,k')              #定义符号变量
sp.var('n',integer=True)     #定义整型符号变量
L1=sp.laplace_transform(sp.DiracDelta(t),t,s)
L2=sp.laplace_transform(1,t,s)
L3=sp.laplace_transform(sp.exp(k*t),t,s)
L4=sp.laplace_transform(sp.sin(k*t),t,s)
L5=sp.laplace_transform(sp.cos(k*t),t,s)
```

```
L6=sp.laplace_transform(t**n,t,s)
print('L1=',L1); print('L2=',L2)
print('L3=',L3); print('L4=',L4)
print('L5=',L5); print('L6=',L6)
```

求得的 Laplace 变换结果为

$$\mathcal{L}(\delta(t))=1;\quad \mathcal{L}(1)=\frac{1}{s};\quad \mathcal{L}(e^{kt})=\frac{1}{s-k};\quad \mathcal{L}(\sin kt)=\frac{k}{s^2+k^2};$$

$$\mathcal{L}(\cos kt)=\frac{s}{s^2+k^2};\quad \mathcal{L}(t^n)=\frac{\Gamma(n+1)}{s^{n+1}},\quad (n>-1)$$

6.6.2 拉普拉斯变换的存在定理

定理 6.5(拉普拉斯变换的存在定理) 若函数$f(t)$满足下列条件:

(1) 在$t\geqslant 0$的任一有限区间上分段连续;

(2) 当$t\to+\infty$时,$f(t)$的增长速度不超过某一指数函数,也即存在常数$M>0$及$c\geqslant 0$,使得

$$|f(t)|\leqslant Me^{ct},\quad 0\leqslant t<+\infty$$

成立(满足此条件的函数,称它的增大是指数级的,c为它的增长指数)。则$f(t)$的拉普拉斯变换

$$F(s)=\int_0^{+\infty}f(t)\mathrm{e}^{-st}\mathrm{d}t$$

在半平面$\mathrm{Re}(s)>c$上一定存在,右端的积分在$\mathrm{Re}(s)\geqslant c_1>c$上绝对收敛而且一致收敛,并且在$\mathrm{Re}(s)>c$的半平面内,$F(s)$为解析函数。

例 6.21 求周期性三角波$f(t)=\begin{cases}t, & 0\leqslant t<b,\\ 2b-t, & b\leqslant t<2b,\end{cases}$且$f(t+2b)=f(t)$的拉普拉斯变换。

解 根据式(6.35),有

$$\begin{aligned}\mathcal{L}[f(t)]&=\int_0^{+\infty}f(t)\mathrm{e}^{-st}\mathrm{d}t\\&=\int_0^{2b}f(t)\mathrm{e}^{-st}\mathrm{d}t+\int_{2b}^{4b}f(t)\mathrm{e}^{-st}\mathrm{d}t+\cdots+\int_{2bk}^{2b(k+1)}f(t)\mathrm{e}^{-st}\mathrm{d}t+\cdots\\&=\sum_{k=0}^{\infty}\int_{2bk}^{2b(k+1)}f(t)\mathrm{e}^{-st}\mathrm{d}t.\end{aligned}\tag{6.36}$$

令$t=\tau+2bk$,则

$$\int_{2bk}^{2b(k+1)}f(t)\mathrm{e}^{-st}\mathrm{d}t=\int_0^{2b}f(\tau+2bk)\mathrm{e}^{-s(\tau+2bk)}\mathrm{d}\tau=\mathrm{e}^{-2bsk}\int_0^{2b}f(\tau)\mathrm{e}^{-s\tau}\mathrm{d}\tau.\tag{6.37}$$

因而,有

$$\mathcal{L}[f(t)]=\left(\sum_{k=0}^{+\infty}\mathrm{e}^{-2bsk}\right)\int_0^{2b}f(t)\mathrm{e}^{-st}\mathrm{d}t.\tag{6.38}$$

由于当$\mathrm{Re}(s)=\mathrm{Re}(\beta+\mathrm{j}\omega)>0$时,有

$$|\mathrm{e}^{-2bs}|=\mathrm{e}^{-2b\beta}<1,$$

所以

$$\sum_{k=0}^{+\infty} \mathrm{e}^{-2bsk} = \frac{1}{1-\mathrm{e}^{-2bs}}. \tag{6.39}$$

又因为

$$\int_0^{2b} f(t)\mathrm{e}^{-st}\mathrm{d}t = \int_0^b t\mathrm{e}^{-st}\mathrm{d}t + \int_b^{2b}(2b-t)\mathrm{e}^{-st}\mathrm{d}t = \frac{(1-\mathrm{e}^{-bs})^2}{s^2}. \tag{6.40}$$

因此,将式(6.39)和式(6.40)代入式(6.38),得

$$\mathcal{L}[f(t)] = \frac{(1-\mathrm{e}^{-bs})^2}{s^2}\cdot\frac{1}{1-\mathrm{e}^{-2bs}} = \frac{1}{s^2}\cdot\frac{1-\mathrm{e}^{-bs}}{1+\mathrm{e}^{-bs}} = \frac{1}{s^2}\tanh\frac{bs}{2}.$$

一般地,以 T 为周期的函数 $f(t)$,即 $f(t+T)=f(t)\ (T>0)$,当 $f(t)$ 在一个周期上是分段连续时,有

$$\mathcal{L}[f(t)] = \frac{1}{1-\mathrm{e}^{-sT}}\int_0^T f(t)\mathrm{e}^{-st}\mathrm{d}t(\mathrm{Re}(s)>0) \tag{6.41}$$

成立。这就是求周期函数的拉普拉斯变换公式。

例 6.22 求函数 $f(t)=\mathrm{e}^{-\beta t}\delta(t)-\beta\mathrm{e}^{-\beta t}u(t)\ (\beta>0)$ 的拉普拉斯变换。

解 根据式(6.35),有

$$\begin{aligned}\mathcal{L}[f(t)] &= \int_0^{+\infty} f(t)\mathrm{e}^{-st}\mathrm{d}t = \int_0^{+\infty}[\mathrm{e}^{-\beta t}\delta(t)-\beta\mathrm{e}^{-\beta t}u(t)]\mathrm{e}^{-st}\mathrm{d}t \\ &= \int_0^{+\infty}\delta(t)\mathrm{e}^{-(s+\beta)t}\mathrm{d}t - \beta\int_0^{+\infty}\mathrm{e}^{-(s+\beta)t}\mathrm{d}t \\ &= \mathrm{e}^{-(s+\beta)t}\Big|_{t=0} + \frac{\beta\mathrm{e}^{-(s+\beta)t}}{s+\beta}\Bigg|_0^{+\infty} = 1-\frac{\beta}{s+\beta} = \frac{s}{s+\beta}.\end{aligned}$$

```
#程序文件 Pgex6_22.py
import sympy as sp
sp.var('t,s')                  #定义符号变量
sp.var('b',positive=True)  #定义正符号变量
ft=sp.exp(-b*t)*sp.DiracDelta(t)-b*sp.exp(-b*t)
Fs=sp.laplace_transform(ft,t,s)
Fs=sp.simplify(Fs); print(Fs)
```

例 6.23 求 $f(t)=\frac{\mathrm{e}^{-bt}}{\sqrt{2}}(\cos bt-\sin bt)$ 的拉普拉斯变换。

解 $\mathcal{L}[f(t)] = \int_0^{+\infty} f(t)\mathrm{e}^{-st}\mathrm{d}t = \frac{\sqrt{2}s}{2(s^2+2bs+2b^2)}.$

```
#程序文件 Pgex6_23.py
import sympy as sp
sp.var('t,s,b')  #定义符号变量
ft=sp.exp(-b*t)/sp.sqrt(2)*(sp.cos(b*t)-sp.sin(b*t))
Fs=sp.laplace_transform(ft,t,s)
Fs=sp.expand(Fs[0]); print(Fs)
```

6.7　拉普拉斯变换的性质

1. 线性性质

若 α,β 是常数，$\mathcal{L}[f_1(t)]=F_1(s)$，$\mathcal{L}[f_2(t)]=F_2(s)$，则有

$$\mathcal{L}[\alpha f_1(t)+\beta f_2(t)]=\alpha F_1(s)+\beta F_2(s),$$

$$\mathcal{L}^{-1}[\alpha F_1(s)+\beta F_2(s)]=\alpha\mathcal{L}^{-1}[F_1(s)]+\beta\mathcal{L}^{-1}[F_2(s)].$$

2. 微分性质

若 $\mathcal{L}[f(t)]=F(s)$，则有

$$\mathcal{L}[f'(t)]=sF(s)-f(0),\mathrm{Re}(s)>c. \tag{6.42}$$

推论 6.2　若 $\mathcal{L}[f(t)]=F(s)$，则有

$$\mathcal{L}[f^{(n)}(t)]=s^nF(s)-s^{n-1}f(0)-s^{n-2}f'(0)-\cdots-f^{(n-1)}(0),\mathrm{Re}(s)>c. \tag{6.43}$$

此外，由拉普拉斯变换存在定理，还可以得到象函数的微分性质：

若 $\mathcal{L}[f(t)]=F(s)$，则

$$F'(s)=-\mathcal{L}[tf(t)],\mathrm{Re}(s)>c. \tag{6.44}$$

一般地，有

$$F^{(n)}(s)=(-1)^n\mathcal{L}[t^nf(t)],\mathrm{Re}(s)>c. \tag{6.45}$$

例 6.24　求函数 $f(t)=\delta''(t)$ 的拉普拉斯变换。

解　$\mathcal{L}[\delta''(t)]=s^2$

```
#程序文件 Pgex6_24.py
import sympy as sp
sp.var('t,s')  #定义符号变量
Fs=sp.laplace_transform(sp.diff(sp.DiracDelta(t),t,2),t,s)
print(Fs)
```

例 6.25　求函数 $f(t)=t\sin kt$ 的拉普拉斯变换。

解　因为 $\mathcal{L}[\sin kt]=\dfrac{k}{s^2+k^2}$，根据上述象函数的微分性质可知：

$$\mathcal{L}[t\sin kt]=-\frac{\mathrm{d}}{\mathrm{d}s}\left[\frac{k}{s^2+k^2}\right]=\frac{2ks}{(s^2+k^2)^2},\quad \mathrm{Re}(s)>c.$$

```
#程序文件 Pgex6_25.py
import sympy as sp
sp.var('t,s,k')  #定义符号变量
Fs=sp.laplace_transform(t*sp.sin(k*t),t,s)
print(Fs)
```

类似地，$\mathcal{L}[t\cos kt]=-\dfrac{\mathrm{d}}{\mathrm{d}s}\left[\dfrac{s}{s^2+k^2}\right]=\dfrac{s^2-k^2}{(s^2+k^2)^2}$，$\mathrm{Re}(s)>0$.

例 6.26　设函数 $f(t)=\mathrm{e}^{-5t}\sin(2t)$，求函数 $f^{(5)}(t)$ 的拉普拉斯变换。

解　$\mathcal{L}(f^{(5)}(t))=\dfrac{4282(s+5)}{(s+5)^2+4}+\dfrac{2950}{(s+5)^2+4}$.

```
#程序文件 Pgex6_26.py
import sympy as sp
sp.var('t,s')  #定义符号变量
ft=sp.exp(-5*t)*sp.sin(2*t)
Fs=sp.laplace_transform(sp.diff(ft,t,5),t,s)
print(Fs)
```

3. 积分性质

若 $\mathcal{L}[f(t)]=F(s)$，则

$$\mathcal{L}\left[\int_0^t f(t)\,\mathrm{d}t\right]=\frac{1}{s}F(s). \tag{6.46}$$

重复运用式(6.46)，得

$$\mathcal{L}\{\underbrace{\int_0^t \mathrm{d}t\int_0^t \mathrm{d}t\cdots\int_0^t f(t)\,\mathrm{d}t}_{n\text{次积分}}\}=\frac{1}{s^n}F(s). \tag{6.47}$$

对于象函数，有类似的积分性质：若 $\mathcal{L}[f(t)]=F(s)$，则

$$\mathcal{L}\left[\frac{f(t)}{t}\right]=\int_s^{\infty}F(s)\,\mathrm{d}s. \tag{6.48}$$

一般地，有

$$\mathcal{L}\left[\frac{f(t)}{t^n}\right]=\underbrace{\int_s^{+\infty}\mathrm{d}s\int_s^{+\infty}\mathrm{d}s\cdots\int_s^{+\infty}F(s)\,\mathrm{d}s}_{n\text{次积分}}. \tag{6.49}$$

例 6.27 已知 $f(t)=\int_0^t \sin a\tau\,\mathrm{d}\tau$，其中 a 为实常数，求 $\mathcal{L}[f(t)]$。

解 根据式(6.46)，得

$$\mathcal{L}[f(t)]=\mathcal{L}\left[\int_0^t \sin a\tau\,\mathrm{d}\tau\right]=\frac{1}{s}\mathcal{L}[\sin at]=\frac{a}{s(s^2+a^2)}.$$

```
#程序文件 Pgex6_27.py
import sympy as sp
sp.var('t,s,x')              #定义符号变量
sp.var('a',positive=True)  #不妨设 a>0
ft=sp.integrate(sp.sin(a*x),(x,0,t))
Fs=sp.laplace_transform(ft,t,s)
print(Fs[0])
```

例 6.28 求函数 $f(t)=\dfrac{\sinh t}{t}$ 的拉普拉斯变换。

解 因为 $\mathcal{L}[\sinh t]=\dfrac{1}{s^2-1}$，根据上述象函数的积分性质可知：

$$\mathcal{L}\left[\frac{\sinh t}{t}\right]=\int_t^{\infty}\mathcal{L}[\sinh t]\,\mathrm{d}s=\int_s^{\infty}\frac{1}{s^2-1}\mathrm{d}s$$

$$=\frac{1}{2}\ln\frac{s-1}{s+1}\bigg|_s^{\infty}=\frac{1}{2}\ln\frac{s+1}{s-1}.$$

```
#程序文件 Pgex6_28.py
```

```
import sympy as sp
sp.var('t,s,x')  #定义符号变量
Fs=sp.integrate(1/(x**2-1),(x,s,sp.oo))
print(Fs)
```

如果积分 $\int_0^{+\infty}\frac{f(t)}{t}\mathrm{d}t$ 存在,则有

$$\int_0^{+\infty}\frac{f(t)}{t}\mathrm{d}t=\int_0^{+\infty}F(s)\,\mathrm{d}s.$$

这一公式常用来计算某些积分。例如,$\mathcal{L}[\sin t]=\frac{1}{s^2+1}$,则有

$$\int_0^{+\infty}\frac{\sin t}{t}\mathrm{d}t=\int_0^{+\infty}\frac{1}{s^2+1}\mathrm{d}s=\arctan s\Big|_0^{+\infty}=\frac{\pi}{2}.$$

4. 位移性质

若 $\mathcal{L}[f(t)]=F(s)$,则有

$$\mathcal{L}[\mathrm{e}^{at}f(t)]=F(s-a),\mathrm{Re}(s-a)>c. \tag{6.50}$$

例 6.29 求 $L[\mathrm{e}^{at}t^m]$。

解 因为 $\mathcal{L}[t^m]=\frac{\Gamma(m+1)}{s^{m+1}}$,利用位移性质,可得

$$\mathcal{L}[\mathrm{e}^{at}t^m]=\frac{\Gamma(m+1)}{(s-a)^{m+1}}.$$

```
#程序文件 Pgex6_29.py
import sympy as sp
sp.var('t,s,a,m')  #定义符号变量
ft=sp.exp(a*t)*t**m
Fs=sp.laplace_transform(ft,t,s)
Fs=sp.simplify(Fs); print(Fs)
```

例 6.30 求 $\mathcal{L}[\mathrm{e}^{-at}\sin kt]$。

解 已知 $\mathcal{L}[\sin kt]=\frac{k}{s^2+k^2}$,由位移性质,得

$$\mathcal{L}[\mathrm{e}^{-at}\sin kt]=\frac{k}{(s+a)^2+k^2}.$$

```
#程序文件 Pgex6_30.py
import sympy as sp
sp.var('t,s,a,k')  #定义符号变量
ft=sp.exp(-a*t)*sp.sin(k*t)
Fs=sp.laplace_transform(ft,t,s)
Fs=sp.simplify(Fs); print(Fs)
```

5. 延迟性质

若 $L[f(t)]=F(s)$,又 $t<0$ 时 $f(t)=0$,则对于任一非负实数 τ,有

$$\mathcal{L}[f(t-\tau)]=\mathrm{e}^{-s\tau}F(s). \tag{6.51}$$

或

$$\mathcal{L}^{-1}[\mathrm{e}^{-s\tau}F(s)]=f(t-\tau). \tag{6.52}$$

例 6.31 求函数 $u(t-\tau)=\begin{cases}0, t<\tau \\ 1, t>\tau\end{cases}$ 的拉普拉斯变换。

解 已知 $\mathcal{L}[u(t)]=\frac{1}{s}$,根据延迟性质,有

$$\mathcal{L}[u(t-\tau)]=\frac{1}{s}\mathrm{e}^{-s\tau}.$$

```
#程序文件 Pgex6_31.py
import sympy as sp
sp.var('t,s,tau')  #定义符号变量
ft=sp.Heaviside(t-tau)
Fs=sp.laplace_transform(ft,t,s)
print(Fs)
```

6. 相似性质

若 $\mathcal{L}[f(t)]=F(s)$,则对于任一正实数 a,有

$$\mathcal{L}[f(at)]=\frac{1}{a}F\left(\frac{s}{a}\right). \tag{6.53}$$

相似性质也称时间尺度性质。

该性质表明,如果函数 $f(t)$ 的自变量扩展 a 倍,则 $f(at)$ 的象函数等于 $f(t)$ 的象函数 $F(s)$ 在复域上压缩 a 倍,再除以 a,即 $\frac{1}{a}F\left(\frac{s}{a}\right)$。

7. 初值定理与终值定理

定理 6.6(初值定理) 若 $\mathcal{L}[f(t)]=F(s)$,且 $\lim\limits_{s\to\infty}sF(s)$ 存在,则

$$f(0)=\lim_{s\to\infty}sF(s). \tag{6.54}$$

定理 6.7(终值定理) 若 $\mathcal{L}[f(t)]=F(s)$,且 $\lim\limits_{s\to 0}sF(s)$ 存在,则

$$f(+\infty)=\lim_{s\to 0}sF(s). \tag{6.55}$$

在拉普拉斯变换的实际应用中,往往先得到 $F(s)$ 再去求 $f(t)$,但有时只需要知道 $f(t)$ 在 $t=0$ 或 $t\to+\infty$ 时的值,并不需要知道 $f(t)$ 的表达式。初值定理和终值定理提供了直接由 $F(s)$ 求 $f(0)$ 与 $f(+\infty)$ 的方便。

例 6.32 若 $\mathcal{L}[f(t)]=\frac{1}{s+a}$,求 $f(0)$,$f(+\infty)$。

解 根据式(6.54)和式(6.55),有

$$f(0)=\lim_{s\to\infty}sF(s)=\lim_{s\to\infty}\frac{s}{s+a}=1.$$

$$f(+\infty)=\lim_{s\to 0}sF(s)=\lim_{s\to 0}\frac{s}{s+a}=\begin{cases}0, & a\neq 0,\\ 1, & a=0.\end{cases}$$

```
#程序文件 Pgex6_32.py
import sympy as sp
```

```
sp.var('a,s')  #定义符号变量
a!=0; Fs=1/(s+a);
f0=sp.limit(s*Fs,s,sp.oo)
finf1=sp.limit(s*Fs,s,0)
print(f0); print(finf1)
finf2=sp.limit(s*Fs.subs(a,0),s,0)
print(finf2)
```

为了提高求拉普拉斯变换的综合能力，下面再举几个例题。

例 6.33 设分段函数$f(t)$为

$$f(t)=\begin{cases}0, & t<0,\\ c_1, & 0\leqslant t<a,\\ c_2, & a\leqslant t<b,\\ c_3, & t\geqslant b.\end{cases}$$

求$\mathcal{L}[f(t)]$。

解 可以把$f(t)$表示为

$$f(t)=c_1[u(t)-u(t-a)]+c_2[u(t-a)-u(t-b)]+c_3u(t-b)$$

利用拉普拉斯变换的线性性质和延迟性质，得

$$\begin{aligned}\mathcal{L}[f(t)]&=c_1\left(\frac{1}{s}-\frac{1}{s}\mathrm{e}^{-as}\right)+c_2\left(\frac{1}{s}\mathrm{e}^{-as}-\frac{1}{s}\mathrm{e}^{-bs}\right)+c_3\frac{1}{s}\mathrm{e}^{-bs}\\&=\frac{1}{s}[c_1+(c_2-c_1)\mathrm{e}^{-as}+(c_3-c_2)\mathrm{e}^{-bs}].\end{aligned}$$

```
#程序文件 Pgex6_33.py
import sympy as sp
sp.var('t,s,c1,c2,c3,a,b')        #定义符号变量
ft=c1*(sp.Heaviside(t)-sp.Heaviside(t-a))+\
  c2*(sp.Heaviside(t-a)-sp.Heaviside(t-b))+c3*sp.Heaviside(t-b)
Fs=sp.laplace_transform(ft,t,s)
print(Fs)
```

例 6.34 求$\mathcal{L}[(t-1)^2\mathrm{e}^t]$。

解 利用拉普拉斯变换的线性性质和位移性质，得

$$\begin{aligned}\mathcal{L}[(t-1)^2\mathrm{e}^t]&=\mathcal{L}[(t^2-2t+1)\mathrm{e}^t]=\mathcal{L}[t^2\mathrm{e}^t]-2\mathcal{L}[t\mathrm{e}^t]+\mathcal{L}[\mathrm{e}^t]\\&=\frac{2}{(s-1)^3}-2\cdot\frac{1}{(s-1)^2}+\frac{1}{s-1}=\frac{s^2-4s+5}{(s-1)^3}\end{aligned}$$

```
#程序文件 Pgex6_34.py
import sympy as sp
sp.var('t,s')  #定义符号变量
ft=(t-1)**2*sp.exp(t)
Fs=sp.laplace_transform(ft,t,s)
print(Fs)
```

例 6.35 求$\mathcal{L}\left[\int_0^t \mathrm{e}^{-3\tau}\cos\tau\,\mathrm{d}\tau\right]$。

解 利用拉普拉斯变换的积分性质和位移性质,得

$$\mathcal{L}\left[\int_0^t \mathrm{e}^{-3\tau}\cos\tau \mathrm{d}\tau\right] = \frac{1}{s}\mathcal{L}[\mathrm{e}^{-3t}\cos t] = \frac{1}{s}\cdot\frac{s+3}{(s+3)^2+1} = \frac{s+3}{s(s^2+6s+10)}$$

```
#程序文件 Pgex6_35.py
import sympy as sp
sp.var('t,s,x')  #定义符号变量
ft=sp.integrate(sp.exp(-3*x)*sp.cos(x),(x,0,t))
Fs=sp.laplace_transform(ft,t,s)
print(Fs)
```

6.8 拉普拉斯逆变换

已知拉普拉斯变换的象函数 $F(s)$,求它的象原函数 $f(t)$ 的一般公式为

$$f(t) = \frac{1}{2\pi \mathrm{j}}\int_{\beta-\mathrm{j}\infty}^{\beta+\mathrm{j}\infty} F(s)\mathrm{e}^{st}\mathrm{d}s, \quad t > 0. \tag{6.56}$$

式(6.56)右端是一个复变函数的积分,称为拉普拉斯反演积分。尽管前面利用拉普拉斯变换的一些性质推出了某些象原函数和象函数之间的对应关系,但对一些比较复杂的象函数,要求出其象原函数,不得不借助于拉普拉斯反演积分,它和式(6.35) $F(s) = \int_0^{+\infty} f(t)\mathrm{e}^{-st}\mathrm{d}t$ 成为一对互逆的积分变换公式,我们也称 $f(t)$ 和 $F(s)$ 构成了一个拉普拉斯变换对。通常情况下计算式(6.56)的积分比较困难。但是,当 $F(s)$ 满足一定条件时,可以用留数方法来计算这个反演积分。下面的定理将提供计算这个反演积分的方法。

定理 6.8 若 $s_1, s_2, \cdots, s_n$ 是函数 $F(s)$ 的所有奇点(适当选取 β 使这些奇点全在 $\mathrm{Re}(s)<\beta$ 的范围内),且当 $s\to\infty$ 时,$F(s)\to 0$,则有

$$\frac{1}{2\pi \mathrm{j}}\int_{\beta-\mathrm{j}\infty}^{\beta+\mathrm{j}\infty} F(s)\mathrm{e}^{st}\mathrm{d}s = \sum_{k=1}^{n} \operatorname*{Res}_{s=s_k}[F(s)\mathrm{e}^{st}],$$

即

$$f(t) = \sum_{k=1}^{n} \operatorname*{Res}_{s=s_k}[F(s)\mathrm{e}^{st}], t > 0.$$

工程实际问题中,绝大多数 $F(s)$ 为有理函数,即

$$F(s) = \frac{A(s)}{B(s)} = \frac{s^m + a_1 s^{m-1} + a_2 s^{m-2} + \cdots + a_m}{s^n + b_1 s^{n-1} + b_2 s^{n-2} + \cdots + a_n}, (m<n),$$

其中 $A(s)$,$B(s)$ 是不可约的多项式。显然,这样的 $F(s)$ 满足定理 6.8 的条件,故可用式(6.56)求它的拉普拉斯逆变换。进而,针对 $F(s)$ 的极点情况,有如下两个具体计算公式。

(1) 若 $B(s)$ 有 n 个单零点 $s_1, s_2, \cdots, s_n$,即这些点都是 $F(s)$ 的单极点,

$$f(t) = \sum_{k=1}^{n} \frac{A(s_k)}{B'(s_k)}\mathrm{e}^{s_k t}, t > 0. \tag{6.57}$$

(2) 若 s_1 是 $B(s)$ 的一个 m 阶零点,$s_{m+1}, s_{m+2}, \cdots, s_n$ 是 $B(s)$ 的单零点,即 s_1 是 $F(s)$ 的唯一一个 m 阶极点,$s_i(i=m+1, m+2, \cdots, n)$ 是它的单极点,则

$$f(t)=\sum_{k=m+1}^{n}\frac{A(s_k)}{B'(s_k)}e^{s_kt}+\frac{1}{(m-1)!}\lim_{s\to s_1}\frac{d^{m-1}}{ds^{m-1}}\left[(s-s_1)^m\frac{A(s)}{B(s)}e^{st}\right],t>0. \quad (6.58)$$

式(6.57)和式(6.58)通常称为 Heaviside 展开式。

1. 有理函数法

有理函数法就是根据式(6.57)和式(6.58)求象函数对应的象原函数。

例 6.36 利用留数方法求 $F(s)=\frac{s}{s^2+9}$的拉普拉斯逆变换。

解 因为 $B(s)=s^2+9$ 仅有两个单零点 $s_1=3j,s_2=-3j$,由式(6.57),得

$$f(t)=\mathcal{L}^{-1}\left[\frac{s}{s^2+9}\right]=\frac{s}{2s}e^{st}\bigg|_{s=3j}+\frac{s}{2s}e^{st}\bigg|_{s=-3j}$$

$$=\frac{1}{2}(e^{3jt}+e^{-3jt})=\cos 3t,t>0.$$

```
#程序文件 Pgex6_36.py
import sympy as sp
sp.var('t,s')                                    #定义符号变量
num=s; den=s**2+9                                #定义分子和分母
r=sp.solve(den)
fexp=num/sp.diff(den)*sp.exp(s*t)                #定义符号函数
Fs1=fexp.subs(s,r[0])+fexp.subs(s,r[1])          #按照留数计算
Fs1=Fs1.rewrite(sp.sin); print(Fs1)
Fs2=sp.inverse_laplace_transform(num/den,s,t)
print(Fs2)                                       #直接调用库函数计算
```

例 6.37 利用留数方法求 $F(s)=\frac{16}{s(s-4)^2}$的逆变换。

解 因为 $B(s)=s(s-4)^2$ 有一个二级零点 $s_1=4$ 和一个单零点 $s_2=0,B'(s)=3s^2-16s+16$,由式(6.58),得

$$f(t)=\frac{16}{3s^2-16s+16}e^{st}\bigg|_{s=0}+\lim_{s\to 4}\frac{d}{ds}\left[(s-4)^2\cdot\frac{16}{s(s-4)^2}e^{st}\right]$$

$$=1+\lim_{s\to 4}\frac{d}{ds}\left(\frac{16e^{st}}{s}\right)=1+16\left(\frac{t}{s}-\frac{1}{s^2}\right)e^{st}\bigg|_{s=4}$$

$$=1+(4t-1)e^{4t},t>0.$$

```
#程序文件 Pgex6_37.py
import sympy as sp
sp.var('t,s')                          #定义符号变量
num=16; den=s*(s-4)**2                 #定义分子和分母
r=sp.solve(den)                        #求极点
Fs11=(num/sp.diff(den)*sp.exp(s*t)).subs(s,r[0])
Fs12=sp.limit(sp.diff((s-r[1])**2*num/den*sp.exp(s*t),s),s,r[1])
Fs1=Fs11+Fs12; print(Fs1)              #利用留数方法计算并显示
Fs2=sp.inverse_laplace_transform(num/den,s,t)
```

```
print(Fs2)
```

2. 部分分式法

部分分式法是直接求一些有理函数拉普拉斯逆变换的简便方法，但要记住几个基本的分式函数的拉普拉斯逆变换，它们是：

(1) $\mathcal{L}^{-1}\left(\frac{1}{s-k}\right)=\mathrm{e}^{kt}$；

(2) $\mathcal{L}^{-1}\left[\frac{m!}{(s-k)^{m+1}}\right]=t^m\mathrm{e}^{kt}$($m$ 为自然数)；

(3) $\mathcal{L}^{-1}\left(\frac{k}{s^2+k^2}\right)=\sin kt$；

(4) $\mathcal{L}^{-1}\left(\frac{s}{s^2+k^2}\right)=\cos kt$。

部分分式法都需要结合线性性质，有时还需要结合其他性质。

例 6.38 利用部分分式方法求 $F(s)=\frac{1}{s^2(s+1)}$的拉普拉斯逆变换。

解 由于

$$F(s)=\frac{2s-5}{s^2-5s+6}=\frac{1}{s-2}+\frac{1}{s-3}.$$

所以

$$f(t)=\mathcal{L}^{-1}[F(s)]=\mathcal{L}^{-1}\left[\frac{1}{s-2}\right]+\mathcal{L}^{-1}\left[\frac{1}{s-3}\right]=\mathrm{e}^{2t}+\mathrm{e}^{3t}.$$

```
#程序文件 Pgex6_38.py
import sympy as sp
from scipy.signal import residue
sp.var('t,s')                                   #定义符号变量
num=[2,-5]; den=[1,-5,6]                        #定义分子和分母多项式
[r,p,k]=residue(num,den)                        #求留数 r,极点 p 和长除法的商的多项式 k
fs=r/(s-p); n=len(fs); ft=0
for k in range(n):
    ft=ft+sp.inverse_laplace_transform(fs[k],s,t)
print(ft)
Fs=sp.Poly(num,s)/sp.Poly(den,s)
ft2=sp.inverse_laplace_transform(Fs,s,t) #直接调用库函数求逆变换
print(ft2)
```

例 6.39 利用部分分式方法求 $F(s)=\frac{2s+2}{s^3+4s^2+6s+4}$的拉普拉斯逆变换。

解 由于

$$F(s)=\frac{2s+2}{s^3+4s^2+6s+4}=\frac{s+2}{s^2+2s+2}-\frac{1}{s+2}=\frac{s+1}{(s+1)^2+1}+\frac{1}{(s+1)^2+1}-\frac{1}{s+2}.$$

所以

$$f(t)=\mathcal{L}^{-1}\left[\frac{s+1}{(s+1)^2+1}\right]+\mathcal{L}^{-1}\left[\frac{1}{(s+1)^2+1}\right]-\mathcal{L}^{-1}\left[\frac{1}{s+2}\right]=\mathrm{e}^{-t}\cos t+\mathrm{e}^{-t}\sin t-\mathrm{e}^{-2t}.$$

```
#程序文件 Pgex6_39.py
import sympy as sp
sp.var('t,s')                                   #定义符号变量
num=[2,2]; den=[1,4,6,4]                         #定义分子和分母多项式
Fs=sp.Poly(num,s)/sp.Poly(den,s)
ft=sp.inverse_laplace_transform(Fs,s,t)         #直接调用库函数求逆变换
print(ft)
```

6.9 拉普拉斯变换的卷积

6.9.1 卷积的概念

6.4 节介绍的两个函数的卷积是指

$$f_1(t)*f_2(t)=\int_{-\infty}^{+\infty}f_1(\tau)f_2(t-\tau)\,\mathrm{d}\tau.$$

如果$f_1(t)$与$f_2(t)$都满足条件：当$t<0$时，$f_1(t)=f_2(t)=0$，则

$$f_1(t)*f_2(t)=\int_{-\infty}^{+\infty}f_1(\tau)f_2(t-\tau)\,\mathrm{d}\tau=\int_0^t f_1(\tau)f_2(t-\tau)\,\mathrm{d}\tau.$$

定义 6.10 若给定两个函数$f_1(t)$，$f_2(t)$，当$t<0$时$f_1(t)=f_2(t)=0$，则积分

$$\int_0^t f_1(\tau)f_2(t-\tau)\,\mathrm{d}\tau$$

称为函数$f_1(t)$和$f_2(t)$的卷积，记为$f_1(t)*f_2(t)$，即

$$f_1(t)*f_2(t)=\int_0^t f_1(\tau)f_2(t-\tau)\,\mathrm{d}\tau. \tag{6.59}$$

例 6.40 求函数$f_1(t)=t$和$f_2(t)=\cos t$的卷积。

解 根据式(6.59)，有

$$f_1(t)*f_2(t)=\int_0^t\tau\cos(t-\tau)\,\mathrm{d}\tau=-\tau\sin(t-\tau)\big|_0^t+\int_0^t\sin(t-\tau)\,\mathrm{d}\tau=1-\cos t.$$

```
#程序文件 Pgex6_40.py
import sympy as sp
sp.var('t,tau')  #定义符号变量
F=sp.integrate(tau*sp.cos(t-tau),(tau,0,t))
print(F)
```

6.9.2 卷积定理

定理 6.9 假设$f_1(t)$，$f_2(t)$满足拉普拉斯变换存在定理中的条件，且$\mathcal{L}[f_1(t)]=F_1(s)$，$\mathcal{L}[f_2(t)]=F_2(s)$，则$f_1(t)*f_2(t)$的拉普拉斯变换一定存在，且

$$\mathcal{L}[f_1(t)*f_2(t)]=F_1(s)\cdot F_2(s). \tag{6.60}$$

或 $\mathcal{L}^{-1}[F_1(s)\cdot F_2(s)]=f_1(t)*f_2(t)$。

例 6.41 若 $F(s)=\dfrac{1}{s^2(s^2+1)}$,求 $f(t)$。

解 因为

$$F(s)=\frac{1}{s^2(s^2+1)}=\frac{1}{s^2}\cdot\frac{1}{s^2+1}.$$

所以

$$f(t)=\mathcal{L}^{-1}\left[\frac{1}{s^2}\cdot\frac{1}{s^2+1}\right]=t*\sin t=\int_0^t\tau\sin(t-\tau)\,\mathrm{d}\tau=t-\sin t.$$

```
#程序文件 Pgex6_41.py
import sympy as sp
sp.var('t,s,tau')  #定义符号变量
f1=sp.inverse_laplace_transform(1/s**2,s,t)
f2=sp.inverse_laplace_transform(1/(s**2+1),s,t)
ft1=sp.integrate(f1.subs(t,tau)*f2.subs(t,t-tau),(tau,0,t))
ft2=sp.inverse_laplace_transform(1/(s**2*(s**2+1)),s,t)
print(ft1); print(ft2)
```

例 6.42 若 $F(s)=\dfrac{2s}{s^4+10s^2+9}$,求 $f(t)$。

解 因为

$$F(s)=\frac{2s}{s^4+10s^2+9}=2\cdot\frac{1}{s^2+3^2}\cdot\frac{s}{s^2+1^2},$$

所以

$$f(t)=\mathcal{L}^{-1}\left[\frac{2}{3}\cdot\frac{3}{s^2+3^2}\cdot\frac{s}{s^2+1^2}\right]=\frac{2}{3}\sin 3t*\cos t=\frac{2}{3}\int_0^t\sin 3\tau\cdot\cos(t-\tau)\,\mathrm{d}\tau$$

$$=\frac{1}{3}\int_0^t[\sin(2\tau-t)-\sin(4\tau-t)]\,\mathrm{d}\tau=\frac{1}{4}(\cos t-\cos 3t).$$

```
#程序文件 Pgex6_42.py
import sympy as sp
sp.var('t,s')  #定义符号变量
ft=sp.inverse_laplace_transform(2*s/(s**4+10*s**2+9),s,t)
print(ft)
```

例 6.43 若 $F(s)=\dfrac{1}{(s^2+6s+10)^2}$,求 $f(t)$。

解 因为

$$F(s)=\frac{1}{(s^2+6s+10)^2}=\frac{1}{[(s+3)^2+1]^2}=\frac{1}{[(s+3)^2+1]}\cdot\frac{1}{[(s+3)^2+1]}.$$

根据位移性质,有

$$\mathcal{L}^{-1}\left[\frac{1}{[(s+3)^2+1]}\right]=\mathrm{e}^{-3t}\sin t.$$

所以

$$
\begin{aligned}
f(t)&=\mathrm{e}^{-3t}\sin t * \mathrm{e}^{-3t}\sin t=\int_0^t \mathrm{e}^{-3\tau}\sin\tau\cdot \mathrm{e}^{-3(t-\tau)}\sin(t-\tau)\,\mathrm{d}\tau\\
&=\mathrm{e}^{-3t}\int_0^t \sin\tau\cdot\sin(t-\tau)\,\mathrm{d}\tau=\frac{1}{2}\mathrm{e}^{-3t}\int_0^t[\cos(2\tau-t)-\cos t]\,\mathrm{d}\tau\\
&=\frac{1}{2}(\sin t-t\cos t)\mathrm{e}^{-3t}.
\end{aligned}
$$

```
#程序文件 Pgex6_43.py
import sympy as sp
sp.var('t,s')  #定义符号变量
ft=sp.inverse_laplace_transform(1/(s**2+6*s+10)**2,s,t)
print(ft)
```

6.10 拉普拉斯变换的应用

例 6.44 求方程 $y''+2y'-3y=\mathrm{e}^{-t}$满足初始条件

$$y\big|_{t=0}=0,y'\big|_{t=0}=1$$

的解。

解 设方程的解 $y=y(t),t\geqslant 0$,且设 $\mathcal{L}[y(t)]=Y(s)$。对方程的两边取拉普拉斯变换,并考虑到初始条件,则

$$s^2Y(s)-1+2sY(s)-3Y(s)=\frac{1}{s+1}.$$

解之,得

$$Y(s)=\frac{s+2}{(s-1)(s+1)(s+3)}.$$

再将象函数 $Y(s)$取拉普拉斯逆变换,即得到微分方程满足初值条件的解

$$y(t)=\frac{3}{8}\mathrm{e}^{t}-\frac{1}{8}\mathrm{e}^{-3t}-\frac{1}{4}\mathrm{e}^{-t}$$

```
#程序文件 Pgex6_44.py
import sympy as sp
sp.var('t',positive=True); sp.var('s')           #定义符号变量
sp.var('Y',cls=sp.Function)                      #定义符号函数
Y0=sp.Rational(0,1); Y01=sp.Rational(1,1)        #初值条件
g=sp.exp(-t)
Lg=sp.laplace_transform(g,t,s)                   #方程右端项的拉普拉斯变换
d2=s**2*Y(s)-s*Y0-Y01
d1=s*Y(s)-Y0; d0=Y(s)
d=d2+2*d1-3*d0                                   #方程左端项的拉普拉斯变换
de=sp.Eq(d,Lg[0])                                #定义取拉普拉斯变换后的代数方程
Ys=sp.solve(de,Y(s))[0]                          #求像函数
yt=sp.inverse_laplace_transform(Ys,s,t)
```

```
yt=sp.expand(yt); print(yt)
```

例 6.45 求方程 $y''-2y'+y=0$ 满足边界条件

$$y(0)=0, y(a)=4$$

的解,其中 a 为已知正常数。

解 设方程的解 $y=y(x)$, $0\leqslant x\leqslant a$,且设 $\mathcal{L}[y(x)]=Y(s)$。对方程的两边取拉普拉斯变换,并考虑到边界条件,则得

$$s^2Y(s)-sy(0)-y'(0)-2[sY(s)-y(0)]+Y(s)=0.$$

整理,得

$$Y(s)=\frac{y'(0)}{(s-1)^2}.$$

取拉普拉斯逆变换,可得

$$y(x)=y'(0)xe^x.$$

为了确定 $y'(0)$,令 $x=a$,代入上式,由第二个边界条件可得

$$4=y(a)=y'(0)ae^a.$$

从而

$$y'(0)=\frac{4}{a}e^{-a},$$

于是,求得方程的解为

$$y(x)=\frac{4}{a}xe^{x-a}.$$

```
#程序文件 Pgex6_45.py
import sympy as sp
sp.var('a,x',positive=True); sp.var('s')         #定义符号变量
sp.var('Y01')
sp.var('Y',cls=sp.Function)                      #定义符号函数
Y0=sp.Rational(0,1)                              #定解条件
d2=s**2*Y(s)-s*Y0-Y01
d1=s*Y(s)-Y0; d0=Y(s)
d=d2-2*d1+d0                                     #方程左端项的拉普拉斯变换
de=sp.Eq(d,0)                                    #定义取拉普拉斯变换后的代数方程
Ys=sp.solve(de,Y(s))[0]                          #求像函数
yt=sp.inverse_laplace_transform(Ys,s,x)
eq=yt.subs(x,a)-4                                #定义待定未知参数的方程
cs=sp.solve(eq,Y01)                              #求解未知参数的值
yt=yt.subs(Y01,cs[0]); print(yt)
```

通过求解过程可以发现,常系数线性微分方程的边值问题可以先当作它的初值问题来求解,而所得微分方程的解中含有未知的初值可由已知的边值而求得,从而最后完全确定微分方程满足边界条件的解。

例 6.46 求方程 $ty''+(1-2t)y'-2y=0$ 满足初始条件

$$y|_{t=0}=1, y'|_{t=0}=2$$

的解。

解 设 $\mathcal{L}[y(t)]=Y(s)$,对方程两边取拉普拉斯变换,得

$$\mathcal{L}[ty'']+\mathcal{L}[(1-2t)y']-\mathcal{L}[2y]=0,$$

即

$$-\frac{\mathrm{d}}{\mathrm{d}s}[s^2Y(s)-sy(0)-y'(0)]+sY(s)-y(0)+2\frac{\mathrm{d}}{\mathrm{d}s}[sY(s)-y(0)]-2Y(s)=0.$$

考虑到初值条件,代入整理化简后可得

$$(2-s)Y'(s)-Y(s)=0,$$

解之,得

$$Y(s)=\frac{c}{s-2},$$

取拉普拉斯逆变换可得 $y(t)=c\mathrm{e}^{2t}$,为确定常数 c,令 $t=0$ 代入,有

$$c=y(0)=1.$$

故方程满足初始条件的解为 $y(t)=\mathrm{e}^{2t}$。

```
#程序文件 Pgex6_46.py
import sympy as sp
sp.var('t',positive=True); sp.var('s,C1')          #定义符号变量
sp.var('Y',cls=sp.Function)                        #定义符号函数
Y0=sp.Rational(1,1); Y01=sp.Rational(2,1)          #初值条件
d2=s**2*Y(s)-s*Y0-Y01
d1=s*Y(s)-Y0; d0=Y(s)
d=-sp.diff(d2)+d1+2*sp.diff(d1)-2*d0               #方程左端项的拉普拉斯变换
de=sp.Eq(d,0); Ys=sp.dsolve(de,Y(s))               #求像函数的方程
Ys2=Ys.args[1]                                     #提取方程中的符号解
yt=sp.inverse_laplace_transform(Ys2,s,t)
eq=yt.subs(t,0)-1                                  #定义待定未知参数的方程
cs=sp.solve(eq)                                    #求解未知参数
yt=yt.subs(C1,cs[0]); print(yt)
```

例 6.47 求方程组

$$\begin{cases}y''-x''+x'-y=\mathrm{e}^t-2,\\2y''-x''-2y'+x=-t,\end{cases}$$

满足初始条件

$$\begin{cases}y(0)=y'(0)=0,\\x(0)=x'(0)=0\end{cases}$$

的解。

解 对方程组的两个方程分别取拉普拉斯变换,设

$$\mathcal{L}[y(t)]=Y(s),\mathcal{L}[x(t)]=X(s),$$

并考虑到初值条件,则

$$\begin{cases}s^2Y(s)-s^2X(s)+sX(s)-Y(s)=\dfrac{1}{s-1}-\dfrac{2}{s},\\2s^2Y(s)-s^2X(s)-2sY(s)+X(s)=-\dfrac{1}{s^2}.\end{cases}$$

解之,得

$$\begin{cases} Y(s)=\dfrac{1}{s\,(s-1)^2}, \\ X(s)=\dfrac{2s-1}{s^2\,(s-1)^2}. \end{cases}$$

取拉普拉斯逆变换,得

$$\begin{cases} y(t)=1-e^t+te^t, \\ x(t)=-t+te^t. \end{cases}$$

```
#程序文件 Pgex6_47.py
import sympy as sp
sp.var('t',positive=True)                              #定义符号变量
sp.var('s')
sp.var('X,Y',cls=sp.Function)                          #定义符号函数
d1=s**2*Y(s)-s**2*X(s)+s*X(s)-Y(s)
d2=2*s**2*Y(s)-s**2*X(s)-2*s*Y(s)+X(s)
Fs1=sp.laplace_transform(sp.exp(t)-2,t,s,noconds=True)
Fs2=sp.laplace_transform(-t,t,s,noconds=True)
XY=sp.solve((d1-Fs1,d2-Fs2),(X(s),Y(s)))               #求解两个像函数
Xs=XY[X(s)]; Ys=XY[Y(s)]                               #分别提出各个像函数
xt=sp.inverse_laplace_transform(Xs,s,t)
yt=sp.inverse_laplace_transform(Ys,s,t)
print("x(t)=",xt); print('y(t)=',yt)
```

习 题 6

6.1 设$f(t)$是周期为 2π 的周期函数,它在$[-\pi,\pi)$上的表达式为

$$f(t)=\begin{cases} -1, & -\pi\leqslant t<0, \\ 1, & 0\leqslant t<\pi. \end{cases}$$

试将$f(t)$展开成傅里叶级数。

6.2 求$f(t)=t^2$ 在区间$[-\pi,\pi]$上的前 10 个傅里叶系数。

6.3 求函数$f(t)=\dfrac{1}{2+t^2}$的傅里叶变换。

6.4 求函数$f(t)=\cos at\cdot u(t)$的傅里叶变换。

6.5 求函数$f(t)=e^{-t}\,(t>0)$的傅里叶正弦变换,并证明

$$\int_0^{+\infty}\frac{\omega\sin t\omega}{1+\omega^2}d\omega=\frac{\pi}{2}e^{-t},\quad (t>0).$$

6.6 求函数$f(t)=\sin^3 t$ 的傅里叶变换。

6.7 求 Gauss 分布函数

$$f(t)=\frac{1}{\sqrt{2\pi}\sigma}e^{-\frac{t^2}{2\sigma^2}}$$

的频谱函数。

6.8 利用象函数的微分性质,求 $f(t)=te^{-t^2}$ 的傅里叶变换。

6.9 利用能量积分 $\int_{-\infty}^{+\infty}[f(t)]^2\mathrm{d}t=\frac{1}{2\pi}\int_{-\infty}^{+\infty}|F(\omega)|^2\mathrm{d}\omega$, 求下列积分的值:

(1) $\int_{-\infty}^{+\infty}\frac{1-\cos x}{x^2}\mathrm{d}x$; (2) $\int_{-\infty}^{+\infty}\frac{x^2}{(1+x^2)^2}\mathrm{d}x$.

6.10 利用傅里叶变换,解下列积分方程:

(1) $\int_0^{+\infty}g(\omega)\cos\omega t\mathrm{d}\omega=\frac{\sin t}{t}$;

(2) $\int_0^{+\infty}g(\omega)\sin\omega t\mathrm{d}\omega=\begin{cases}1, & 0\leqslant t<1,\\ 2, & 1\leqslant t<2,\\ 0, & t\geqslant 2.\end{cases}$

6.11 求下列函数的拉普拉斯变换:

(1) $f(t)=\begin{cases}3, & t<\frac{\pi}{2},\\ \cos t, & t\geqslant\frac{\pi}{2}.\end{cases}$

(2) $f(t)=\delta(t)\cos t-u(t)\sin t$.

6.12 设 $f(t)$ 是以 2π 为周期的函数,且在一个周期内的表达式为

$$f(t)=\begin{cases}\sin t, & 0<t\leqslant\pi,\\ 0, & \pi<t\leqslant 2\pi.\end{cases}$$

求 $\mathcal{L}[f(t)]$。

6.13 求下列函数的拉普拉斯变换式:

(1) $f(t)=e^{-2t}\sin 6t$; (2) $f(t)=\frac{e^{3t}}{\sqrt{t}}$.

6.14 求下列函数的拉普拉斯变换式:

(1) $f(t)=t\int_0^t e^{-3t}\sin 2t\mathrm{d}t$; (2) $f(t)=\int_0^t te^{-3t}\sin 2t\mathrm{d}t$.

6.15 求下列函数的拉普拉斯变换式:

(1) $f(t)=\frac{e^{-3t}\sin 3t}{t}$; (2) $f(t)=\int_0^t\frac{e^{-3t}\sin 2t}{t}\mathrm{d}t$.

6.16 求下列函数的拉普拉斯逆变换,并用另一种方法加以检验。

(1) $F(s)=\frac{1}{s(s+a)(s+b)}$; (2) $F(s)=\frac{s}{(s^2+1)(s^2+4)}$.

6.17 求下列函数的拉普拉斯逆变换:

(1) $F(s)=\frac{s+1}{9s^2+6s+5}$; (2) $F(s)=\ln\frac{s^2-1}{s^2}$;

(3) $F(s)=\frac{1+e^{-2s}}{s^2}$; (4) $F(s)=\frac{s^3+5s^2+9s+7}{(s+1)(s+2)}$.

6.18 求下列卷积:

(1) $t*\sinh t$; (2) $\sinh at*\sinh at\,(a\neq 0)$;

(3) $u(t-a)*f(t)\,(a\geqslant 0)$; (4) $\delta(t-a)*f(t)\,(a\geqslant 0)$.

6.19 求下列常系数微分方程的解:

(1) $y''+4y'+3y=e^{-t}, y(0)=y'(0)=1$;

(2) $y''-2y'+2y=2e^t\cos t, y(0)=y'(0)=0$;

(3) $y''-y=4\sin t+5\cos 2t, y(0)=-1, y'(0)=-2$;

(4) $y'''+3y''+3y'+y=1, y(0)=y'(0)=y''(0)=0$.

6.20 求下列变系数微分方程的解:

(1) $ty''+y'+4ty=0, y(0)=3, y'(0)=0$;

(2) $ty''+2(t-1)y'+(t-2)y=0, y(0)=3, y'(0)=1$;

(3) $ty''+(t-1)y'-y=0, y(0)=5, y'(+\infty)=0$;

(4) $ty''+(1-n-t)y'+ny=t-1, y(0)=0, y'(0)=1(n=2,3,\cdots)$.

6.21 求下列微分、积分方程组的解:

(1) $\begin{cases} x'+x-y=e^t, \\ y'+3x-2y=2e^t, \end{cases} (x(0)=y(0)=1)$;

(2) $\begin{cases} 2x''-x'+9x-y''-y'-3y=0, x(0)=x'(0)=1, \\ 2x''+x'+7x-y''+y'-5y=0, y(0)=y'(0)=0; \end{cases}$

(3) $\begin{cases} ty+z+tz'=(t-1)e^{-t}, \\ y'-z=e^{-t}, \end{cases} (y(0)=1(z(0)=-1)$;

(4) $\begin{cases} -3y''+3z''=te^{-t}-3\cos t, \\ ty''-z'=\sin t, \end{cases} (y(0)=-1, y'(0)=2, z(0)=4, z''(0)=0)$;

(5) $\begin{cases} x''+2x'+\int_0^t y(\tau)\mathrm{d}\tau=0, \\ 4x''-x'+y=e^{-t}, \end{cases} (x(0)=0x'(0)=-1)$.

6.22 用拉普拉斯变换求解微分方程 $x''(t)-2x'(t)+2x(t)=e^t\sin t, x(0)=0, x(1)=1$ 的解。

6.23 质量为 m 的物体挂在弹性系数为 k 的弹簧一端,外力为 $f(t)=A\sin t$,物体自平衡位置 $x=0$ 处开始运动,不计阻力,求该物体的运动规律 $x(t)$。

6.24 设在原点处质量为 m 的一质点在 $t=0$ 时在 x 方向上受到了冲击力 $k\alpha(x)$ 的作用,其中 k 为常数,假设质点的初速度为零,不计阻力,求其运动规律。

附录 A Python 语言快速入门

Python 语言能以优雅、清晰、简洁的语法特点，将初学者从语法细节中摆脱出来，专注于解决问题的方法、分析程序本身的逻辑和算法。Python 语言还具有大量优秀的第三方函数模块，对学科交叉应用很有帮助。目前，基于 Python 语言的相关技术正在飞速发展，用户数量急剧扩大，在软件开发领域有着广泛的应用。

A.1 Python 语言概述

Python 是一种面向对象、解释型、动态数据类型的高级程序设计语言，具有简洁的语法规则，使得学习程序设计更容易，同时它具有强大的功能，能满足大多数应用领域的开发需求。从学习程序设计的角度，选择 Python 作为入门语言是十分合适的。

Python 语言的第一个版本于 1991 年年初公开发行。由于功能强大和采用开源方式发行，Python 发展很快，用户越来越多，形成了一个庞大的语言社区。Python2.0 于 2000 年 10 月发布，增加了许多新的语言特性。Python3.0 于 2008 年 12 月发布，此版本不完全兼容之前的 Python 版本，导致用早期 Python 版本设计的程序无法在 Python3.0 上运行。由于历史的原因，原有的大量第三方函数模块是用 Python2.X 实现的，在 Python3.X 上无法运行。近年，Python3.X 下的第三方函数模块日渐增多。本书选择 Windows 操作系统下的 Python3.7 版本作为程序实现环境。

A.1.1 Python 语言的特点

Python 语言具有如下一些特点：

（1）自由软件：Python 是免费而且开放源代码的程序设计语言，它遵循 GNU 通用公共许可证（General Public License，GNU）协议，谁都可以自由地发布及复制这个软件，也可以阅读和改动它的源代码，并将它的一部分应用到其他自由软件中。

（2）简单易学：语言本身的组成成分较少，结构较小。提供交互式环境，对于学习编程的新手而言，Python 提供的实时反馈非常有帮助。

（3）解释型语言：Python 拥有自己的解释器，不用编译、链接等源代码到机器代码的转换过程。把 Python 程序复制到另外一台机器上，Python 可以直接从源代码执行程序。

（4）程序可读性高：Python 更接近于自然语言，易于阅读。例如，变量类型不用预先定义就可使用，它的代码的外观与内在语义紧密相关，有利于初学者一开始就养成良好的编程习惯，非常适合于教学。

（5）面向对象：Python 不仅支持面向过程编程，还支持面向对象编程。它是一种公共域的面向对象的动态语言。

(6) 可扩展性好:在 Python 脚本中可以嵌入如 C/C++等其他语言编写的程序,也可以将 Python 脚本嵌入 C/C++等其他语言编写的程序中。

(7) 可移植性好:由于 Python 的开源本质,Python 已经被移植到如 Windows、Linux、FreeBSD、Macintosh、VxWorks、Windows CE 等很多操作系统平台上。如果谨慎地使用依赖于系统的特性,则所有的 Python 程序都无须修改就可以在上述平台运行。

(8) 丰富的库:Python 拥有丰富的标准库以支持各种功能应用程序的开发。例如,文档生成、线程、数据库、网页浏览器、电子邮件、文件传输、网络接口、图形界面等有关的操作。除了标准库以外还有很多库。

由于上述特点,Python 越来越多地被用作初学者的入门编程语言。本书所有的代码都是在 Windows64 位操作系统下安装的 Python3.7 环境中运行通过的。

Python 是一种动态、解释型语言。

(1) 动态语言和静态语言:动态语言是指在程序运行时确定数据类型的语言。变量使用之前不需要类型声明,通常变量的数据类型是被赋值的数据的类型。静态语言是指在编译时由变量的数据类型确定的语言,多数静态类型语言要求在使用变量前必须显式地声明其数据类型。

对于动态语言,变量可以在程序的不同位置被赋予具有不同数据类型的数据(数值型、字符串型等);而对于静态语言,一旦变量被指定了某个数据类型,如果不经过强制类型转换,它将永远保持这个数据类型。

(2) 解释型语言和编译型语言:解释型语言是在程序运行时,由与语言配套的解释器将程序逐条翻译成机器语言,即边解释边执行。解释型语言每执行一次就要翻译一次,效率比较低。编译型语言是在程序运行前,由与操作系统配套的编译器将程序整体翻译成机器语言,即一次编译、任意执行。编译型语言只需要在运行前完成一次翻译,而在运行时不需要翻译,程序的执行效率较高。

编译型语言与解释型语言,两者各有利弊。编译型语言由于程序执行速度快,因此像开发操作系统、大型应用程序、数据库系统时都采用编译型语言,像 C/C++等语言基本都可视为编译型语言;而一些像网页脚本、服务器脚本及辅助开发接口这样的对速度要求不高、对不同系统平台间的兼容性有一定要求的程序,则通常使用解释型语言,如 Java、JavaScript、Python 等都是解释型语言。

A.1.2 Python 语言的开发环境

运行 Python 程序需要相应开发环境的支持。Python 内置的命令解释器(称为 Python Shell,Shell 有操作的接口或外壳之意)提供了 Python 的开发环境,能方便地进行交互式操作,即输入一行语句,就可以立刻执行该语句,并看到执行结果。此外,还可以利用第三方的 Python 集成开发环境 IDLE 进行程序开发。

1. Python 基本系统的安装和简单使用

安装前先要从 Python 官网下载 Python 系统文件,下载地址为 https://www.python.org/downloads,然后安装到本地机器上。

安装好以后,默认以 IDLE 为开发环境,当然也可以安装使用其他开发环境,本书均以 IDLE 为例。

Python 提供两种编写程序的方式：

(1) Shell 窗口交互式编程模式。Shell 窗口提供一种交互式的编程模式，它一般用于编写简单的程序。Shell 窗口的特点是“边输入指令，边执行并输出结果”，即输入的每条 Python 指令会在按下 Enter 键后被立即执行。只要不打开新的 Shell 窗口，就可以在后面的指令中使用前面定义的变量。一旦关闭 Shell 窗口，会话中的所有变量和输入的语句就不存在了。

(2) 文件窗口编写。为了使程序代码能够被重复执行，需要将代码保存到文件中。和其他编程语言一样，我们需要用文件窗口来编写和保存源代码。文件窗口的特点是“输入完整代码后一次执行并输出结果”。Python 源代码文件是普通的文本文件 (*.py)，可以用任意能够编辑文本的编辑器来编写 Python 程序，如记事本等。这里我们在 IDLE 界面中执行 File→New File 命令创建程序文件，输入程序并保存为文件。

例 A.1 第一个 Python 程序。

学习编程语言有一个惯例，即运行最简单的 Hello 程序，该程序功能是在屏幕上打印输出“Hello World”。

输入如下程序代码：

```
#程序文件 Hello.py
print("Hello World")
```

存盘是以“.py”为文件扩展名，命名为 Hello.py。接着选择 Run/Run Module 菜单选项，即可看到程序执行结果显示为：

```
Hello World
```

程序代码中第 1 行是 Python 的单行注释，print() 表示将括号中引号内的信息输出到屏幕上。

执行 Python 程序，常用的有 3 种方式：

(1) 执行 Run→Run Module 命令运行，程序运行结果将直接显示在 IDLE 交互界面上。

(2) 在 Shell 窗口的提示符(>>>)下执行 import 语句导入程序文件。import 语句的作用是将 Python 程序文件从磁盘加载到内存，在加载的同时执行程序。例如，运行程序 Hello.py，可以使用下面的语句：

```
>>>import Hello
```

(3) 可以在资源管理器中双击扩展名为 py 的 Python 程序文件来运行。

2. 系统环境变量的设置

在 Python 的默认安装路径下包含 Python 的启动文件 python.exe、Python 库文件和其他文件。为了能在 Windows 命令提示符窗口自动寻找安装路径下的文件，需要在安装完成后将 Python 安装文件夹添加到环境变量 path 中。

如果在安装时选中了“Add Python 3.7 to PATH”复选框，则会自动将安装路径添加到环境变量 Path 中，否则可以在安装完成后添加，其方法为：在 Windows 桌面右击“计算机”图标，在弹出的快捷菜单中选择“属性”命令，然后在打开的对话框中选择“高级系统设置”选项，在打开的“系统属性”对话框中选择“高级”选项卡，单击“环境变量”按钮，打开“环境变量”对话框，在“Administrator 的用户变量”区域选择“Path”选项，单击“编辑”按钮,将安装路径添加到 Path 中,如果 Python 的安装路径为 D:\Programs\Python37\,则可以把 Path 设置成

D:\Programs\Python37\;D:\Programs\Python37\Scripts\

其中多个路径之间用分号“;”分隔,这里把路径 D:\Programs\Python\Python37\Scripts\也加入 Path,是为了下面运行 pip 的需要。设置完成后,最后单击“确定”按钮逐级返回,如图 A.1 所示。

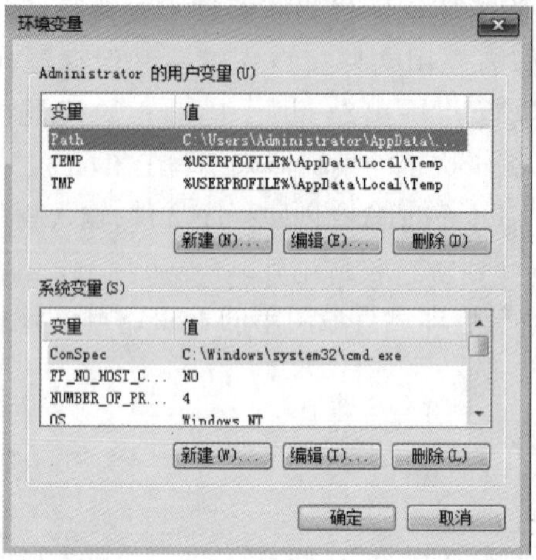

图 A.1　Windows 环境中系统变量 Path 的设置方法

A.1.3　Python 工具库的管理与安装

Python 有两个最主要的特征,一个是与其他语言相融合的能力,另一个是成熟的软件库系统。后者很好地体现在 Python 软件库索引 PyPI(https://pypi.org)中,PyPI 是大多数 Python 软件库的公共仓库。

1. 使用 pip 管理扩展库

目前,pip 已经成为管理 Python 扩展库的主流方式,大多数扩展库都支持这种方式进行安装、升级、卸载等操作,使用这种方式管理 Python 扩展库只需要在保证计算机联网的情况下输入几个命令即可完成,极大地方便了用户。

Python3.4.0 之后的版本集成了 pip 工具,安装后的可执行文件在 Python37\Scripts\目录下。Python3.4.0 之前的版本,需要另外安装 pip 工具,首先从 https://pypi.org/project/pip/下载文件 get-pip.py,然后在命令提示符(运行 cmd)下执行命令

```
python get-pip.py
```

即可自动完成 pip 的安装。当然,需要保证计算机处于联网状态。

安装完成以后,就可以在命令提示符下使用 pip 来完成扩展库的安装、升级、卸载等操作,pip 常用命令的使用方法见表 A.1。

表 A.1　pip 常用命令的使用方法

pip 命令示例	说明
pip install SomePackage	安装 SomePackage

（续）

pip 命令示例	说明
pip list	列出当前已安装的所有库
pip install--upgrade SomePackage	升级 SomePackage 库
pip install -U SomePackage	
pip uninstall SomePackage	删除 SomePackage 库

2. Python 核心工具库

下面介绍网站 https://www.scipy.org/上的 6 个核心工具库的安装过程，该网站上也有这些核心工具库的使用说明。

（1）NumPy。NumPy 是 Python 用于科学计算的基础工具库。它主要包含四大功能：

◇ 强大的多维数组对象；

◇ 复杂的函数功能；

◇ 集成 C/C++和 FORTRAN 代码的工具；

◇ 有用的线性代数、傅里叶变换和随机数功能等。

推荐安装命令：pip install numpy

安装命令使用方式如图 A.2 所示，一定要保证计算机处于联网状态。

图 A.2　NumPy 模块的安装

Python 社区采用的一般惯例是导入 NumPy 工具库时，建议改变其名称为 np：

```
import numpy as np
```

这样的库或模块引用方法将贯穿本书。

（2）SciPy。SciPy 完善了 NumPy 的功能，提供了文件输入、输出功能，为多种应用提供了大量工具和算法，如基本函数、特殊函数、积分、优化、插值、傅里叶变换、信号处理、线性代数、稀疏特征值、稀疏图、数据结构、数理统计和多维图像处理等。

推荐安装命令：pip install scipy

（3）Matplotlib。Matplotlib 是一个包含各种绘图模块的库，能根据数组创建高质量的图形，并交互式地显示它们。

Matplotlib 提供了 pylab 接口，pylab 包含许多像 MATLAB 一样的绘图组件。

推荐安装命令：pip install matplotlib

使用如下命令，可以轻松导入可视化所需要的模块：

```
import matplotlib.pyplot as plt  或者 import pylab as plt
```

（4）IPython。IPython 满足了 Python 交互式 shell 命令的需要，它是基于 shell、Web 浏览器和应用程序接口的 Python 版本，具有图形化集成、自定义指令、丰富的历史记录和并行计算等增强功能。它通过脚本、数据和相应结果清晰又有效地说明了各种操作。

推荐安装命令:pip install "ipython[notebook]"

(5) SymPy。SymPy 是一个 Python 的科学计算库,用一套强大的符号计算体系完成诸如多项式求值、求极限、解方程、求积分、微分方程、级数展开、矩阵运算等等计算问题。虽然 MATLAB 的类似科学计算能力也很强大,但是 Python 以其语法简单、易上手、异常丰富的第三方库生态,可以更优雅地解决日常遇到的各种计算问题。

推荐安装命令:pip install sympy

(6) pandas。pandas 工具库能处理 NumPy 和 SciPy 所不能处理的问题。由于其特有的数据结构,pandas 可以处理包含不同类型数据的复杂表格(这是 NumPy 数组无法做到的)和时间序列。pandas 可以轻松又顺利地加载各种形式的数据。然后,可随意对数据进行切片、切块、处理缺失元素、添加、重命名、聚合、整形和可视化等操作。

推荐安装命令:pip install pandas

通常,pandas 库的导入名称为 pd:

```
import pandas as pd
```

3. Python 的一些其他工具库

Python 有几万个第三方库,下载这些库文件推荐下面两个网址:

- https://pypi.org/;
- https://www.lfd.uci.edu/~gohlke/pythonlibs/。

下面再介绍几个常用的第三方库。

(1) Scikit-learn。Scikit-learn 最初是 Scikit(SciPy 工具库)的一部分,它是 Python 数据科学运算的核心。它提供了所有机器学习可能用到的工具,如数据预处理、分类、回归分析、聚类、降维、模型选择等。

◇ 网站地址:https://scikit-learn.org/stable/;

◇ 推荐安装命令:pip install scikit-learn。

注 A.1 Scikit-learn 导入库名为“sklearn”。

不要将工具库和模块(package)弄混淆,工具库相当于模块等内容的集合。使用 pip 安装的是工具库。要看“sklearn”库中有哪些模块,使用如下命令:

```
>>> help("sklearn")
```

可以看到“sklearn”库中的模块(package),例如 cluster,compose 等。

使用时导入库的命令如下:

```
>>>import sklearn
```

导入模块的命令如下:

```
>>>import sklearn.cluster  或者 >>> from sklearn import cluster
```

(2) Statsmodels。Statsmodels 是 SciPy 统计函数的补充。Statsmodels 模块包含线性回归模型、离散选择模型、广义线性模型、鲁棒回归、时间序列、状态空间模型、一系列描述统计以及参数和非参数检验等。

◇ 网站地址:https://www.statsmodels.org/stable/;

◇ 推荐安装命令:pip install statsmodels。

(3) NetworkX。NetworkX 由美国洛斯阿拉莫斯国家实验室(Los Alamos National

Laboratory)开发,是一个专门进行网络数据创建、操作、分析和图示的软件包,它可以轻松地进行具有百万个节点和边的图操作。除了专门的图数据结构和良好的可视化方法(2D和3D),它为用户提供了许多标准的图的度量方法和算法,如最短路径、中心性、聚类系数和网页排名。

◇ 网站地址:https://networkx.github.io/;

◇ 推荐安装命令:pip install networkx。

通常,NetworkX 导入名称为"nx":

```
import networkx as nx
```

(4) NLTK。自然语言工具箱(NLTK)是 Python 程序处理人类语言数据的领先平台。它提供了 50 多个语料库和词汇资源的易于使用接口,以及一套用于分类、词干、标记、解析和语义推理的文本处理库。NLTK 是一款极好的工具,可以指导读者了解编写 Python 程序、使用语料库、对文本进行分类、分析语言结构等方面的基本知识。

◇ 网站地址:http://www.nltk.org/;

◇ 推荐安装命令:pip install nltk。

(5) Gensim。Gensim 工具库在并行分布式在线算法的帮助下,能进行大型文本集合分析。它具有许多高级功能,如实现了潜在语义分析(Latent Semantic Analysis,LSA)、通过 LDA(Latent Dirichlet Allocation)进行主题建模等。Gensim 还包括功能强大的谷歌 word2vec 算法,能将文本转换为矢量特征,再使用此矢量特征进行有监督和无监督的机器学习。

◇ 网站地址:http://radimrehurek.com/gensim/;

◇ 推荐安装命令:pip install gensim。

4. 科学计算发行版

正如前面已经介绍过的,创建工作环境对于数据科学家来说是相当费时的操作。首先,你需要安装 Python,然后逐个安装需要的库,有时候,安装过程可能不会像你想象的那么顺利。

如果你想节省时间和精力,同时确保有一个完整的 Python 工作环境,那么你只需要下载、安装并运行 Python 科学发行版即可。除了 Python,科学计算发行版还包括各种预安装的工具库,有时候甚至会提供附加工具和 IDE(集成开发环境)。

对于初学 Python 者,建议安装一个科学计算发行版,如 Anaconda 是工具库最齐全的版本。Anaconda(https://www.anaconda.com/)是 Anaconda 公司提供的科学计算发行版。包括近 200 个工具库,常见的库有 NumPy、SciPy、pandas、IPython、Matplotlib、Scikit-learn 和 NLTK 等。它是一个跨平台的版本,可以与其他现有的 Python 版本一起安装。其基础版本是免费的,其他具有高级功能的附加组件须单独收费。Anaconda 自带库管理器 conda,通过命令行来管理安装库。正如其网站上所介绍的,Anaconda 的目标是提供企业级的 Python 发行版,进行大规模数据处理、预测分析和科学计算。

5. Python 学习资料

随着 Python 语言的广泛流行,网络上 Python 编程的学习社区和网站也大量出现。

(1) Python 第三方工具库。Python 提供 3 种安装第三方工具库的方法:

◇ 通过 setuptools 安装 Python 工具库。

◇ 通过 pip 安装 Python 工具库。

◇ 从网上下载可执行文件直接安装。

（2）Python 学习社区。

① Python 中文开发者社区，按照基础、高级、框架、函数等分类提供学习资料，论坛和在线学习手册非常实用，网址为 https://www.pythontab.com/。

② 玩蛇网 Python 学习与分享平台，提供 Python 教程讲解、实例源码、各种应用编程等，网址为 http://www.iplaypython.com/。

A.2 Python 基础知识

本节介绍 Python 语言基础知识，包括常量与变量、数据类型、常用系统函数和基本运算。

A.2.1 常量与变量

计算机所处理的数据存放在内存单元中。机器语言或汇编语言通过内存单元的地址来访问内存单元，而在高级语言中，不需直接通过内存单元的地址，而只需给内存单元命名，以后通过内存单元的名称来访问内存单元。已命名的内存单元就是常量或变量。

1. 常量

在程序运行过程中，其值不能改变的数据对象称为常量（constant）。常量按其值的表示形式区分它的类型。例如 0、69、-956 是整型常量；-1.2、3.14159、2.0 是实型常量，也称浮点型常量；'110101'、'Python'是字符串常量。

Python 中有两个比较常见的常量，即 pi 和 e。例如：

```
>>> import math
>>> math.pi
3.141592653589793
```

2. 变量

在 Python 中，不需要事先声明变量名及其类型，直接赋值即可创建各种类型的对象变量。

```
>>> x=2
```

创建了整型变量 x，并赋值为 2。

需要说明的是，Python 属于强类型编程语言，虽然不需要在使用之前显式地声明变量及其类型，但是 Python 解释器会根据赋值或运算来自动推断变量类型。另外，Python 还是一种动态类型语言，也就是说，变量的类型是可以变化的。

在大多数情况下，如果变量出现在赋值运算符或复合赋值运算符（例如+=、*=）的左边，则表示创建变量或修改变量的值。例如：

```
>>> x=2                  #创建整型变量
>>> print(x**2)          #显示 x 的二次幂
4
>>> x+=6                 #修改变量值
```

```
>>> print(x)          #读取变量值并输出显示
8
>>> x=[1,2,3]         #创建列表对象
>>> print(x)
[1, 2, 3]
>>> x[1]=6            #修改列表元素的取值
>>> print(x[2])
3
```

后面会提到,字符串和元组属于不可变序列,这意味着不能通过下标的方式来修改其中的元素值,例如,下面的代码试图修改元组中的元素值时会抛出异常。

```
>>> x=(1,2,3)        #创建元组
>>> print(x)
(1, 2, 3)
>>> x[1]=8
Traceback (most recent call last):
  File "<pyshell#2>", line 1, in <module>
    x[1]=8
TypeError:'tuple' object does not support item assignment
```

另外,在 Python 中,允许多个变量指向同一个值,例如:

```
>>> x=2
>>> id(x)
8791424820080
>>> y=x
>>> id(y)
8791424820080
```

然而,需要注意的是,继续上面的示例代码,当为其中一个变量修改值以后,其内存地址将会变化,但这并不影响另一个变量。例如,接着上面的代码执行下面的代码:

```
>>> x+=6
>>> id(x)
8791424820272
>>> y
2
>>> id(y)
8791424820080
```

在这段代码中,id()函数用来返回变量所指值的内存地址。可以看出,在 Python 中修改变量值的操作,并不是修改了变量的值,而是修改了变量的指向。这是因为 Python 解释器首先读取变量 x 原来的值,然后将其加 6,并将结果存放于内存中,最后将变量 x 指向该结果的内存空间,理解这一点对于以后的编程非常重要。

Python 具有自动内存管理功能,对于没有任何变量指向的值(称为垃圾数据),Python 系统自动将其删除。例如,当 x 从指向 12 转而指向 3.14 后,数据 12 就变成了没有被变量引用的垃圾数据,Python 会回收垃圾数据的内存单元,以便提供给别的数据使用,这称

为垃圾回收。也可以使用 del 语句删除一些对象引用，例如：

```
del x
```

删除 x 变量后，如果再使用它，将出现变量未定义错误(name 'x' is not defined)。

最后，在定义变量名时，需要注意以下问题。

(1) 变量名必须以字母或下划线开头，但以下划线开头的变量在 Python 中有特殊含义。

(2) 变量名中不能有空格和标点符号(括号、引号、逗号、斜线、反斜线、冒号、句号和问号等)。

(3) 不能使用 35 个关键字作为变量名，可以导入 keyword 模块后使用 keyword. kwlist 或 print(keyword. kwlist)查看所有 Python 关键字。

```
>>> import keyword
>>> keyword.kwlist
['False', 'None', 'True', 'and', 'as', 'assert', 'async', 'await', 'break', 'class', 'continue', 'def', 'del', 'elif', 'else', 'except', 'finally', 'for', 'from', 'global', 'if', 'import', 'in', 'is', 'lambda', 'nonlocal', 'not', 'or', 'pass', 'raise', 'return', 'try', 'while', 'with', 'yield']
```

(4) 不建议使用系统内置的模块名、类型名或函数名作为变量名，这将会改变其类型和含义，可以通过 dir(__builtins__)(这里两边都是双下划线)查看所有内置模块、类型和函数。

(5) 变量名建议使用小写字母开头，Python 是区分大小写的。

(6) 单独的下划线(_)是一个特殊变量，用于表示上一次运算的结果。例如：

```
>>> 11
11
>>> _+22
33
```

A.2.2 数据类型

Python 数据类型包括数值型、字符串型、布尔型等基本数据类型，这是一般程序设计语言都有的数据类型。此外，为了使程序能描述现实世界中各种复杂数据，Python 还有列表、元组、集合和字典等复合数据类型，这是 Python 中具有特色的数据类型。

1. 数值类型

Python 支持 3 种不同的数值数据类型，包括整型(int)、浮点型(float)和复数型(complex)。

1) 整型数据

整型数据即整数，不带小数点，但可以有正号或负号。整型数据主要有 4 种。

(1) 十进制整数，如 120，0，-100 等。

(2) 二进制整数。它以 0b 或 0B(数字 0 加字母 b 或 B)开头，后接数字 0，1 的整数。例如：

```
>>> 0b111
7
```

0b111 表示一个二进制整数,其值等于十进制 7。

(3) 八进制整数。它是以 0o 或 0O(数字 0 加小写字母 o 或大写字母 O)开头,后接数字 0~7 的整数。例如:0o126 表示一个八进制数,其值等于十进制数 86。

(4) 十六进制整数。它是以 0x 或 0X 开头,后接 0~9 和 A~F(或用小写字母)字符的整数。例如:0x8ab 表示一个十六进制整数,其值等于十进制数 2219。

2) 浮点型数据

浮点型数据表示一个实数,有以下两种表示形式。

(1) 十进制小数形式。它由数字和小数点组成,如 3.12、36.0 等。浮点型数据允许小数点后面没有任何数字,表示小数部分为 0,如 36. 表示 36.0。

(2) 指数形式。指数形式即用科学计数法表示的浮点数,用字母 e(或 E)表示以 10 为底的指数,e 之后为指数部分,指数必须为整数。例如:

```
>>> 6.299e5
629900.0
```

对于浮点数,Python3.x 默认提供 17 位有效数字的精度。

```
>>> 1.001*10
10.009999999999998
```

为什么 Python 中 1.001*10 结果是 10.009999999999998,而不是 10.01,其原因在于十进制小数转换为二进制小数时可能出现无限小数问题,而 Python 在存储小数时使用的是双精度浮点数,这种数只可以保存一定位数的有效数字,所以当遇到无限小数时就会出现损失精度的问题。

3) 复数型数据

在科学计算问题中常会遇到复数运算问题。例如,数学中求方程的复根、电工学中交流电路的计算、自动控制系统中传递函数的计算等都要用到复数运算。

复数类型数据的形式为

```
a+bj
```

其中,a 是复数的实部,b 是复数的虚部,j 表示虚数单位。j 也可以写成大写 J,注意不是数学上的 i。例如

```
>>> x=2+3j
>>> print(x)
(2+3j)
```

可以通过 x.real 和 x.imag 来分别获取复数 x 的实部和虚部,结果都是浮点型。接着上面的语句,继续执行以下语句:

```
>>> x.real
2.0
>>> x.imag
3.0
```

2. 字符串类型

1) Python 标准字符串

在 Python 中定义一个标准字符串可以使用单引号、双引号和三引号(三个单引号或

三个双引号)，这使得 Python 输入文本更方便。在 Python 中，单引号表示和双引号表示法在字符串显示上完全相同，一般不用区别。但是通常情况下，单引号用于表示一个单词，双引号用于表示一个词组或句子。

将字符串内容放在一对三引号中间时，不仅保留字符串的内容，还保留字符串的格式。三引号通常用于输入多行文本信息，一般可以表示大段的叙述性字符串。例如：

```
s="""第一段
第二段"""
>>> print(s)
第一段
第二段
```

字符串支持使用+运算符进行合并以生产新字符串，例如：

```
>>> a='abc'+'123'
>>> a
'abc123'
```

可以对字符串进行格式化，把其他类型对象按格式要求转换为字符串，例如：

```
>>> a
'abc123'
>>> b=12.3456
>>> '%8.2f'%b
'   12.35'
>>> """My name is %s, and my age is %d"""% ('Li Gang',18)
'My name is Li Gang, and my age is 18'
```

2) 转义字符

转义字符以反斜杠“\”开头，后跟一个或几个字符。转义字符，顾名思义，就是将反斜杠“\”后面的字符转换成另外的意义。例如“\n”，“n”不代表字母 n 而作为“换行符”；而如果想在屏幕上输出一个单引号，则必须用“\'”，即将字符串的结束标识转义为普通的单引号。常用的转义字符及其含义见表 A.2。

表 A.2 Python 常用的转义字符及其含义

转义字符	含　义	十进制 ASCII 码值
\a	响铃	007
\b	退格，将当前位置移到前一列	008
\f	换页，将当前位置移到下页开头	012
\n	换行，将当前位置移到下一行开头	010
\r	回车，将当前位置移到本行开头	013
\t	水表制表符，调到下一个 TAB 位置	009
\v	垂直制表符	011
\\	代表一个反斜线字符“\”	092
\'	代表一个单引号字符	039
\"	代表一个双引号字符	034

（续）

转义字符	含　　义	十进制 ASCII 码值
\?	代表一个问号	063
\0	空字符	000
\ddd	1 到 3 位八进制数所代表的任意字符	三位八进制
\xhh	1 到 2 位十六进制所代表的任意字符	二位十六进制

广义地讲，Python 字符集（包括英文字母、数字、下划线以及其他一些字符）中的任何一个字符均可用转义字符来表示。表 A.2 中的“\ddd”和“\xhh”正是为此而提出的。ddd 和 hh 分别为八进制和十六进制表示的 ASCII 码。如“\101”表示 ASCII 码为八进制数 101 的字符，即为字母 A。与此类似，“\134”表示反斜杠“\”，“\x0A”表示换行即“\n”。

3）基本的字符串函数

（1）eval( ) 函数。与字符串有关的一个重要函数是 eval，其调用格式为

```
eval(字符串)
```

eval( ) 函数的作用是把字符串的内容作为对应的 Python 语句来执行，例如：

```
>>> x='12+23'
>>> eval(x)
35
```

（2）find( ) 函数。find( ) 从字符串中查找子字符串，返回值为子字符串所在位置的最左端索引。如果没有找到则返回-1。扩展的 rfind( ) 方法表示从右向左查找。

例如，下面获取字符串“def”的位置，位于第 3 个位置（从 0 开始计数）。

```
>>> str='abcdefghijk'
>>> ind=str.find('def')
>>> ind
3
```

（3）split( ) 函数。该函数用于将字符串分割成序列，返回分割后的字符串序列（下面介绍的列表）。如果不提供分隔符，那么程序将会把所有空格作为分隔符。

例如：

```
>>> str1="I am a student"
>>> List1=str1.split()
>>> List1
['I', 'am', 'a', 'student']
>>> str2="1,2,3,4"
>>> List2=str2.split(',')  #逗号","作为分隔符
>>> List2
['1', '2', '3', '4']
```

（4）strip( ) 函数。该函数用于去除开头和结尾的空格字符（不包括字符串内部的空格），同时 S. strip([chars]) 可去除指定字符。扩展的函数 lstrip( ) 用于去除字符串开始（最左边）的所有空格，rstrip( ) 用于去除字符串尾部（最右边）的所有空格。

例如，去除字符串前后两端的空格：

```
>>>str="    I am a teacher    "
>>>print(str.strip())
I am a teacher
```

(5) join()函数。该函数通过某个字符拼接序列中的字符串元素,然后返回一个拼接好的字符串。可以认为 join()函数是 split()函数的逆方法。

例如,采用空格(' ')(注意不是空字符,中间有一个空格)拼接字符串:

```
>>>List=['I','am','a','teacher']
>>>print(' '.join(List))
I am a teacher
```

3. 复合数据类型

数值类型、布尔类型数据不可再分解为其他类型,而列表、元组、集合和字典类型的数据包含多个相互关联的数据元素,所以称它们为复合数据类型。字符串其实也是一种复合数据,其元素是单个字符。

列表、元组和字符串是有顺序的数据元素的集合体,称为序列(sequence)。序列可以通过各数据元素在序列中的位置编号(索引)访问数据元素。集合和字典属于无顺序的数据集合体,数据元素没有特定的排列顺序,因此不能像序列那样通过位置编号访问数据元素。

下面只介绍这些复合数据的概念,帮助读者初步建立对 Python 数据类型的整体认识。

1) 列表

列表(list)是 Python 中使用较多的复合数据类型,可以完成大多数复合数据结构的操作。列表是写在中括号之间、用逗号分隔的元素序列,元素的类型可以不相同,可以是数字、单个字符、字符串甚至可以包含列表(所谓嵌套)。例如:

```
>>> mlist=['John',12,'abcd',[1,2]]
>>> print(mlist)
['John', 12, 'abcd', [1, 2]]
```

与字符串类型类似,可以通过每个元素的索引来访问列表中的某个元素,元素的索引从左边第一个元素的索引为 0 开始,从左到右逐个递增,最右边元素的索引为"列表元素个数-1"。Python 中元素的索引也可以从右边最后一个元素的索引为-1 开始,从右到左逐个递减,最左边元素的索引为"-列表元素个数"。

与 Python 字符串不同的是,列表中的元素是可以改变的。例如:

```
>>> a=[1,3,6,9,20]
>>> a[0]=8
>>> a
[8, 3, 6, 9, 20]
>>> a[-1]
20
```

对列表进行修改的操作主要有添加、删除和修改。

添加包括追加(Append)、插入(Insert)和扩展(Extend)。

(1) 追加:在列表末尾添加一个元素。例如:

```
>>> a.append(80)
>>> a
[8, 3, 6, 9, 20, 80]
```

(2) 插入:在指定位置插入一个元素。例如,在索引 2 处插入元素 60:

```
>>> a.insert(2,60)
>>> a
[8, 3, 60, 6, 9, 20, 80]
```

(3) 扩展:在列表的末尾添加所给列表的所有元素。例如:

```
>>> b=[10,12]
>>> a.extend(b)
>>> a
[8, 3, 60, 6, 9, 20, 80, 10, 12]
```

从列表中删除某个元素的常用方法主要有两个。

(1) pop 方法:移除指定索引位置的元素,并返回它的值。如果没有参数,则指的是最后一个元素。例如:

```
>>> a.pop()
12
>>> a
[8, 3, 60, 6, 9, 20, 80, 10]
>>> a.pop(2)      #移除索引 2 位置的元素
60
>>> a
[8, 3, 6, 9, 20, 80, 10]
```

(2) remove 函数:删除指定的元素。如果列表中有多个与要删除元素相同的元素,则删除从左边数的第一个。如果要删除的元素在列表中不存在,则报错。该函数只删除元素,不会返回任何值。例如:

```
>>> a.remove(80)
>>> a
[8, 3, 6, 9, 20, 10]
```

2) 元组

元组(tuple)是写在小括号之间、用逗号隔开的元素序列。元组中的元素类型也可以不相同。元组与列表相似,不同之处在于元组的元素不能修改,相当于只读列表。例如:

```
>>> mtuple=('John',12,'abcd',[1,2])
>>> print(mtuple)
('John', 12, 'abcd', [1, 2])
>>> print(mtuple[0])
John
```

要注意一些特殊元组的表示方法。空的圆括号表示空元组。当元组只有一个元素时,必须以逗号结尾。例如:

```
>>> ()           #空元组
()
>>> (9,)         #含有一个元素的元组
(9,)
>>> (9)          #整数 9
9
```

任何一组以逗号分隔的对象,当省略标识序列的括号时,默认为元组。例如:

```
>>> a=2,3,4,5
>>> a
(2, 3, 4, 5)
```

元组与字符串类似,元素不能二次赋值。其实,可以把字符串看成一种特殊的元组。以下给元组赋值是无效的,因为元组是不允许更新的,而列表允许更新。

```
>>> mtuple=('John',12,'abcd',[1,2])
>>> mtuple[0]='Smith'
Traceback (most recent call last):
  File "<pyshell#25>", line 1, in <module>
    mtuple[0]='Smith'
TypeError:'tuple' object does not support item assignment
```

3) 集合

集合(set)是一个无序且包含不重复元素的数据类型。基本功能是进行成员关系测试和消除重复元素。可以使用大括号或者 set()函数创建集合类型,注意,创建一个空集合必须用 set()而不是{},因为{}用来创建一个空字典。

```
>>>a=set()                #创建空集合
>>> student={'Tom','Mary','Tom','Jack','Rose'}
>>> print(student)        #重复的元素被自动去掉
{'Tom', 'Jack', 'Rose', 'Mary'}
```

4) 字典

字典(dictionary)是写在大括号之间、用逗号分隔的元素集合,其元素由关键字(key,也称为键)和关键字对应的值(value)组成,通过关键字来存取字典中的元素。

列表和元组是有序的对象集合,字典是无序的对象集合。字典是一种映射类型(mapping type),它是一个无序的"关键字:值"对集合。关键字必须使用不可变类型,也就是说列表不能做索引关键字。在同一个字典中,关键字还必须互不相同。例如:

```
>>> mdict={'name':'John','code':1101,'dept':'sales'}
>>> print(mdict)                  #输出完整的字典
{'name': 'John', 'code': 1101, 'dept': 'sales'}
>>> print(mdict['code'])          #输出关键字为"code"的值
1101
>>> mdict['payment']=6000         #在字典中添加一个"关键字:值"对
>>> print(mdict)                  #输出更新后完整的字典
{'name': 'John', 'code': 1101, 'dept': 'sales', 'payment': 6000}
```

A.2.3 运算符与表达式

与其他语言一样，Python 支持大多数算法运算符、关系运算符、逻辑运算符以及位运算符。除此之外，还有一些运算符是 Python 特有的，例如成员测试运算符、同一性测试运算符、集合运算符等。

1. 算术运算符

Python 中算术运算符的计算规则为：①优先级高的先运算；②同等优先级的按从左到右的顺序计算；③可以用小括号修改低优先级运算符的级别，使其具有高优先级。Python 常用的算法运算符见表 A.3。

表 A.3　Python 常用的算法运算符

运算符示例	功能说明
x ** y	幂运算
x * y	乘法，序列重复
x/y	除法
x//y	整除
x+y	算法加法，列表、元组、字符串合并
x-y	算术减法，集合差值
-x	负数
x%y	余数

Python 中的一些算术运算符有多重含义，在程序中运算符的具体含义取决于操作数的类型。例如，* 运算符就是 Python 运算符中比较特殊的一个，它不仅可以用于数值乘法，还可以用于字符串、列表、元组等类型，当字符串、列表或元组等类型数据与整数进行 * 运算时，表示对内容进行重复并返回重复后的新对象。例如：

```
>>> x ='ab'
>>> x * 2
'abab'
>>> 3 * x
'ababab'
>>> [1,2,3,4] * 2
[1, 2, 3, 4, 1, 2, 3, 4]
>>> (1,2,3) * 2
(1, 2, 3, 1, 2, 3)
```

2. 位运算符

计算机常用二进制形式表示数值，而数学中常用十进制表示数值。因此，Python 提供了用于二进制数字操作的按位运算符，见表 A.4。

表 A.4　二进制数字操作的按位运算符

运　算　符	描　　述	实　　例
~	按位取反，即 ~x=-(x+1)	~5=-6
≪	按位左移	5≪2=20，将 101 向左移动两位，得 10100
≫	按位右移	5≫2=1，将 101 向右移动两位并去掉小数部分，得 1
&	按位与	5&3=1，将对应的二进制数执行按位与操作，即 101&011=001=1
|	按位或	5|3=7，将对应的二进制数执行按位或操作，即 101|011=111=7
^	按位异或	5^3=6，将对应的二进制数执行按位异或操作（对位相加，不进位），即 101^011=110=6

注 A.2　按位运算是程序设计中对二进制数的一种操作。按位运算符的操作数可以是二进制形式，也可以是十进制形式。如果操作数是十进制表示形式，则计算时，按位运算符要先将十进制数转换为二进制数，然后进行相应的按位运算，最后再将计算结果转换为十进制数输出。在计算机系统中，二进制数值一律用补码来存储。

3. 关系运算符、逻辑运算符和测试运算符

布尔类型是一种特殊的数值类型，它仅有 True（可用非 0 表示）和 False（可用 0 表示）两个值。由于布尔类型可以使用数值表示，表面上，它可以参与各种数字操作。例如 False+2=2，True-10=9。但本质上，布尔类型和普通数值类型所表达的含义不同，它不表示数量，而是表示真或假的逻辑关系，经常用在条件判断中，布尔类型有自己的特殊操作，如关系运算符、逻辑运算符和测试运算符。其中，关系运算的返回值是布尔类型，如表 A.5 所列；而逻辑运算中操作数（或表达式）的值和返回值均是布尔类型，如表 A.6 所列；测试运算符如表 A.7 所列。

表 A.5　关系运算符（假设：x=1，y=2，z=1）

运　算　符	描　　述	实　　例
<	判断左操作数的值是否小于右操作数的值，如果是则条件为真	x<y，结果为 True
<=	判断左操作数的值是否小于或等于右操作数的值，如果是则条件为真	x<=y，结果为 True
>	判断左操作数的值是否大于右操作数的值，如果是则条件为真	x>y，结果为 False
>=	判断左操作数的值是否大于或等于右操作数的值，如果是则条件为真	x>=y，结果为 False
==	判断左操作数的值是否等于右操作数的值，如果是则条件为真	x==z，结果为 True
!=	判断左操作数的值是否不等于右操作数的值，如果是则条件为真	x!=y，结果为 False

表 A.6　逻辑运算符（假设：x=True，y=False）

运　算　符	描　　述	实　　例
not	逻辑非运算符，反转操作数的逻辑值	not x，结果为 False
and	逻辑与运算符，如果两个操作数都为真，则条件为真	x and y，结果为 False
or	逻辑或运算符，如果至少有一个操作数为真，则条件为真	x or y，结果为 True

表 A.7　测试运算符(假设:x=1,y=2,z=1,a={1,3,4})

运算符	描述	实例
is	判断两个标识符是否指向同一个对象	x is z,结果为 True
is not	判断两个标识符是否指向不同的对象	x is not y,结果为 True
in	x in a,判断 x 是否为集合 a 的成员	x in a,结果为 True
not in	x not in a,判断 x 是否不是集合 a 的成员	x not in a,结果为 False

4. 表达式

在 Python 中,单个任何类型的对象或常数属于合法表达式,使用运算符连接的变量和常量以及函数调用的任意组合也属于合法的表达式。例如:

```
>>> a={1,2,3}           #创建集合对象
>>> b={2,3,4}
>>> c=a&b               #求集合的交集
>>> c
{2, 3}
>>> d=a|b               #求集合的并集
>>> d
{1, 2, 3, 4}
```

5. 数据类型转换

在 Python 中,同一个表达式允许不同类型的数据参加运算,这就要求在运算之前,先将这些不同类型的数据转换成同一类型,然后进行计算。

若两个同类型运算量参加运算,则结果就是运算量的类型。若整型运算量与浮点型运算量进行运算,则 Python 系统自动对它们进行转换,将整型转换成浮点型。

当表达式中自动类型转换规则达不到要求时,可以使用类型转换函数,将数据从一种类型强制转换到另一种类型,以满足运算要求。下面列举几个类型转换函数。

◇ int(x)将数字或字符串 x 转换为整型。

◇ float(x)将整数或字符串 x 转换为浮点型。

◇ comlex(a,b)将创建一个值为 a+b*j 的复数,如果第一个参数 a 为字符串,则不需要第 2 个参数。

◇ str(x)将对象 x 转换为字符串。

◇ set(x)将对象 x 转换为无序无重复元素集合。

◇ chr(x)将一个整数转换为一个字符。

A.2.4 常用系统函数

这里常用系统函数指内置函数和模块函数两种。

1. 内置函数

内置函数是指不需要导入任何模块即可直接使用的函数。Python 内置函数包含在模块 builtins 中,该模块在启动 Python 解释器时自动装入内存,而其他的模块函数都要使用 import 语句导入时才会装入内存。内置函数随着 Python 解释器的运行而创建,在程序中可以随时调用这些函数。print()函数、id()函数、type()函数都是常见的内置函数。使用

help(type)可以查看 type()函数的帮助文档进行学习。

执行下面的命令可以列出所有内置函数：

```
>>> dir(__builtins__)
```

Python 常见的内置函数及其功能简要说明见表 A.8。

表 A.8　Python 常用内置函数及其功能简要说明

函　　数	功能简要说明
abs(x)	返回参数 x 的绝对值
bin(x)	把数字 x 转换为二进制串
chr(x)	返回 ASCII 编码为 x 的字符
dir()	返回指定对象的成员列表
help(obj)	返回对象 obj 的帮助信息
input([提示内容字符串])	接受键盘输入,返回字符串
len(obj)	返回对象包含的元素个数
ord(s)	返回 1 个字符 s 的编码
range([start,]end,[,step])	返回一个等差数列的对象,不包括终值,这里[ ]表示可选项
round(x[,小数位数])	对 x 进行四舍五入,若不指定小数位数,则返回整数
pow(x,y[,z])	省略 z 时,返回 x 的 y 次幂;否则返回 x 的 y 次幂再对 z 求余数
str(obj)	把对象 obj 转换为字符串
list(x)、set([obj])、tuple(x)	把对象转换为列表、集合或元组并返回
sorted(列表)	返回排序后的列表
sum(x)	返回对象 x 的各元素和
type(obj)	返回对象 obj 的类型
reversed(列表或元组)	返回逆序后的列表或迭代器对象
map(函数,序列)	将单参数函数映射至序列中的每个元素,返回结果列表
print(obj)	输出对象 obj
format(value, format)	将输出项 value 按照 format 进行格式化

对于初学者而言,也许 dir()和 help()这两个函数是最有用的,使用 dir()函数可以查看指定模块中包含的所有成员或者指定对象类型所支持的操作,而 help()函数则返回指定模块或函数的说明文档,这对于了解和学习新的模块与知识是非常重要的。

建议编写程序时应优先考虑使用内置函数,因为内置函数不仅成熟、稳定,而且速度相对较快。下面演示几个内置函数的使用。

(1) range()函数。Python3.x 更好地利用了迭代器(iterator)和生成器(generator),range()函数返回的是可迭代对象,迭代时产生指定范围的数字序列。

迭代器和生成器都是 Python 中特有的概念。迭代器可以看成一个特殊的对象,每次调用该对象时会返回自身的下一个元素。生成器是能够返回一个迭代器的函数。迭代器不要求事先准备好整个迭代过程中所有的元素。迭代器仅仅在迭代到某个元素时才计算该元素,而在这之前或之后,元素可能不存在。这个特点使得迭代器能节省内存空间,特别适合用于遍历一些很大的或无限的集合。

range( )函数的调用格式为

```
range([start,]end,[,step])
```

range( )函数产生的数字序列从 start 开始,默认是从 0 开始;序列到 end 结束,但不包含 end;如果指定了可选的步长,则序列按步长变化,默认为 1。例如:

```
>>> range(2)
range(0, 2)
```

实际上 range(0,2)的序列值为[0,1]。

可以利用 range( )函数和 list( )函数产生一个列表。例如:

```
>>> list(range(2,15,3))
[2, 5, 8, 11, 14]
>>> list(range(15,2,-3))
[15, 12, 9, 6, 3]
>>> list(range(5))
[0, 1, 2, 3, 4]
```

还可以利用 range( )函数和 tuple( )函数产生一个元组。例如:

```
>>> tuple(range(15,2,-3))
(15, 12, 9, 6, 3)
```

(2) map( )函数。map( )函数的调用格式为

```
map(func, *iterables)
```

map( )函数接收一个函数 func 和一个列表,把函数 func 依次作用在列表的每个元素上,得到一个新的列表。例如:

```
>>> a=map(pow,range(6),[2 for b in range(6)])
>>> list(a)
[0, 1, 4, 9, 16, 25]
```

(3) print( )函数。print( )函数的调用格式为

```
print(value, ..., sep='', end='\n', file=sys.stdout, flush=False)
```

下面通过例子解释函数调用中各个参数的含义。

print 的完整格式为 print(objects,sep,end,file,flush),其中后面 4 个为可选参数。

① sep。在输出字符串之间插入指定字符串,默认是空格,例如:

```
>>> print('a','b','c',sep='***')
a***b***c
```

② end。在 print 输出语句的结尾加上指定字符串,默认是换行(\n),例如:

```
>>> print('a',end='$')
a$
```

如果要实现输出不换行的功能,那么可以设置 end=''。

③ file。将输出内容输入到 file-like 对象中,可以是文件,数据流等,默认是 sys.stdout。

```
>>>f = open('abc.txt','w')
>>>print('a',file=f)
```

可以看到 abc.txt 文件这时为空，只有执行 f.close( )之后才将内容写进文件。

④ flush。flush 值为 True 或者 False，默认为 Flase，表示不立刻将输出内容输入到参数 file 指向的对象中(默认是 sys.stdout)。例如：

```
>>>f = open('abc.txt','w')
>>>print('a',file=f,flush=True)
```

则立刻可以看到文件的内容。

(4) format( )函数。format( )函数的调用格式为

```
format(输出项[,格式字符串])
```

其中，格式字符串是可选项。当省略格式字符串时，该函数等价于函数“str(输出项)”的功能。format( )函数把输出项按格式字符串中的格式说明符进行格式化。基本的格式控制符有：d,b,o,x 或 X 分别按十进制、二进制、八进制、十六进制输出一个整数；f 或 F、e 或 E、g 或 G 按小数形式或科学计数形式输出一个浮点数；c 输出字符；s 输出字符串。例如：

```
>>> print(format(10,'X'),format(65,'c'),format(3.1415926,'6.4f'))
A A 3.1416
```

Python 是面向对象的语言，任何数据类型是一个类，任何具体的数据是一个对象。字符串也是一个类，要输出项格式化为一个字符串可以使用字符串的 format( )方法。这个方法会把格式字符串当成一个模板，通过传入的参数对输出项进行格式化。字符串 format( )方法的调用格式为

格式字符串 . format(输出项 1，输出项 2，……，输出项 n)

其中，格式字符串中可以包括普通字符和格式字符。普通字符原样输出，格式说明符决定所对应输出项的转换格式。

格式说明符使用大括号括起来，一般形式如下：

```
{[序号或键]:格式说明符}
```

其中，可选的序号对应于要格式化的输出项的位置，从 0 开始。0 表示第一个输出项，1 表示第二个输出项，以此类推。序号全部省略则按输出项的自然顺序输出；格式说明符用冒号“:”开头。

(5) zip( )函数。zip( )函数用于将可迭代的对象作为参数，将对象中对应的元素打包成一个个元组，然后返回由这些元组组成的列表。如果各个迭代器的元素个数不一致，则返回列表长度与最短的对象相同，利用 * 号操作符，可以将元组分解为独立的参数进行传递。

```
>>> a=[0]*4
>>> b=[10]*4
>>> c=zip(a,b)
>>> list(c)
[(0, 10), (0, 10), (0, 10), (0, 10)]
>>> list(zip(*zip(a,b)))
[(0, 0, 0, 0), (10, 10, 10, 10)]
```

例 A.2 有一线段 AB，A 的坐标为(1,1)，B 的坐标为(5.5,5.5)，求 AB 的长度，以及黄金分割点 C 的坐标，黄金分割点 C 满足 AC 与 CB 长度之比为 0.618。

分析 A,B 的坐标可用复数表示,即 A 为 1+1j,B 的坐标为 5.5+5.5j。AB 的长度就是 $A-B$ 的模,可用 abs( )函数直接求出复数的模。黄金分割点 C 的坐标为 $A+0.618(B-A)$。

```
#程序文件 PgexA_2.py
a=complex(input("a="))
b=complex(input("b="))
s=abs(a-b)
c=a+0.618*(b-a)
print("长度:",s)
print("黄金分割点:",c)
```

运行程序 PgexA_2.py,输出结果如下:

```
a=1+1j ↵
b=5.5+5.5j ↵
```

长度:6.363961030678928

黄金分割点:(3.781+3.781j)

注 A.3 上面的"↵"表示回车符,即输入数据后,按回车键。

2. 常用模块函数

随着程序的变大及代码的增多,为了更好地维护程序,一般会把代码进行分类,分别放在不同的文件中。公共类、函数都可以放在独立的文件中,这样其他多个程序都可以使用,而不必把这些公共的类、函数等在每个程序中复制一份,这种独立的文件就称为模块。

在 Python 启动时,仅加载了很少的一部分模块,在需要时由程序员显式地加载其他模块。这样可以减小程序运行的压力,仅加载真正需要的模块和功能。导入模块后,就可以使用模块中的函数了。Python 中导入系统模块函数的方法有 3 种:

1) import 模块名 [as 别名]

使用这种方式导入以后,使用时需要在对象之前加上模块名作为前缀,即必须以"模块名.对象名"的形式进行访问。如果模块名字很长的话,可以为导入的模块设置一个别名,然后使用"别名.对象名"的方式来使用其中的对象。

例如:

```
>>>import numpy                        #导入 numpy 库,相当于大模块
>>>a=numpy.random.randint(1,10)        #使用 numpy 库 random 模块中的函数 randint
>>>import numpy as np                  #导入库并设置别名
>>>b=np.linspace(0,10,5)               #产生 0 到 10 之间等间距的 5 个数
>>> list(b)
[0.0, 2.5, 5.0, 7.5, 10.0]
>> import numpy.linalg as LA  #导入 numpy 库下 linalg(线性代数)模块,别名为 LA
>>>c=LA.norm(b)                        #求 b 的模,即向量 b 的长度
```

同时导入的模块有多个时,模块名之间用逗号分隔。例如:

```
>>> import time, random   #导入基础库中的 time 和 random 模块
```

2) from 模块名 import 对象名 [as 别名]

使用这种方式仅导入明确指定的对象,并且可以为导入的对象确定一个别名。这种

导入方式可以减少查询次数,提高访问速度;同时,也可以减少程序员需要输入的代码量,因为不需要使用模块名作为前缀。

例如:

```
>>>from math import sin, cos          #导入 math 模块中的正弦函数和余弦函数
>>> [sin(5),cos(6)]
[-0.9589242746631385, 0.960170286650366]
>>> from numpy import random          #从 numpy 库中导入模块 random
>>> a=random. randint(0,10,(2,3))     #产生[0,10)上 2 行 3 列的随机整数数组
>>>a
array([[8, 0, 1],
       [9, 5, 3]])
```

注 A.4 注意 import random 和 import numpy. random 的差别,import random 是导入 Python 基础库的 random 模块,import numpy. random 是导入 numpy 库的 random 模块,建议以后使用函数时,尽量使用 numpy 库中的函数,它的函数可以对向量进行运算,而基础库中的函数一般对标量进行运算。基础库中的 randint( ) 函数无法产生向量。例如,如下语句是错误的。

```
>>>import random
>>> a=random.randint(0,10,(2,3))  #基础库 random 模块无法生成随机整数数组
```

3) from 模块名 import *

这是上面用法的一种极端情况,可以一次导入模块中通过__all__变量指定的所有对象。

```
>>>from math import *        #导入标准 math 模块中的所有对象
>>>pi                        #常数 π
3.141592653589793
>>e                          #常数 e
2.718281828459045
>>>radians(180)              #把角度转换为弧度
3.141592653589793
>>>from numpy import *       #从 numpy 库中导入所有对象
>>> b=linspace(0,10,5)
>>> list(b)
[0.0, 2.5, 5.0, 7.5, 10.0]
```

使用这种一次导入库或模块中所有对象的方式固然简单省事,但是并不推荐使用,一旦多个模块中有同名的对象,这种方式将会导致混乱。

注 A.5 Python 的帮助和 MATLAB 的帮助是类似,查看 numpy 库的模块和帮助信息,使用命令

```
>>>import numpy; help(numpy)
```

或

```
>>> help("numpy")
```

这里使用 help(" numpy") 不需要预先加载 numpy 库,使用 help(numpy) 需要预先加载 numpy 库。

查看 numpy 库 random 模块中的函数 randint( )的帮助使用命令

```
help("numpy.random.randint")
```

或者

```
>>> from numpy.random import randint
>>> help(randint)
```

要学会查询其他库中有哪些模块,每个模块有哪些函数。

例 A.3 画出单位圆 $x^2+y^2=1$ 的图形。

单位圆的参数方程为

$$\begin{cases} x=\cos(t), \\ y=\sin(t), \end{cases} \quad (0\leqslant t\leqslant 2\pi).$$

编写 Python 程序 PgexA_3. py,运行程序所画的图形如图 A. 3 所示。

```
#程序文件 PexA-3.py
import numpy as np
import pylab as plt
theta=np.linspace(0,2*np.pi,100)        #生成[0,2*pi]上等间距的 100 个数
x=np.cos(theta); y=np.sin(theta)
plt.axes(aspect='equal')                #两个轴的纵横比相等
plt.plot(x,y)
plt.show()
```

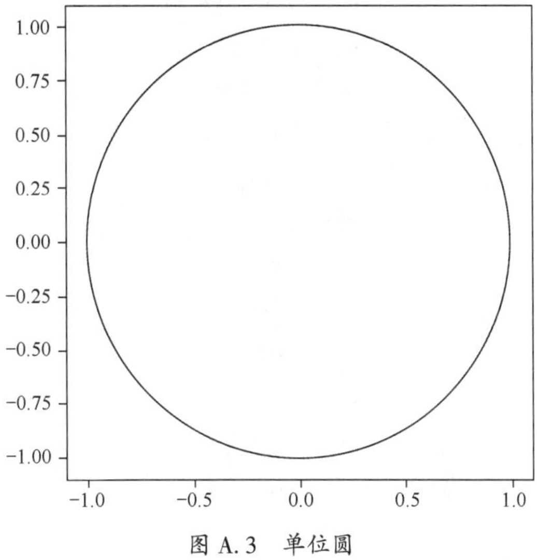

图 A. 3　单位圆

近年,大量不同领域和专业的 Python 扩展工具库不断涌现,此处不一一列举这些模块及对应的函数。下面给出 math 模块的数学常数和函数。

4) math 模块函数

math 模块主要处理数学相关的运算,其中定义的常用数学常量和函数如下:

(1) 数学常量。

◇ math. e:返回常数 e(自然对数的底)。

◇ math. pi:返回圆周率 π 的值。

（2）常用的数学函数。math 模块主要的数学函数见表 A.9。

表 A.9 math 模块主要的数学函数

函　数	说　明
math.degrees(x)	将弧度转换为角度
math.radians(x)	将角度转换为弧度
math.exp(x)	返回 e 的 x 次幂
math.expm1(x)	返回 e 的 x 次幂减 1
math.log(x[,base])	返回 x 的以 base 为底的对数，base 默认值为 e，即返回 x 的自然对数
math.log10(x)	返回 x 的以 10 为底的对数
math.log1p(x)	返回 $1+x$ 的自然对数
math.sqrt(x)	返回 x 的平方根
math.ceil(x)	返回不小于 x 的最小整数
math.floor(x)	返回不超过 x 的最大整数
math.trunc(x)	返回 x 的整数部分
math.modf(x)	返回 x 的小数和整数部分
math.factorial(x)	返回 x 的阶乘
math.isinf(x)	若 x 为无穷大，返回 True；否则，返回 False
math.isnan(x)	若 x 不是数，返回 True；否则，返回 False
math.sin(x)	返回 x(弧度)的三角正弦值
math.cos(x)	返回 x(弧度)的三角余弦值
math.tan(x)	返回 x(弧度)的三角正切值
math.asin(x)	返回 x 的反三角正弦值
math.acos(x)	返回 x 的反三角余弦值
math.atan(x)	返回 x 的反三角正切值
math.atan2(x,y)	返回 x/y 的反三角正切值
math.sinh(x)	返回 x 的双曲正弦函数
math.cosh(x)	返回 x 的双曲余弦函数
math.tanh(x)	返回 x 的双曲正切函数
math.asinh(x)	返回 x 的反双曲正弦函数
math.acosh(x)	返回 x 的反双曲余弦函数
math.atanh(x)	返回 x 的反双曲正切函数
math.erf(x)	返回 x 的误差函数
math.erfc(x)	返回 x 的余误差函数
math.gamma(x)	返回 x 的伽马函数
math.lgamma(x)	返回 x 绝对值的自然对数的伽马函数

注 A.6　表 A.6 中的函数只能对标量进行运算，numpy 和 scipy 库中也有上述函数，并且函数可以对向量进行运算，建议以后使用 numpy 库中对应的函数。

A.3 Python 程序的书写规则及调试

程序是一件艺术品,一个符合规范的程序是“十分漂亮的”。这里“漂亮”有以下两层含义:

(1) 满足编程语言的语法规则:在 Python 中,体现代码层次关系的缩进(4 个空格)和冒号“:”都是语法规则,不能省略。

(2) 符合阅读程序的审美习惯:编程时,为了提高程序的可读性和可维护性,通常会对关键语句添加注释,也会在不同代码块间增加空行。这些操作不属于 Python 的语法规则,虽不是必需的,却是常用的。

可见,养成规范的编程习惯,对于一个程序员来说是非常重要的。

A.3.1 语法规则

先看下面的例子。

例 A.4 计算 1~1000 的累加和。

```
#程序文件 PgexA_4.py
i=1
sum=0
while i<=1000:
    sum=sum+i
    i=i+1
print("sum=",sum)
```

从形式上可以看出,while 语句后必须有冒号“:”,且 while 中的各条语句都需要空 4 个空格以区分不同的层次结构。

while 语句用于实现代码的重复执行。例 A.4 中的语句表示:计算 1~1000 的累加和。其中,i 为循环控制变量,用于控制循环次数。当 i 小于或等于 1000 时,重复执行“sum=sum+1”和“i=i+1”两条语句,直到“i<=1000”的判断条件不满足时,程序才退出循环,并继续执行后面的 print()语句。

通过上面例子可以看出,“缩进”(4 个空格)和“冒号”都是 Python 程序中的语法规则,必须严格遵守,否则报错。

编写程序时,可以通过下面的菜单进行代码块的批量缩进和反缩进:

```
Format→Indent Region/Dedent Region
```

当然,也可以使用快捷键 Ctrl+]进行缩进,使用快捷键 Ctrl+[进行反缩进。

例 A.5 已知 $f(x,y)=|x|+y^3$,输入 x,y 的值,求出对应的函数值。

```
#程序文件 PgexA_5_1.py
def f(x,y):
    return abs(x)+y**3
print("f(3,4)=",f(3,4))
```

def 语句定义了一个函数,然后调用该函数。程序运行结果如下:

```
f(3,4)= 67
```

Python 支持定义单行函数,称为 lambda 函数(也称为匿名函数),可以用在任何需要函数的地方。lambda 函数是一个可以接收任意多个参数并且返回单个表达式值的函数。前面的 $f(x,y)$ 函数可以定义成 lambda 函数的形式。

```
#程序文件 PgexA_5_2.py
f = lambda x,y: abs(x)+y ** 3
print("f(3,4) = ",f(3,4))
```

编写 Python 程序时,请记住几个基本的语法规则:缩进、冒号、空行。

(1) 缩进:缩进是 Python 的一种语法规则,具有特殊含义。Python 用行首前的 4 个空格来表示行与行间的层次关系。代码缩进一般用在 if、while 等控制语句和函数定义、类定义等语句中。例 A.4 的 while 循环语句中,"sum = sum+1"和"i = i+1"这两条语句是 while 语句的循环体,所以这两条语句前必须加入 4 个空格进行缩进。而后面的 print()语句不属于 while 语句,所以不需要缩进。

(2) 冒号:冒号是 Python 的一种语句规则,具有特殊的含义。在 Python 中,冒号和缩进通常配合使用,用来区分语句之间的层次关系。例如,在 if 和 while 等控制语句以及函数定义、类定义等语句后面要紧跟冒号":",然后在新的一行中缩进 4 个空格,输入语句主体。

(3) 空行:空行不是 Python 的一种语法规则。当存在多个函数、类定义或相对独立的代码块时,函数间、类间或代码块间常用空行分隔,使得程序更加清晰、易读。

另外,缩进是可以嵌套的,缩进的层次不同时,语句间的从属关系也不同。

A.3.2 注释规范和语句行等事项

1. 注释

注释用于在程序中解释变量的定义、说明函数的功能、标注程序模块的创建者和创建模块的时间等,以便帮助编程者和阅读者能够更好地理解程序。据统计,一个好的可维护性和可读性都很强的程序一般包含 30%以上的注释,注释对于团队合作开发具有非常重要的意义。

Python 中有以下两种添加注释的方式。

(1) 单行注释:以"#"开头的一行信息。

(2) 多行注释:包含在一对三引号'''…'''或"""…"""之间且不属于任何语句的内容将被解释器认为是注释。

在 IDLE 开发环境中,可以通过下面的操作快速注释/解除注释代码块:

```
Format→Commet Out Region/Uncomment Region
```

或者使用快捷键 Alt+3 和 Alt+4 进行代码块的批量注释和解除注释。

2. 语句行等其他事项

在 Python 中,程序中的第一行可执行语句或 Python 解释器提示符后的第一列开始,前面不能有任何空格,否则会产生语法错误。每个语句行以回车符结束。可以在同一行中使用多条语句。语句之间使用分号分隔。例如:

```
>>> a = 2;b = 3;print("a+b = ",a+b)
a+b = 5
```

如果语句行太长，则可以使用反斜杠将一行语句分为多行显示。例如：

```
>>> s=1+1/2+1/3+1/4+1/5+1/6+1/7+\
     1/8+1/9
```

如果在语句中包含小括号、中括号或大括号，则不需要使用多行续行符。例如：

```
>>> def f(
   ): return 100


>>> f()
100
```

如果一行语句太长，可以使用续行符\，但一般建议使用括号来包含多行内容。

设计 Python 程序还有其他一些注意事项，例如：

(1) 每个 import 语句只导入一个模块，尽量避免一次导入多个模块。

(2) 使用必要的空格增强代码的可读性。运算符两侧、函数参数之间、逗号两侧建议使用空格进行分割。

(3) 适当使用异常处理结构提高程序容错性，但不能过多依赖异常处理结构。

A.3.3 程序调试

了解了 Python 的基本语法规则后，就可以开始编写一些简单的程序了。再简单的程序也难免会出错。这些错误主要包括语法错误、运行错误和逻辑错误。出错不可怕，最关键的是定位出现错误的位置、分析产生错误的原因以及掌握修正错误的方法。

不同的错误类型，可以采用不同的解决方法。当出现语法错误或运行错误时，可能会导致程序崩溃，Python 解释器将抛出错误产生的位置和错误类型等异常信息。这些信息对错误的查找和修改起着至关重要的作用。因此，这两类错误相对容易解决；而当出现逻辑错误时，程序一般能正确执行，Python 解释器没有检查或捕获到任何错误，但程序运行的结果却不是我们想要的。逻辑错误意味着算法在设计上可能出现了逻辑问题，由于没有解释器的错误提示，查找程序的逻辑错误相对要困难得多，这就需要从头至尾逐条地审查程序代码。一种常用的帮助排除逻辑错误的方法是在程序中插入 print( ) 或 assert( ) 等插桩语句，用来输出中间结果，通过对中间结果的观察可以精确地定位错误。一旦错误被修正后，再删除或注释掉中间插入的 print( ) 或 assert( ) 等插桩语句。

下面列举一些常见的语法错误或运行错误。

(1) 缺少冒号“:”或者没有缩进等错误。例如：

```
#程序文件 Pz1_1.py
while i==1
print('Hello world!')
```

错误信息表明是语法错误，导致错误的原因是 while 的条件判断语句“i==1”后缺少冒号“:”，以及 while 内部的“print('Hello world!')”语句没有缩进。

(2) 程序执行过程出现数据类型不匹配、函数的参数数量或类型不一致等错误。例如：

```
#程序文件 Pex0_3.py
a=input("请输入数据:\n")
```

```
b=a+2
```

错误信息表明 Python 无法将 int 类型自动转换为 str 类型,即输入语句直接将字符类型和整型一起计算,从而导致了数据类型不匹配的错误。应修改如下:

```
a=float(input("请输入数据:\n"))
b=a+2
```

A.3.4 Python 文件名

在 Python 中,不同扩展名的文件有不同的含义和用途,常见的扩展名主要有以下 5 种:

(1) py:Python 源文件,由 Python 解释器负责解释执行。

(2) pyw:Python 源文件,常用于图形界面程序文件。

(3) pyc:Python 字节码文件,无法使用文本编辑器正常查看文件内容。对于 Python 模块,第一次被导入时将被编译成字节码的形式,并在以后再次导入时优先使用 pyc 文件,以提高模块的加载和运行速度。

A.4 选择结构与循环结构

在传统的面向过程程序设计中有 3 种经典的控制结构,即顺序结构、选择结构和循环结构。在面向对象程序设计语言中,也无法脱离这 3 种基本的程序结构。在本节中,介绍 Python 中选择结构、条件运算和循环结构的语法。

A.4.1 选择结构

选择结构是根据给定的条件满足或不满足,分别执行不同的语句。它可分为单分支、双分支和多分支选择结构。Python 提供了实现选择结构的 if 语句。

1. 单分支选择结构

可以用 if 语句实现单分支选择结构,其一般格式为

```
if 表达式:
    语句块
```

其中,表达式用来表示条件。

语句的执行过程:计算表达式的值,若值为 True,则执行语句块,然后执行 if 语句的后续语句,若值为 False,则直接执行 if 语句的后续语句。

注 A.7

(1) 在 if 语句的表达式后面必须加冒号。

(2) 因为 Python 把非 0 当成真,0 当成假,所以表示条件的表达式不一定是结果为 True 或 False 的关系表达式或逻辑表达式,可以是任意表达式。if 语句中条件表示的多样性,可以使得程序的描述灵活多变,单从提高程序可读性的要求讲,还是直接用逻辑判断为好,有利于日后对程序的维护。

(3) if 语句中的语句块必须向右缩进,语句块可以是单个语句,也可以是多个语句。当包含两个或两个以上的语句时,语句必须缩进一致,即语句块中的语句必须上下对齐。

(4) 如果语句块中只有一条语句,则 if 语句也可以写在同一行上。

例 A.6 输入两个整数 a 和 b,先输出较大数,再输出较小数。

分析 输入 a,b,如果 $a<b$,则交换 a 和 b,否则不交换,最后输出 a,b。

```
#程序文件 PgexA_6.py
a,b=eval(input("输入 a,b:"))
if a<b: a,b=b,a      #若 a<b,交换 a 和 b,否则不交换
print("{0:7d},{1:7d}".format(a,b))
```

程序运行结果如下:

```
输入 a,b:60,80↵
     80,     60
```

2. 双分支选择结构

双分支 if 语句的一般格式为

```
if 表达式:
    语句块 1
else:
    语句块 2
```

语句执行过程:计算表达式的值,若为 True,则执行语句块 1,否则执行 else 后面的语句块 2,语句块 1 或语句块 2 执行后再执行 if 语句的后续语句。

例 A.7 输入三角形的三个边长,求三角形的面积。

分析 设 a,b,c 表示三角形的三个边长,则构成三角形的充要条件是任意两边之和大于第三边,即 $a+b>c,b+c>a,c+a>b$。如果该条件满足,则可按照海伦公式计算三角形的面积:

$$s=\sqrt{p(p-a)(p-b)(p-c)}$$

其中,$p=(a+b+c)/2$。

```
#程序文件 PgexA_7.py
from math import sqrt
a,b,c=eval(input("a,b,c="))
if a+b>c and b+c>a and c+a>b:
    p=(a+b+c)/2; s=sqrt(p*(p-a)*(p-b)*(p-c))
    print("a={0},b={1},c={2}".format(a,b,c))
    print("area={}".format(s))
else:
    print("a={0},b={1},c={2}".format(a,b,c))
    print("输入数据错误")
```

程序运行结果如下:

```
a,b,c=3,4,5↵
a=3,b=4,c=5
area=6.0
```

3. 多分支选择结构

多分支 if 语句的一般格式为

```
if 条件表达式1:
    语句块1
elif 表达式2:
    语句块2
elif 表达式3:
    语句块3
……
elif 表达式m:
    语句块m
else:
    语句块m+1
```

当表达式1的值为True时,执行语句块1;否则求表达式2的值,为True时,执行语句块2;否则处理表达式3,以此类推;若前面 m 个表达式的值都为False,则执行else后面的语句块 $m+1$。不管有几个分支,程序执行完一个分支后,其余分支将不再执行。

例A.8 输入学生的成绩,根据成绩进行分类,85分以上为优秀,70~84分为良好,60~69分为及格,60分以下为不及格。

分析 将学生成绩分为4个分数段,然后根据各分数段的成绩,输出不同的等级。程序分为4个分支,可以用4个单分支结构实现,也可以用多分支if语句实现。

```
#程序文件 PgexA_8.py
a=float(input("请输入学生成绩:"))
if a<60: print("不及格")
elif a<70: print("及格")
elif a<85: print("良好")
else: print("优秀")
```

注A.8 由于每个分支的语句块只有一个语句,为了节省空间,每个分支的语句全部写在一行。

4. 选择结构的嵌套

if语句中可以再嵌套if语句,例如,有以下不同形式的嵌套结构。

语句一:

```
if 表达式1:
    if 表达式2:
        语句块1
    else:
        语句块2
```

语句二:

```
if 表达式1:
    if 表达式2:
        语句块1
else:
    语句块2
```

根据对齐格式来确定if语句之间的逻辑关系。在第一语句中,else与第二个if配对。

在第二个语句中,else 与第一个 if 配对。在 Python 语言中,语句的缩进格式代表了 else 和 if 的逻辑配对关系,同时也增强了程序的可读性。

例 A.9 输入学生的成绩,根据成绩进行分级,90~100 分为"A",80~89 分为"B",70~79 分为"C",60~69 分为"D",60 分以下为"E"。

分析 把分数记为 a,做一个变换:$y=(a-60)\div 10$(整除),把"D"级的分数映射为 0,"C"级的分数映射为 1,"B"级的分数映射为 2,"A"级的分数映射为 3(90~99 分)或 4(100 分),不及格的分数映射为负整数-1,-2,…,-6。

在下面的程序中,利用了字符串的操作。在 python 中,字符串中的字符是通过索引来提取的,正向索引从 0 开始计数。python 索引可以取负值,表示从最后一个元素计数,最后一个元素的索引为-1,倒数第二个为 -2,……。

```
#程序文件 PgexA_9.py
a=int(input("请输入分数:"))
def func(score):
    degree="DCBAAE"
    if score>100 or score<0:
        return "错误分数!分数值在 0~100 之间!"
    else:
        index=(score-60)//10     #整除运算
        if index>=0:
            return degree[index]
        else:
            return degree[-1]
print('等级为:', func(a))
```

A.4.2 条件运算

Python 的条件运算有 3 个运算量,其一般格式为

```
表达式 1  if 条件表达式 else 表达式 2
```

条件运算的规则是,先求 if 后面条件表达式的值,如果其值为 True,则求表达式 1,并以表达式 1 的值为条件运算的结果。如果 if 后面条件表达式的值为 False,则求表达式 2,并以表达式 2 的值为条件运算的结果。

注 A.9 条件运算构成一个表达式,它可以作为一个运算量而出现在其他表达式中,它不是一个语句。

使用条件运算表达式可以使程序简洁明了。例如,赋值语句"z=x if x>y else y"中使用了条件运算表达式,很简洁地表示了判断变量 x 与 y 的较大值并赋给变量 z 的功能。所以,使用条件运算表达式可以简化程序。

例 A.10 生成 3 个 2 位随机整数,输出其中最大的数。

```
#程序文件 PgexA_10_1.py
import random
x=random.randint(10,99)     #生成区间[10,99]上的随机整数,包括区间端点
y=random.randint(10,99)
```

```
z=random.randint(10,99)
max=x if x>y else y
max=max if max>z else z
print("x={0},y={1},z={2}".format(x,y,z))
print("max=",max)
```

也可以使用 numpy. random 模块的 randint 函数,一次生成 3 个随机整数。

```
#程序文件 PgexA_10_2.py
from numpy.random import randint
a=randint(10,99,3)   #生成区间[10,99)上的随机整数,不包括区间端点
x,y,z=a
max=x if x>y else y
max=max if max>z else z
print("x={0},y={1},z={2}".format(x,y,z))
print("max=",max)
```

例 A. 11 输入年月,求该月的天数。

分析 用 year、month 分别表示年和月,day 表示每月的天数。考虑到以下两点:

(1) 每年的 1、3、5、7、8、10、12 月,每月有 31 天;4、6、9、11 月,每月有 30 天;闰年 2 月有 29 天,平年 2 月有 28 天。

(2) 年份能被 4 整除,但不能被 100 整除,或者能被 400 整除的年均是闰年。

```
#程序文件 PgexA_11.py
year=int(input("year="))
month=int(input("month="))
if month in [1,3,5,7,8,10,12]: day=31
elif month in [4,6,9,11]: day=30
else:
    flag=(year% 4==0 and year% 100!=0) or year% 400==0
    day=29 if flag else 28
print("{0}年{1}月有{2}天".format(year,month,day))
```

程序运行结果如下:

```
year=2019↵
month=2↵
2019 年 2 月有 28 天
```

还可以使用 calendar 模块的 isleap 函数来判断闰年。例如:

```
>>> import calendar
>>> calendar.isleap(2019)
False
```

A. 4. 3 循环结构

Python 提供了两种基本的循环结构:while 循环和 for 循环。其中,while 循环一般用于循环次数难以提前确定的情况,当然也可以用于循环次数确定的情况;for 循环一般用于循环次数可以提前确定的情况,尤其适用于枚举或遍历序列或迭代对象中的元素。编

程时一般建议优先考虑使用for循环。相同或不同的循环结构之间可以相互嵌套,也可以与选择结构嵌套使用,用来实现更为复杂的逻辑。

1. while 循环结构

while循环结构就是通过判断循环条件是否满足来决定是否继续循环的一种循环结构,它的特点是先判断循环条件,条件满足时执行循环。

1）while语句的一般格式

while语句的一般格式为

```
while 表达式:
    语句块
```

while语句中的表达式表示循环条件,可以是结果能解释为True或False的任何表达式,常用的是关系表达式和逻辑表达式。表达式后面必须加冒号。语句块是重复执行的部分,称为循环体。

while语句的执行过程是:先计算表达式的值,如果值为True,则重复执行循环体中的语句块,直到表达式值为False才结束循环,执行while语句的下一语句。

注 A.10

(1) 循环体的语句块可以是单个语句,也可以是多个语句。当循环体由多个语句构成时,必须用缩进对齐的方式组成一个语句块,否则产生错误。

(2) 与if语句的语法类似,如果while循环体中只有一条语句,可以将该语句与while写在同一行中。

例 A.12 求 $\cos x = \sum_{n=0}^{\infty} \frac{(-1)^n x^{2n}}{(2n)!} = 1 - \frac{x^2}{2!} + \frac{x^4}{4!} - \frac{x^6}{6!} + \cdots$,直到最后一项的绝对值小于$10^{-6}$时停止计算。其中 x 为弧度,但从键盘输入时以角度为单位。

分析 这是一个累加求和问题。关键是如何求累加项,较好的办法是利用前一项来求后一项,即用递推的办法求累加项。

第 n 项 $a_n = \frac{(-1)^n x^{2n}}{(2n)!}$,第 $n+1$ 项 $a_{n+1} = \frac{(-1)^{n+1} x^{2n+2}}{(2n+2)!}$,所以第 n 项与第 $n+1$ 项之间的递推关系为

$$a_0 = 1, a_{n+1} = -\frac{x^2}{(2n+2)(2n+1)} a_n, n = 0, 1, 2, \cdots$$

```
#程序文件 PgexA_12.py
from math import *
n=0; x1=float(input("请输入角度:"))
x=radians(x1)
s=a=1
while abs(a)>=1e-6:
    a*=-x*x/(2*n+2)/(2*n+1)
    n+=1; s+=a
print("x={},cos(x)={}".format(x1,s))
```

程序运行结果如下:

```
请输入角度:32 ↵
```

```
x=32.0,cos(x)=0.8480480969682926
```

2）在 while 语句中使用 else 子句

在 Python 中,可以在循环语句中使用 else 子句,else 中的语句会在循环正常执行完的情况下执行(不管是否执行循环体)。但当通过 break 语句跳出循环体而中断循环时,else 部分就不会被执行。

2. for 循环结构

有一种很重要的循环结构是已知重复执行次数的循环,通常称为计数循环。当然,while 语句也可以实现计数循环,for 语句也不局限于计数循环。Python 中的 for 循环是一个通用的序列迭代器,可以遍历任何有序的序列对象的元素。for 语句可用于字符串、列表、元组以及其他内置可迭代对象。

1）for 语句的一般格式

for 语句的一般格式为

```
for 目标变量 in 序列对象:
    语句块
```

for 语句的执行过程是:将序列对象中的元素逐个赋给目标变量,对每一次赋值都执行一遍循环语句块。当序列被遍历,即每一个元素都用过了,则结束循环,执行 for 语句的下一语句。

注 A.11 （1）for 语句是通过遍历任意序列的元素来建立循环的,针对序列的每一个元素执行一次循环体。列表、字符串、元组都是序列,可以利用它们来建立循环。例如,遍历字符串建立循环:

```
>>> for c in "Hello World":print(c,end='-')
H-e-l-l-o- -W-o-r-l-d-
```

（2）for 语句也支持一个可选的 else 块,它的功能就像在 while 循环中一样,如果循环离开时没有碰到 break 语句,就会执行 else 块。也就是序列所有元素都被访问过之后,执行 else 块。例如:

```
for c in ["ABC","D","EFG"]:    #程序文件 Pz1_4
    print(c)
else:
    print("*****")
```

程序运行结果如下:

```
ABC
D
EFG
*****
```

2）range 对象在循环中的应用

在 Python3.x 中,range()函数返回的是可迭代对象。Python 专门为 for 语句设计了迭代器的处理方法。例如:

```
for i in range(5):
    print(i,end=' ')
```

程序输出结果如下：

```
1  2  3  4
```

例 A.13 求斐波那契数列

$$\begin{cases}F_n=F_{n-1}+F_{n-2}, & n=3,4,\cdots,\\ F_1=F_2=1\end{cases}$$

的前 30 项。

```
#程序文件 PgexA_13
f1,f2=1,1
print(f1,'\t',f2,end='\t')
for i in range(3,31):
    f=f1+f2
    print(f,end='\t')
    if i%5==0: print()     #控制一行输出 5 个数字
    f1,f2=f2,f
```

程序运行结果如下：

```
   1        1        2        3        5
   8       13       21       34       55
  89      144      233      377      610
 987     1597     2584     4181     6765
10946   17711    28657    46368    75025
121393  196418   317811   514229   832040
```

注 A.12 print()是换行，print('\n')是换行并空一行。

例 A.14 输入一个整数 m，判断是否为素数。

分析 素数是大于 1，且除了 1 和它本身以外，不能被其他任何整数所整除的整数。为了判断整数 m 是否为素数，一个最简单的办法用 $2,3,\cdots,m-1$ 逐个去除 m，看是否整除，如果全都不能整除，则 m 是素数，否则，只要其中一个数能整除，则 m 不是素数。当 m 较大时，用这种方法，除的次数太多，可以有许多改进办法，以减少除的次数，提高运行效率。其中一种方法是用 $2,3,\cdots,[\sqrt{m}]$ 去除，如果都不能整除，则 m 是素数，这是因为如果小于等于$[\sqrt{m}]$的数都不能整除 m，则大于$[\sqrt{m}]$的数也不能整除 m。

用反证法证明。设有大于$[\sqrt{m}]$的数 n 能整除 m，则它的商 k 必小于$[\sqrt{m}]$，且 k 能整除 m(商为 n)。这与原命题矛盾，假设不成立。

```
#程序文件 PgexA_14.py
import math
m=int(input("请输入一个整数:"))
B=int(math.sqrt(m))
flag=True                        #素数标志
for i in range(2,B+1):
    if m%i==0: flag=False        #修改素数标志
if flag and m>1: print(m,"是素数.")
else: print(m,"不是素数")
```

3）列表推导式

列表推导式可以说是 Python 程序开发时应用最多的技术之一。列表推导式在一个序列的值上应用一个任意表达式，将其结果收集到一个新的列表中并返回。它的基本形式是一个中括号里面包含一个 for 语句对一个可迭代对象进行迭代。例如：

```
B=[[0]*5 for i in range(3)]
```

输出：

```
[[0, 0, 0, 0, 0], [0, 0, 0, 0, 0], [0, 0, 0, 0, 0]]
```

下面通过几个示例来进一步体会列表推导式的强大功能。

（1）使用列表推导式实现嵌套列表的平铺。

```
a=[[1,2,3],[4,5,6],[7,8,9]]
b=[d for c in a for d in c]
输出:[1, 2, 3, 4, 5, 6, 7, 8, 9]
```

（2）过滤不符合条件的元素。

在列表推导式中可以使用 if 子句来进行筛选，例如：

```
a=[-1,-2,6,8,-10,3]
b=[i for i in a if i>0]
输出:[6, 8, 3]
```

（3）在列表推导式中使用多个循环，实现多序列元素的任意组合，并且可以结合条件语句过滤特定元素，例如：

```
c=[(x,y) for x in range(5) if x%2==1 for y in range(5) if y%2==0]
输出:[(1, 0), (1, 2), (1, 4), (3, 0), (3, 2), (3, 4)]
```

3. 循环控制语句

循环控制语句可以改变循环的执行路径。Python 支持以下循环控制语句：break 语句、continue 语句和 pass 语句。

1）break 语句

break 语句用在循环体内，迫使所在循环立即终止，即跳出所在循环体，继续执行循环结构后面的语句。

例 A.15 求两个整数 a 和 b 的最大公约数。

分析 找出 a 与 b 中较小的一个，则最大公约数必在 1 与较小整数的范围内。使用 for 语句，循环变量 i 从较小整数变化到 1。一旦循环控制变量 i 同时整除 a 和 b，则 i 就是最大公约数，然后使用 break 语句强制退出循环。

```
#程序文件 PgexA_15_1.py
a,b=eval(input("请输入两个整数:"))
if a>b: a,b=b,a  #保证 a 为较小的书
for i in range(a,0,-1):
    if a%i==0 and b%i==0:
        print("最大公约数是",i)
        break
```

程序运行结果如下：

```
请输入两个整数:35,15↵
最大公约数是 5
```

math 模块中有求两个数的最大公约数函数 gcd( )。

```
from math import gcd
x=gcd(35,15)  #输出:5
```

求两个数的最大公约数还可用辗转相除法，基本步骤如下：

(1) 求 a/b 的余数 r。

(2) 若 $r=0$，则 b 为最大公约数，否则执行第(3)步。

(3) 将 b 的值放在 a 中，r 的值放在 b 中。

(4) 转到第(1)步。

```
#程序文件 PgexA_15_2.py
a,b=eval(input("请输入两个整数:"))
r=a%b
while r!=0:
    a,b=b,r
    r=a%b
print("最大公约数是",b)
```

例 A.16　列举出 $1\sim n$(n 为正整数)的全部素数。

```
#程序文件 PgexA_16.py
import time,math  #加载两个模块
start=time.time() #计时开始
n=int(input("输入一个整数:"))
for a in range(2,n+1):
    b=True
    for c in range(2,int(math.sqrt(a))+1):
        if a%c==0:
            b=False
            break
    if b: print(a)
t=time.time()-start  #计算用时
print("总共用时:",t,"秒")
```

2) continue 语句

与 break 语句不同，当在循环结构中执行 continue 语句时，并不会退出循环结构，而是立即结束本次循环，重新开始下一轮循环，也就是说，跳过循环体中在 continue 语句之后的所有语句，继续下一轮循环。

例 A.17　打印 1～10 的奇数。

```
#程序文件 PgexA_17.py
for i in range(1, 11):
    if i%2 == 0:
        continue
```

```
    print(i, end=" ")
```

3) pass 语句

pass 语句是一个空语句,它不做任何操作,代表一个空操作。pass 语句用于在某些场合下语法上需要一个语句但实际却什么都不做的情况,就相当于一个占位符。例如,循环体可以包含一个语句,也可以包含多个语句,但是却不可以没有任何语句。例如:

```
for x in range(10): pass
```

该语句的确会循环 10 次,但是除了循环本身之外,它什么也没做。

A.5 程序编写方法

本节介绍函数、类等内容,编程时合理地利用这些工具会使程序达到事半功倍的效果。

A.5.1 面向过程编程

面向过程编程是一种以过程为中心的编程方法。当遇到复杂问题一时无从下手时,可以采取自顶向下、逐步求精的方法,即将复杂问题逐层拆分为若干个小问题,直至每个小问题都可以用较简单的算法实现。在划分过程中,首先要注意各个问题尽量保持独立,避免程序冗余。

面向过程的编程方法,首先分析出解决问题所需要的步骤,然后把这些步骤用函数一一实现,使用的时候一个一个依次调用,调用函数时需要给出必要的参数。

1. 函数

目前为止,介绍了 Python 的基本数据类型、赋值、输入输出、分支和循环结构,这些只是 Python 语言的一个子集,理论上这个子集是非常强大的,因为它是图灵完备的,所有可计算的问题都可用这个子集中的机制来编程实现。

为了增加代码的可重用性、可读性和可维护性,程序设计语言一般都提供函数这种机制来组织代码。

前面已经介绍了 Python 系统函数,包括内置函数和第三方模块函数,对于这些现成的函数用户可以直接拿来使用。另外,有一类函数是用户自己编写的,通常称为自定义函数。

Python 中定义函数的语法如下:

```
def functionName(formalParameters):
    functionBody
```

(1) functionName 是函数名,可以是任何有效的 Python 标识符。

(2) formalParameters 是形式参数(简称形参)列表,在调用该函数时通过给形参赋值来传递调用值,形参可以由多个、一个或零个参数组成,当有多个参数时各个参数由逗号分隔;圆括号是必不可少的,即使没有参数也不能没有它。括号外面的冒号也不能少。

(3) functionBody 是函数体,是函数每次被调用时执行的一组语句,可以由一个语句或多个语句组成。函数体一定要注意缩进。

函数通常使用3个单引号'''...'''来注释说明函数;函数体内容不可为空,可用pass来表示空语句。在函数调用时,函数名后面括号中的变量名称称为实际参数(简称实参)。定义函数时需要注意以下两点:

(1) 函数定义必须放在函数调用前,否则编译器会由于找不到该函数而报错。

(2) 返回值不是必需的,如果没有return语句,则Python默认返回值None。

例 A.18 先定义求阶乘 $n!$ 的函数,再调用求5!。

定义求阶乘的函数如下,并保存在文件PgexA_18_1.py中。

```
#程序文件PgexA_18_1.py
def factorial(n):
    r = 1
    while n > 1:
        r *= n
        n -= 1
    return r
```

调用自定义函数factorial的程序如下:

```
#程序文件PgexA_18_2.py
from PgexA_18_1 import factorial
print(factorial(5))
```

也可以把函数的定义和调用代码写在一个文件中,具体如下:

```
#程序文件PgexA_18_3.py
def factorial(n):
    r = 1
    while n > 1:
        r *= n
        n -= 1
    return r
print(factorial(5))  #调用函数
```

2. 自定义模块的导入

通常用户将多个函数收集在一个脚本文件中,创建一个用户自定义的Python模块。

例 A.19 创建函数集合 $f(x)=x^3+e^x+1$, $g(x)=1/f(x)$ 和 $h(x,n)=\sqrt[n]{x}$(n 为正整数)的自定义PgexA19_1.py模块。调用该模块计算 $f(-3)$、$g(2)$ 和 $h(-27,3)$ 的值。

```
#程序文件PgexA19_1.py
from math import exp
def f(x): return x**3+exp(x)+1
def g(x): return 1/f(x)
def h(x,n):
    if x<0 and n%2: return -1*(-x)**(1/n)
    else: return x**(1/n)
```

第一种调用模式:

```
#程序文件 PgexA_19_2.py
import PgexA_19_1 as my
print(my.f(1),'\t',my.g(2),'\t',my.h(-27, 3))
```

第二种调用模式：

```
#程序文件 PgexA_19_3.py
fromPgexA_19_1 import f, g, h
print(f(1),'\t',g(2),'\t',h(-27,3))
```

注 A.13 请读者思考一下，为什么计算 $\sqrt[3]{-27}$ 的 Python 语句不可以直接写为

```
(-27)**(1/3)
```

3. 作用域

Python 使用名称空间的概念存储对象，这个名称空间就是对象的作用域，作用域就是起作用的范围，对变量的访问权限决定于这个变量是在哪里被赋值的。不同对象存在于不同的作用域。

在 Python 中，变量名引用分为以下 4 个作用域进行查找。

（1）L:Local，局部作用域，即在函数内定义的变量。

（2）E:Enclosing，嵌套作用域，即包含此函数的上级函数的局部作用域。

（3）G:Global，全局作用域，即模块级别定义的变量。

（4）B:Built-in，内嵌作用域，即系统固定模块里面的变量。

搜索变量的优先级顺序是：局部作用域>外层嵌套作用域>全局作用域>Python 内嵌作用域。

有时候希望在局部作用域中改变全局作用域的对象，这时候就必须使用 Python 提供的 global 关键字去改变变量的作用域。

例 A.20 函数的作用域示例。

```
#程序文件 PgexA_20.py
def fun():
    global x
    print("x is {}".format(x))
    x=2
    print("Changed x to {}".format(x))
x=5
fun()
print("x is {}".format(x))
```

程序运行结果如下：

```
x is 5
Changed x to 2
x is 2
```

这里将变量 x 在函数内部定义成 global 类型，即声明 x 是全局的，当我们在函数内对 x 进行操作也会修改函数外面的 x。

A.5.2 面向对象编程

虽然没有明确说明，前面的 Python 例程中已经使用过对象。Python 中的数据类型是

对象,字符串、字典和列表等都是对象的实例,每个类型的对象都有其相关联的函数(术语称为“方法”)及属性。如列表对象有方法 sort()用于对列表元素进行排序。使用对象方法是在对象名后用句点运算符(·)加上方法。

面向对象程序设计中,抽象占有很重要的地位,抽象是从众多的事物中抽取出共同的、本质性的特征,而舍弃其非本质的特征。面向对象(Object Oriented,OO)方法的核心是对象,对象(Object)是对客观世界中实体的抽象,对象描述由属性(Attribute)和方法(Method)组成:属性对应着实体的性质,方法表示可以对实体进行的操作。面向对象模型具有封装的特性,将数据和对数据的操作封装在一起。把同类对象抽象为类(Class),同类对象有相同的属性和方法。在人的认知中,通常会把相近的事物归类,并且给类别命名。例如,鸟类的共同属性是有羽毛,通过产卵生育后代。任何一只特别的鸟都是鸟类的一个实例。面对对象方法模拟了人类的这种认知过程。

支持面向对象设计方法的程序设计语言称为面向对象程序设计语言(Object Oriented Programming Language),从语言机制上支持:

(1) 把复杂的数据和作用于这些数据的操作封装在一起,构成类,由类可以实例化对象。

(2) 支持对简单的类进行扩充、集成简单类的特性,从而设计出复杂的类。

(3) 通过多态性支持,使得设计和实现易于扩展的系统成为可能。

一个面向对象程序是由对象组成的,通过对象之间相互传递消息、进行消息响应和处理来完成功能。

面向对象使得我们可以通过抽象的方法来简化程序,其一大优点就是代码复用(在多态继承上的应用尤为突出)。来看下面一段代码。

```
#程序文件 PgexAz_1.py
class Person:
    has_hair=True
    def  __init__(self,name,age):
        self.name=name
        self.age=age
    def  sayhello(self, words):
        print("Hello, I'm", self.name)
        print(words)
if  __name__ =="__main__":
    Sally=Person("Sally",19)
    Sally.sayhello("Nice to meet you")
    Tom=Person("Tom",19)
    Tom.sayhello("Nice to meet you too")
```

运行输出如下:

```
Hello, I'm Sally
Nice to meet you
Hello, I'm Tom
Nice to meet you too
```

这里通过 class 关键字定义了一个名为 Person 的类,其中 Person 称为类名。在类的内部,定义了一个变量 has_hair,称为类属性;定义的两个函数称为类方法。下面通过给 Person 传入必须的参数得到两个实例 Sally、Tom,这个过程称为实例化。

注意这里的 self 代表实例。第一个函数是在实例被创建的时候自动执行的,它给实例增加了 name 和 age 属性,这些属性只有实例本身才有,称为实例属性。

最后通过实例调用了 sayhello 方法,打印了问候语。

附录 B　Python 科学计算基础

科学计算涉及数值计算和符号计算，在 Python 中作基础数值计算使用 NumPy 和 SciPy 工具库，作符号运算使用 SymPy 工具库，下面依次介绍 NumPy、Matplotlib、SciPy、SymPy 和 Pandas 库，最后简单介绍文件操作。

B.1　科学计算概述

Python 对科学计算的支持，是通过不同科学计算功能的模块和 API 建立的。对于科学计算的每个方面，我们都有大量的选择以及最佳的选择。Python 科学计算各个方面的可选工具库如下所示。

(1) 画图：目前，最流行的二维图制作工具库是 matplotlib。还有很多画图工具库，如 Visvis、Plotly、HippoDraw、Chaco、MayaVI，还有一些画图工具库是在 matplotlib 的基础上改进功能，如 Seaborn 和 Prettyplotlib。

(2) 最优化：SciPy 工具库里有最优化模块。OpenOpt 和 CVXOpt 同样具有最优化功能。

(3) 高级数据分析：Python 可以通过 RPy 或 R/S-Plus 接口与 R 语言配合使用，实现高级的数据分析功能。Python 自己的高级数据分析工具就是大名鼎鼎的 pandas。

(4) 数据库：PyTables 是一种用于管理分层数据库的工具。这个工具库是以 HDF5 数据库为基础建立的，用于处理较大是数据集（命令符下的安装命令为 pip install table）。

(5) 交互式命令行：IPython 是 Python 的交互式编程工具。

(6) 符号计算：Python 具有符号计算功能的工具库有 SymPy 和 PyDSTool。

(7) 专用扩展库：SciKits 工具库为 SciPy、NumPy 和 Python 提供了专业化的扩展。SciKits 有如下一些子库。

scikit-aero：Python 航空工程计算程序包。安装方法：pip install scikit-aero。

scikit-bio：提供生物信息学领域的数据结构、算法和教育资源工具库。

scikit-commpy：Python 数字通信算法工具库。

scikit-image：SciPy 图像处理工具库。

scikit-learn：Python 机器学习和数据挖掘工具库。

scikit-monaco：Python 蒙特卡罗算法工具库。

scikit-spectra：建立在 Python pandas 上的光谱学工具库。

scikit-tensor：Python 多线性代数和张量分解（tensor factorizations）工具库。

scikit-tracker：细胞生物学的目标检测和跟踪工具库。

scikit-xray：X 射线科学的数据分析工具库。

bvp_solver：Python 求解两点边值问题的模块。

datasmooth：SciKits 提供的数据平滑工具库。

optimization：Python 数值优化工具库，安装命令为 pip install gecko。

（8）第三方工具库：还有许多工具库应用于不同的科学领域，例如天文学、天体物理学、生物信息学、地球科学等。一些科学领域专用的 Python 工具库如下。

Astropy：社区主导的用于支持天文学和天体物理学计算的 Python 工具库。

Astroquery：用于访问在线天文数据的工具库。

BioPython：进行 Python 生物计算的工具库。

HTSeq：用 Python 进行高通量测序数据（high-throughput sequencing data）分析的工具库。

Pygr：Python 中基因测序和对比分析的工具库。

TAMO：Python 中利用 DNA 序列基元进行转录调控分析的工具库。

EarthPy：地球科学领域的 IPython NoteBook 案例集合。

Pyearthquake：进行地震与 MODIS（中分辨率成像光谱仪）数据分析的 Python 工具库。

MSNoise：使用环境地震噪声监测地震波速度变化的 Python 工具库。

AtmosphericChemistry：对大气化学运作方式进行探测、构造与转换的工具。

Chemlab：能够进行化学相关计算的工具库。

Python 的科学数据存储有多种格式。通常，大多数科学计算 API 支持这些数据格式的输入和输出。这些格式中比较常用的如下所示：

（1）网络通用数据格式（Network Common Data Form，NetCDF）：它是一种自描述，与机器、设备、平台无关，基于矩阵的科学数据格式。通常，这种格式被用于天气预报、气候和气象上的变化、海洋学和 GIS 应用等领域。大部分 GIS 应用都支持 NetCDF 格式作为输入和输出格式，并且 NetCDF 还用于科学数据交换。

（2）HDF（Hierarchical Data Format，分层数据格式）：这是一组文件格式，已演变出不同的版本（HDF4 和 HDF5）。HDF 格式指一种为存储和处理大容量科学数据设计的文件格式即相应库文件。HDF 最早由美国国家超级计算应用中心（NCSA）开发，目前在非盈利组织 HDF 小组的维护下继续发展。HDF 现在受到众多商业与非商业平台的支持，包括 Java、MATLAB、Python 和 R 等。

（3）FITS（Flexible Image Transport System，普适图像传输系统）：这是一种可用于存储、传输、操作科研或其他用途图片的一种数据文件格式。这种格式广泛应用于天文学领域。FIT 也可以用于存储非图像数据，如光谱甚至是数据库。

（4）波段交叉数据（Band-Interleaved Data）：它们是二进制格式。这意味着数据被存放在非文本文件中，通常这种数据格式用于遥感和高端 GIS。

（5）通用数据格式（Common Data Form，CDF）：这是一种存储与平台无关的多维数据的格式，因此它是一种很受研究人员和机构欢迎的数据交换格式。CDF 提供了支持各种编程语言、工具和 API 的良好接口，包括 C、C++、C#、FORTRAN、Python、Java 和 MATLAB 等。

另外还有一些为特定主题专门设计的数据格式，这里就不介绍了。

B.2 NumPy 数值计算基础库

NumPy 提供了两种基本的对象：ndarray（N - dimensional Array Object）和 ufunc（Universal Function Object）。ndarray（称为 array 数组，下文统一称为数组）是存储单一数据类型的多维数组，而 ufunc 则是能够对数组进行处理的函数。

由于 NumPy 库中函数较多，建议采用以下方式加载 NumPy 库：

```
import numpy as np
```

在本书中，以别名 np 代替 numpy。

B.2.1 数组的创建、属性、变形和索引

1. 数组的创建

NumPy 库常用的创建数组（ndarray 类型）函数如 B.1 所列。

表 B.1 NumPy 库常用的数组创建函数

函数	描述
np.array(列表或元组,dtype)	从列表或元组创建数组
np.arange(x0,xe,dx)	创建一个由 x0 到 xe(不包含 xe)，以 dx 为步长的数组
np.linspace(x,y,n)	创建一个由 x 到 y，等分成 n 个元素的数组
np.ones(n)	创建元素全为 1 的(n,)数组，该数组可以看成行向量或列向量
np.ones((n,m))	创建元素全为 1 的(n,m)数组，该数组为 n 行 m 列的数组
np.zeros(n)	创建元素全为 0 的(n,)数组
np.zeros((n,m))	创建元素全为 0 的(n,m)数组
np.eye(N,M=None,k=0)	创建 N 行 M 列的第 k 对角线上的值为 1 的数组
np.identity(n)	创建 n 阶单位阵
np.zeros_like(a)	创建与数组 a 同型的元素全为 0 的数组
np.ones_like(a)	创建与数组 a 同型的元素全为 1 的数组

2. numpy.random 模块的随机数生成

虽然在 Python 内置的 random 模块中可以生成随机数，但是每次只能随机生成一个随机数，而且随机数的种类也不够丰富。建议使用 numpy.random 模块的随机数生成函数，一方面可以生成随机向量，另一方面函数丰富。关于各种常见的随机数生成函数，如表 B.2 所列。

表 B.2 常见随机数生成函数

函数	说明
seed(n)	设置随机数种子
beta(a,b,size=None)	生成 Beta 分布随机数
chisquare(df,size=None)	生成自由度为 df 的 χ^2 分布随机数

（续）

函　　数	说　　明
choice(a,size=None,replace=None,p=None)	从 a 中有放回地随机挑选指定数量的样本
exponential(scale=1.0,size=None)	生成指数分布随机数
f(dfnum,dfden,size=None)	生成 F 分布随机数
gamma(shape,scale=1.0,size=None)	生成伽马分布随机数
geometric(p,size=None)	生成几何分布随机数
hypergeometric(ngood,nbad,nsample,size=None)	生成超几何分布随机数
laplace(loc=0.0,scale=1.0,size=None)	生成 Laplace 分布随机数
logistic(loc=0.0,scale=1.0,size=None)	生成 Logistic 分布随机数
lognormal(mean=0.0,sigma=1.0,size=None)	生成对数正态分布随机数
negative_binomial(n,p,size=None)	生成负二项分布随机数
multinomial(p,pvals,size=None)	生成多项分布随机数
multivariate_normal(mean,cov[,size])	生成多元正态分布随机数
normal(loc=0.0,scale=1.0,size=None)	生成正态分布随机数
pareto(a,size=None)	生成帕累托分布随机数
poisson(lam=1.0,size=None)	生成泊松分布随机数
rand(d0,d1,⋯,dn)	生成 n+1 维的[0,1)区间上均匀分布随机数
randn(d0,d1,⋯,dn)	生成 n+1 维的标准正态分布随机数
randint(low, high=None, size=None, dtype='l')	生成区间[low,high)上的随机整数
random_sample(size=None)	生成[0,1)上的随机数
standard_t(df,size=None)	生成标准的 t 分布随机数
uniform(low=0.0,hign=1.0,size=None)	生成区间[low,high)上均匀分布随机数
wald(mean,scale,size=None)	生成 Wald 分布随机数
weibull(a,size=None)	生成 Weibull 分布随机数

3. 数组的属性

为了更好地理解和使用数组,了解数组的基本属性是十分必要的。数组的属性及其说明如表 B.3 所列。

表 B.3　数组的属性及说明

属　　性	说　　明
ndim	返回 int,表示数组的维数
shape	返回元组,表示数组的尺寸,对于 m 行 n 列的矩阵,返回值为(m,n)
size	返回 int,表示数组的元素总数,等于 shape 属性返回元组中所有元素的乘积
dtype	返回 data-type(数组类型)
itemsize	返回 int,表示数组每个元素的大小(以字节为单位)

例 B.1 生成一个 3×4 的[0,1)上取值的随机数矩阵,并显示它的各个属性。

```
#程序文件 PgexB_1.py
import numpy as np
a=np.random.rand(3,4)
print("a 的数组维数为:",a.ndim); print("a 的维度为:",a.shape)
print("a 的元素总数为:",a.size); print("a 的类型为:",a.dtype)
print("a 的每个元素的大小为:",a.itemsize,"个字节")
```

程序运行结果:

```
a 的数组维数为: 2
a 的维度为: (3, 4)
a 的元素总数为: 12
a 的类型为: float64
a 的每个元素的大小为: 8 字节
```

4. 数组的变形

在对数组进行操作时,经常要改变数组的维度。在 NumPy 中,常用 reshape 函数改变数据的形状,也就是改变数组的维度。其参数为一个正整数元组,分别指定数组在每个维度上的大小。reshape 函数在改变原始数据的形状的同时不改变原始数据的值。如果指定的维数和数组的元素数目不吻合,则函数将抛出异常。

数组变形和转换的一些函数如表 B.4 所列。

表 B.4 数组变形和转换(假设数组为 a,b,相关操作维数是兼容的)

函数	功能	调用方式
reshape	把低维数组变成高维数组	a.reshape(m,n) 把 a 变成 m 行 n 列的数组
ravel	水平展开数组	a.ravel() 返回的是 a 的视图
flatten	水平展开数组	a.flatten() 返回的是真实数组,需要分配新的内存空间
hstack	数组横向组合	hstack((a,b)) 输入参数为元组(a,b)
vstack	数组纵向组合	vstack((a,b))
concatenate	数组横向或纵向组合	concatenate((a,b),axis=1) 同 hstack concatenate((a,b),axis=0) 同 vstack
dstack	深度组合,如在一副图像数据的二维数组上组合另一幅图像数据	dstack((a,b))
hsplit	数组横向分割	hsplit(a,n) 把 a 平均分成 n 个列数组
vsplit	数组纵向分割	vsplit(a,m) 把 a 平均分成 m 个行数组
split	数组横向或纵向分割	split(a,n,axis=1) 同 hsplit(a,n) split(a,n,axis=0) 同 vsplit(a,m)
dsplit	沿深度方向分割数组	dsplit(a,n)沿深度方向平均分成 n 个数组
tolist	把数组转换成 Python 列表	a.tolist()

例 B.2 数组变形示例。

```
#程序文件 PgexB_2.py
import numpy as np
```

```
a=np.arange(24).reshape(4,6)           #变成 4 行 6 列的数组
b=a.reshape(3,8)                       #变成 3 行 8 列的数组
c=b.copy(); c.shape=(2,12)             #用元组指定数组形状
d=c.T                                  #数组转置
```

注 B.1 上述程序没有 print 语句,运行结果是没有输出的,读者如果要看数组变形的效果,在交互环境下直接输入数组名,回车即可。

例 B.3 把 $\boldsymbol{A}_1=\begin{bmatrix}1\\1\\1\\1\end{bmatrix}$, $\boldsymbol{A}_2=\begin{bmatrix}0&2&0&0\\0&0&3&0\\0&0&0&1.5\\0&0&0&0\end{bmatrix}$, $\boldsymbol{A}_3=\begin{bmatrix}0&0&0\\1&0&0\\0&1&0\\0&0&1\end{bmatrix}$ 组合成分块矩阵 $\boldsymbol{A}=[\boldsymbol{A}_1,\boldsymbol{A}_2,\boldsymbol{A}_3]$。

```
#程序文件 PgexB_3.py
import numpy as np
a=np.ones((4,1))
b=np.diag(np.array([2,3,1.5]),1)
c=np.eye(4,3,k=-1)
d1=np.hstack((a,b,c))         #第一种方法
d2=np.c_[a,b,c]               #第二种方法
```

5. 数组的索引

NumPy 比一般的 Python 序列提供更多的索引方式。除了用整数和切片的一般索引外,数组还可以使用布尔索引及花式索引。

(1) 整数和切片索引。

例 B.4 整数和切片索引示例。

```
#程序文件 PgexB_4.py
import numpy as np
a=np.arange(1,19).reshape(3,6); print(a)
print(a[1,2],',',a[1][2])   #a[1,2]与 a[1][2]两者相同
print(a[1:2,2:3])           #通过切片得到二维数组,切片把每一行每一列当成一个列表
print(a[1:,:-1])            #去掉第一行和最后一列得到的二维数组
print(a[-1])                #提取最后一行得到的一维数组
```

(2) 布尔索引。布尔型索引是基于布尔数据的索引,属于高级索引,它是利用特定的迭代器对象实现的。

例 B.5 布尔索引示例。

```
#程序文件 PgexB_5.py
import numpy as np
a=np.arange(1,17).reshape(4,4); print(a)
b=np.array([1,2,6,2])
c=a[b==2]  #提取 a 数组的第 2、4 行
print(b==2,'\n',c)
```

例 B.6 布尔型索引取否操作。

```
#程序文件 PgexB_6.py
```

```
import numpy as np
a=np.arange(1,17).reshape(4,4); print(a,'\n----------')
b=np.array([1,2,6,2])
c1=a[~(b==2)]                    #提取 a 数组第 1、3 行的第一种方法
c2=a[b!=2]                       #提取 a 数组第 1、3 行的第二种方法
c3=a[np.logical_not(b==2)]       #提取 a 数组第 1、3 行的第三种方法
print(c1,'\n----------\n',c2,'\n----------\n',c3)
```

(3) 花式索引。花式索引的索引值是一个数组。对于使用一维整型数组作为索引，如果被索引数据是一维数组，那么索引的结果就是对应位置的元素；如果被索引数据是二维数组，那么就是对应下标的行。

对于二维被索引数据来说，索引值可以是二维数据，当索引值为两个维度相同的一维数组组成的二维数组时，以两个维度作为横纵坐标索引出单值后组合成新的一维数组。

例 B.7 花式索引示例。

```
#程序文件 PgexB_7.py
from numpy import arange, array
x = arange(6)
print("前三个元素为:",x[[0,1,2]])          #显示[0 1 2]
print("后三个元素为:", x[[-1,-2,-3]])      #显示[5,4,3]
y = array([[1,2],[3,4],[5,6]])
print("前两行元素为:\n", y[[0,1]])         #显示前两行[[1,2],[3,4]]
print('------\n',y[[0,1],[0,1]])          #显示 y[0][0]和 y[1][1]组成的一维数组
```

程序运行结果：

```
前三个元素为: [0 1 2]
后三个元素为: [5 4 3]
前两行元素为:
[[1 2]
[3 4]]
------
[1 4]
```

B.2.2 NumPy 矩阵与通用函数

在 NumPy 中，矩阵是 ndarray 的子类。在 NumPy 中，数组和矩阵有着重要的区别。NumPy 提供了两个基本的对象：一个 N 维数组对象和一个通用函数对象。其他对象都是在它们之上构建的。矩阵是继承自 NumPy 数组对象的二维数组对象。与数学概念中的矩阵一样，NumPy 中的矩阵也是二维的。本小节将介绍使用 mat、matrix（mat 和 matrix 等价）以及 bmat 函数来创建矩阵。

1. 创建矩阵的方法

(1) 直接使用分号隔开的字符串创建矩阵。

```
import numpy as np                  #程序文件 PgzB_1.py
a = np.mat("1 2 3;4 5 6;7 8 9")     #或者写作 a=np.mat('1,2,3;4,5,6;7,8,9')
print("{}\n{}".format(a,type(a)))
```

(2) 使用 NumPy 数组创建矩阵。

```
import numpy as np                        #程序文件 PgzB_2.py
a = np.arange(1,10).reshape(3,3)          #创建数组
b = np.mat(a);                            #创建矩阵
print("a={}\nb={}".format(a,b))
```

(3) 从已有的矩阵中通过 bmat 函数创建分块矩阵。

```
import numpy as np                        #程序文件 PgzB_3.py
A = np.eye(2); B = 3 * A
C = np.bmat([[A, B],[B, A],[A, B]])       #构造 6 行 4 列的矩阵
print("C={}\n 维数为:{}".format(C,C.shape))
```

在 NumPy 中,矩阵运算除了可以实现数学上同样的矩阵运算,矩阵还有其特有的属性,如表 B.5 所列。

表 B.5　矩阵特有属性及说明

属　性	说　明
T	返回自身的转置
H	返回自身的共轭转置
I	返回自身的逆矩阵

例 B.8　已知矩阵 $\boldsymbol{A}=\begin{bmatrix}1 & 2 & 6\\ 6 & 2 & 3\\ 4 & 5 & 7\end{bmatrix}$,求转置矩阵 $\boldsymbol{A}^{\mathrm{T}}$,逆阵 $\boldsymbol{A}^{-1}$。

```
#程序文件 PgexB_8.py
from numpy importmat
A=mat([[1, 2, 6],[6, 2, 3],[4, 5, 7]])  #创建矩阵 A
print("A 的转置矩阵为:\n",A.T)
print("A 的逆矩阵为:\n",A.I)
```

2. ufunc 函数

ufunc 函数全称为通用函数,是一种能够对数组中的逐个元素进行操作的函数。ufunc 函数是针对数组进行操作的,并且都以 NumPy 数组作为输出,因此不需要对数组的每一个元素都进行操作。使用 ufunc 函数比使用 math 库中的函数效率要高很多。

(1) 各种可用的 ufunc 函数。目前 NumPy 支持超过 60 种的通用函数。这些函数包括广泛的操作,如四则运算、求模、取绝对值、幂函数、指数函数、三角函数、比特位运算、比较运算和逻辑运算等。一些常用的 ufunc 函数如表 B.6 所列。

表 B.6　常用的 ufunc 函数

add(+)	subtract(-)	multiply(*)	divide(/)	remainder(%)
power(**)	arccos	arcsin	arctan	arccosh
arcsinh	arctanh	cos	sin	tan
cosh	sinh	tanh	exp	log

（续）

log10	sqrt	maximum	minimum	conjugate
equal(==)	not_equal(!=)	greater(>)	greater_equal(>=)	less(<)
less_equal(<=)	logical_and(and)	logical_or(or)	logical_xor	logical_not(not)
bitwise_and(&)	bitwise_or(|)	bitwise_xor	bitwise_not(~)	

(2) ufunc 函数的广播机制。广播(Broadcasting)是指不同形状的数组之间执行算术运算的方式。当使用 ufunc 函数进行数组计算时,ufunc 函数会对两个数组的对应元素进行计算。进行这种计算的前提是两个数组的维数一致。若两个数组的维数不一致,则 NumPy 会实行广播机制。

例 B.9 广播机制示例。

```
#程序文件 PgexB_9.py
import numpy as np
a=np.arange(0,31, 10).reshape(-1, 1)  #变形为 1 列的数组,行数自动计算
b=np.arange(0, 6)
print(a+b)
```

程序运行结果如下:

```
[[0  1  2  3  4  5]
 [10 11 12 13 14 15]
 [20 21 22 23 24 25]
 [30 31 32 33 34 35]]
```

B.2.3 NumPy 和 MATLAB 比较

Numpy 和 MATLAB 有很多相似的地方,但它们之间存在很多差异,例如 Numpy 的函数可以在任何地方任何文件中定义,MATLAB 函数名必须与文件名相同。

1. NumPy 中 array 与 matrix 比较

NumPy 中不仅提供了 array 这个基本类型,还提供了支持矩阵操作的类 matrix,但一般推荐使用 array:

很多 NumPy 函数返回的是 array,不是 matrix;

在 array 中,逐元素操作和矩阵操作有着明显的不同。

两者的对比如下:

(1) *,dot(),multiply(),@。

array: * 表示逐元素乘法,dot()表示矩阵乘法,@ 表示矩阵乘法;

matrix: * 表示矩阵乘法,multiply()表示逐元素乘法,@ 表示矩阵乘法。

(2) 处理向量。

形状为$(1,n)$,$(n,1)$,$(n,)$的向量的意义是不同的。形状为$(n,)$的一维数组既可以看成行向量,又可以看成列向量,它的转置不变;$(1,n)$表示行向量;$(n,1)$表示列向量。

matrix:形状为 $1\times n$、$n\times 1$ 的矩阵分别表示行向量和列向量;A[:,1]返回的是 $n\times 1$ 矩阵。

例 B.10 3 种 array 数组示例。

```
#程序文件 PgexB_10.py
from numpy import array, arange, dot, mat, reshape
a=array([[1,2,3,4]])
print("a={},a 的维度={}".format(a,a.shape))  #(1,4)数组
b=array([[1],[2],[3],[4]])
print("b={},b 的维度={}".format(b,b.shape))  #(4,1)数组
c=array([1,2,3,4])
print("c={},c 的维度={}".format(c,c.shape))  #(4,)数组
```

(3) 属性。

array:.T 表示转置;

matrix:.H 表示复共轭转置,.I 表示逆,.A 表示转化为 array 数组。

2. NumPy 中 array 与 matrix 特点

(1) array 特点。v 为 $(n,)$ 数组,A 为 (n,n) 数组,v 在 dot(A,v) 被看成列向量,在 dot(v,A) 被看成行向量,这样省去了转置的麻烦。

所有的操作,*、/、+、-、** 等,都是逐个元素进行运算。

(2) matrix。很多函数即使输入的参数是 matrix,但返回值也是 array 类型的。

(3) 二者可以相互转化。可以使用 mat(或 matrix)函数把数组转换为矩阵,使用 array(asarray)把矩阵转换为数组。

3. NumPy 与 MATLAB 比较

NumPy 中索引从 0 开始,MATLAB 从 1 开始。索引多个地址时:

Numpy 格式:start: end[:step],不包括终值;

MATLAB 格式:start[:step]:end,包括终值。

我们把 MATLAB 和 NumPy 的对比列于表 B.7 和表 B.8 中。

表 B.7 MATLAB 与 NumPy 对比

MATLAB	NumPy	含 义
help func	help(func)	查看函数帮助
numel(a)	size(a),a.size	a 的元素个数
size(a)	shape(a),a.shape	a 的形状
size(a,n)	a.shape[n-1]	第 n 维的大小
a(2,5)	a[1,4]	第 2 行第 5 列元素
a(2,:)	a[1],a[1,:]	第 2 行
a(1:5,:)	a[0:5]	第 1 行至第 5 行
a(end-4:end,:)	a[-5:]	后 5 行
find(a>0.5)	where(a>0.5)	找大于 0.5 元素的位置
a(:)=3	a[:]=3	所有元素设为 3
y=x	y=x.copy()	将 y 设为 x
y=x(:)	y=x.flatten()	展开成一维向量

(续)

MATLAB	NumPy	含　　义
max(max(a))	a. max()	最大值
max(a)	a. max(0)	每一列的最大值
max(a,[ ],2)	a. max(1)	每一行的最大值
max(a,b)	maximum(a,b)	逐个元素比较,取较大的值

表 B.8　MATLAB、array 和 matrix 对比

MATLAB	numpy. array	numpy. matrix	含　　义
[a,b;c,d]	vstack([hstack([a,b]),hstack([c,d])])	bmat([[a,b],[c,d]])	分块矩阵构造
repmat(a,m,n)	tile(a,(m,n))	tile(a,(m,n))	产生 m×n 个 a
[a,b]	c_[a,b]	concatenate((a,b),1)	列对齐连接
[a;b]	r_[a,b]	concatenate((a,b))	行对齐连接

B.2.4　NumPy 统计函数

NumPy 作为科学计算中非常重要的模块,有很多有用的统计函数,用于从数组给定的元素中查找最小、最大、标准差和方差等。常见的统计函数见表 B.9。

表 B.9　常见的统计函数

函　　数		说　　明
次序统计	amin(a[,axis,out,keepdims])	最小值
	amax(a[,axis,out,keepdims])	最大值
	nanmin(a[,axis,out,keepdims])	最小值(忽略 nan)
	nanmax(a[,axis,out,keepdims])	最大值(忽略 nan)
	ptp(a[,axis,out])	极差
	percentile(a,q[,axis,out,…])	分位数
	nanpercentile(a,q[,axis,out,…])	分位数(忽略 nan)
均值与方差	median(a, axis=None, keepdims=False)	中位数
	average(a, axis=None, weights=None, returned=False)	加权平均
	mean(a, axis=None, dtype=None)	均值
	std(a, axis=None, dtype=None, ddof=0)	标准差
	var(a, axis=None, dtype=None, ddof=0)	方差
	nanmedian(a, axis=None, keepdims=False)	中位数(忽略 nan)
	nanmean(a, axis=None, dtype=None)	均值(忽略 nan)
	nanstd(a, axis=None, dtype=None, ddof=0)	标准差(忽略 nan)
	nanvar(a, axis=None, dtype=None, ddof=0)	方差(忽略 nan)

B. 2. 5　排序和搜索

NumPy 支持对数组的排序与搜索操作,常见的搜索排序函数见表 B. 10。

表 B. 10　常用的搜索排序函数

函　数		说　明
排序	sort(a, axis=-1)	axis 默认值为-1,即沿着数组最后一个轴排序,a 不变
	argsort(a, axis=-1)	返回排序后的索引,a 不变
	lexsort(keys, axis=-1)	间接排序,不修改原数组,返回索引
搜索	argmax(a, axis=None)	找数组中第一个最大值的下标
	nanargmax(a, axis=None)	找数组中第一个最大值的下标(忽略 nan)
	argmin(a, axis=None)	找数组中第一个最小值的下标
	nanargmin(a, axis=None)	找数组中第一个最小值的下标(忽略 nan)

1. 排序

例 B. 11　sort 排序。

```
#程序文件 PgexB_11.py
import numpy as np
a=np.random.randint(1,10,(3,4)); print(a)
print(np.sort(a))                #沿着最后一个轴排序
print(np.sort(a,axis=None))      #折叠成一维的数组
print(np.sort(a,axis=0))         #沿着第一轴进行排序
```

输出:

```
[[5 1 7 4]
 [1 2 2 5]
 [1 4 8 7]]
[[1 4 5 7]
 [1 2 2 5]
 [1 4 7 8]]
[1 1 1 2 2 4 4 5 5 7 7 8]
[[1 1 2 4]
 [1 2 7 5]
 [5 4 8 7]]
```

例 B. 12　argsort 示例。

```
#程序文件 PgexB_12.py
import numpy as np
a=np.array([3,5,2,8,7,1,9])
print(a); print(np.argsort(a))
```

输出:

```
[3 5 2 8 7 1 9]
[5 2 0 1 4 3 6]
```

2. 搜索

用 argmax( )和 argmin( )可以求最大值和最小值的下标。如果不指定 axis 参数,则返回平坦化之后的数组下标。

例 B.13 argmax 示例。

```
#程序文件 PgexB_13.py
import numpy as np
a=np.array([1,5,10,4,3,41,4])
b=np.array([[9,4,0,4,0,2,1],[3,8,60,19,3,6,30]])
print(np.argmax(a)); print(np.argmax(b))
```

输出:

```
5
9
```

B.3 Matplotlib 可视化库

Matplotlib 是 Python 强大的数据可视化工具,类似于 MATLAB 语言。Matplotlib 提供了一整套与 MATLAB 相似的命令 API,十分适合进行交互式制图,而且也可以方便地将它作为绘图控件,嵌入 GUI 应用程序中。Matplotlib 是神经生物学家 John D. Hunter 于 2007 年创建的,其函数设计参考了 MATLAB。

B.3.1 基础用法

Matplotlib 提出了 Object Container(对象容器)的概念,它有 Figure、Axes、Axis、Tick 四种类型的对象容器。Figure 负责图形大小、位置等操作;Axes 负责坐标轴位置、绘图等操作;Axis 负责坐标轴的设置等操作;Tick 负责格式化刻度的样式等操作;4 种对象容器之间是层层包含的关系。

Matplotlib.pyplot 模块画折线图的 plot 函数的常用语法和参数含义如下:

```
plot(x, y, s)
```

其中 x 为数据点的 x 坐标,y 为数据点的 y 坐标,s 为指定线条颜色、线条样式和数据点形状的字符串。

plot 函数也可以使用如下调用格式:

```
plot(x, y, linestyle, linewidth, color, marker, markersize, markeredgecolor,
markerfacecolor, markeredgewidth, label, alpha)
```

其中:

linestyle:指定折线的类型,可以是实线、虚线和点画线等,默认为实线。

linewidth:指定折线的宽度。

marker:可以为折线图添加点,该参数设置点的形状。

markersize:设置点的大小。

markeredgecolor:设置点的边框色。

markerfacecolor:设置点的填充色。

markeredgewidth：设置点的边框宽度。

label：添加折线图的标签，类似于图例的作用。

alpha：设置图形的透明度。

加载 matplotlib. pyplot 模块可以使用如下 3 种方式：

```
import matplotlib.pyplot as plt
from matplotlib import pyplot as plt
import pylab as plt #pylab 作为 Matplotlib 库的一个接口
```

使用 Matplotlib 时，有时图例等设置无法正常显示中文和负号，添加如下代码即可实现中文和负号正常显示：

```
plt.rc('font',family='SimHei')              #用来正常显示中文标签
plt.rc('axes',unicode_minus=False)          #用来正常显示负号
```

pylab 绘图对象常用方法见表 B. 11。

表 B. 11　Pylab 绘图对象常用方法

方法示例	功　能
plt. figure(figsize=(8,4))	创建一个当前绘图对象，并设置窗口的宽度和高度
plt. plot(x,y,label="$cos(x)$",color="red",linewidth=2)	绘图。x 和 y 表示绘图数据；label 表示所绘制曲线的名字，将在图例(legend)中显示；color 指定曲线颜色；linewidth 指定曲线的宽度
plt. xlabel("时间(s)")	xlabel()方法设置 x 轴文字
plt. ylabel("距离(km)")	ylabel()方法设置 y 轴文字
plt. title("图题")	title()方法设置图的标题
plt. legend()	legend()方法显示图例
plt. xlim(-6,6)	xlim()方法设置 x 轴的范围
plt. ylim(-6,6)	ylim()方法设置 y 轴的范围
plt. xticks(np. arange(-3,4))	xticks()方法设置 x 轴刻度
plt. yticks(np. arange(-3,4))	yticks()方法设置 y 轴刻度
plt. gca()	获得当前的 Axes 对象
plt. gcf()	获得当前图
plt. cla()	清除绘制的内容
plt. grid()	设置网格线
plt. close(0)	关闭图 0
plt. close("all")	关闭所有图形
plt. show()	显示图形

例 B. 14　绘制 $y=\sin x^2$ 和 $y=\cos x^2$ 的图形。

```
#程序文件 PgexB_14.py
import numpy as np
import pylab as plt
plt.rc('font',size=16); plt.rc('text',usetex=True)
x=np.linspace(-4,4,100)
```

```
y1=np.sin(x**2); y2=np.cos(x**2)
plt.plot(x,y1,label="$sinx^2$",color='red',linewidth=2)
plt.plot(x,y2,"k--",label="$cosx^2$")
plt.xticks(range(-4,5)); plt.yticks(np.linspace(-1,1,5))
plt.legend(loc='best'); plt.show()
```

所画的图形如图 B.1 所示。

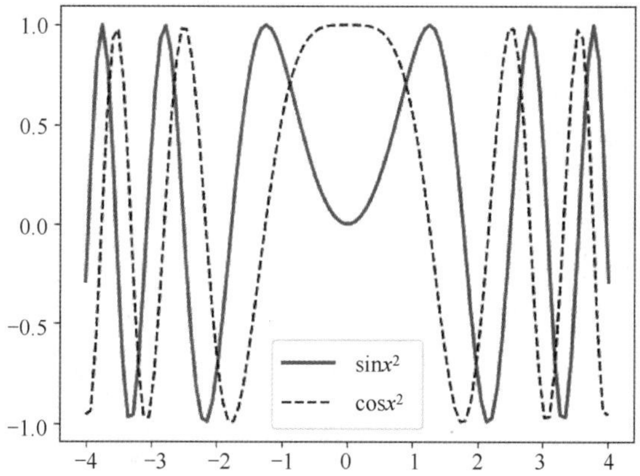

图 B.1　正弦和余弦函数的图形

注 B.2　Matplotlib 绘图过程中要使用 LaTeX 字体,需要使用如下语句:

```
plt.rc('text',usetex=True)
```

使用该语句的前提是系统安装了 LaTeX 的两个宏包(作者使用的安装文件为 basic-miktex-2.9.7021-x64.exe 和 gs926aw64.exe)。

B.3.2　绘制子图

一个 Figure 对象可以包含多个子图(Axes)。在 Matplotlib 中用 Axes 对象表示一个绘图区域,即子图。

绘制子图的方法语法格式如下:

```
subplot(nrows, ncols, index)
```

功能:subplot()返回它所创建的 Axes 对象,用变量保存起来;然后调用 sca()方法交替,让它们成为当前 Axes 对象,并调用 plot()在当前子图绘图。

subplot 将整个绘图区域等分为 nrows 行×ncols 列个子区域,然后按照从左到右、从上到下的顺序对每个子区域编号。左上方子区域的编号为 1。具体参数如下:

(1) nrows 表示绘图区域的行数。

(2) ncols 表示绘图区域的列数。

(3) index 表示创建的 Axes 对象所在的区域。

例如,subplot(2,3,4)表示把当成绘图窗口分成 2 行 3 列 6 个子窗口,激活第 4 号子窗口。subplot(2,3,4)可以简写为 subplot(234)。

例 B.15　在 2×3 子窗口中分别绘制 $y_n=\cos(nx)$,$x\in[-\pi,\pi]$,$n=1,2,\cdots,6$,共 6 条曲线。

```
#程序文件 PgexB_15.py
import numpy as np
import pylab as plt
plt.rc('font',size=16)
x=np.linspace(-np.pi,np.pi,100); k=0;
for i in range(1,3):
    for j in range(1,4):
        k=k+1; y=np.cos(k*x)
        ax=plt.subplot(2,3,k)
        plt.plot(x,y)
        if i==1:
            ax.set_xticklabels('')  #非底部坐标取消坐标显示
        if j>=2 and j<=3:
            ax.set_yticklabels('')  #非左侧坐标取消坐标显示
plt.show()
```

所画的图形如图 B.2 所示。

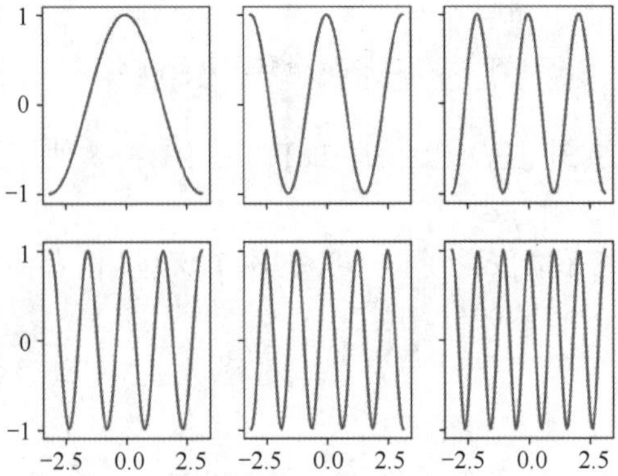

图 B.2 6个余弦函数曲线

例 B.16 绘制不规则子图。

分别用子图画出 $y=\sin(2\pi x)$, $y=e^{-x}\sin(2\pi x)$, $y=\sqrt[3]{x}$ 的图形。

```
#程序文件 PgexB_16.py
import numpy as np
import pylab as plt
plt.rc('font',size=16)
x=np.linspace(0,10,100);
y1=np.sin(2*np.pi*x)
y2=lambda x: np.exp(-x)*np.sin(2*np.pi*x)  #定义匿名函数
plt.subplot(221); plt.plot(x,y1,'b-')
plt.subplot(222); plt.plot(x,y2(x),'r--')
plt.subplot(212)                           #重新划分子图区域为2行1列
plt.plot(x,x**(1/3))
plt.show()
```

所画的图形如图 B.3 所示。

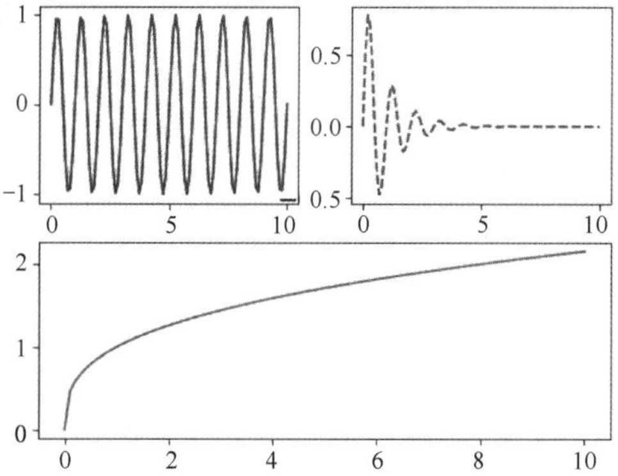

图 B.3 不规则子图

B.3.3 刻度设置和三维绘图

例 B.17 Axes 设置坐标和刻度示例。

```
#程序文件 PgexB_17.py
import numpy as np
import matplotlib.pyplot as plt
plt.rc('font',size=16); plt.rc('text',usetex=True)
x=np.linspace(-np.pi, np.pi, 200)
cos_y=np.cos(x)/2; sin_y = np.sin(x)
plt.xlim(x.min() * 1.1, x.max() * 1.1)
plt.ylim(min(cos_y.min(), sin_y.min())*1.1, max(cos_y.max(), sin_y.max())*1.1)
plt.xticks([-np.pi, -np.pi/2, 0, np.pi/2, np.pi * 3/4, np.pi],
    ['$-\pi$', r'$-\frac{\pi}{2}$', '0', r'$\frac{\pi}{2}$', r'$\frac{3\pi}
{4}$', '$\pi$'])
plt.yticks([-1, -0.5, 0.5, 1])
ax = plt.gca()                                   #获取当前坐标轴对象
ax.yaxis.set_ticks_position('left')              #将垂直坐标刻度置于左边框
ax.spines['left'].set_position(('data', 0))      #将左边框置于数据坐标原点
ax.xaxis.set_ticks_position('bottom')            #将水平坐标刻度置于底边框
ax.spines['bottom'].set_position(('data', 0))    #将底边框置于数据坐标原点
ax.spines['right'].set_color('None')             #将右边框设置成无色
ax.spines['top'].set_color('None')               #将顶边框设置成无色
plt.plot(x, cos_y, linestyle='--', linewidth=1.5, color='dodgerblue')
plt.plot(x, sin_y, linewidth=1.5, color='orangered')
plt.show()
```

所画的图形如图 B.4 所示。

注 B.3 Latex 代码经常含有反斜杠,如果直接写就会被 Python 当作转义字符,所以需要在前面加 r。如果字符串含有'\',则直接写要写成'\\'。

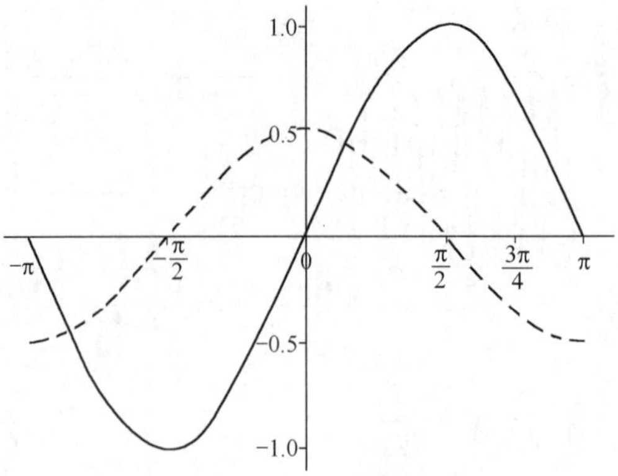

图 B.4　设置刻度示意图

例 B.18　绘制三维散点图。

```
#程序文件 PgexB_18.py
import numpy as np
import matplotlib.pyplot as plt
plt.rc('font',size=16); plt.rc('text',usetex=True)
data = np.random.randint(0, 255, size=[40, 40, 40])
x, y, z = data[0], data[1], data[2]
ax = plt.subplot(111, projection='3d')          #创建一个三维的绘图对象
#将数据点分成三部分画,在颜色上有区分度
ax.scatter(x[:10], y[:10], z[:10], c='y')        #绘制数据点
ax.scatter(x[10:20], y[10:20], z[10:20], c='r')
ax.scatter(x[30:40], y[30:40], z[30:40], c='g')
ax.set_zlabel('$z$'); ax.set_ylabel('$y$')
ax.set_xlabel('$x$'); plt.show()
```

所绘制的图形如图 B.5 所示。

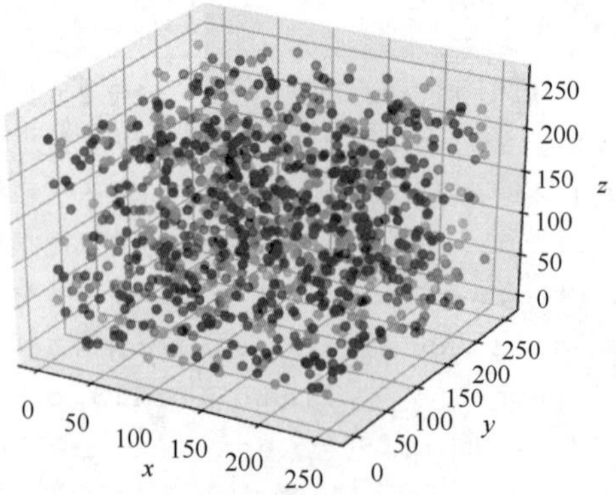

图 B.5　三维散点图

例 B.19　绘制 $z=xy$ 的三维表面图和三维网格图。

```
#程序文件 PgexB_19.py
```

```
import matplotlib.pyplot as plt
import numpy as np
plt.rc('font',size=16); plt.rc('text',usetex=True)
x=np.linspace(-6,6,30)
y=np.linspace(-6,6,30)
X,Y=np.meshgrid(x, y)
Z= X*Y
ax1=plt.subplot(1,2,1,projection='3d')
ax1.plot_surface(X, Y, Z,cmap='viridis')
ax1.set_xlabel('$x$'); ax1.set_ylabel('$y$'); ax1.set_zlabel('$z$')
ax2=plt.subplot(1,2,2,projection='3d');
ax2.plot_wireframe(X, Y, Z,color='c')
ax2.set_xlabel('$x$'); ax2.set_ylabel('$y$'); ax2.set_zlabel('$z$')
plt.show()
```

所画的图形如图 B.6 所示。

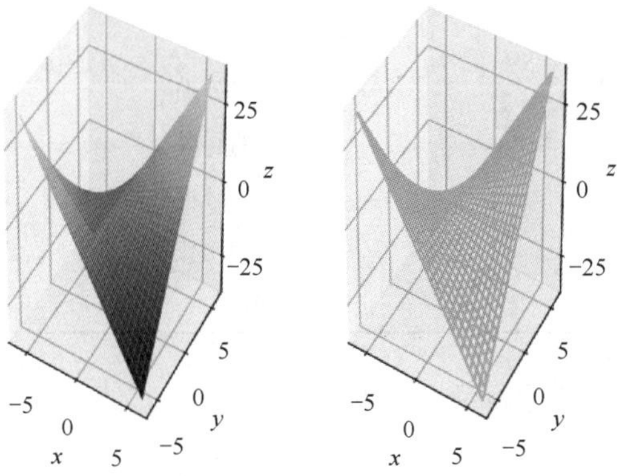

图 B.6　马鞍面图形

例 B.20　画出 $z=x^2+y^2$ 的图形。

```
#程序文件 PgexB_20.py
import matplotlib.pyplot as plt
import numpy as np
x=np.linspace(-6,6,100); y=np.linspace(-6,6,100)
x,y=np.meshgrid(x,y); z = x**2+y**2
ax = plt.axes(projection='3d')
ax.plot_surface(x, y, z)
plt.show()
```

B.4　SciPy 科学计算库

SciPy 是对 NumPy 的功能扩展,它提供了许多高级数学函数,例如微分、积分、微分方程、优化算法、数值分析、高级统计函数、方程求解等。SciPy 是在 NumPy 数组框架的基础上实现的,它对 NumPy 数组和基本的数组运算进行扩展,满足科学家和工程师解决问题时需要用到的大部分数学计算功能。

SciPy 被组织成覆盖不同科学计算领域的模块,具体见表 B.12。

表 B.12 SciPy 模块功能表

模 块	功 能
scipy.cluster	聚类
scipy.constants	物理和数学常数
scipy.ffpack	傅里叶变换
scipy.integrate	积分
scipy.interpolate	插值
scipy.io	数据输入和输出
scipy.linalg	线性代数
scipy.ndimage	n 维图像
scipy.odr	正交距离回归
scipy.optimize	优化
scipy.signal	信号处理
scipy.sparse	稀疏矩阵
scipy.spatial	空间数据结构和算法
scipy.special	特殊函数
scipy.stats	统计

SciPy 功能强大,下面列举一些 SciPy 的基础功能。

1. 积分

积分分符号积分和数值积分两种,这里先介绍数值积分,常用的数值积分函数如表 B.13 所列。

表 B.13 常用的数值积分函数

函 数	说 明
quad(func, a, b, args=())	计算一重积分数值解
dblquad(func, a, b, gfun, hfun, args=())	计算二重积分数值解
tplquad(func, a, b, gfun, hfun, qfun, rfun, args=())	计算三重积分数值解
nquad(func, ranges, args=None)	计算多重积分数值解

例 B.21 计算积分 $\int_0^1 \sqrt{ax^2 + b\sin x}\,\mathrm{d}x$,其中 $a=2, b=1$。

```
#程序文件 PgexB_21.py
import numpy as np
from scipy.integrate import quad
y=lambda x,a,b:np.sqrt(a*x**2+b*np.sin(x))
```

```
I=quad(y,0,1,args=(2,1))
print(I)
```

输出：

```
(0.9665154456162497, 2.486253425360019e-10)
```

函数有两个返回值，其中第一个是积分值，第二个是积分值的绝对误差，从结果可以看出效果很好。

例 B. 22 计算 $\iint\limits_D xy\mathrm{d}\sigma$，其中 D 是由抛物线 $y^2=x$ 及直线 $y=x-2$ 所围成的闭区域。

解 $\iint\limits_D xy\mathrm{d}\sigma=\int_{-1}^{2}\left[\int_{y^2}^{y+2}xy\mathrm{d}x\right]\mathrm{d}y=\frac{45}{8}.$

```
#程序文件 PgexB_22.py
from scipy.integrate import dblquad
I,err=dblquad(lambda x,y: x*y,      #被积函数
          -1,2,                     #下界和上界
          lambda y:y**2, lambda y:y+2)
print(I)
```

求得积分的数值解为 5.6250。

2. 解非线性方程或方程组

例 B. 23 求解方程组

$$\begin{cases}x+2y+3z=6,\\5x^2+6y^2+7z^2=18,\\9x^3+10y^3+11z^3=30.\end{cases}$$

```
#程序文件 PgexB_23.py
import numpy as np
from scipy.optimize import fsolve
def func(t):
    x,y,z=t
    return [x+2*y+3*z-6,
            5*x**2+6*y**2+7*z**2-18,
            9*x**3+10*y**3+11*z**3-30]
s=fsolve(func,np.random.rand(3))
print(s)
```

求得的数值解为 $x-1.0000$，$y-1.0000$，$z-1.0000$。

3. 求函数的极值点

例 B. 24 求函数 $y=x^2+10\sin x+1$ 在 5 附近的极小点，和在区间[-6,6]上的最小值。

```
#程序文件 PgexB_24.py
import numpy as np
from scipy.optimize import fmin,fminbound
import pylab as plt
yx=lambda x: x**2+10*np.sin(x)+1
x=np.linspace(-6,6,100)
```

```
x1=fmin(yx,5)                #求 5 附近的极小点
print("极小点:",x1);
x2=fminbound(yx,-6,6)        #区域的最小点
print("最小值为:",yx(x2))
plt.plot(x,yx(x)); plt.show()
```

求得的 5 附近的极小点为 $x=3.8375$，区间 $[-6,6]$ 上的最小值为 -6.9458。

例 B.25 求 $f(x,y)=(x-1)^4+5(y-1)^2-2xy$ 在 $(0,0)$ 附近的极小点及对应的极小值。

```
#程序文件 PgexB_25.py
import numpy as np
from scipy.optimize import minimize
import pylab as plt
def f(X):
    x,y=X
    return (x-1)**4+5*(y-1)**2-2*x*y
X=minimize(f,[0,0]).x
val=minimize(f,[0,0]).fun
print("极小点和极小值分别为:",X,',',val)
x=y=np.linspace(-1,4,100)
x,y=np.meshgrid(x,y)
c=plt.contour(x,y,f((x,y)),40)
plt.clabel(c); plt.colorbar()
plt.plot(X[0],X[1],'Pr'); plt.show()
```

所求得的极小点为(1.8829, 1.3766)，对应的极小值为-3.8672。

4. 最小二乘法

例 B.26 对于函数 $y=a\sin(2\pi kx+\theta)$，取 $a=10,k=0.34,\theta=\pi/6$ 构造模拟数据，利用模拟数据反过来拟合参数 a,k,θ。

```
#程序文件 PgexB_26_1.py
import numpy as np
from scipy.optimize import leastsq
def f(x,p):
    a,k,theta=p
    return a*np.sin(2*np.pi*k*x+theta)
residuals=lambda p,y,x: y-f(x,p)
x0=np.linspace(0,-2*np.pi,100)
a,k,theta=10, 0.34, np.pi/6
y0=f(x0,(a,k,theta))
p0=leastsq(residuals,[1,1,1],args=(y0,x0))[0]
print(p0)
#程序文件 PgexB_26_2.py
import numpy as np
from scipy.optimize import curve_fit
```

```
f=lambda x,a,k,theta: a*np.sin(2*np.pi*k*x+theta)
x0=np.linspace(0,-2*np.pi,100)
a,k,theta=10, 0.34, np.pi/6
y0=f(x0,a,k,theta)
p0,pcov=curve_fit(f,x0,y0)
print(p0)
```

由于是非线性拟合,上面两种拟合方法的效果都很差。上面程序的拟合结果为 $a=0.5619$, $k=1.0729$, $\theta=2.4415$。

例 B.27 对于函数 $f(x,y)=axy+b\sin(cx)$,取 $a=2,b=3,c=4$,构造模拟数据;利用模拟数据反过来拟合函数 $f(x,y)=axy+b\sin(cx)$。

```
#程序文件 PgexB_27.py
import numpy as np
from scipy.optimize import curve_fit
x=y=np.linspace(-6,6,30)
fxy=lambda t,a,b,c: a*t[0]*t[1]+b*np.sin(c*t[0])
z=fxy([x,y],2,3,4)
p=curve_fit(fxy,[x,y],z,bounds=([1,2,3],[3,4,5]))[0]
print(p)
```

由于是非线性拟合,因此约束拟合参数的下界和上界才能得到好的拟合结果。

5. 求微分方程的数值解

例 B.28 求下列微分方程组的数值解。

$$\begin{cases} x'=-x^3-y, x(0)=1, \\ y'=x-y^3, y(0)=0.5, \end{cases} \quad 0\leqslant t\leqslant 30.$$

要求画出 $x(t)$,$y(t)$ 的解曲线图形,在相平面上画出轨线。

```
#程序文件 PgexB_28.py
import numpy as np
from scipy.integrate import odeint
import pylab as plt
plt.rc('text',usetex=True)
plt.rc('font',family="SimHei")
def func(w,t):
    x,y=w;
    return [-x**3-y,x-y**3]
t=np.linspace(0,30,100)
s=odeint(func,[1,0.5],t)
plt.subplot(121); plt.plot(t,s[:,0],'*-',label="$x(t)$")
plt.plot(t,s[:,1],'--p',label="$y(t)$"); plt.legend()
plt.subplot(122); plt.plot(s[:,0],s[:,1]); plt.show()
```

B.5 SymPy 符号运算库

SymPy 是 Python 的数学符号计算库,用它可以进行数学表达式的符号推导和演算。

B.5.1 符号运算基础知识

1. 符号变量的定义

使用 Python 的 SymPy 库进行符号计算，首先要建立符号变量以及符号表达式。符号变量是构成符号表达式的基本元素，可以通过库中的 symbols( ) 函数创建。例如：

```
from sympy import *
x=symbols('x')
y,z,mass=symbols('y z mass')
```

或

```
y,z,mass=symbols('y, z, mass')
```

还可以定义整组符号：

```
integervaribles=symbols('I:L',integer=True) #输出:(I, J, K, L)
realvariabbles=symbols('x:z',real=True)     #输出:(x, y, z)
A=symbols('A1:3(1:4)')                      #输出(A11, A12, A13, A21, A22, A23)
```

定义符号变量还可以使用函数 var( )，例如：

```
var('x,y,z')
```

2. 符号整数和有理数

```
sympify(8)                  #输出符号整数:8
sympify(1)/sympify(3)       #输出:1/3
Rational(1,3)               #输出:1/3
```

3. 符号函数的定义

```
f=symbols('f',cls=Function)      #定义符号函数 f
```

或

```
f=Function('f')     #定义符号函数 f
```

可以同时定义多个符号函数：

```
f, g=symbols('f, g', cls=Function)
```

例 B.29 定义多元函数示例。

```
#程序文件 PgexB_29.py
import sympy as sp
x=sp.var('x:3')                #输出:(x0, x1, x2)
sp.var('f',cls=sp.Function)    #定义符号函数
print(f(*x))                   #输出:f(x0, x1, x2)
```

4. Lambda 函数

Python 中有 lambda 函数(也称匿名函数)，对应地，SymPy 中也有 Lambda 函数。Lambda 函数需要两个参数，即函数独立变量的符号参数和函数的表达式。

例 B.30 Lambda 函数示例。

```
#程序文件 PgexB_30.py
import sympy as sp
x,y,c,rho,a,v=sp.symbols('x,y,c,rho,a,v')
f=sp.Lambda(v,-sp.Rational(1,2)*c*rho*a*v**2)
```

```
z=sp.Lambda((x,y),sp.sin(x)+sp.cos(2*y))
print(f(2)); print(z(1,2))
```

例 B.31　计算函数 $\boldsymbol{F}(x,y)=[\sin(x)+\cos(2y),\sin(x)\cos(y)]$的雅克比矩阵。

```
#程序文件 PgexB_31_1.py
import sympy as sp
sp.var('x,y')
F=sp.Lambda((x,y),sp.Matrix([sp.sin(x)+sp.cos(2*y),sp.sin(x)*sp.cos
(y)]))
J=F(x,y).jacobian((x,y))
print(J)
```

求得雅克比矩阵为

$$\begin{bmatrix} \cos(x) & -2\sin(2y) \\ \cos(x)\cos(y) & -\sin(x)\sin(y) \end{bmatrix}.$$

在更多变量的情况下,使用更紧凑的形式来定义函数会比较便捷:

```
#程序文件 PgexB_31_2.py
import sympy as sp
x=sp.var('x:2')
F=sp.Lambda(x,sp.Matrix([sp.sin(x[0])+sp.cos(2*x[1]),sp.sin(x[0])*sp.cos
(x[1])]))
J=F(*x).jacobian(x); print(J)
```

5. 符号矩阵

使用 SymPy 矩阵时,必须注意运算符 *,它用于执行矩阵乘法。在 NumPy 数组中,* 表示数组的对应元素相乘。

例 B.32　创建矩阵

$$\boldsymbol{M}=\begin{bmatrix} m_{00} & m_{01} & m_{02} \\ m_{10} & m_{11} & m_{12} \\ m_{20} & m_{21} & m_{22} \end{bmatrix},\boldsymbol{T}=\begin{bmatrix} a_4 & a_3 & a_2 & a_1 & a_0 \\ a_5 & a_4 & a_3 & a_2 & a_1 \\ a_6 & a_5 & a_4 & a_3 & a_2 \\ a_7 & a_6 & a_5 & a_4 & a_3 \\ a_8 & a_7 & a_6 & a_5 & a_4 \end{bmatrix}$$

```
#程序文件 PgexB_32.py
import sympy as sp
M=sp.Matrix(3,3,sp.var('m:3(:3)'))
print(M)
def toeplitz(n):
    a=sp.var('a:'+str(2*n-1))
    f=lambda i,j: a[i-j+n-1]
    return sp.Matrix(n,n,f)
T=toeplitz(5); print(T)
```

6. 符号替换

符号替换是指在符号表达式中,通过用数字、其他符号或表达式替换某个符号来更改表达式,可以通过 subs( )方法实现。

例 B.33 符号替换示例。

```
#程序文件 PgexB_33.py
import sympy as sp
x,a=sp.symbols('x,a')
b=x+a;
c=b.subs(x,0); d=c.subs(a,2*a)
print(c,d)
```

注 B.4 在 subs( )方法中,需要一个或两个参数:

```
b.subs(x, 0)
b.subs({x: 0})  #字典作为一个参数
```

字典作为参数使得我们可以一步进行多个替换,如下所示:

```
b.subs({x: 0, a: 2*a})   #一次替换两个符号
```

定义多个替换的第三种方法是使用(旧值,新值)对列表,如下所示:

```
b.subs([(x, 2*x), (a, 3)])
```

例 B.34 构造三对角线矩阵

$$\begin{bmatrix} a_4 & a_3 & 0 & 0 & 0 \\ a_5 & a_4 & a_3 & 0 & 0 \\ 0 & a_5 & a_4 & a_3 & 0 \\ 0 & 0 & a_5 & a_4 & a_3 \\ 0 & 0 & 0 & a_5 & a_4 \end{bmatrix}$$

```
#程序文件 PgexB_34.py
import sympy as sp
from PgexB_32 import toeplitz
T=toeplitz(5)
symbs=[sp.var('a'+str(i)) for i in range(9) if i<3 or i>5]
substitution=list(zip(symbs,[0]*len(symbs)))
T0=T.subs(substitution); print(T0)
```

7. 符号值转化为浮点值

在符号计算中,使用 evalf( )或 n( )方法来获得任何对象的浮点近似值,默认的精度是小数点后 15 位,可以通过调整参数改成任何想要的精度。

例 B.35 符号值转化为浮点值示例。

```
#程序文件 PgexB_35.py
import sympy as sp
x1=sp.sin(1)
x2=x1.evalf()           #转换为浮点值
print(x1); print(x2)    #显示符号值和浮点值
```

B.5.2 符号函数画图

用 SymPy 做符号函数画图很方便。下面通过一些示例来说明二维图形、三维图形和

隐含数符号函数画图方法。

1. 二维曲线画图

plot 的基本使用格式为

```
plot(表达式,变量取值范围,属性=属性值)
```

多重绘制的使用格式为

```
plot(表达式1,表达式2,变量取值范围,属性=属性值)
```

或者

```
plot((表达式1,变量取值范围1),(表达式2,变量取值范围2))
```

例 B.36 在同一图形界面上画出 $y_1=2\sin(2x)$, $x\in[-3,3]$; $y_2=\cos\left(x+\frac{\pi}{4}\right)$, $x\in[-4,4]$。

```
#程序文件 PgexB_36.py
import sympy as sp
import pylab as plt
plt.rc('text',usetex=True)
sp.var('x,pi');
sp.plot((2*sp.sin(2*x),(x,-3,3)),(sp.cos(x+pi/4),(x,-4,4)),
        xlabel='$x$',ylabel='$y$')
```

2. 三维曲面画图

例 B.37 画出三维曲面 $z=\cos(2\sqrt{x^2+y^2})+\ln(x^2+y^2+1)$ 的图形。

```
#程序文件 PgexB_37.py
import sympy as sp
from sympy.plotting import plot3d
import pylab as plt
plt.rc('font',size=16); plt.rc('text',usetex=True)
sp.var('x,y');
plot3d(sp.cos(2*sp.sqrt(x**2+y**2))+sp.log(x**2+y**2+1),
      (x,-10,10),(y,-10,10),xlabel='$x$',ylabel='$y$')
```

所画的图形如图 B.7 所示。

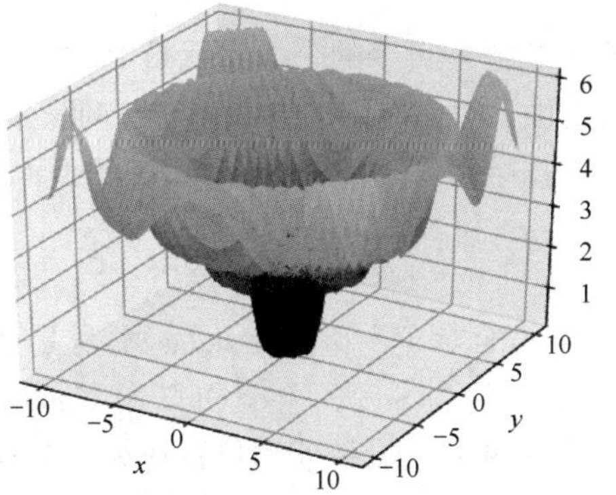

图 B.7　三维曲面图

3. 隐函数画图

例 B. 38 绘制隐函数$(x-1)^2+(y-2)^3-4=0$的图形。

```
#程序文件 PgexB_38_1.py
from sympy import plot_implicit as pt,Eq
from sympy.abc import x,y   #引进符号变量 x,y
pt(Eq((x-1)**2+(y-2)**3,4),(x,-6,6),(y,-2,4))
```

所画的图如图 B. 8 所示。

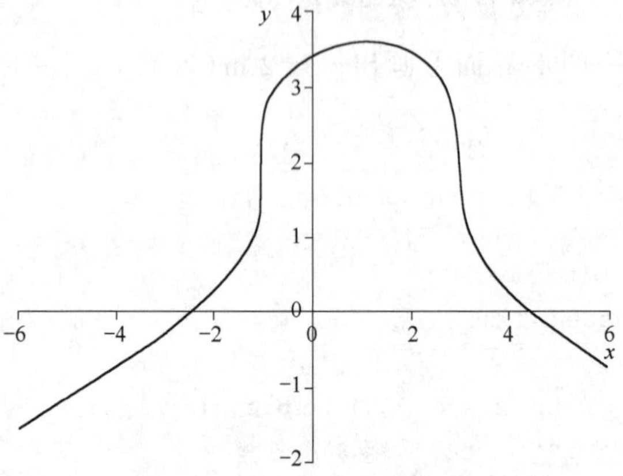

图 B. 8 隐函数的图形

或者使用匿名函数(lambda 函数)设计如下程序:

```
#程序文件 PgexB_38_2.py
from sympy import plot_implicit as pt
from sympy.abc import x,y   #引进符号变量 x,y
ezplot=lambda expr:pt(expr)
ezplot((x-1)**2+(y-2)**3-4)
```

B. 6 Pandas 数据分析库

使用 Python 进行数据分析必不可少的一个库就是 Pandas,它建立在 NumPy 库之上,为了能灵活地操作数据而提供了很多专门的方法,十分方便。

Pandas 大致分为 3 种数据结构:一维的 Series,二维的 DataFrame,以及三维的 Panel。这里主要介绍用得最多的 Series 和 DataFrame 对象。

1. Series 对象

Series 是 Pandas 中最基本的对象。因为 Pandas 本身是建立在 NumPy 之上,所以 NumPy 中的一维数组都可以转化为 Series,并且可以用 NumPy 的数组处理函数直接对 Series 对象进行处理。Series 对象除了支持使用位置作为下标存取元素之外,还可以使用索引标签作为下标存取元素,这个功能与字典类似。每个 Series 对象实际上都由两个数组组成。

index：它是从 ndarray 数组继承的 index 索引对象，保存标签信息。若创建 Series 对象时不指定 index，将自动创建一个表示位置下标的索引。

values：保存元素值的 ndarray 数组，NumPy 的函数都对此数组进行处理。

例 B.39 创建一个 Series 对象，并查看 index 和 values 属性。

```
#程序文件 PgexB_39.py
import pandas as pd
s=pd.Series([1,2,3,4,5],index=['a','b','c','d','e'])
print("索引:",s.index); print("值:",s.values)
```

输出：

```
索引：Index(['a', 'b', 'c', 'd', 'e'], dtype='object')
值: [1 2 3 4 5]
```

Series 对象的下标运算同时支持位置和标签两种形式：

```
print("位置下标 s[2]:",s[2])          #显示:位置下标 s[2]: 3
print("标签下标 s[c]:",s['c'])        #显示:标签下标 s[c]: 3
```

Series 对象还支持位置切片和标签切片。位置切片遵循 Python 的切片规则，包括起始位置，但不包括结束位置；但标签切片则同时包括起始标签和结束标签。

```
s[1:3]            s['b':'d']
------------     --------------
b    2           b    2
c    3           c    3
dtype: int64     d    4
                 dtype: int64
```

和 ndarray 数组一样，还可以使用位置列表或位置数组存取元素，同样也可以使用标签列表和标签数组。

```
s[[1,3,2]]                   s[['b','d','c']]
-------------------         ----------------
b    2                       b    2
d    4                       d    4
c    3                       c    3
dtype: int64                 dtype: int64
```

Series 对象同时具有数组和字典的功能，因此它也支持字典的一些方法，例如 Series. iteritems()：

```
list(s.iteritems())   #输出:[('a', 1), ('b', 2), ('c', 3), ('d', 4), ('e', 5)]
```

Series 还可以转化为多种数据类型，如下所示。

s. to_string()：转化为字符串。

s. to_dict()：转换为字典。

s. tolist()：转化为列表。

s. to_json()：转化为 JSON。

s. to_frame()：转化为 DataFrame。

s. to_csv()：存储为 CSV 文件格式。

2. DataFrame 对象

DataFrame 存储的是二维的数据,可以将其看作一张表。类似数据库里面的数据表,表中每一列的数据类型是一致的。

DataFrame 对象是 Pandas 中最常用的数据对象。Pandas 提供了将许多数据结构转换为 DataFrame 对象的方法,还提供了许多将各种文件格式转换成 DataFrame 对象的输入输出函数。

(1) 构造 DataFrame 对象。调用 DataFrame( ) 可以将多种格式的数据转换成 DataFrame 对象,它的 3 个参数 data、index 和 columns 分别为数据、行索引和列索引。data 参数可以是二维数组或者能转换为二维数组的嵌套列表。

字典:字典中的每对"键—值"将成为 DataFrame 对象的列。值可以是一维数组、列表或 Series 对象。

例 B.40 构造 DataFrame 对象示例。

```
#程序文件 PgexB_40.py
import pandas as pd; import numpy as np
df1=pd.DataFrame(np.random.randint(0,10,(4,2)),
    index=['A','B','C','D'], columns=['a','b'])
df2=pd.DataFrame({'a':[1,2,3,4],'b':[5,6,7,8]},
    index=['A','B','C','D'])
arr=np.array([("item1",1),("item2",2),("item3",3),("item4",4)],
    dtype=[("name","5S"),("count",int)])
df3=pd.DataFrame(arr)
```

输出:

```
df1               df2                  df3
----------       -----------          -----------------------------
  a  b              a  b                 name    count
A  2  1          A  1  5              0  b'item1'     1
B  9  7          B  2  6              1  b'item2'     2
C  0  1          C  3  7              2  b'item3'     3
D  7  5          D  4  8              3  b'item4'     4
```

注 B.5 df3 中要去掉前面的字符"b",需要加以下语句:

```
df3['name'] = df3['name'].str.decode('utf8')
```

(2) 将 DataFrame 对象转换为其他格式的数据。

例 B.41 数据转换示例。

```
#程序文件 PgexB_41.py
import pandas as pd
df=pd.DataFrame({'a':[1,2,3,4],'b':[5,6,7,8]},
    index=['A','B','C','D'])
print(df.to_dict(orient="list")) #转换为列表字典
df.to_excel('PgdataB_41.xlsx')   #输出到 Excel 文件
print(df.to_records())      #转换为结构数组
print(df.to_records(index=False)) #转换为不包含行索引的结构数组
```

(3) 行列索引。

在 Pandas 库中实现 DataFrame 子集的获取可以使用 iloc、loc 和 ix 三种“方法”,这三种方法既可以对数据行进行筛选,也可以实现变量的筛选,它们的语法可以表示成[rows_select, cols_select]。

iloc 通过行号和列号进行数据的筛选。loc 通过行标签和列标签进行数据的筛选,还可以指定具体的筛选条件。

例 B.42 数据子集筛选示例。

```
#程序文件 PgexB_42.py
import pandas as pd
df=pd.DataFrame({'a':[1,2,3,4],'b':[5,6,7,8]},
    index=['A','B','C','D'])
print(df.iloc[0:2,1])
print(df.loc['A':'C','b'])
```

B.7 文 件 操 作

如果要把数据永久保存下来,需要把数据存储在文件中。Python 可以对文本文件、二进制文件及其他类型的文件(如电子表格文件等)进行输入和输出操作。

B.7.1 NumPy 库的文件操作

1. 文本文件存取

(1) savetxt()和 loadtxt()存取文本文件

savetxt()可以把一维和二维数组保存到文本文件。

loadtxt()可以把文本文件中的数据加载到一维和二维数组中。

例 B.43 文本文件 PgdataB_43_1. txt 中存放如下格式的数据,把数据读入 Python 中,然后再保存到文本文件 PgdataB_43_2. txt 中。

```
6 2 6 7 4 2 5
4 9 5 3 8 5 8
5 2 1 9 7 4 3
7 6 7 3 9 2 7
```

```
#程序文件 PgexB_43.py
import numpy as np
a=np.loadtxt('PgdataB_43_1.txt')
np.savetxt('PgdataB_43_2.txt',a)
```

(2) genfromtxt 读入数据。

如果需要处理复杂的数据结构,如处理丢失数据等情况,可以使用 genfromtxt。

例 B.44 文本文件 PgdataB_44. txt 中存放如下格式的数据,把其中的数据读入 Python 中。

产地到销地的单位运价、产量和销量数据

	B1	B2	B3	B4	B5	B6	B7	B8	产量
A1	6	2	6	7	4	2	5	9	60
A2	4	9	5	3	8	5	8	2	55
A3	5	2	1	9	7	4	3	3	51
A4	7	6	7	3	9	2	7	1	43
A5	2	3	9	5	7	2	6	5	41
A6	5	5	2	2	8	1	4	3	52
销量	35	37	22	32	41	32	43	38	

```
#程序文件 PgexB_44.py
import numpy as np
a=np.genfromtxt("PgdataB_44.txt",dtype='float',skip_header=2,
    max_rows=6, usecols=range(1,9))          #读入单位运价数据
b=np.genfromtxt("PgdataB_44.txt",dtype='float',skip_header=2,
    max_rows=6, usecols=[9])                 #读入产量数据
c=np.genfromtxt("PgdataB_44.txt",dtype='float',skip_header=8,
    usecols=range(1,9))                      #读入销量数据
```

2. load( )、save( )和 savez( )存取 NumPy 专用的二进制格式文件

load( )和 save( )用 NumPy 专用的二进制格式存取数据,它们会自动处理元素类型和形状等信息。

如果想将多个数组保存到一个文件中,可以使用 savez( )。savez( )的第一个参数是文件名,其后的参数都是需要保存的数组,输出的是一个扩展名为 npz 的压缩文件。

例 B. 45 存取 NumPy 专用的二进制格式文件示例。

```
#程序文件 PgexB_45.py
import numpy as np
a=np.arange(12).reshape(3,4); b=np.arange(3,15);
np.save("PgdataB_45_1.npy",a)      #保存一个数组
np.savez("PgdataB_45_2.npz",a,b)   #保存两个数组
c=np.load("PgdataB_45_1.npy")      #加载一个数组
d=np.load("PgdataB_45_2.npz")
e1=d["arr_0"]                      #提取第一个数组的数据
e2=d["arr_1"]                      #提取第二个数组的数据
```

用解压软件打开“PgdataB_45_2. npz”文件,会发现其中有“arr_0. npy”“arr_1. npy”两个文件,其中分别保存着数组 a、b 的内容。load( )自动识别 npz 文件,并且返回一个类似于字典的对象,可以通过数组名作为键获取数组的内容。

B. 7. 2 Pandas 库的文件操作

1. txt 文本文件的读取

读取 txt 文本文件,可以使用 Pandas 库中的 read_csv 函数。

例 B. 46 读取例 B. 43 中的文本文件 PgdataB_43_1. txt 中的数据。

```
#程序文件 PgexB_46.py
```

```
import pandas as pd
a=pd.read_csv("PgdataB_43_1.txt",header=None,sep='\t',dtype='float')
b=a.values    #提取需要的数据
```

例 B.47 读取例 B.44 中文本文件 PgdataB_44.txt 中的数据。

```
#程序文件 PgexB_47.py
import pandas as pd
a=pd.read_csv("PgdataB_44.txt",skiprows=2,header=None,dtype='float',
    sep='\t',usecols=range(1,9),nrows=6)
av=a.values              #读取单位运价数据
b=pd.read_csv("PgdataB_44.txt",skiprows=2,header=None,dtype='float',
    sep='\t',usecols=[9],nrows=6)
bv=b.values              #读取产量数据
c=pd.read_csv("PgdataB_44.txt",skiprows=8,header=None,dtype='float',
    sep='\t',usecols=range(1,9),nrows=1)
cv=c.values              #读取需求量数据
```

2. Excel 文件的读取

Pandas 库中读取 Excel 文件的函数是 read_excel。

例 B.48 Excel 文件 PgdataB_48.xlsx 中的数据如图 B.9 所示，读取其中的数据。

	A	B	C	D	E	F	G	H	I	J
1				产地到销地的单位运价、产量和销量数据						
2		B1	B2	B3	B4	B5	B6	B7	B8	产量
3	A1	6	2	6	7	4	2	5	9	60
4	A2	4	9	5	3	8	5	8	2	55
5	A3	5	2	1	9	7	4	3	3	51
6	A4	7	6	7	3	9	2	7	1	43
7	A5	2	3	9	5	7	2	6	5	41
8	A6	5	5	2	2	8	1	4	3	52
9	销量	35	37	22	32	41	32	43	38	

图 B.9 Excel 文件 PgdataB_48.xlsx 中的数据

```
#程序文件 PgexB_48.py
import pandas as pd
a=pd.read_excel("PgdataB_48.xlsx",skiprows=1,dtype=float,
                usecols=range(1,9),nrows=6)
av=a.values              #读取单位运价数据
b=pd.read_excel("PgdataB_48.xlsx",skiprows=1,dtype=float,
                usecols=[9],nrows=6)
bv=b.values              #读取产量数据
c=pd.read_excel("PgdataB_48.xlsx",header=None,skiprows=8,
                dtype=float,usecols=range(1,9))
cv=c.values              #读取需求量数据
```

3. CSV 文件的存取

CSV 文件也称为逗号分隔的文本文件。

CSV(Comma-Separated Values)通常称为逗号分隔值。CSV 文件由任意数目的记录(行)组成，每条记录由一些字段(列)组成，字段之间通常以逗号分隔，当然也可以用制表符等其他字符分隔,所以 CSV 又被称为字符分隔值。

例 B.49 CSV 文件存取示例。

```
#程序文件 PgexB_49.py
import pandas as pd; import numpy as np
a=np.arange(1,25).reshape(4,6)
df=pd.DataFrame(a,columns=[chr(i) for i in range(97,103)])
df.to_csv('PgdataB_49_1.csv')      #把数据写入 CSV 文件
df.to_csv('PgdataB_49_2.csv',index=None,header=False)
b=pd.read_csv('PgdataB_49_1.csv',header=0,usecols=range(1,7))
c=pd.read_csv('PgdataB_49_2.csv',header=None)
```

参考文献

[1] 孙玺菁,司守奎 . MATLAB 的工程数学应用[M]. 北京:国防工业出版社,2017.

[2] 董付国 . Python 程序设计[M]. 北京:清华大学出版社,2015.

[3] 刘卫国 . Python 语言程序设计[M]. 北京:电子工业出版社,2016.

[4] BOSCHETTI A,MASSARON L. 数据科学导论——Python 语言实现[M]. 于俊伟,靳小波,译 . 北京:机械工业出版社,2016.

[5] 黄海涛 . Python3 破冰人工智能从入门到实战[M]. 北京:人民邮电出版社,2019.

[6] 张若愚 . Python 科学计算[M]. 2 版 . 北京:清华大学出版社,2016.

[7] 司守奎,孙玺菁 . 数学建模算法与应用[M]. 3 版 . 北京:国防工业出版社,2021.

[8] 同济大学数学系 . 工程数学——线性代数[M]. 5 版 . 北京:高等教育出版社,2012.

[9] 时宝,盖明久 . 矩阵分析引论及其应用[M]. 北京:国防工业出版社,2010.

[10] 廖普明 . 基于马尔可夫链状态转移概率矩阵的商品市场状态预测[J]. 统计与决策,2015(422), 97-99.

[11] 赵国, 宋建成 . Google 搜索引擎的数学模型及其应用[J]. 西南民族大学学报(自然科学版), 2010, 36(3),480-486.

[12] LAY D C. 线性代数及其应用[M]. 刘深泉,洪毅,马东魁,等译 . 北京:机械工业出版社,2005.

[13] 徐翠薇,孙绳武 . 计算方法引论[M]. 北京:高等教育出版社,2010.

[14] 王淑芬 . 应用统计学[M]. 2 版 . 北京:北京大学出版社,2014.

[15] Latent Semantic Analysis (LSA) Tutorial, http://www. puffinwarellc. com/index. php/news - and - articles/articles/33-latent-semantic-analysis-tutorial. html.

[16] GROETSH C W. 反问题——大学生的科技活动[M]. 程晋,谭永基,刘继军,译 . 北京:清华大学出版社,2007.

[17] 盛骤,谢式千,潘承毅 . 概率论与数理统计[M]. 4 版 . 北京:高等教育出版社,1989.

[18] 盛骤,谢式千 . 概率论与数理统计及其应用[M]. 北京:高等教育出版社,2006.

[19] 孙立娟 . 风险定量分析[M]. 北京:北京大学出版社,2011.

[20] 蔡光兴,金裕红 . 大学数学实验[M]. 北京:科学出版社,2007.

[21] 陈理荣 . 数学建模导论[M]. 北京:北京邮电大学出版社,2000.

[22] 西安交通大学高等数学教研室 . 复变函数[M]. 4 版 . 北京:高等教育出版社,2012.

[23] 孙玺菁,司守奎 . 复杂网络算法与应用[M]. 北京:国防工业出版社,2015.

[24] 于万波 . 混沌的计算实验与分析[M]. 北京:科学出版社,2008.

[25] 张元林．积分变换[M].4版．北京:高等教育出版社,2004.

[26] 周忠荣等．工程数学[M]．北京:化学工业出版社,2014.

[27] 万福永,戴浩辉,潘建瑜．数学实验教程[M]．北京:科学出版社,2006.

[28] 张小红,张建勋．数学软件与数学实验[M]．北京:清华大学出版社,2004.

[29] 沈祥壮．Python数据分析入门——从数据获取到可视化[M]．北京:电子工业出版社,2018.